"十二五"职业教育国家规划教材

经全国职业教育教材审定委员会审定

住房城乡建设部土建类学科专业"十三五"规划教材

全国住房和城乡建设职业教育教学指导委员会规划推荐教材

水质检验技术

（第三版）

（给排水工程技术专业适用）

《水质检验技术》编审委员会　组织编写

谢炜平　主编

中国建筑工业出版社

图书在版编目（CIP）数据

水质检验技术／谢炜平主编；《水质检验技术》编
审委员会组织编写．—3 版．—北京：中国建筑工业出
版社，2019.12（2024.9重印）
"十二五"职业教育国家规划教材 经全国职业教育
教材审定委员会审定 住房城乡建设部土建类学科专业"
十三五"规划教材 全国住房和城乡建设职业教育教学指
导委员会规划推荐教材．给排水工程技术专业适用
　ISBN 978-7-112-24630-4

Ⅰ.①水… Ⅱ.①谢… ②水… Ⅲ.①水质监测—高
等职业教育—教材②水质分析—高等职业教育—教材
Ⅳ.①X832②TU991.21

中国版本图书馆 CIP 数据核字（2020）第 010908 号

　　本书是根据高等职业教育的特点，通过课程整合形成的一本综合性教材。
全书共分 12 个教学单元，主要内容包括绪论、水质检验质量保证、水质检验
技能应用基础、酸碱滴定法、络合滴定法、重量分析和沉淀滴定法、氧化还
原滴定法、分光光度法、几种仪器分析法在水质分析中的应用、水中微生物
检测、水质自动检验技术简介、水质应急监测。书中附有思考题与习题及技
能训练，便于学生理论知识的复习和实际操作技能的训练。
　　本书内容丰富，知识面宽，既有理论又有实践，重点突出技术应用，可作为高等
职业教育给排水工程技术专业教学用书，也可作为相关工程技术人员的参考书。

　　为了便于教学，作者特别制作了配套课件，任课教师可通过如下四种途
径索取：
　　邮箱：jckj@cabp.com.cn；cabplvna@qq.com
　　电话：01058337285
　　建工书院 http://edu.cabplink.com

视频资源下载

责任编辑：吕　娜　王美玲　朱首明　齐庆梅
责任校对：党　蕾

"十二五"职业教育国家规划教材
经全国职业教育教材审定委员会审定
住房城乡建设部土建类学科专业"十三五"规划教材
全国住房和城乡建设职业教育教学指导委员会规划推荐教材

水质检验技术
（第三版）
（给排水工程技术专业适用）
《水质检验技术》编审委员会　组织编写
谢炜平　主编

*

中国建筑工业出版社出版、发行（北京海淀三里河路 9 号）
各地新华书店、建筑书店经销
北京科地亚盟排版公司制版
建工社（河北）印刷有限公司印刷

*

开本：787 毫米×1092 毫米　1/16　印张：18¼　字数：452 千字
2021 年 1 月第三版　　2024 年 9 月第九次印刷
定价：56.00 元（赠教师课件）
ISBN 978-7-112-24630-4
（34969）

本套教材修订版编审委员会名单

主 任 委 员：徐建平

副主任委员：韩培江　陈晓军　许　光　谭翠萍

委　　　员（按姓氏笔画为序）：

于文波	于景洋	马精凭	邓爱华	白建国
边喜龙	邢会义	朱勇年	闫宏生	李汉华
杨玉衡	杨转运	邱琴忠	何 荧	张 弘
张 健	张 鹏	张玉杰	张宝军	张银会
陈 建	陈静玲	罗建华	季 强	袁 勇
庚汉成	章劲松	游普元	谢炜平	

本教材第一版编审委员会名单

主任委员： 贺俊杰

副主任委员： 张朝晖　范柳先

委　　员（按姓氏笔画为序）：

马景善　马精凭　王秀兰　邓爱华　边喜龙

邢　颖　匡希龙　吕宏德　李　峰　李伙穆

邱琴忠　谷　峡　张　奎　张　健　张宝军

张银会　张景成　周虎城　周美新　相会强

陶竹君　黄君礼　彭永臻　韩培江　谢炜平

谭翠萍

第三版序言

2015年10月受教育部（教职成函〔2015〕9号）委托，住房城乡建设部（住建职委〔2015〕1号）组建了新一届全国住房和城乡建设职业教育教学指导委员会市政工程类专业指导委员会，它是住房城乡建设部聘任和管理的专家机构。其主要职责是在住房城乡建设部、教育部、全国住房和城乡建设职业教育教学指导委员会的领导下，研究高职高专市政工程类专业的教学和人才培养方案，按照以能力为本位的教学指导思想，围绕市政工程类专业的就业领域、就业岗位群组织制定并及时修订各专业培养目标、专业教育标准、专业培养方案、专业教学基本要求、实训基地建设标准等重要教学文件，以指导全国高职院校规范市政工程类专业办学，达到专业基本标准要求；研究市政工程类专业建设、教材建设，组织教材编审工作；组织开展教育教学改革研究，构建理论与实践紧密结合的教学体系，构筑校企合作、工学结合的人才培养模式，进一步促进高职高专院校市政工程类专业办出特色，全面提高高等职业教育质量，提升服务建设行业的能力。

市政工程类专业指导委员会成立以来，在住房城乡建设部人事司和全国住房和城乡建设职业教育教学指导委员会的领导下，在专业建设上取得了多项成果。市政工程类专业指导委员会制定了《高职高专教育市政工程技术专业顶岗实习标准》和《高职高专教育给排水工程技术专业顶岗实习标准》；组织了"市政工程技术专业""给排水工程技术专业"理论教材和实训教材编审工作。

在教材编审过程中，坚持了以就业为导向，走产学研结合发展道路的办学方针，以提高质量为核心，以增强专业特色为重点，创新教材体系，深化教育教学改革，围绕国家行业建设规划，系统培养高端技能型人才，为我国建设行业发展提供人才支撑和智力支持。

本套教材的编写坚持贯彻以素质为基础，以能力为本位，以实用为主导的指导思路，毕业的学生具备本专业必需的文化基础、专业理论知识和专业技能，能胜任市政工程类专业设计、施工、监理、运行及物业设施管理的高端技能型人才，全国住房和城乡建设职业教育教学指导委员会市政工程类专业指导委员会在总结近几年教育教学改革与实践的基础上，通过开发新课程，更新课程内容，增加实训教材，构建了新的课程体系。充分体现了其先进性、创新性、适用性，反映了国内外最新技术和研究成果，突出高等职业教育的特点。

"市政工程技术""给排水工程技术"两个专业教材的编写工作得到了教育部、住房城乡建设部人事司的支持，在全国住房和城乡建设职业教育教学指导委员会的领导下，市政工程类专业指导委员会聘请全国各高职院校本专业多年从事"市政工程技术""给排水工程技术"专业教学、研究、设计、施工的副教授以上的专家担任主编和主审，同时吸收工程一线具有丰富实践经验的工程技术人员及优秀中青年教师参加编写。该系列教材的出版凝聚了全国各高职高专院校"市政工程技术""给排水工程技术"两个专业同行的心血，也是他们多年来教学工作的结晶。值此教材出版之际，全国住房和城乡建设职业教育教学指导委员会市政工程类专业指导委员会谨向全体主编、主审及参编人员致以崇高的敬意。对大力支持这套教材出版的中国建筑工业出版社表示衷心的感谢，向在编写、审稿、出版过程中给予关心和帮助的单位和同仁致以诚挚的谢意。本套教材全部获评住房城乡建设部土建类学科专业"十三五"规划教材，得到了业内人士的肯定。深信本套教材的使用将会受到高职高专院校和从事本专业工程技术人员的欢迎，必将推动市政工程类专业的建设和发展。

全国住房和城乡建设职业教育教学指导委员会

市政工程类专业指导委员会

序　言

　　2010 年 4 月住房和城乡建设部受教育部（教高厅函〔2004〕5 号）委托，住房和城乡建设部（建人函〔2010〕70 号）组建了新一届全国高职高专教育土建类专业教学指导委员会市政工程类专业分指导委员会，它是住房和城乡建设部聘任和管理的专家机构。其主要职责是在住房和城乡建设部、教育部、全国高职高专教育土建类专业教学指导委员会的领导下，研究高职高专市政工程类专业的教学和人才培养方案，按照以能力为本位的教学指导思想，围绕市政工程类专业的就业领域、就业岗位群组织制定并及时修订各专业培养目标、专业教育标准、专业培养方案、专业教学基本要求、实训基地建设标准等重要教学文件，以指导全国高职高专院校规范市政工程类专业办学，达到专业基本标准要求；研究市政工程类专业建设、教材建设，组织教材编审工作；组织开展教育教学改革研究，构建理论与实践紧密结合的教学体系，构建校企合作、工学结合的人才培养模式，进一步促进高职高专院校市政工程类专业办出特色，全面提高高等职业教育质量，提升服务建设行业的能力。

　　市政工程类专业分指导委员会成立以来，在住房和城乡建设部人事司和全国高职高专教育土建类专业教学指导委员会的领导下，在专业建设上取得了多项成果；市政工程类专业分指导委员会在对"市政工程技术专业""给排水工程技术专业"职业岗位（群）调研的基础上，制定了"市政工程技术专业"专业教学基本要求和"给排水工程技术专业"专业教学基本要求；其次制定了"市政工程技术专业"和"给排水工程技术专业"两个专业校内实训及校内实训基地建设导则；并根据"市政工程技术专业""给排水工程技术专业"两个专业的专业教学基本要求，校内实训及校内实训基地建设导则，组织了"市政工程技术专业""给排水工程技术专业"理论教材和实训教材编审工作。

　　在教材编审过程中，坚持了以就业为导向，走产学研结合发展道路的办学方针，以提高质量为核心，以增强专业特色为重点，创新教材体系，深化教育教学改革，围绕国家行业建设规划，系统培养高端技能型人才，为我国建设行业发展提供人才支撑和智力支持。

　　本套教材的编写坚持贯彻以素质为基础，以能力为本位，以实用为主导的指导思路，毕业的学生具备本专业必需的文化基础、专业理论知识和专业技能，能胜任市政工程类专业设计、施工、监理、运行及物业设施管理的高端技能型人才，全国高职高专教育土建类教学指导委员会市政工程类专业分指导委员会在总结近几年教育教学改革与实践的基础上，通过开发新课程，更新课程内容，增加实训教材，构建了新的课程体系。充分体现了其先进性、创新性、适用性，反映了国内外最新技术和研究成果，突出高等职业教育的特点。

　　"市政工程技术""给排水工程技术"两个专业教材的编写工作得到了教育部、住房和城乡建设部人事司的支持，在全国高职高专教育土建类专业教学指导委员会的领导下，市政工程类专业分指导委员会聘请全国各高职院校本专业多年从事"市政工程技术""给排水工程技术"专业教学、研究、设计、施工的副教授及以上的专家担任主编和主审，同时吸收工程一线具有丰富实践经验的工程技术人员及优秀中青年教师参加编写。该系列教材的出版凝聚了全国各高职高专院校"市政工程技术""给排水工程技术"两个专业同行的心血，也是他们多年来教学工作的结晶。值此教材出版之际，全国高职高专教育土建类教学指导委员会市政工程类专业分指导委员会谨向全体主编、主审及参编人员致以崇高的敬意。对大力支持这套教材出版的中国建筑工业出版社表示衷心的感谢，向在编写、审稿、出版过程中给予关心和帮助的单位和同仁致以诚挚的谢意。深信本套教材的使用将会受到高职高专院校和从事本专业工程技术人员的欢迎，必将推动市政工程类专业的建设和发展。

全国高职高专教育土建类专业教学指导委员会
市政工程类专业分指导委员会

第三版前言

本书是按照全国住房和城乡建设职业教育教学指导委员会市政工程类专业指导委员会编制的《高等职业教育给排水工程技术专业教学基本要求》对本课程的要求编写而成。

随着我国经济社会的不断发展，水环境保护日益受到重视和关注，加强对水质的检测是保证水环境安全，保证各类水质达标的重要环节。本书以水质检验为主线，对应给排水工程技术专业职业岗位设置的知识和技能需求，形成理论知识与技能实训相结合，体现高职教育注重职业岗位素质和能力的训练、工学结合的特点。本次修订，突出水质检测实践技能的培养，增加了水质微生物检测、技能训练操作考核部分；同时，为便于学生课后学习，教材增加了二维码形式链接的学习资料，学生通过手机"扫一扫"功能，扫描书中的二维码，即可在课堂内外进行相应知识的学习。作者会根据行业的发展，及时更新二维码链接的资源。

本书教学单元1、教学单元2、教学单元3、教学单元12、附录由谢炜平编写；教学单元4、教学单元5由王有志编写教学单元6、教学单元9由李绍峰编写；教学单元7、教学单元8由杨丽英编写；教学单元10、教学单元11由冉治霖编写。

本书编写修订过程中，得到了全国住房和城乡建设职业教育教学指导委员会市政工程类专业指导委员会有关专家的指导，中国建筑工业出版社有关编辑对本书的编写和出版给予了大力的支持和帮助。本书编写过程中参考了大量文献资料。在此向有关专家，编辑及参考文献原作者一并表示衷心的感谢。

由于编者水平有限，书中难免存在不足和纰漏之处，敬请读者批评指正。

第二版前言

本书是按照高职高专教育土建类专业教学指导委员会市政工程类专业分指导委员会编制的《高等职业教育给排水工程技术专业教学基本要求》对本课程的要求编写而成。

随着我国经济社会的不断发展，水环境保护日益受到重视和关注，加强对水质的检测是保证水环境安全，保证各类水质达标的重要环节，除常规水质检验技术外，自动在线水质检测、水质应急监测技术也日益受到重视和推广。本书以水质检验为主线，对应给排水工程技术专业职业岗位设置的知识和技能需求，形成理论知识与技能实训相结合，体现高职教育注重职业岗位素质和能力的训练、工学结合的特点。本次修订版除基本上保持第一版总体框架、总体结构外，增加了一些新知识、新技术，如增加了水质自动检验技术、水质应急监测等内容，力求能较完整反映水质检验技术的现状，但限于我们水平，遗漏和不足也是难免的，恳请读者批评指正。

此次修订，教学单元1、教学单元2、教学单元9、教学单元11、附录由谢炜平编写；教学单元3由邹原编写；教学单元4、教学单元5由马春香编写；教学单元6、教学单元7、教学单元10由王有志编写；教学单元8由杨丽英编写。

本书编写修订过程中，得到了高职高专土建类专业教学指导委员会有关专家的指导，中国建筑工业出版社有关编辑对本书的编写和出版给予了大力的支持和帮助。本书编写过程中参考了大量文献资料。在此向有关专家、编辑及参考文献原作者一并表示衷心的感谢。

前　言

本书按照全国高职高专教育土建类专业教学指导委员会审定通过的给水排水工程技术专业人才培养要求、课程教学大纲及教学基本要求编写而成。

本书内容以水质检验为主线，对应给水排水工程技术专业职业岗位设置的知识和技能需求，形成理论知识与技能实际训练相结合的整体框架，体现高职教育注重职业岗位素质和能力的训练应用及工学结合的特点。教材适当反映了本专业技术领域新技术和新标准。

本书为高职高专给水排水工程技术专业教材，也可用作环境类及相关专业的教材；同时可作为本专业职业教育培训教材，及相关工程技术人员参考书。

本书编写人员为：深圳职业技术学院谢炜平（第一章、第二章、第九章）、邹原（第三章、附录）；黑龙江建筑职业技术学院马春香（第四章、第五章）、王有志（第六章、第七章）、杨丽英（第八章）。

全书由谢炜平主编、王有志副主编，哈尔滨工业大学黄君礼教授主审。

本书编写过程中，得到了全国高职高专土建类专业教学指导委员会有关专家的指导，哈尔滨工业大学黄君礼教授提出了许多宝贵的意见和建议，中国建筑工业出版社有关编辑对本书的编写和出版给予了大力的支持和帮助，本书编写中参考了大量文献资料，在此向有关专家、编辑及参考文献原作者一并表示衷心感谢。

由于作者水平有限，书中难免存在错误和不妥之处，恳请读者批评指正。

编者

2010 年 10 月

目　　录

教学单元 1　绪论 ··· 1
　1.1　水质检验概述 ··· 1
　1.2　水质检验技术的分类 ··· 2
　1.3　水质指标与水质标准 ··· 4
　1.4　水质检验项目 ·· 10
　思考题与习题 ·· 13

教学单元 2　水质检验质量保证 ··· 14
　2.1　概述 ·· 14
　2.2　水样的采集和预处理 ··· 16
　2.3　水质检验结果的误差及其表示 ·· 21
　2.4　数据处理 ·· 24
　2.5　水质检验结果的表示方法 ··· 33
　思考题与习题 ·· 37

教学单元 3　水质检验技能应用基础 ··· 39
　3.1　常用玻璃仪器及其他器皿、器具 ····································· 39
　3.2　化学试剂与试液 ··· 47
　3.3　实验室常用仪器设备 ··· 54
　3.4　滴定分析基本操作 ·· 59
　思考题与习题 ·· 66
　技能训练 1　分析天平的使用 ··· 67
　技能训练 2　滴定分析基本操作 ··· 68
　技能训练 3　色度的测定(目视比色法) ···································· 69
　水质色度测定的操作评分表 ··· 71

教学单元 4　酸碱滴定法 ··· 72
　4.1　酸碱指示剂 ··· 72
　4.2　酸碱滴定曲线和指示剂的选择 ·· 75
　4.3　酸碱滴定法的应用 ·· 80
　思考题与习题 ·· 86
　技能训练　碱度的测定(总碱度、重碳酸盐和碳酸盐) ·················· 86

教学单元 5　络合滴定法 ··· 89
　5.1　络合滴定法概述 ··· 89
　5.2　EDTA 与 EDTA 螯合物 ··· 91
　5.3　金属指示剂 ··· 95
　5.4　提高络合滴定选择性的方法 ·· 97

5.5　络合滴定方式及其应用 ·· 99

思考题与习题 ··· 105

技能训练　水中硬度的测定 ··· 106

教学单元 6　重量分析和沉淀滴定法 109

6.1　重量分析法 ·· 109

6.2　沉淀滴定法 ·· 111

思考题与习题 ··· 116

技能训练 1　悬浮性固体的测定 ·· 117

技能训练 2　水中氯化物的测定（沉淀滴定法） ··················· 119

水质氯化物测定的操作评分表 ··· 121

教学单元 7　氧化还原滴定法 124

7.1　氧化还原反应的方向 ·· 124

7.2　氧化还原反应速度的影响因素 ····································· 126

7.3　氧化还原滴定 ··· 128

7.4　氧化还原滴定法在水质分析中的应用 ··························· 129

7.5　水中有机物污染综合指标 ·· 143

思考题与习题 ··· 148

技能训练 1　水中高锰酸盐指数的测定 ······························· 149

高锰酸盐指数测定的操作评分表 ·· 151

技能训练 2　水中化学需氧量 COD 的测定（重铬酸钾法） ······· 153

化学需氧量测定的操作评分表 ··· 155

技能训练 3　水中溶解氧 DO 的测定（碘量法） ···················· 157

溶解氧测定的操作评分表 ·· 159

技能训练 4　水中生化需氧量 BOD_5 的测定 ······················· 161

生化需氧量测定的操作评分表 ··· 163

教学单元 8　分光光度法 165

8.1　概述 ·· 165

8.2　分光光度法测定原理 ·· 166

8.3　分光光度计基本组成与测定条件的选择 ·························· 169

8.4　分光光度法在水质分析中的应用 ·································· 173

思考题与习题 ··· 178

技能训练 1　水中铁的测定（邻二氮菲分光光度法） ··············· 179

水质总铁测定的操作评分表 ·· 181

技能训练 2　氨氮的测定（分光光度法） ···························· 183

氨氮测定的操作评分表 ··· 184

技能训练 3　挥发酚的测定（4-氨基安替比林分光光度法） ······· 186

技能训练 4　水中余氯的测定（分光光度法） ······················ 188

技能训练 5　浊度的测定（分光光度法） ···························· 190

浊度测定的操作评分表 ··· 191

教学单元 9　几种仪器分析法在水质分析中的应用 ·············· 193

9.1　电位分析法 ·· 193

9.2　电导分析法 ·· 196

9.3　原子吸收光谱法 ······································ 199

9.4　气相色谱法 ·· 203

9.5　高效液相色谱法 ······································ 209

思考题与习题 ·· 212

技能训练　水中金属离子锌和铅的测定 ····················· 213

教学单元 10　水中微生物检测 ························· 215

10.1　微生物基础介绍 ····································· 215

10.2　原核微生物 ··· 217

10.3　真核微生物和原生动物 ······························ 219

10.4　病毒 ··· 221

10.5　水中微生物指标 ····································· 224

技能训练 1　普通光学显微镜的使用 ······················ 225

普通光学显微镜使用的操作评分表 ·························· 228

技能训练 2　水中细菌菌落总数的测定原理及方法 ··········· 229

细菌菌落总数的测定原理及方法的操作评分表 ················ 231

技能训练 3　水中总大肠菌群的测定 ······················ 231

水中总大肠菌群测定的操作评分表 ·························· 233

教学单元 11　水质自动检验技术简介 ·················· 234

11.1　地表水水质自动检验技术 ···························· 234

11.2　污水水质自动检验技术 ······························ 238

思考题与习题 ·· 243

教学单元 12　水质应急监测 ························· 244

12.1　突发性水污染事故类型及特征 ························ 244

12.2　水质应急监测分析技术 ······························ 245

12.3　水质应急监测分析方案的确立 ························ 249

思考题与习题 ·· 252

附录 ·· 253

附录 1　《生活饮用水卫生标准》GB 5749—2006 摘录 ········ 253

附录 2　《地表水环境质量标准》GB 3838—2002 摘录 ········ 258

附录 3　《城市杂用水水质标准》GB/T 18920—2020 摘录 ····· 260

附录 4　《污水综合排放标准》GB 8978—1996 摘录 ·········· 261

附录 5　弱酸、弱碱在水中的离解常数(25℃) ··············· 265

附录 6　络合物的稳定常数(18～25℃) ···················· 267

附录 7　微溶化合物的溶度积(18～25℃) ·················· 269

附录 8　标准电极电位或条件电位(25℃) ·················· 270

附录 9　常用基准物质及其干燥条件 ······················· 273

附录 10　常用酸碱的密度和浓度 ·························· 274

附录 11　国际相对原子量表 ······························ 274

主要参考文献 ·· 276

教学单元 1　绪　　论

【教学目标】
通过水质检验分析方法、水质指标、水质标准以及不同来源水的水质检验项目的学习，学生应初步具有针对不同水体及废水确定水质检验项目的能力，并能够应用相关水质标准判断水质状况。

1.1　水质检验概述

1.1.1　水及水质处理

水是人类生存的基础，也是人类进行生产活动的重要资源。水资源、水质安全问题得到全社会的广泛关注。

自然界的水不停地流动和转化，通过降水、径流、渗透和蒸发等方式循环不止，构成水的自然循环，形成各种不同的水源。人类社会为了满足生产和生活的需要，要从各种天然水体中取用大量的水。生活用水和生产用水在使用后，就成为生活污水和工业废水，它们被排出后，最终又流入天然水体，这就构成水的社会循环。无论在自然循环还是在社会循环过程中，水中都会被混入溶解性物质、不溶解的悬浮物质、胶体物质和微生物等，所以水总是以某种溶液状态存在，包含着各种各样的杂质。由此可见，水质是水和其中杂质所共同表现出来的综合特征。

水有各种各样的用途，生活用水、农业用水、工业用水等，无论哪一种用途的水，对于水中杂质种类及含量，都有一定的要求和限制；对于各类排放的废水，同样也有相应的水质要求。为了实现上述目的，获得满足人类生活或生产工艺对水质的要求，人们采用适当的净化方法对水进行净化处理。从水处理角度讲，水处理可以分为给水处理、工艺水处理和废水处理三个部分，它们之间的循环关系如图 1-1 所示。

图 1-1　水处理及水循环示意图

随着水资源的短缺和水污染的加剧，人们普遍重视了水资源的保护、水污染的防治和水的再生利用工作。而水质检验正是确定水处理方案，选择合理的水处理方法和流程，监测水质污染和治理工程的正常运行的重要手段。因此水质检验工作越来越受到重视。

1.1.2　水质检验的任务

在城市给水中，无论是生活给水还是工业给水，选择水源时，除了考虑水量满足要求外，还须确定水源的水质，这对净水厂确定水处理工艺及处理方法起着决定性的作用；而处理后的水质是否符合生活饮用水或工业用水标准，也是通过水质检验结果来判断。在城市排水中，城市污水处理厂(或工业废水处理站)同样也是根据水质来确定污水处理的方法及工艺流程。

水质检验的对象可分为环境水体、水污染源和不同生产工艺用水。环境水体包括地表水(江、河、湖、水库、海水)；水污染源包括生活污水、各种工业废水、医院污水等；不同生产工艺用水包括循环冷却水、锅炉用水、食品饮料生产用水、工业生产用水等。水质检验的任务主要有以下几点：

(1) 鉴定各种用水的水质(杂质种类及浓度)是否是满足用水的要求；

(2) 按照给水排水的需要，对水质进行检验，以指导水处理的研究、设计及运行管理；

(3) 为了对人类的生活环境进行保护，防止水被污染，而对江河湖海及地下水、雨水、生活污水及工业废水等进行经常性的水质监测；

(4) 对水环境污染事故进行应急检测，及时掌握水环境状况，为采取措施提供依据；

(5) 为开展水环境质量评价、加强水环境保护管理工作提供基础数据和资料。

1.2　水质检验技术的分类

1.2.1　化学分析法和仪器分析法

根据检验方法所依据的原理，水质检验常用的方法有化学分析法和仪器分析法。

1. 化学分析法

以化学反应为基础的分析方法称为化学分析法。化学分析法分为重量分析法和滴定分析法两种。

(1) 重量分析法

使水样中的待测组分转化为另一种固定化学组成的沉淀物。通过称量该化合物的质量，计算出待测组分的含量。重量分析法准确度高，不需要标准试样或基准试剂，直接用天平称量就可以求出分析结果，应用范围较广，几乎所有的元素或化合物都可以用重量分析法来确定。但重量分析法步骤复杂，耗时费事。

常用的重量分析法有两种：一种是挥发法，如固体试样中水分含量的测定；另一种是沉淀分析法，测定水样中总固体、溶解固体、硫酸盐、油类等都采用此类方法。本书重点讨论沉淀分析法。

（2）滴定分析法

将一已知准确浓度的试剂溶液和被测物质的组分定量反应完全，根据反应完成时所消耗的试剂溶液浓度和用量计算出待测物质的含量的方法。这样的方法也称为容量分析法。

根据反应基础不同，滴定分析法可分为 4 大类，即酸碱滴定法、沉淀滴定法、络合滴定法、氧化还原滴定法。

2. 仪器分析法

仪器分析法是以被测组分的物理或物理化学性质为基础，借助仪器来测定被测组分含量的方法。它包括光学分析法、电化学分析法、色谱分析法、质谱分析法等。近几年，气相色谱-质谱(GC-MS)、气相色谱-核磁共振(GC-NMR)及计算机联用技术在水质检测中得到了迅速发展。

（1）光学分析法　主要有比色法(可见光区)、紫外分光光度法、红外分光光度法等；此处还包括原子吸收法。

（2）电化学分析法　常用的有电位法、电导法等。

（3）色谱分析法　主要包括气相色谱法、液相色谱法、离子色谱法。

仪器分析法常用于微量和痕量组分的分析，快速灵敏。但仪器价格昂贵，维修要求较高。

水质检验中常见杂质的分析方法见表 1-1。

常用的水质检验分析方法　　　　　　　　　　　　　　　　　表 1-1

分析方法		检出组分
重量分析法		SS、可滤残渣、矿化度、油类、SO_4^{2-}； 金属离子：Ag^+、Al^{3+}、As^{3+}、Ba^{2+}、Ca^{2+}、Cd^{2+}、Cr^{3+}、Fe^{3+}、Hg^{2+}、K^+、Mg^{2+}、Mn^{2+}、NH_4^+、Na^+、Ni^{2+}、Pb^{2+}、Zn^{2+}； 非金属离子：AsO_4^{3-}、BO_2^-、Cl^-、Br^-、CN^-、SCN^-、CrO_4^{2-}、F^-、I^-、IO_3^-、NO_3^-、PO_4^{3-}、SO_4^{2-}、SiO_3^{2-}
化学分析法	酸碱滴定法	碱度、酸度、可溶性强酸、可溶性弱酸、弱酸盐、难溶弱酸、H_3BO_3； 可溶性强碱、弱碱、弱碱盐、难溶性碳酸盐
	沉淀滴定法	Ag^+、Hg^{2+}、Zn^{2+}、AsO_4^{3-}、Br^-、Cl^-、I^-、CN^-、F^-、SCN^-
滴定分析法	络合滴定法	硬度、Ag^+、Al^{3+}、Ba^{2+}、Sr^{2+}、Bi^{3+}、Ca^{2+}、Co^{2+}、Fe^{3+}、Fe^{2+}、Mg^{2+}、Mn^{2+}、Mo^{5+}、MoO_4^{2-}、Na^+、Pb^{2+}、Sn^{2+}、Zn^{2+}、AsO_4^{3-}、Bo_3^{3-}、Cl^-、Br^-、I^-、CN^-、CO_3^{2-}、ClO_3^-、ClO_4^-、CrO_4^-、F^-、PO_4^{3-}、HS^-、S^{2-}、SO_4^{2-}、SCN^-、SiO_3^{2-}
	氧化还原滴定法	高锰酸盐指数、化学需氧量、生化需氧量、溶解氧、余氯、挥发酚、Br^-、$C_2O_4^{2-}$、I^-、$Cr_2O_7^{2-}$、MnO_4^-、NO_3^-、$S_2O_3^{2-}$、ClO_3^-、S^{2-}、HS^-、SO_3^{2-}、Fe^{2+}、Cd^{2+}、Co^{2+}、Cu^{2+}、Hg^{2+}、Mg^{2+}、Ni^{2+}、Pb^{2+}、Zn^{2+}

续表

分析方法			检出组分
仪器分析法	光学分析法	比色法	pH、溶解氧、As、Cr^{3+}、Ca^{2+}、Hg^{2+}、As^{3+}、S^{2-}、CN^-、F^-、酚
		分光光度法	Al^{3+}、Ba^{2+}、Ca^{2+}、Cd^{2+}、Co^{2+}、Cr^{3+}、Cu^{2+}、Fe^{2+}、Fe^{3+}、Hg^{2+}、Mg^{2+}、Mn^{2+}、NH_4^+、Pb^{2+}、Zn^{2+}、$NiAsO_2^{2-}$、BO_3^{3-}、Cl^-、I^-、NO_3^-、PO_4^{3-}、SO_4^{2-}、SiO_2^-、挥发酚、氨氮、浊度、油类、阴离子洗涤剂；各类有机酸、总氮、总磷、各类有机物
		原子吸收法	痕量金属70余种元素
		发射光谱法	铬、铅、镉、硒、汞、砷等
		荧光分析法	苯并芘、硒、铍、油、沥青等(分子荧光)Zn、Cd、Mg、Ca等(原子荧光)
		等离子发射光谱	用于水中基体金属、污染重金属以及底质中多种元素的同时测定
	电化学分析法	电位分析法	pH、F^-、CN^-、NH_3、阴离子洗涤剂等
		电导分析法	电导率、溶解氧等
仪器分析法	电化学分析法	库仑分析法	COD、BOD等
		阳极溶出法	Cu、Zn、Cd、Pb等重金属离子
	色谱分析	气相色谱法	苯、二甲苯、多氯联苯、多环芳烃、酚类、有机农药
		液相色谱法	酚类、有机农药、联苯、多环芳烃
		离子色谱法	多种阳离子、阴离子

1.2.2 常量分析、半微量分析、微量分析

根据水样用量及操作规程不同以及分析时组分在试样中的相对含量不同,可分为常量、半微量、微量和痕量分析,见表1-2。

根据试样量或相对含量对检测方法分类 表1-2

分类名称	所需试样质量(mg)	所需试液体积(mL)	相对含量(%)
常量分析	100~1000	10~100	>1
半微量分析	10~100	1~10	—
微量分析	0.1~10	0.01~1	0.01~1
痕量分析	—	—	<0.01

1.3 水质指标与水质标准

1.3.1 水质指标

水质是指水的使用性质,是水和其中杂质共同表现的综合特征。水质好坏是一个相对的概念,仅仅根据水中杂质的颗粒大小还远不能反映水的物理学、化学和生物学特性。通常采用水质指标来衡量水质的好坏。凡是能反映水的使用性质

的一种量都是水质指标。水质指标表示水中杂质的种类和数量，又称水质参数。

具体衡量的尺度称为水质指标。污水和受纳水体的物理、化学和生物等方面的特征是用水质指标来表示的，水质指标是水体进行监测、评价、利用和污染治理的依据，也是控制污水处理设施运行状态的依据。

水质指标项目繁多，主要可以分为物理指标、化学指标和微生物指标3类。

1. 物理指标

（1）水温

水温是常用的物理指标之一。由于水的许多物理性质、水中进行的化学变化过程和微生物变化过程都与水温有关，通常是必测项目之一。

（2）臭和味

纯净的水是无臭无味的。天然水溶解有杂质时，使水具有味道，当天然水中含有绿色藻类和原生动物等，均会发生腥味。

清洁的水没有任何气味，被污染的水往往产生一些不正常的气味。水中含有分解的有机体或矿物质，如铁、硫的化合物等，以及工业废水或生活污水进入水体后，都能产生各种不同的气味。因此，可以根据臭的测定结果，推测水的污染性质和程度。

（3）色度

纯净的水无色透明，混有杂质的水一般有色或不透明。例如，天然水体中含有黄腐酸而呈黄褐色，含有藻类而呈绿色或褐色；水中悬浮泥砂和不溶解的矿物质也会有颜色。例如，黏土使水呈黄色，铁的氧化物使水呈黄褐色，硫化氢氧化后析出的硫使水呈浅蓝色。水体受到工业废水的污染往往呈现各种不同的颜色。新鲜的生活污水呈灰暗色，腐败的污水呈黑褐色。

水中呈色的杂质可处于悬浮、胶体或溶解状态。包括悬浮杂质在内所构成的水色称为表色，除去悬浮杂质后，由胶体及溶解杂质构成的颜色称为真色。在水质分析中，一般只对天然水的真色进行定量的测定，对其他各种水（如工业废水）的颜色就只作定性的或深浅程度的一般描述。在清洁的或浑浊度很低的水样中，水的表色和真色几乎相等。

测定水的色度可采用铂钴标准比色法。用氯铂酸钾（K_2PtCl_6）和氯化钴（$CoCl_2 \cdot 6H_2O$）配制的混合溶液作为色度的标准溶液，规定每升水中含有 1mg Pt 和 0.5mg Co 时，所具有的颜色称为 1 度，作为标准色度单位。测定色度时，把待测的水样与一系列不同色度的标准溶液色列进行比较，即可测得水样的色度。此法操作简便，色度稳定，标准色列易长期使用。

由于 K_2PtCl_6 价格较贵，常采用铬钴比色法，以重铬酸钾（$K_2Cr_2O_7$）代替 K_2PtCl_6 和硫酸钴（$CoSO_4 \cdot 7H_2O$）按一定比例配制成代用的色度标准溶液。此法所用的重铬酸钾便宜易得，只是标准溶液保存的时间较短。

测定较清洁水样，如天然水和饮用水的色度，可用铂钴标准比色法或铬钴比色法。如水样较浑浊，可事先静置澄清或离心分离除去浑浊物后，进行测定，但不得用滤纸过滤。水的颜色往往随 pH 的改变而不同，因此测定时必须注明 pH。

多数清洁的天然水的色度一般为 15～25 度，湖泊沼泽水的色度可在 60 度以上，有时高达数百度，饮用水一般规定色度不超过 15 度。某些工业用水对色度要求较严，例如，造纸用水色度不超过 15～30 度，纺织用水色度不超过 10～12 度，而染色用水则要求色度在 5 度以下。因此，对特殊工业用水使用之前需要脱色处理。一些有色的工业废水在排放之前也应进行脱色处理。

（4）浊度

由于水中含有悬浮及胶体状态的杂质，使得原来无色透明的水产生浑浊现象，其浑浊的程度称为浊度。水中浊度是天然水、饮用水和城市污水再生利用的一项重要水质指标，是水可能受到污染的标志之一。

水的浑浊程度以浊度作指标，首先，要将浊度与色度相区别，某种水可能颜色很深，但却仍然透明并不浑浊。其次，浊度也并不等于悬浮物质含量。虽然水的浑浊在相当程度上是由悬浮物造成的，而且浊度也常用产生浑浊的物质重量来表示。但是悬浮物质含量是水中可以用滤纸截留的物质重量，是一种直接数量，而浑浊度则是一种光学效应，它表现出光线透过水层时受到阻碍的程度。

一般标准浊度单位，是以不溶解硅如硅藻土、白陶土等在蒸馏水中所产生的光学阻碍现象为基础，即规定 $1mgSiO_2/L$ 所产生浊度为 1 度；近年来，多采用硫酸肼与六次甲基四胺聚合生成白色高分子聚合物标准溶液，亦称为福尔马肼浊度标准液，并规定 1.25mg 硫酸肼/L 和 12.5mg 六次甲基四胺/L 在水中形成的聚合物所产生的浊度为 1 度。用此种标准液校准散射光浊度仪测定浊度，所得浊度计量单位则用散射浊度单位（NTU）表示。我国城市供水水质标准规定浊度不超过 1NTU，特殊情况下不得超过 3NTU。某些工业用水对浊度也有一定的要求，如造纸用水不得超过 2～5NTU，纺织、漂染用水小于 5NTU，半导体集成电路用水应为零，城市污水再生利用回用于生活杂用水不得超过 5NTU。

水的浊度测定除采用目视比色法和分光光度法外，还可用浊度仪进行测定。

（5）残渣

残渣分为总残渣（也称总固体）、总可滤残渣（又称溶解性总固体）和总不可滤残渣（又称悬浮物）3 种。残渣在许多方面对水质有不利影响。残渣含量高的水，很可能是由于污染所致或因矿物质过多，一般不适于饮用；高度矿化的水对许多工业用水也不适用。我国对生活饮用水水质规定总可滤残渣（溶解性总固体）不得超过 1000mg/L。

水中残渣还可根据其挥发性能分为挥发性残渣和固定性残渣。挥发性残渣又称总残渣灼烧减量，该指标可粗略地代表水中有机物含量和铵盐及碳酸盐等部分含量。固定残渣可由总残渣与挥发性残渣之差求得，可粗略代表水中无机物含量。

残渣采用重量分析法测定，适用于饮用水、地面水、生活污水和工业废水等。

（6）电导率

电导率又称比电导，表示水溶液传导电流的能力，为距离 1cm 和截面积 1cm

的两个电极间所测得电阻的倒数。它可间接表示水中溶解性固体的相对含量。通常用于分析蒸馏水、去离子水或高纯水的纯度，监测锅炉水和水质受污染情况等。

电导率的基本单位是西门子/米（S/m），电导率用电导率仪测定。

（7）紫外吸光值（UVA）

由于生活污水、工业废水，尤其石油废水的排放，使天然水体中含有许多有机污染物，这些污染物，特别是含有芳香烃、双键或羰基的共轭体系，在紫外光区都有强烈吸收。对特定水系来说，其所含物质组成一般变化不大，所以，利用紫外吸光值（UVA）作为评价水质有机物污染综合指标，具有较普遍意义。

2. 化学指标

天然水和一般清洁水中主要成分有：Ca^{2+}、Mg^{2+}、Na^+、K^+、H^+、OH^-、Cl^-、NO_3^-、HCO_3^-、CO_3^{2-}、SO_4^{2-} 等离子。污染较严重的天然水、生活污水或工业废水，除含有这些离子外还有其他杂质成分。表示水中杂质和污染物的化学成分和特性的综合性指标为化学指标，主要有 pH、硬度、碱度、酸度、总含盐量、含氮化合物、含磷化合物、高锰酸盐指数、COD、BOD、DO、TOD、TOC 等。

（1）pH 值

pH 值表示水中酸、碱的强度，是常用的水质指标之一。pH 值在水的化学混凝、软化、消毒、除盐、水质稳定、腐蚀控制及水的生物化学处理、污泥脱水等过程中都是一个重要因素和指标，对水中有毒物质的毒性和一些重金属络合物结构都有重要影响。

（2）硬度

水的硬度一般是指水中含有 Ca^{2+}、Mg^{2+} 离子的总量。包括总硬度、碳酸盐硬度和非碳酸盐硬度。由 $Ca(HCO_3)_2$、$Mg(HCO_3)_2$ 和 $MgCO_3$ 所形成的硬度为碳酸盐硬度，又称暂时硬度，当加热时，这些碳酸盐类即可分解并形成沉淀。由 $CaSO_4$、$MgSO_4$ 及 $CaCl_2$、$MgCl_2$ 等形成的硬度为非碳酸盐硬度，又称永久硬度，这些物质即使加热至沸腾也不会从水中析出，只有当水不断地蒸发，使它们的含量超过了饱和浓度极限时，才会沉淀出来，沉淀出来的物质称为水垢。水的硬度对锅炉用水的影响很大，含有硬度的水会使锅炉产生水垢危害，影响热量的传导，严重时会引起锅炉爆炸。

硬度单位除以 "mg/L"（以 $CaCO_3$ 计）表示外，还常用 "mmol/L"、德国度、法国度等表示。

（3）酸度和碱度

水的酸度是指水中所含能给出 H^+ 离子物质的总量。这些物质能够放出 H^+，或者经过水解能产生 H^+。酸度包括强酸如 H_2SO_4、HCl、HNO_3 等；弱酸如 H_2CO_3、CH_3COOH 和各种有机酸等；水解盐如硫酸亚铁、硫酸铝等。酸度的测定可以反映水源水质的变化情况。酸度常用 "mg/L"（以 $CaCO_3$ 计）表示。

水的碱度是水中能够接受 H^+ 离子物质的总量。碱度包括水中重碳酸盐碱度（HCO_3^-）、碳酸盐碱度（CO_3^{2-}）和氢氧化物碱度（OH^-），水中 HCO_3^-、CO_3^{2-} 和 OH^- 三种离子的总量称为总碱度。一般天然水中只含有 HCO_3^- 碱度，碱性较强的水含有 CO_3^{2-} 和 OH^- 碱度。碱度指标常用于评价水体的缓冲能力及金属离子在其中的溶解性和毒性，是水和废水处理过程控制的判断性指标。碱度用"mg/L"（以 $CaCO_3$ 计）表示。

酸碱污染使水体的 pH 发生变化，影响化学反应速度、化学物质的形态和生物化学过程，还会腐蚀排水管道和污水处理构筑物。因此，含有强酸强碱的工业废水在排放之前，必须进行中和处理。

（4）总含盐量

总含盐量又称矿化度。表示水中各种盐类的总和，也是水中全部阳离子和阴离子的总和。可以粗略地用下式计算：

$$总含盐量=[Ca^{2+}+Mg^{2+}+Na^++K^+]+[HCO_3^-+SO_4^{2-}+Cl^-]$$

总含盐量过高会造成管道和构筑物的腐蚀，使污水下渗，污染地下水；用于农业灌溉时，会导致土壤盐碱化。

（5）含氮化合物

含氮化合物包括总氮、氨氮、亚硝酸盐氮、硝酸盐氮。总氮包括有机氮和各种无机氮化物。含氮有机物在微生物好氧分解过程中，最终会转化为氨氮、亚硝酸盐氮、硝酸盐氮、水和二氧化碳等无机物。因此，测定上述几个指标可反映污水分解过程及经处理后的无机化程度。如污水处理厂出水中含有硝酸盐氮时，说明污水中的有机氮大多数转化为无机物，出水排入天然水体后是较为稳定的。

（6）含磷化合物

含磷化合物是微生物生长的营养物质，水中含磷量过高会造成水体富营养化。天然水中磷的含量较低，但近年来由于无磷合成洗涤剂的大量使用，使生活污水中含磷量明显减少。

（7）油类污染物质

水中矿物油类主要来源于工业废水，如炼油及石油化工工业、海底石油开采等，动植物油主要来源于生活污水。随着石油工业的发展，生活水平的提高，油类物质对水体的污染已日益增加。

3. 有机污染物综合指标

有机污染物综合指标主要有化学需氧量(COD)、生物化学需氧量(BOD)、溶解氧(DO)、高锰酸盐指数、总有机碳(TOC)、总需氧量(TOD)等。由于有机污染物的种类繁多，组成复杂，很难一一分辨，逐项进行测定。因此，只在必要时才对某种有机物进行单项分析测定。这些综合指标可作为水中有机物总量的水质指标，它们在水质分析和水处理中具有重要意义。

天然水体中的有机污染物一般是腐殖物质、水生物生命活动产物以及生活污水和工业废水的污染物等。有机污染物的特点是进行生物氧化分解，消耗水中溶解氧，而在缺氧条件下就会发酵腐败、使水质恶化、破坏水体；同时，水中有机污染物含量高，细菌繁殖，传播病菌的可能性增加，在水质安全方面是十分危险的。工业用水中的有机物会影响生产过程，降低产品质量。生活饮用水中是不允许有机污染物存在的。

常用的水中有机污染物综合指标将在本书教学单元 7 中详细介绍和讨论。

4. 有毒物质

某些工业废水中含有具有强烈生物毒性的杂质，排入水体或用于农业灌溉，常会影响鱼类、水生生物、农作物等的生长和生存，还可能通过食物链危害人体健康，必须严加控制。这类物质的含量虽然不大，但列为单项水质指标，应专门测定，作为水环境污染和保护的主要控制对象。

有毒物质可以分为无机物和有机物两大类。

无机有毒物质主要是重金属，如铅、铜、锌、铬、镉、汞等；一些非金属，如砷、硒等和氰化物。

有机有毒物质主要是带有苯环的芳香族化合物，如酚类化合物、有机磷农药、取代苯类化合物、卤代烃、多环芳烃等，它们往往具有难以生物降解的特性，有些还被认为是致癌物质。

5. 放射性物质

水中放射性物质主要来源于原子能工业、放射性矿物的开采、核电站的建立等，这些物质会不时地产生 α、β、γ 射线。随着核科学与核动力的发展，放射性物质在工业、农业和医学等领域的广泛应用，同时也给环境带来了放射性污染。放射性物质可通过饮水、呼吸和皮肤接触进入体内，伤害人体组织，促成贫血、恶性肿瘤等各种放射性病症，严重者给生命带来危险。水生物如藻类、鱼类也可以从水体中吸收和蓄积放射性物质，灌溉的农作物和饮水的牲畜也可受到放射性感染，这些都可以通过食物链进入人体。因此，对天然水体和饮用水都规定了放射性物质的容许浓度。例如，我国《生活饮用水卫生标准》GB 5749—2006 规定总 α 放射性强度不得大于 0.5Bq/L，总 β 放射性强度不得大于 1.0Bq/L。

6. 微生物指标

水中生存有各种微生物，未经处理的生活污水、医院废水等排入水体，引入某些病原菌造成污染。因此常以微生物种类和数量作为判断水生物性污染程度的指标。特别是对生活饮用水，细菌的测定是不可缺少的。另外，由于水中生存的微生物，会使水中所含成分产生各种各样的生物化学变化，因此，采集水样后需要适当处理或立即进行分析。

1.3.2　水质标准

水质标准是对水质指标作出的定量规范。水质标准是依据用户各种用水要求和生活污水、工业废水的排放要求，以不危害人体健康，不影响工农业生产及其发展，考虑水中杂质的性能、毒理学及微生物学、水质分析技术和水处理技术等因素，综合考虑而制定的。

水质标准不仅是环境保护部门监督管理立法的依据，也为水体水质的评价提供了依据。随着国民经济的发展和人民生活水平的不断提高以及科学技术的进步，各种用水对水质要求会不断提高，对排放污废水中有害物质的含量也更加严格，因而需要对标准执行过程中发现的问题加以总结，并进行适时的修正，以适应社会发展的需求。

水质标准分为国家正式颁布的统一规定和企业标准。前者是要求各个部门、企业单位都必须遵守的具有指令性和法律性的规定；后者虽不具法律性，但对水质提出的限制和要求，在控制水质安全、保证产品质量方面有积极的参考价值。

在水质检验中常用的水质标准有：《生活饮用水卫生标准》GB 5749—2006、《地表水环境质量标准》GB 3838—2002、《污水综合排放标准》GB 8978—1996、《城镇污水处理厂污染物排放标准》GB 18918—2002、《城市杂用水水质标准》GB/T 18920—2020（于 2021 年 2 月 1 日实施）等。

水质标准详见附录及其他有关标准。

1.4 水质检验项目

为了评价水质的好坏而设立检测项目，称为水质指标。由于各用水的要求不同，对水质检验项目的设置和要求也不同。

1.4.1 地表水检测项目（表 1-3）

地表水检测项目　　　　　　　　　　　　　　　　　　表 1-3

类别	必测项目	选测项目
河流	水温、pH 值、悬浮物、总硬度、电导率、溶解氧、化学需氧量、氨氮、亚硝酸盐氮、硝酸盐氮、挥发性酚、氰化物、砷、汞、六价铬、铅、镉、石油类等	硫化物、氟化物、氯化物、有机氯农药、总铬、铜、锌、大肠菌群、放射性、铀、镭等
集中式饮用水源地	水温、pH 值、DO、SS、高锰酸盐指数、COD、BOD、氨氮、总磷、总氮、铜、锌、氟化物、铁、锰、硒、砷、汞、镉、六价铬、铅、氰化物、挥发酚、石油类、阴离子表面活性剂、硫化物、硫酸盐、氯化物、硝酸盐和类大肠菌群	三氯甲烷、四氯化碳、三溴甲烷、苯乙烯、甲醛、乙醛、苯、甲苯、乙苯、二甲苯、硝基苯、四乙基铅、滴滴涕、对硫磷、乐果、敌敌畏、美曲膦酯、甲基汞、多氯联苯等
湖泊水库	水温、pH 值、DO、高锰酸盐指数、COD、BOD、氨氮、总氮、总磷、铜、锌、氟化物、硒、砷、汞、镉、六价铬、铅、氰化物、挥发酚、石油类、阴离子表面活性剂、硫化物	总有机碳、甲基汞、硝酸盐、亚硝酸盐、藻类
底质	砷、汞、烷基汞、铬、六价铬、铅、镉、铜、锌、硫化物、有机质	有机氯农药、有机磷农药、除草剂、烷基汞、苯系物、多环芳烃、邻苯二甲酸酯

1.4.2 不同生产工艺用水检测项目（表 1-4）

不同生产工艺用水检测项目　　　　　　　　　　　表 1-4

类别	主要检测项目
原料用水(酿造、食品等用水)	水温、pH 值、浊度、硬度、铁、锰、氨氮、亚硝酸盐、细菌指标
锅炉用水	水温、pH 值、硬度、碱度、SiO_2、DO、油
冷却水	水温、pH 值、硬度、悬浮物、溶解气体(O_2、CO_2、H_2S 等)、碱度、石油类、藻类、微生物、游离氯
工业用水	pH值、浊度、色度、硬度、碱度、SiO_2、含盐量、铁、锰、氯化物

1.4.3　工业废水检测项目(表 1-5)

工业废水检测项目　　　　　　　　　　　　　　表 1-5

		必测项目	选测项目
黑色金属矿山(包括磷铁矿、赤铁矿、锰矿等)		pH 值、SS、重金属	硫化物
黑色冶金(包括选矿、烧结、炼焦、炼铁、炼钢、炼铸、轧钢等)		pH 值、SS、COD、挥发酚、氰化物、油类、六价铬、锌、氨氮	硫化物、氟化物、BOD、铬
选矿药剂		COD、BOD、SS、氰化物、重金属	
有色金属矿山及冶炼(包括选矿、烧结、点解、精炼等)		pH 值、SS、COD、重金属	硫化物、铍、铝、钒、钴、锑、铋
煤气生产和供应业		pH 值、SS、COD、BOD、油类、重金属、挥发酚、硫化物	多环芳烃、苯并 [a] 芘、挥发性卤代烃
非金属矿物制品业		pH 值、SS、COD、BOD、重金属	油类
火力发电(热电)		pH 值、SS、COD、硫化物	BOD
焦化		pH 值、SS、COD 挥发酚、氨氮、氰化物、硫化物、油类	总有机碳
煤炭采掘业		pH 值、SS、硫化物	砷、油类、汞、挥发酚、BOD、COD
石油开采		COD、BOD、SS、油类、硫化物、挥发性卤代烃、总有机碳	挥发酚、总铬
塑料		COD、BOD、油类、硫化物、SS、总有机碳	氯化物、铝
石油加工		SS、COD、BOD、油类、硫化物、挥发酚、总有机碳、多环芳烃	苯并 [a] 芘、苯系物、铝、氯化物
化学矿开采	硫铁矿	pH 值、SS、COD、BOD、硫化物、砷	
	磷矿	pH 值、SS、氟化物、磷酸盐、总磷、黄磷	
	汞矿	pH 值、SS、汞	硫化物、砷
无机原料	硫酸	pH 值(或酸度)、SS、硫化物、重金属	砷、氟化物、氯化物、铝
	氯碱	pH 值(或酸度，或碱度)、COD、SS	汞
	铬盐	pH 值(或酸度，或碱度)、总铬、六价铬、SS	汞
有机原料		COD、挥发酚、氰化物、SS	苯系物、硝基苯类、有机氯类、总有机碳、邻苯二甲酸酯等
医药生产		pH 值、COD、BOD、油类、SS、挥发酚	苯胺类、硝基苯类、氯化物、铝
染料		COD、苯胺类、挥发酚、SS、色度、总有机碳	硝基苯类、硫化物、氯化物

		必测项目	选测项目
油漆		COD、挥发酚、油类、总有机碳、六价铬、铅	苯系物、硝基苯类
合成洗涤剂		COD、阴离子合成洗涤剂、油类、总磷、总有机碳	
化肥	磷肥	pH 值、SS、COD、BOD、磷酸盐、氟化物、总磷	砷、油类
	氮肥	SS、COD、BOD、氨氮、挥发酚、总氮、总磷	砷、铜、氰化物、油类
农药		SS、COD、BOD、挥发酚、硫化物、有机磷、总磷(有机磷农药)、有机氯(有机氯农药)	总有机碳、油类
电镀		pH 值、碱度、重金属、氰化物	钴、铝、氯化物、油类
烧碱		pH 值、SS、汞、石棉、活性氯	COD、油类
电子仪器、仪表		pH 值、COD、BOD、氰化物、重金属	氟化物、油类
造纸及纸制品业		pH 值、酸度(或碱度)、COD、BOD、SS、挥发酚、色度、硫化物、可吸附有机卤化物(AOX)	木质素、油类
纺织染整业		pH 值、色度、COD、BOD、SS、硫化物、氨氮、总有机碳、苯胺类、六价铬、铜	总有机碳、氯化物、油类、二氧化氯
皮革、皮毛及羽绒服制品		pH 值、色度、COD、BOD、SS、硫化物、总铬、六价铬、油类	总氮、总磷
水泥		pH 值、SS	油类
木材加工		pH 值、COD、BOD、SS、挥发酚、甲醛	硫化物
食品加工		pH 值、COD、BOD、SS、氨氮、硝酸盐氮	总有机碳、铝、氯化物、挥发酚、油类、铅、锌、总氮、总磷
屠宰及肉类加工		pH 值、COD、BOD、SS、氨氮、动植物油、大肠菌群	石油类、细菌总数、总有机碳
饮料制造业		pH 值、COD、BOD、SS、氨氮、类大肠菌群	细菌总数、挥发酚、油类、总氮、总磷
制糖、发酵和酿造业		pH 值、COD、BOD、SS、色度、总氮、总磷	硫化物、挥发酚、油类、总有机碳
电池		pH 值、SS、重金属	酸度、碱度、油类
货车洗刷和洗车		pH 值、COD、BOD、SS、色度、挥发酚、油类	重金属、总氮、总磷
卫生用品制造业		pH 值、COD、SS、油类、挥发酚、总氮、总磷	总有机碳、氨氮
宾馆饭店、游乐场所及公共服务业		pH 值、COD、BOD、SS、油类、挥发酚、阴离子表面活性剂、氨氮、总氮、总磷	类大肠菌群、总有机碳、硫化物

1.4.4 生活污水检测项目

生活污水检测项目包括：pH 值、COD、BOD、悬浮物、氨氮、挥发酚、油类、总氮、总磷、重金属、阴离子洗涤剂。

1.4.5 医院污水监测项目

医院污水检测项目包括：pH 值、COD、BOD、悬浮物、余氯、油类、挥发酚、总氮、总磷、汞、砷、大肠菌群、细菌总数。

思 考 题 与 习 题

1. 填空题

(1) 在水质检验中，主要以分析化学的基本原理为基础，其基本方法可分为_____法和_____法两大类。

(2) 水质物理指标包括_____。

(3) 有机污染物综合指标主要有_____。

2. 简答题

(1) 什么叫水质指标和水质标准？试以实例说明。

(2) 现行的《生活饮用水卫生标准》GB 5749 分哪几类？共有多少项指标？

教学单元 2　水质检验质量保证

【教学目标】

通过水质检验质量保证和质量控制、水样的采集和预处理、误差分析、水质检验结果修约及可疑数据取舍判断的学习，学生能够正确进行水样的采集、保存及预处理，正确运用各种误差表示方法，以及标准曲线的绘制和应用，具有处理水质检验数据并判断检验结果合理性的能力。

2.1　概　　述

2.1.1　质量保证的意义

水质检验要取得有意义的检测数据，与样品的采集、运送和保存、实验室测定、数据处理等环节紧密联系，水质检验的质量受到众多因素影响，任何一个环节的差错都将影响数据的质量，并导致错误的结论。人们常说：错误的数据比没有数据更可怕。为此，必须在水质检验的各个环节中开展质量保证工作，这是实现水质检验数据具有准确性、精密性和可比性的重要基础。

2.1.2　质量保证体系内容

质量保证体系是对水质检验全过程进行全面质量管理的一个大的系统，其功能就是要使水质检验工作的各个环节和步骤都能充分体现并满足"代表性、完整性、可比性、准确性、精密性"的要求，从而保证检测数据的可靠性。

（1）准确性：测量值与真值的一致程度。

（2）精密性：均一样品重复测定多次的符合程度。

（3）完整性：取得有效检验数据的总额满足预期计划要求的程度，即保证按预期计划取得有系统性和连续性的有效样品，而且无缺漏地获得这些样品的检测结果及有关信息。

（4）代表性：代表性是指在具有代表性的时间、地点，并按规定的采样要求采集的有效样品特征。所采集的样品必须能反映环境总体的真实状况，检测结果能真实代表某污染物在环境中的存在状态。

（5）可比性：在检验方法、环境条件、数据表达方式等可比条件下所获得数据的一致程度，或指用不同测定方法检测同一水样的某污染物时，所得出结果的重现程度。

2.1.3　质量保证和质量控制

1. 质量保证

质量保证是指对整个水质检验过程的全面质量管理或质量控制。因此，质量保证也就必然体现在水质检验过程的每一个工作环节中。如何保证每一个步骤都准确无误，一旦出现错误又能及时发现并予以纠正，这是管理者应当重视和考虑的问题。

质量保证的目的就在于确保分析数据达到预定的准确度和精密度。为达到这一目的所应采取的措施和工作步骤都应当是事先规划好的，并通过一系列的规约予以确定，并要求有关工作人员按规约执行，由此使整个检验工作处于受检状态。

质量保证的具体措施有：(1)根据需要和可能确定检测指标及数据的质量要求；(2)规定相应的分析监测系统。其内容包括：采样、样品预处理、贮存、运输、实验室供应，仪器设备、器皿的选择和校准，试剂、溶剂和基准物质的选用，统一监测方法，质量控制程序，数据的记录和整理，各类人员的要求和技术培训，实验室的清洁度和安全，以及编写有关的文件、指南和手册等。

2. 质量控制

质量控制是质量保证的一个部分，它包括实验室内部质量控制和外部质量控制两个部分。实验室内部质量控制，是实验室自我控制质量的常规程序，它能反映分析质量稳定性如何，以便及时发现分析异常情况，随时采取相应的校正措施。其内容包括空白试验、校准曲线核查、仪器设备的定期标定、平行样分析、加标样分析、密码样品分析和编制质量控制图等；外部质量控制通常是由上级管理部门委派有经验的人员对水质检测单位的工作进行考核及评估，以便对数据质量进行独立评价，各实验室可以从中发现所存在的系统误差等问题，以便及时校正、提高分析质量。通常采用的方法是由检查人员下发考核样品(标准样品或密码样品)，由受检查的水质检测单位进行分析，以此对实验室的工作进行评价。

质量保证体系系统的内容及其控制要点见表 2-1。

质量保证体系及质控要点　　　　　　　表 2-1

监测系统过程	质量控制内容	质量保证要点
布点系统	(1) 检测目标系统的控制 (2) 检测点位点数的优化控制	空间代表性及可比性
采样系统	(1) 采样次数和采样频率优化 (2) 采集工具方法的统一规范化	时间代表性及可比性
运贮系统	(1) 样品的运输过程控制 (2) 样品固定保存控制	可靠性和代表性
分析测试系统	(1) 分析方法准确度、精密度、检测范围控制 (2) 分析人员素质及实验室间质量的控制	准确性、精密性、可靠性、可比性
数据处理系统	(1) 数据整理、处理及精度检验控制 (2) 数据分类管理制度的控制	可靠性、可比性、完整性、科学性
综合评价系统	(1) 信息和成果表达方式 (2) 评价方法的正确性和适用性 (3) 结论完整性和综合性	真实性、完整性、科学性、适用性

2.2　水样的采集和预处理

水样的采集、保存及预处理是水质检验的最基本程序，也是水质检验质量保证体系的重要环节，为了使测定用水正确反映水体的水质状况，具有代表性，必须控制好下列诸多关键环节：采样前的现场调查研究和收集资料，采样点的布设，采样时间和采样频率的确定，采样器和采样方法的选择，水样的保存、运输和预处理等。

2.2.1　水样的采集

1. 采样前的准备

（1）采样器材的准备

采样器材主要包括样品容器和采样器。采集和盛装水样容器的材料应满足化学稳定性好，保证水样的各组分在贮存期内不与容器发生反应；形状、大小适宜、能严密封口；容易清洗并可反复使用。常用材料为聚乙烯塑料、有机玻璃、硬质玻璃及金属铜、铁等。容量大小按分析项目和数量确定。

常使用的样品容器有聚乙烯塑料容器和硬质玻璃容器。塑料容器常用于金属和无机物的检测项目；玻璃容器常用于有机物和生物等的检测项目；惰性材料常用于特殊检测项目。采样器采样前，选择合适的采样器，先用自来水冲去灰尘和其他杂物，再用酸或其他溶剂洗涤，最后用蒸馏水冲洗干净；如果是铁质采样器，要用洗涤剂彻底消除油污，再用自来水漂洗干净，晾干待用。

1）水桶、有机玻璃采水器　适于采集表层水样。应注意不能混入漂浮于水面上的物质。正式采样前要用水样冲洗采水器2～3次（以下采水器相同）。图2-1为有机玻璃采水器。

2）单层采水瓶　一个装在金属框内用绳索吊起的玻璃瓶，框底装有铅锤，以增加重量，瓶口配塞，以绳索系牢，绳上标有高度，将样瓶降落到预定的深度，然后将细绳上提，把瓶塞打开，水样便充满样瓶，如图2-2所示。

图2-1　有机玻璃采水器

1—进水阀门；2—压重铅圈；
3—温度计；4—溢水阀；5—放水管

图2-2　单层采水瓶

1—水样瓶；2、3—采水瓶架；4、5—平衡控制挂钩；6—固定采水瓶的挂钩；7—瓶架；8—采水瓶绳；9—开瓶塞的软绳；10—铅锤

3）急流采水器　采集水样时，打开铁框的铁栏，将样瓶用橡皮塞塞紧，再把铁栏扣紧，然后沿船身垂直方向伸入水深处，打开钢管上部橡皮管的夹子，水样便从橡皮塞的长玻璃管流入样瓶中，瓶内空气由短玻璃管沿橡皮管排出，如图 2-3 所示。

4）双层溶解气体采样瓶　将采样器沉入要求水深处后，打开上部的橡胶管夹，水样进入小瓶并将空气驱入大瓶，从连接大瓶短玻璃管的橡胶管排出，直到大瓶中充满水样，提出水面后迅速密封，如图 2-4 所示。

图 2-3　急流采水器

1—夹子；2—橡皮管；3—钢管；4—玻璃管；
5—橡皮管；6—玻璃取样瓶；7—铁框

图 2-4　双层溶解气体采样瓶

1—夹子；2—绳子；3—橡胶管；4—塑料管；
5—大瓶；6—小瓶；7—带重锤的铁框

5）其他采水器　塑料手摇泵采水器、电动采水器、连续自动采水器等。

（2）保存剂的准备

各种保存剂的纯度和等级要达到分析方法的要求，按规定配置备用，并在每次使用前检查有无沾污情况。

2. 水样采集方法

供分析用的水样，必须具有代表性，不同的水质采样方法也不同。各类水样采集的一般方法如下：

（1）采集水样前，应该用水样冲洗采样器和样品容器 2～3 次（洗涤完的废水不得乱倒），然后将水样收集于水样容器中，水面距离瓶塞应不少于 2cm，以防温度变化时，瓶塞被挤掉。

（2）采集江河湖泊或海洋等表面水样时，应将采样器浸入到水面下 0.3～0.5m 处，使水缓缓流入采样器。如遇水面较宽时，应在不同的地点分别采样，这样才能得到有代表性的水样。在采集河、湖等较深处水样时，应用深水采样瓶，采集深层水样（距底质以上 0.5m）和中层水样（表层和深层采样点之间的中心位置）。

（3）采集自来水或装有抽水设备的井水时，应先放水数分钟，以排除管道中的积水，然后将胶管的一头接在水龙头上，胶管的另一头插入瓶内，待水从瓶口溢出并使瓶内的水更换几次，然后再采集。没有抽水设备的井水，应先将水桶冲洗干净，然后取出井水，装入样品或直接用采样瓶采集。

（4）采集工业废水水样时，必须首先调研此工厂的生产工艺过程，根据废水生产情况，在一定时间，采集废水的平均水样或平均比例水样。若废水流量比较恒定，则每隔相同的时间取等量废水混合组成。废水流量不恒定时，则流量大时多取，流量少时少取，然后把每次取得的水样充分混合，再从水中倒出 2L 于洁净瓶中作为水样。

采集生活污水时，应根据分析目的，采集平均水样，或每隔一定的时间单独采样。采样体积根据待测项目和指标多少而不同，一般采集 2～3L 即可，特殊要求的项目应分别采集。

工业废水采样应在总排放口、车间或工段的排放口布点。生活污水采样应在排出口布点，如考虑废水或污水处理设备的处理效果，应在进水和出水口处布点。

水样采集后，应将水样说明标签贴在水样瓶上，以便分析部门参考。

2.2.2 水样的运输和保存

1. 水样的运输

在水样运输过程中应注意以下几点：

（1）用塞子塞紧采样容器，塑料容器塞紧内、外塞子，有时用封口胶、石蜡封口(测油类水样除外)。

（2）采样容器装箱，用泡沫塑料或纸条作衬里和隔板，防止碰撞损坏。

（3）需冷藏的样品，应配备专门的隔热容器，放入制冷剂，将样品置于其中；冬季应采取保温措施，防止冻裂样品容器；避免日光直接照射。

（4）根据采样记录和样品登记表，运送人和接收人必须清点和检查水样，并在登记表上签字，写明日期和时间，送样单和采样记录应由双方各保存一份待查。

（5）水样运输允许的最长时间为 24h。

2. 水样的保存

水样采集后，应尽快送到实验室分析，采样时间与测定时间相隔越短，分析的结果就越可靠。放置太久，水样会发生化学和生物反应，使组成发生变化，所以对某些水样的化学组成和物理性质必须进行现场测定。

水样保存期限取决于水样的性质、测定项目的要求和保存条件，一般用于水质理化性质测定的水样，保存时间越短越好，最大贮存时间一般是：清洁水样为72h，轻污染水样为 48h，严重污染水样为 12h。水样如不能及时分析，应设法防止水质发生变化。通常的保存方法有：

（1）冷藏或冰冻

样品在 4℃冷藏或将水样迅速冷冻，贮存于暗处，可抑制生物活动，减缓物理挥发作用和化学反应速度。

（2）加入化学保存剂

1）控制溶液 pH 值　如测定金属离子的水样常用硝酸酸化至 pH 值为 1～2，既可防止重金属的水解沉淀，又可防止金属在器壁表面上的吸附，同时抑制生物的活动。大多数金属可以稳定数周或数月。测定氰化物的水样需加氢氧化钠至 pH 值为 12。

2）加入抑制剂　为了抑制生物作用，可在样品中加入抑制剂。如在测氨氮、硝酸盐氮和COD的水样中，加氯化汞或加入三氯甲烷、甲苯作保护剂以抑制生物对亚硝酸盐、硝酸盐、氨盐的氧化还原作用。

3）加入氧化剂　如水样中痕量汞易被还原，引起汞的挥发性损失，加入硝酸-重铬酸钾溶液可使汞维持在高氧化态，汞的稳定性大为改善。

4）加入还原剂　测定硫化物的水样，加入抗坏血酸保存。样品保存剂如酸、碱或其他试剂在采样前应进行空白试验，其纯度和等级必须达到分析的要求。

水样保存的具体方法见表2-2。

水样的保存、采集体积和容器洗涤方法　　　　表2-2

监测项目	采样容器	保存方法	保存期	采样量 (mL)	容器洗涤
温度	G	现场测定	—	—	I
色度	G、P	尽量现场测定	12h	250	I
浊度	G、P	尽量现场测定	12h	250	I
pH 值	G、P	尽量现场测定	12h	250	I
电导	G、P	尽量现场测定	12h	250	I
悬浮物	G、P	0～4℃低温冷藏	14h	500	I
硬度	G、P	0～4℃低温冷藏	7d	250	I
碱度	G、P	低温(0～4℃)避光保存	12h	500	I
酸度	G、P	低温(0～4℃)避光保存	12h	500	I
COD	G	加 H_2SO_4 酸化至 pH≤2，低温(0～4℃)冷藏	2d	500	I
高锰酸盐指数	G	加 H_2SO_4 酸化至 pH≤2，低温(0～4℃)冷藏	2d	500	I
DO	溶解氧瓶	加入 $MnSO_4$ ＋碱性 KI，现场固定，避光保存	24h	250	I
BOD_5	溶解氧瓶	低温(0～4℃)冷藏	12h	250	I
TOC	G	加 H_2SO_4 酸化至 pH≤2	7d	250	I
F^-	P		14d	250	I
Cl^-	G、P	0～4℃低温冷藏，避光保存	30d	250	I
Br^-	G、P		14d	250	I
I^-	G、P	加入 NaOH 调 pH=12，低温(0～4℃)冷藏	14h	250	I
余氯	G、P	加入 NaOH 固定	6h	250	I
SO_4^{2-}	G、P	低温(0～4℃)冷藏，避光保存	30d	250	I
PO_4^{3-}	G、P	加入 H_2SO_4 或 NaOH 调 pH=7，$CHCl_3$0.5%	7d	250	IV
总磷	G、P	HCl 或 H_2SO_4，调 pH≤2	24h	250	IV
氨氮	G、P	加 H_2SO_4 酸化至 pH≤2	24h	250	I
NO_2^--N	G、P	低温(0～4℃)冷藏，避光保存	24h	250	I
NO_3^--N	G、P	低温(0～4℃)冷藏，避光保存	24h	250	I
总氮	G、P	加 H_2SO_4 酸化至 pH≤2	7d	250	I

续表

监测项目	采样容器	保存方法	保存期	采样量 (mL)	容器洗涤
硫化物	G、P	1L 水样加 NaOH 至 pH＝9，加入 5％抗坏血酸 5mL，饱和 EDTA3mL，滴加饱和 Zn(Ac)$_2$，至胶体产生，常温避光	24h	250	I
总氰化物	G、P	加入 NaOH 调 pH≥9	12h	250	I
Ca、Mg	G、P	加浓 HNO$_3$ 酸化至 pH＜2	14d	250	II
B、K、Na	P		14d	250	II
Be、Mn、Fe、Pb、Ni、Ag、Cd	G、P	加浓 HNO$_3$ 酸化至 pH＜2	14d	250	III
Cu、Zn	P	加浓 HNO$_3$ 酸化至 pH＜2	14d	250	III
Cr(Ⅵ)	G、P	加入 NaOH 调 pH＝8~9	24d	250	III
总 Cr	G、P	加浓 HNO$_3$ 酸化至 pH＜2	14d	250	III
As	G、P	加浓 HNO$_3$ 或浓 HCl 酸化至 pH＜2	14d	250	I
Se、Sb	G、P	加 HCl 酸化至 pH＜2	14d	250	III
Hg	G、P	加 HCl 酸化至 pH＜2	14d	250	III
硅酸盐	P	酸化滤液至 pH＜2，低温(0~4℃)保存	24h	250	III
总硅	P	酸化至 pH＜2，低温(0~4℃)保存	数月	250	III
油类	G	加 HCl 酸化至 pH＜2	7d	500	III
农药类	G	加入抗坏血酸 0.01~0.02g 除去残余余氯，低温(0~4℃)避光保存	24h	1000	I
除草剂类					
邻苯二甲酸酯类					
挥发性有机物	G	用(1＋10) HCl 调至 pH≤2，加入抗坏血酸 0.01~0.02g 除去残余余氯，低温(0~4℃)避光保存	12h	1000	I
甲醛	G	加入 0.2~0.5g/L 硫代硫酸钠除去残余余氯，低温(0~4℃)避光保存	24h	250	I
酚类	G	加氢氧化钠碱化至 pH＞12	24h	1000	I
阴离子表面活性剂	G、P	加 H$_2$SO$_4$ 酸化至 pH≤2，低温(0~4℃)保存	48h		
非离子表面活性剂	G	加 4％甲醛使其含量达 1％，充满容器，冷藏保存	30d	250	IV
微生物	G	加入 0.2~0.5g/L 硫代硫酸钠除去残余余氯，4℃保存	12h	250	I
生物	G、P	当不能现场测定时用甲醛固定	12h	250	I

注：1. Ⅰ、Ⅱ、Ⅲ、Ⅳ表示 4 种洗涤方法；

Ⅰ：洗涤剂洗一次，自来水洗三次，蒸馏水洗一次；

Ⅱ：洗涤剂洗一次，自来水洗二次，(1＋3)HNO$_3$ 荡洗一次，自来水洗三次，蒸馏水洗一次；

Ⅲ：洗涤剂洗一次，自来水洗二次，(1＋3)HNO$_3$ 荡洗一次，自来水洗三次，去离子水洗一次；

Ⅳ：铬酸洗液洗一次，自来水洗三次，蒸馏水洗一次。必要时，再用蒸馏水、去离子水清洗。

2. G：玻璃；P：塑料。

2.2.3 水样的预处理

水样的预处理是水质检验中的一项重要的常规工作，其目的是去除组分复杂的共存干扰成分，将含量低、形态各异的组分处理到适合于分析的含量及形态。常用的水样预处理方法有水样的消解、富集和分离等方法。

1. 水样的消解

水样的消解是将样品与酸、氧化剂、催化剂等共置于回流装置或密闭装置中，加热分解并破坏有机物的一种方法，金属化合物的测定多采用此方法进行预处理。处理的目的一是排除有机物和悬浮物的干扰；二是将金属化合物转变成简单的稳定的形态，同时消解还可达浓缩之目的。消解后的水样应清澈、透明、无沉淀。常用的消解法有以下几种：

（1）硝酸消解法　该法适用于较清洁的水样。

（2）硝酸-高氯酸消解法　该法适用于含有机物、悬浮物较多的水样。

（3）硫酸-高锰酸钾消解法　该法常用于消解测定汞的水样。

（4）硝酸-硫酸消解法　两种酸都比较强的氧化能力，其中硝酸的沸点低，而硫酸的沸点高，二者结合使用，可提高消解温度和消解效果。该法不适用于处理测定易生成难溶硫酸盐组分（如铅、钡、锶）的水样。

（5）硫酸-磷酸消解法　该法适用于消除 Fe^{3+} 等离子干扰的水样。

（6）干灰化法　又称高温分解法，本方法不适用于处理测定易挥发组分（如砷、汞、镉、硒、锡等）的水样。

此外还有多元消解方法，碱分解法等，根据水样的性质，适当选用。

2. 水样的富集和分离

当水样中待测组分含量低于分析方法的检测限时，就必须进行富集或浓缩；当有共存干扰组分时，就必须采取分离或掩蔽措施。富集和分离往往是不可分割、同时进行的。常用的方法有过滤、挥发、蒸馏、溶剂萃取、离子交换、吸附、共沉淀、层析、低温浓缩等，要结合具体情况选择使用。

2.3　水质检验结果的误差及其表示

水质检验的目的是为描述和评价水质质量提供准确可靠的数据，这就要求检测结果具有一定的准确度，因为不准确的检测结果会使水污染治理走弯路，工程设计不合理，不能正确判断水质是否符合用户需求，甚至会造成恶性水环境事件。但是水质检测中往往受到自然环境、分析方法、仪器和试剂、工作环境、检测人员水平等因素的影响，所得结果与真值之间出现误差。这种误差是客观存在的，它可能出现在检测过程的每一个环节中，影响最终结果的准确性和可靠性。为此，要对水质检测数据的可靠性和精确程度做出合理的评价和正确的表示，同时，还应查出误差产生的原因，以采取有效的措施减免误差，提高检测分析的准确程度。

2.3.1 水质检验结果的误差

测定值与真实值的差值称为误差。若测定值大于真实值时，误差为正；反之，误差为负。误差按其性质和产生的原因，可以分为系统误差、偶然误差和过失误差。

1. 系统误差

系统误差又称可测误差，由分析过程中某些确定性、经常性的原因引起的，使测定结果系统偏高或偏低，对分析结果的影响比较固定，具有"重现性""单向性""可测性"的特点。误差的大小往往可以估计，并可以加以校正。系统误差产生的主要原因是：

（1）方法误差

方法误差是指分析方法本身不够完善或有缺陷所造成的误差。如在滴定分析中反应不完全、滴定终点与化学计量点不符合、干扰离子影响、副反应发生等，系统地影响测定值偏高或偏低。

（2）仪器和试剂误差

仪器误差来源于仪器本身不够精确，如砝码长期使用后重量有改变，容量器皿刻度和仪表的刻度不准确等。

试剂误差来源于试剂不纯，如试剂和蒸馏水中含有待测物质或干扰物质等。

（3）主观误差

主观误差是由于检测操作人员一些生理上或习惯上的原因造成，如对终点颜色敏感性不同，始终偏深或偏浅，在读取刻度时，始终偏高或偏低。

系统误差可以用对照实验、空白实验、校准仪器等办法加以校正。

2. 偶然误差

偶然误差又称随机误差，是由某些偶然原因引起的误差。如水温、气压等的微小波动、仪器的微小变化、分析操作人员对水样预处理、保存或操作技术上的微小差别以及天平、滴定管最后一位读数的不确定性等一些不可避免的偶然因素使分析结果产生波动造成的误差。这类误差的原因常常难于察觉，大小、正负无法测量，也不能加以校正。

3. 过失误差

过失误差又称粗差，它是由于检测人员工作上的粗心大意，违反操作规程，以致在分析过程中会引入许多操作错误所造成。例如，器皿不洁净、试液丢损、试剂加错、看错砝码、记录或计算错误等。过失误差无一定规律可循。

过失误差一经发现，必须及时纠正。过失误差的消除，关键是水质检测人员必须严格遵守操作规程，养成良好的工作习惯，耐心细致地进行分析操作，注意提高自身的理论和技能水平。含有误差的检测数据往往表现为离群数据，可以利用离群数据的统计检验方法将其剔除。

2.3.2 误差与准确度

误差是测定值与真实值之间的差值。误差有两种表示方法，即绝对误差和相对误差。

绝对误差是测量值(x，单一测量值或多次测量的均值)与真值(x_t)之差。

$$绝对误差 = x - x_t \qquad (2\text{-}1)$$

相对误差指绝对误差与真值之比(常以百分数表示)：

$$相对误差 = \frac{x - x_1}{x_1} \times 100\% \tag{2-2}$$

准确度表示测定值与真实值的接近程度。测定值与真实值之间差别越小，则测定值的准确度越高。如果相反，则准确度越低。准确度的大小，用误差表示。

在实际水处理和分析实践工作中，由于真实值是未知的，通常以回收率表示方法的准确度，按下式计算回收率：

$$回收率 = \frac{加标水样测定值 - 水样测定值}{加标量} \times 100\% \tag{2-3}$$

式中　加标水样测定值——水样中加入已知量的标准物后按检测流程测定值（mg 或 mg/L）；

　　　水样测定值——水样直接按检测流程测定值（mg 或 mg/L）；

　　　加标量——加入标准物质的量（mg 或 mg/L）。

2.3.3　偏差与精密度

一般情况下，真实值是不知道的，在消除系统误差的情况下，多次测定结果的平均值，就认为它接近真值。通常把个别测量值（x_i）与多次测量均值（$\bar{x}$）之偏离叫偏差，它分绝对偏差、相对偏差、平均偏差、相对平均偏差和标准偏差等。

绝对偏差（d）是测定值与均值之差，即 $d_i = x_i - \bar{x}$ $\tag{2-4}$

相对偏差是绝对偏差与均值之比（常以百分数表示）：

$$相对偏差 = \frac{d_i}{\bar{x}} \times 100\% \tag{2-5}$$

平均偏差是绝对偏差绝对值之和的平均值：

$$平均偏差 \bar{d} = \frac{1}{n} \sum_{i=1}^{n} |d_i| \tag{2-6}$$

相对平均偏差是平均偏差与均值之比（常以百分数表示）：

$$相对平均偏差 = \frac{\bar{d}}{\bar{x}} \times 100\% \tag{2-7}$$

精密度表示在同一条件下，测定同一样品时，多次测定结果之间的符合程度。精密度的大小，用偏差表示。由于平均偏差或相对平均偏差取了绝对值，因而都是正值，所以偏差越小，精密度越高，否则相反。

实际上，即使条件完全相同，同一样品的多次测定结果也不会完全相同，虽然各测定值的偏差彼此独立，互不相关，但全部测定值有明显集中的趋势。为了描述这些测定值之间的分散程度即精密度，常用标准偏差或相对标准偏差（又称变异系数）表示。

标准偏差比平均偏差可以更确切地说明测定数据的精密度。以 S 表示，其数学表达式是：

$$S = \sqrt{\frac{\sum_{i=1}^{n} d_i^2}{n - 1}} \tag{2-8}$$

相对标准偏差又称变异系数，是标准偏差在测定结果平均值中所占的百分数，记为 C_v：

$$C_v = \frac{S}{\bar{x}} \times 100\%$$

(2-9)

2.3.4 提高准确度与精密度的方法

准确度是由系统误差和偶然误差所决定的，而精密度是由偶然误差所决定的，与系统误差无关。如果说一组平行测定的数据精密度好，就是几次测定值之间很符合，但是准确度不一定好；如果要求准确度好，必须以精密度好为前提。为了提高分析方法的准确度和精密度，必须减少或消除分析过程中的系统误差和偶然误差。在水样检测分析时，可采取以下措施：

1. 校准仪器

在准确度要求较高的分析中，应定期对砝码、滴定管、容量瓶、移液管及某些精密分析仪器定期进行校准。

2. 空白试验

空白试验是以蒸馏水代替试样，按照与分析试样完全相同的操作步骤和条件进行分析试验。得到的结果称为空白试验值。从试样的测定值减去空白试验值可以得到更接近真实含量的测定值。

3. 对照试验

对照试验是用于检查系统误差的有效方法。进行对照实验时，常用标准试样或用纯物质配成的试液与试样按照同一方法进行。

4. 增加平行测定次数

增加测定次数，可以减小偶然误差，提高精密度，通常要求平行测定 3～5 次。要求严格的水质检验工作中，平行测定 10 次就已足够了。

5. 选择合适的分析方法

不同的测定方法都有一定的测定误差和适合的测定范围，选择合适的检测方法，对于减少误差提高准确度和精密度至关重要。检测方法的选择要考虑待测组分的含量以及各种方法的准确度和灵敏度。如对常量组分的测定常采用重量分析法和滴定分析法，而对微量组分的测定则宜采用仪器分析法。

6. 分析结果的校正

有些测定由于本身不够完善而引入误差。在重量分析中使待测组分沉淀，但沉淀不可能绝对完全，必须采用其他方法进行校正。例如，在沉淀 $BaSO_4$ 后的滤液中可以用比浊法测出少量 SO_4^{2-}。必要时，可将比浊法测定值加到重量法测定值中去。

2.4 数据处理

在水质检验中，常需处理反映各种复杂现象的检测数据。由于偶然误差的存在，它既不能测定也不能消除，使得实验测出的数据经常表现出数值的波动，即便在完全相同的实验条件下，获得的测定值也会不同。为此，必须对检测数据进行数据处理。数据处理的最基本的内容是数据的整理，包括有效数字的记数、修约、计算和可疑值的判断、处理。初步整理出的数据可以进一步用数理统计的方法进行数据检验，分析数据中各因素间的数量关系(如绘制校准曲线等)最终正确报告水质检测结果。

2.4.1　有效数字和数据的修约

每一个实验都要记录大量的原始数据，并对它们进行分析运算。但这些直接测定的数据都是近似数，存在一定误差，因此这就存在一个实验时应取几位数、运算后又应保留几位数的问题。

1. 有效数字

准确测定的数字加上最后一位估读数字所得的数字称为有效数字。有效数字与通常数学上的数值在概念上是不同的。由有效数字构成的数值(如测定值)，其位数反映了计量器具或仪器的精密度和准确度。例如，34.5、34.50 和 34.500 在数学上都视为同一数值，如用于表示测定值，则其所反映的测量结果的准确程度是不同的。

测量结果的记录、运算和报告，必须使用有效数字。对有效数字的位数不能任意增删。

由有效数字构成的测定值必然是近似值。因此，测定值的运算应按照近似计算规则进行。

数字"0"，当它用于指示小数点的位置，而与测量的准确程度无关，不是有效数字；当它用于与测量准确度有关的数值大小时，即为有效数字。这与"0"在数值中的位置有关。

(1)第一个非零数字前的"0"不是有效数字，例如：

0.0396　　　　　　　　　　　　三位有效数字

0.006　　　　　　　　　　　　　一位有效数字

(2)非零数字中的"0"是有效数字，例如：

3.0096　　　　　　　　　　　　五位有效数字

5301　　　　　　　　　　　　　四位有效数字

(3)小数中最后一个非零数字后的"0"是有效数字，例如：

3.9600　　　　　　　　　　　　五位有效数字

0.390%　　　　　　　　　　　　三位有效数字

(4)以"0"结尾的整数，有效数字的位数难以判断，例如：39600 可能是三位、四位甚至五位有效数字。在此情况下，应根据测定值的准确程度将其改写为指数形式，例如：

3.96×10^4　　　　　　　　　　　三位有效数字

3.9600×10^4　　　　　　　　　　五位有效数字

2. 测量数据的有效数字记数规则

(1)记录测量数据时，只保留一位可疑数字。

一个分析结果有效数字的位数，主要取决于原始数据的正确记录和数值的正确计算。在记录测量值时，要同时考虑到计量器具的精密度和准确度，以及测量仪器本身的误差。

当用检定合格的计量器具称量物质或量取溶液时，有效数字可以记录到其最小分度值，最多保留一位不确定数字。以实验室最常用的计量器具为例：

1) 最小分度值为 0.1mg 的分析天平称量物质时，有效数字可以记录到小数点第四位。如 1.3485g，此时有效数字为 5 位；称取 0.8642g，有效数字则为 4 位。

2) 用玻璃量器量取溶液体积的有效数字位数是根据量器的容量允许差和读数误差来确定的。如单位线 A 级 50mL 容量瓶，准确容积为 50.00mL；单位线 A 级 10mL 移液管，准确容积为 10.00mL，有效数字均为 4 位；用有分度标记的移液管或滴定管量取溶液时，读数的有效位数可达其最小分度后一位，保留一位不确定数字。

3) 分光光度计最小分度值为 0.005，因此吸光度一般可记到小数点后第三位，有效数字位数最多只有三位。

4) 带有计算机处理系统的分析仪器，往往根据计算机自身的设定，打印或显示结果，可以有很多位数，但这并不增加仪器的精度和可读的有效位数。

5) 在一系列操作中，使用多种计量仪器时，有效数字以最少的一种计量仪器的位数表示。

（2）测量结果的有效数字所能达到的位数不能超过方法检出限的有效数字所能达到的位数。例如，一个方法的最低检出浓度为 0.02mg/L，则分析结果报 0.088mg/L 就不合理，应报 0.09mg/L。

（3）在数值计算中，当有效数字位数确定之后，其余数字应按修约规则一律舍去。

（4）在数值计算中，某些倍数、分数不连续物理量的数目，以及不经测量而完全根据理论计算或定义得到的数值，其有效数字的位数可视为无限。这类数值在计算中需要几位就可以写几位。

（5）表示精密度通常只取一位有效数字。测定次数很多时，方可取两位有效数字，且最多只取两位。

3. 有效数字修约及计算规则

（1）有效数字的修约

测量值的有效数字位数确定后，应将它们后面多余的舍去，舍去多余数字的过程称为数字修约。各种测量、计算的数值需修约时，应按《数值修约规则与极限数值的表示和判定》GB/T 8170 进行数值修约。

有效数字的取舍规则：各种测量、计算数据需要修约时，应按照"四舍六入五考虑，五后非零则进一，五后皆零视奇偶，五前为偶应舍去，五前为奇则进一"的原则取舍，即：

1) 拟舍弃数字的最左一位数字小于 5 时，则舍去，即保留的各位数字不变。

例如，如将 12.1498 修约到一位小数，得 12.1，修约成两位有效数字，得 12。

2) 拟舍弃数字的最左一位数字大于 5 或虽等于 5，而后并非全部为 0 的数字时，则进 1，即保留的末尾数字加 1。

例如，将 1268 修约到百位，得 13×10^2。将 10.502 修约到个位，得 11。

3) 拟舍弃数字的最左一位数字为 5，而右面无数字或皆为零时，若保留的末位数为奇数，则进 1，为偶数则舍去。

例如，1.050 和 0.350 的修约间隔为 0.1(或 10^{-1})，则其修约值分别为 1.0 和 0.4。

如 2500 和 3500 的修约间隔指定为 1000(或 10^3)，其修约值分别为 2×10^3 和 4×10^3。

又如将 0.0325 修约成两位有效数字，得 0.032，将 32500 修约成两位有效数字，得 32×10^3。

(2) 有效数字的计算规则

在加减法的计算中，几个数相加或相减，最后结果的有效数字位数自左起不超过参加计算的有效数字中第一个出现的可疑数字。如在小数的加减计算中，结果所保留的小数点后的位数与各数中小数点后位数最少者相同。在实际运算中，保留的位数比各数值中小数点后位数最少者多留一位小数，而计算结果则按数值修约规则处理。例如：

$$508.4 - 438.68 + 13.046 - 6.0548 \approx 508.4 - 438.68 + 13.05 - 6.05 = 76.72$$

最后计算结果只保留一位小数，得 76.7。

几个数相乘或相除时，最后结果的有效数字位数要与参加计算的各数值中有效数字位数最少者相同。在实际运算过程中，先将各数值修约至比有效数字位数最少者多保留一位有效数字，再将计算结果按数值修约规则处理。例如：

$$0.0676 \times 70.19 \times 6.50237 \approx 0.0676 \times 70.19 \times 6.502 = 30.850975688$$

最后的计算结果用三位有效数字表示为 30.9。在当前普遍使用手持计算器的情况下，为减少计算误差，可在运算过程中适当保留较多的数字，对中间结果不作修约，只将结果修约到所需位数。

2.4.2 可疑数据的取舍

1. 可疑数据

在进行实验数据整理、计算时，常会发现有个别测量值与其他值偏差很大，这些值可能是由于偶然误差造成的，也可能是由于过失误差或条件的改变而造成的。对于这样一些特殊值的取舍一定要慎重，不能轻易舍弃，因为任何一个测量值都是测试结果的一个信息。通常，将个别偏差大、脱离了正常数据分布群体的、对检测结果又明显影响的测量数据称为离群数据；而将可能影响检测结果，但尚未经检验断定其是离群数据的测量数据称为可疑数据。

2. 可疑数据的取舍

在数据处理中，必须剔除离群数据以使测定结果更符合实际。正常测定的数据总有一定的分散性，如果人为地删除一些误差较大但并非离群的测量数据，由此得到的精密度很高的测量结果并不符合客观实际。因此，可疑数据的取舍，必须遵循一定的原则。

测量中发现明显的系统误差和过失误差，由此产生的数据应随时剔除。而可疑数据的取舍采用统计的方法判别，即离群数据的统计检验。检验的方法很多，现介绍常用的两种。

(1) Q 检验法(Dixon 狄克逊检验法)

Q 检验法常用于检验一组测定值的一致性，剔除可疑值。其具体步骤如下。

1）将测定结果按从小到大的顺序排列：x_1、x_2、x_3、$\cdots$、x_n。其中 x_1 和 x_n 分别为最小可疑值和最大可疑值。

2）根据测定次数 n 按表 2-3 中的计算公式计算 Q 值。

狄克逊检验统计量 Q 计算公式 　　　　　　　　表 2-3

n 值范围	可疑数值为最小值 x_1 时	可疑数值为最大值 x_n 时
3～7	$Q=\dfrac{x_2-x_1}{x_n-x_1}$	$Q=\dfrac{x_n-x_{n-1}}{x_n-x_1}$
8～10	$Q=\dfrac{x_2-x_1}{x_{n-1}-x_1}$	$Q=\dfrac{x_n-x_{n-1}}{x_n-x_2}$
11～13	$Q=\dfrac{x_3-x_1}{x_{n-1}-x_1}$	$Q=\dfrac{x_n-x_{n-2}}{x_n-x_2}$
14～25	$Q=\dfrac{x_3-x_1}{x_{n-2}-x_1}$	$Q=\dfrac{x_n-x_{n-2}}{x_n-x_3}$

3）再在表 2-4 中查得临界值（Q_α）。

Dixon 检验临界值（Q_α）表 　　　　　　　　表 2-4

n	显著性水平（α）			n	显著性水平（α）		
	0.1	0.05	0.01		0.1	0.05	0.01
3	0.886	0.941	0.988	15	0.472	0.525	0.616
4	0.679	0.765	0.899	16	0.454	0.507	0.595
5	0.557	0.642	0.780	17	0.438	0.49	0.577
6	0.482	0.56	0.698	18	0.424	0.475	0.561
7	0.434	0.507	0.637	19	0.412	0.462	0.547
8	0.479	0.554	0.683	20	0.401	0.450	0.535
9	0.441	0.512	0.635	21	0.391	0.440	0.524
10	0.409	0.477	0.597	22	0.382	0.430	0.514
11	0.517	0.576	0.679	23	0.374	0.421	0.505
12	0.49	0.546	0.642	24	0.367	0.413	0.497
13	0.467	0.521	0.615	25	0.36	0.406	0.489
14	0.492	0.546	0.641				

4）将计算值 Q 与临界值 Q_α 比较，若 $Q \leqslant Q_{0.05}$，则可疑值为正常值，应保留；若 $Q_{0.05} < Q \leqslant Q_{0.01}$，则可疑值为偏离值，可以保留；若 $Q > Q_{0.01}$，则可疑值应予剔除。

【例 2-1】 某一实验的 5 次测量值分别为 12.63、12.50、12.65、12.63、12.65，试用 Q 检验法检验测定值 12.50 是否为离群值。

【解】 从表 2-1 中可知，当 $n=5$ 时，用下式计算：

$$Q=\frac{x_2-x_1}{x_n-x_1}=\frac{12.63-12.50}{12.65-12.50}=0.867$$

查表 2-4，当 $n=5$，$\alpha=0.01$ 时，$Q_{(5,0.01)}=0.780$，$Q>Q_{(5,0.01)}$，故 12.50 可予舍去。

Q 检验法的缺点是没有充分利用测定数据，仅将可疑值与相邻数据比较，可靠性差。在测定次数少时，如 3~5 次测定，误将可疑值判为正常值的可能性较大。Q 检验法可以重复检验至无其他可疑值为止。但要注意 Q 检验法检验公式，随 n 不同略有差异，在使用时应予注意。

（2）T 检验法（Grubbs 格鲁布斯检验法）

T 检验法常用于检验多组测定值的平均值的一致性，也可以用它来检验同组测定中各测定值的一致性。下面我们以同一组测定值中数据一致性的检验为例，来看它的检验步骤。

1）将各数据按大小顺序排列：x_1，x_2，x_3，…，x_n。求出算术平均值 $\bar{x}$ 和标准偏差 S。将最大值记为 x_{max}，最小值记为 x_{min}，这两个值是否可疑，则需计算 T 值。

2）计算 T 值可以使用下列公式：

$$T = \frac{(\bar{x} - x_{min})}{S} \quad \text{或} \quad T = \frac{(x_{max} - \bar{x})}{S} \tag{2-10}$$

3）查表 2-5 T 检验临界值表（不作特别说明时，α 取 0.05）得 T 的临界值 $T_{(\alpha, n)}$。

Grubbs 检验临界值（T_α）表　　　　　　　　　　　　　　表 2-5

n	α		n	α		n	α	
	0.01	0.05		0.01	0.05		0.01	0.05
3	1.155	1.153	12	2.05	2.285	21	2.912	2.58
4	1.492	1.463	13	2.607	2.331	22	2.939	2.603
5	1.749	1.672	14	2.695	2.371	23	2.963	2.624
6	1.944	1.822	15	2.705	2.409	24	2.987	2.644
7	2.097	1.938	16	2.747	2.443	25	3.009	2.663
8	2.221	2.032	17	2.785	2.475	30	3.103	2.745
9	2.323	2.110	18	2.821	2.504	35	3.178	2.811
10	2.410	2.176	19	2.854	2.532	40	3.240	2.866
11	2.485	2.234	20	2.884	2.557	50	3.336	2.956

4）如果 $T \geqslant T_{(\alpha, n)}$ 则所怀疑的数据 x_1 或 x_n 是异常的，应予剔除；反之应予保留。新计算 $\bar{x}$ 和 S，求出新的 T 值，再次检验，依次类推，直到无异常的数据为止。

5）在第一个异常数据剔除舍弃后，如果仍有可疑数据需要判别时，则应重对多组测定值的检验，只要把平均值作为一个数据用以上相同步骤进行计算与检验。

【例 2-2】 10 个实验室分析同一样品，各实验室测定的平均值按大小顺序为 4.41、4.49、4.50、4.51、4.64、4.75、4.81、4.95、5.01、5.39，用 T 检验法检验最大均值 5.39 是否为离群均值？

【解】

$$\bar{\bar{x}} = \frac{1}{10} \sum_{i=1}^{10} \bar{x}_i = 4.746$$

$$S_{\bar{x}} = \sqrt{\frac{1}{10-1} \sum_{i=1}^{10} (\bar{x}_i - \bar{\bar{x}})^2} = 0.305$$

$$\bar{x}_{max} = 5.39$$

所以
$$T=\frac{\bar{x}_{\max}-\bar{\bar{x}}}{S_{\bar{x}}}=\frac{5.39-4.746}{0.305}=2.11$$

当 $n=10$，显著性水平 $\alpha=0.05$ 时，临界值 $T_{0.05}=2.176$，因 $T<T_{0.05}$，故 5.39 为正常均值，即均值为 5.39 的一组测定数据为正常数据，非离群均值。

2.4.3 校准曲线

1. 校准曲线定义

校准曲线是用于描述待测物质的浓度或量与相应的测量仪器的响应量或其他指示量之间的定量关系的曲线。

校准曲线包括通常所说的"工作曲线"和"标准曲线"，二者有所不同。当标准系列溶液的分析步骤与样品分析步骤完全相同时，所得的校准曲线为工作曲线；当标准系列溶液的分析步骤与样品分析步骤略有不同，如在标准系列中省略蒸馏、消化等预处理时，所得的校准曲线为标准曲线。当水样为废水样品或基体复杂的样品时，后者往往造成较大的误差。

2. 校准曲线的绘制

(1) 配制在测量范围内的一系列已知浓度的标准溶液。与样品相同的测定步骤，测定各浓度的标准溶液响应值。

(2) 在直角坐标纸上，以响应值为纵坐标，以浓度(或量)为横坐标，将测量数据标在直角坐标纸上。

(3) 将各点连接为一条适当的曲线。在环境水质监测中，通常选用校准曲线的直线部分(校准曲线也可根据最小二乘法求出其方程式，在直角坐标纸上绘制曲线)。

3. 绘制校准曲时应注意的问题

(1) 配制的标准系列应在方法的线性范围以内，不得少于 5 个浓度点，其中两点必须接近该分析方法的上限和下限浓度点(线性范围是指某一方法的校准曲线的直线部分所对应的待测物质的浓度或量变化范围)。

(2) 严格地说，绘制校准曲线时应对标准溶液进行与样品完全相同的分析处理，包括样品的前处理操作。只有经过充分的验证，确认省略某些操作对校准曲线无显著影响时，方可免除这些操作。

(3) 校准曲线应作空白校正后进行回归，相关系数一般应达到 0.999，其截距在无特殊规定时，一般控制在 ±0.005，截距不能过大。

(4) 校准曲线的斜率常随实验条件(试剂批号、环境温度、测量仪器的稳定性等)的改变而变动。因此，在每次分析样品的同时绘制校准曲线。否则在每次分析样品同时，平行测定零点浓度和中等浓度标准溶液各两份，取其均值相减后与原校准曲线上相应点核对，其相对差值根据方法精密度不得大于 5%~10%，否则应重新绘制校准曲线。

(5) 绘制校准曲线时，通常没有考虑样品的基体效应。然而，这对某些分析方法却至关重要。在这种情况下，可使用含有与实际样品类似基体的工作标准系列进行校准曲线的绘制。

(6) 对经过验证的标准方法绘制线性范围内的校准曲线时，如出现各点分散较大或不在一条直线上的现象，则应检查试剂、量器及操作步骤是否有误，并作必要的纠正。此后如果仍不能得到满意的结果，应根据专业知识和实际经验，对校准曲线做必要的回归计算，再重新绘图。

（7）利用校准曲线的响应值推测样品的浓度值时，其浓度应在所作校准曲线的浓度范围以内，不得将校准曲线任意外延。

4. 直线回归和相关性

标准曲线或工作曲线应是一条通过原点的直线，如果坐标上的各点基本在一条直线上可不进行回归处理。但在水质检测中不可避免地存在测定误差，误差较大时各检测数据就相当分散，这时就很难绘制出误差最小的直线，这就需要用最小二乘法进行回归分析，然后绘制校准曲线。这样可以得到一条对检测数据误差最小的直线，通常称为回归直线，而代表回归直线的方程叫回归方程。

（1）相关系数

现在我们来考察两个变量 x 和 y 之间的关系。变量和变量之间不外乎存在三种关系：第一种是完全无关；第二种是有确定性关系；第三种是有相关关系，即两个变量之间既有联系，但又不确定。

研究变量与变量之间关系的统计方法称为回归分析和相关分析。前者主要是用于找出描述变量间关系的定量表达式，以便由一个变量的值而求另一变量的值；后者则用于度量变量之间关系的密切程度，即当自变量 x 变化时，因变量 y 大体上按照某种规律变化。

变量与变量之间的不确定关系称为相关关系，它们之间线性关系的密切程度用相关系数 γ 表示。

例如，现有两组数据：

$$x_1，x_2，x_3，\cdots，x_n$$
$$y_1，y_2，y_3，\cdots，y_n$$

相关系数可以用下列公式计算得到：

$$r = \frac{S_{xy}}{\sqrt{S_{xx} \cdot S_{yy}}} \tag{2-11}$$

式中　$S_{xx} = \sum_{i=1}^{n}(x_i - \bar{x})^2 = \sum_{i=1}^{n}x_i^2 - \frac{1}{n}(\sum x_i)^2$；

$S_{yy} = \sum_{i=1}^{n}(y_i - \bar{y})^2 = \sum_{i=1}^{n}y_i^2 - \frac{1}{n}\left(\sum_{i=1}^{n}y_i\right)^2$；

$S_{xy} = \sum_{i=1}^{n}(x_i - \bar{x})(y_i - \bar{y}) = \sum_{i=1}^{n}x_i y_i - \frac{1}{n}\sum_{i=1}^{n}x_i \sum_{i=1}^{n}y_i$。

r 的取值在 $-1 \sim +1$ 之间。x 与 y 的相关关系有如下几种情况：

1）当 $r = 0$ 时，x 与 y 毫无线性关系。

2）若 x 增大，y 也相应增大，称 x 与 y 呈正相关。此时 $0 < r < 1$；当 $r = 1$，称完全正相关。

3）若 x 增大，y 相应减少，称 x 与 y 呈负相关。此时 $-0 < r < 1$；当 $r = -1$，称完全负相关。

4) 若 y 与 x 的变化无关，称 x 与 y 不相关。此时 $r=0$。

$|r|$ 越接近 1，则所得的数据线性相关就越好。对于水质检验工作中的标准曲线，应力求相关系数 $|r|>0.999$，否则应找出原因加以纠正，并重新进行测定和绘制。但在实际监测分析中，其标准曲线的相关系数达不到 $|r|>0.999$，因此根据实际情况制定了相关系数的临界值 r_a 表，根据不同的测定次数 n 和给定的 α(α 常取 0.05 或 0.01)可查得相应的临界值 γ_a，只有当 $|r|>r_a$ 时，表明 x 与 y 之间有着良好的线性关系，这时根据回归直线方程绘制的直线才有意义。反之，则 x 与 y 之间不存在线性相关关系。

（2）直线回归方程

对于任意的两个变量，无论它们是否具有相关关系，都可以用一定的方法来建立它们之间的关系式，这种关系式就叫做回归方程式。最简单的为直线回归方程，其形式为：

$$y=ax+b \tag{2-12}$$

式中 a、b 为常数。当 x 为 x_1 时，实际 y 值在按计算所得 y 值左右波动。但正如我们在前面的讨论中所指出的，只有当 $|r|>r_a$ 时，表明 x 与 y 之间有着良好的线性关系，这时根据回归直线方程绘制的直线才有意义。反之，就毫无意义，因为实际 y 值与计算所得 y 值会相差甚远。

常数 a、b 的确定可以用下列公式：

$$a=\frac{S_{xy}}{S_{xx}}=\frac{\sum(x_i-\bar{x})(y_i-\bar{y})}{\sum(x_i-\bar{x})^2}=\frac{\sum x_iy_i-\frac{1}{n}\sum x_i\sum y_i}{\sum x_i^2-\frac{1}{n}(\sum x_i)^2} \tag{2-13}$$

$$b=\frac{\sum y_i-b\sum x_i}{n}=\bar{y}-a\bar{x} \tag{2-14}$$

式中　$\bar{x}$、$\bar{y}$——分别为 x、y 的平均值；

x_i——第 i 个测量值；

y_i——第 i 个与 x_i 相对应的测量值。

【例 2-3】　用比色法测定某水样中的酚，检测数据见表 2-6，试求吸光度(A) 和浓度(c)的回归直线方程。

比色法测定酚的结果　　　　　　　　　表 2-6

序号	1	2	3	4	5	6
酚浓度(mg/L)	0.005	0.010	0.020	0.030	0.040	0.050
吸光度(A)	0.020	0.046	0.100	0.120	0.140	0.180

【解】　设酚的浓度为 x，吸光度为 y

则　　　　　　　　$\sum x=0.155$　$\sum y=0.606$　$n=6$

$\bar{x}=0.0258$　$\bar{y}=0.101$　$\sum x_iy_i=0.0208$　$\sum x_i^2=0.00552$

根据上述公式：

$a=(6\times0.0208-0.155\times0.606)/(6\times0.00552-0.155^2)=3.4$

$b=0.101-3.4\times0.0258=0.013$

其回归方程式为　　　　　　　　　$y = 3.4x + 0.013$

2.5　水质检验结果的表示方法

2.5.1　基准物质和标准溶液

标准溶液就是已知准确浓度的溶液。能够用于直接配制或标定标准溶液的物质称为基准物质或标准物质。

基准物质必须满足下列条件：

（1）纯度高。杂质含量 <0.01%～0.02%。一般用分析纯和优级纯试剂。

（2）试剂的组成应与它的化学式完全相符。

（3）性质稳定。不吸水、不分解、不挥发、不吸收 CO_2、不易被空气氧化。

（4）易溶解。

（5）有较大的摩尔质量，称量时用量大，可减少称量的相对误差。

（6）定量参加反应，无副反应。

滴定分析中常用的基准物质见表 2-7。

常用的基准物质　　　　　　　　　　　　　　　表 2-7

应用范围	基准物质		干燥条件	标定对象
	名称	化学式		
酸碱滴定	无水碳酸钠	Na_2CO_3	270～300℃烘 2～3h，干燥器中冷却	酸
	硼砂	$Na_2B_4O_7 \cdot 10H_2O$	在盛有 NaCl 和蔗糖饱和溶液的密闭容器中干燥	酸
	邻苯二甲酸氢钾	$KHC_8H_4O_4$	105～110℃烘 3～4h，干燥器中冷却	碱
络合滴定	锌	Zn	用 0.1mol/LHCl 洗表面，依次用 H_2O_2、C_2H_5OH、$(CH_3)_2CO$ 冲洗，室温干燥器中 24h	EDTA
	氧化锌	ZnO	900～1000℃灼烧至恒重，干燥器中冷却	EDTA
	碳酸钙	$CaCO_3$	105～110℃烘 2h，干燥器中冷却	EDTA
沉淀滴定	氯化钠	NaCl	500～600℃烘 40～50min，干燥器中冷却	$AgNO_3$
	氯化钾	kCl	500～600℃烘 40～50min，干燥器中冷却	$AgNO_3$
	氟化钠	NaF	500～550℃烘 40～50min，干燥器中冷却	$AgNO_3$
氧化还原滴定	重铬酸钾	$K_2Cr_2O_7$	140～150℃烘干 2～4h，干燥器中冷却	还原剂
	草酸钠	$Na_2C_2O_4$	105～110℃烘干 2h，干燥器中冷却	氧化剂
	溴酸钾	$KBrO_3$	130℃烘干 1.5～2h，干燥器中冷却	还原剂
	碘酸钾	KIO_3	130℃烘干 1.5～2h，干燥器中冷却	还原剂
	草酸	$H_2C_2O_4 \cdot 2H_2O$	室温空气干燥	$KMnO_4$ 或碱
	铜	Cu	室温干燥器中保存	还原剂

在滴定分析中，必须使用标准溶液，最后通过标准溶液的浓度和用量来计算待测组分的含量。有关标准溶液的配制和标定见教学单元 3 中"溶液的配制"。

2.5.2　标准溶液浓度的表示法

1. 物质的量浓度

物质的量浓度是指单位体积溶液所含溶质的物质的量，其单位为 mol/L，用

符号 C 表示。例如，体积为 V（L）的溶液中所含 A 物质的量为 n_A（mol），则该溶液的物质的量浓度为：

$$C_A = \frac{n_A}{V}(\text{mol/L})$$

$$\text{或} \quad n_A = C_A \cdot V(\text{mol})$$

如 A 物质的摩尔质量为 M_A（g/mol），则每升溶液中含 A 物质的质量 m_A 为：

$$m_A = n_A \cdot M_A(g) = C_A \cdot V \cdot M_A(g)$$

【例 2-4】 欲配制 0.02000mol/LK$_2$Cr$_2$O$_7$ 标准溶液 250mL，应称取 K$_2$Cr$_2$O$_7$ 多少克？

【解】 K$_2$Cr$_2$O$_7$ 的摩尔质量为 294.18g/mol，则应称取 K$_2$Cr$_2$O$_7$ 的克数为：

$$m_{\text{K}_2\text{Cr}_2\text{O}_7} = C_{\text{K}_2\text{Cr}_2\text{O}_7} \cdot V \cdot M_{\text{K}_2\text{Cr}_2\text{O}_7} = 0.02000 \times 0.25 \times 294.18 = 1.4709g$$

2. 滴定度 T

滴定度是指 1mL 标准溶液相当于被测物质的克数。例如，用 K$_2$Cr$_2$O$_7$ 标准溶液滴定 Fe，$T_{\text{Fe/K}_2\text{Cr}_2\text{O}_7} = 0.005000$g/mL，表示 1mLK$_2Cr_2O_7$ 标准溶液相当于 0.005000gFe。如果一次滴定中消耗 K$_2$Cr$_2$O$_7$ 标准溶液 21.50mL，溶液中 Fe 的含量很快就能求出，即 0.005000×21.50＝0.1075g。

生产单位经常分析同一种样品，用滴定度会很快算出测定结果。

滴定度有两种表示方法：

（1）每 1mL 标准溶液所含溶质的克数。以 $T_{\text{溶质}}$ 表示，单位为 g/mL；

（2）每 1mL 标准溶液 B 相当于被测物质 A 的质量，单位为 g。

$$T_{\text{A/B}} = m_A/V_B \qquad\qquad m_A = T_{\text{A/B}} \cdot V_B$$

如 $T_{\text{HCl}} = 0.0036$g/mL，表示每 1mLHCl 溶液有 0.0036gHCl；$T_{\text{NaOH}} = 0.04$g/mL，表示每 1mLNaOH 溶液中含有 0.04000gNaOH；测定 Fe 的 K$_2$Cr$_2$O$_7$ 标准溶液滴定度表示为：$T_{\text{Fe/K}_2\text{Cr}_2\text{O}_7}$；测定 MgO 的 EDTA 标准溶液滴定度表示为：$T_{\text{MgO/EDTA}}$。

【例 2-5】 已知 $T_{\text{Fe/K}_2\text{Cr}_2\text{O}_7} = 0.005$g/mL，若滴定消耗 K$_2Cr_2O_7$ 溶液 20.00mL，溶液中 Fe 的含量为多少？

【解】 $m_{\text{Fe}} = T_{\text{Fe/K}_2\text{Cr}_2\text{O}_7} \times V_{\text{K}_2\text{Cr}_2\text{O}_7} = 0.005$g/mL×20.00mL＝0.1000g

2.5.3 滴定分析的计算

滴定分析中，要涉及一系列的计算问题，如标准溶液及其标定，滴定剂（标准溶液）与被测物质间量的换算及分析结果的计算等。

1. 被测物质的量 n_A 与滴定剂的量 n_B 之间的关系

对于任一滴定反应： $a\text{A} + b\text{B} = c\text{C} + d\text{D}$

当滴定达到化学计量点时 $b$mol 的 B 物质恰好与 $a$mol 的 A 物质完全反应，则化学反应方程式中，各物质的系数比就是反应中各物质相互作用的物质的量之比，即：$n_A : n_B = a : b$。

$$n_A = \frac{a}{b}n_B \qquad \text{或} \qquad n_B = \frac{b}{a}n_A$$

式中——a/b 或 b/a 称为换算因数（或化学因素）。

注意：同一种物质在不同反应中的换算因数不同。

滴定反应 $H_2SO_4 + 2NaOH = Na_2SO_4 + 2H_2O$

$$n_{H_2SO_4}/n_{NaOH} = 1/2 ; n_{NaOH}/n_{H_2SO_4} = 2/1$$

设体积为 V_A 的被测物质浓度为 C_A，在化学计量点时用去浓度为 C_B 的滴定剂的体积为 V_B，则：

$$n_A = C_A \cdot V_A \qquad n_A = \frac{m_A}{M_A} \qquad n_A = \frac{a}{b} n_B$$

$$\frac{m_A}{M_A} = \frac{a}{b} C_B \cdot V_B$$

若已知被测物质 A 的摩尔质量 M_A，则可进一步求出 A 的质量：

$$m_A = \frac{a}{b} \cdot C_B \cdot V_B \cdot M_A$$

式中 M_A 的单位为 "g/mol"，m_A 的单位为 "g"，通常在滴定时，体积的单位以 "mL" 计量，因此，在运算时毫升要化为升，也就是要乘以 10^{-3}，则上式可写为通式：

$$m_A = \frac{a}{b} \cdot C_B \cdot V_B \cdot M_A \times 10^{-3}$$

2. 估算应称基准物质的质量

在滴定分析中，为了减少滴定管的读数误差，一般要求消耗标准溶液的体积在 20～30mL 之间，因此称取基准物质的大约质量，可通过计算求得。

【例 2-6】 用基准试剂邻苯二甲酸氢钾（KHP）标定 NaOH 时，要求在滴定时消耗掉 0.2mol/LNaOH 溶液范围在 20～25mL，问应称取基准试剂多少克？

$$KHC_8H_4O_4 + NaOH = KNaC_8H_4O_4 + H_2O$$

【解】 设应称取 KHP 为 m 克，已知 $C_{NaOH} = 0.2mol/L$，$V_{NaOH} = 20～25mL$，$M_{KHP} = 204.22g/mol$，$a/b = 1$。

$$m_1 = 0.2 \times 20 \times 10^{-3} \times 204.22 = 0.8169 \approx 0.8g$$

$$m_2 = 0.2 \times 25 \times 10^{-3} \times 204.22 = 1.021 \approx 1g$$

则应称取 KHP0.8～1.0g。

3. 被测物质百分含量的计算

设 G 为试样的质量，m_A 为试样中所含被测组分 A 的质量，被测组分的百分含量为：

$$A(\%) = \frac{m_A}{G} \times 100\%$$

因为

$$m_A = C_B \cdot V_B \times 10^{-3} \cdot M_A$$

所以

$$A(\%) = \frac{C_B \cdot V_B \times 10^{-3} \cdot M_A}{G} \times 100\%$$

若 $a/b \neq 1$ 时，则：

$$A(\%) = \frac{a}{b} \times \frac{C_B \cdot V_B \times 10^{-3} \times M_A}{G} \times 100\%$$

【例 2-7】 测定纯碱中 Na_2CO_3 的含量时，称取样品 0.3398g，用 0.2405mol/L 的 HCl 标准溶液滴定至甲基橙橙色，用去 HCl 标准溶液 25.58mL，求纯碱中

Na_2CO_3 的百分含量。

【解】 此滴定反应为：$Na_2CO_3 + 2HCl = 2NaCl + CO_2 + H_2O$

$$\frac{a}{b} = \frac{n_{Na_2CO_3}}{n_{HCl}} = \frac{1}{2}$$

$$Na_2CO_3(\%) = \frac{C_{HCl} \cdot V_{HCl} \times 10^{-3} \times M_{Na_2CO_3}}{2G} \times 100$$

$$= \frac{0.2405 \times 25.58 \times 10^{-3} \times 105.99}{2 \times 0.3398} \times 100$$

$$= 95.95$$

4. 物质的量浓度与滴定度间的换算

【例 2-8】 已知高锰酸钾标准溶液的浓度为 0.02010mol/L，求其 $T_{Fe/KMnO_4}$ 和 $T_{Fe_2O_3/KMnO_4}$。如果称取试样 0.2718g，溶解后将溶液中的 Fe^{3+} 还原成 Fe^{2+}，然后用 $KMnO_4$ 标准溶液滴定，消耗 26.30mL，求试样中含铁量，分别以 Fe（%）、Fe_2O_3（%）表示之。

【解】 此滴定反应是：

$$5Fe^{2+} + MnO_4^- + 8H^+ = 5Fe^{3+} + Mn^{2+} + 4H_2O$$

$$n_{Fe} = 5n_{KMnO_4} \qquad \frac{a}{b} = \frac{n_{Fe}}{n_{KMnO_4}} = \frac{5}{1}$$

$$n_{Fe_2O_3} = \frac{5}{2}n_{KMnO_4} \qquad \frac{a}{b} = \frac{n_{Fe_2O_3}}{n_{KMnO_4}} = \frac{5}{2}$$

$$T_{Fe/KMnO_4} = \frac{m_{Fe}}{V_{KMnO_4}}$$

$$= \frac{a}{b} \times \frac{C_{KMnO_4} \cdot V_{KMnO_4} \times 10^{-3} \times M_{Fe}}{V_{KMnO_4}}$$

$$= \frac{5C_{KMnO_4} \cdot V_{KMnO_4} \times 10^{-3} \cdot M_{Fe}}{V_{KMnO_4}}$$

$$= \frac{5 \times 0.02010 \times 26.30 \times 10^{-3} \times 55.85}{26.30}$$

$$= 0.005613 \text{g/mL}$$

$$T_{Fe_2O_3/KMnO_4} = \frac{m_{Fe_2O_3}}{V_{KMnO_4}} = \frac{5}{2} \times C_{KMnO_4} \times 10^{-3} \times M_{Fe_2O_3}$$

$$= \frac{5}{2} \times 0.02010 \times 10^{-3} \times 159.7$$

$$= 0.008025 \text{g/mL}$$

$$Fe(\%) = \frac{T_{Fe/KMnO_4} \cdot V_{KMnO_4}}{G_{试样}} \times 100$$

$$= \frac{0.005613 \times 26.30}{0.2718} \times 100 = 54.31$$

$$Fe_2O_3(\%) = \frac{T_{Fe_2O_3/KMnO_4} \cdot V_{KMnO_4}}{G_{试样}} \times 100$$

$$= \frac{0.008205 \times 26.30}{0.2718} \times 100 = 77.39$$

2.5.4　水质检验结果的表示方法

水质检验中至少取两个或两个以上平行样进行分析，并用其平均值表示检验结果。

1. 质量浓度

质量浓度是指单位体积中某种物质的质量。单位用"mg/L"或"ppm"（即百万分之几）表示，"μg/"L或"ppb"（即十亿分之几）表示，"ng/L"或"ppt"（即万亿分之几）表示。

$$1g = 10^3 mg = 10^6 \mu g = 10^9 ng$$

2. 质量百分比

当相对密度 $d = 1.00$ 时，1‰等于 10000mg/L。当测定高相对密度的水样（废液）时，应按下式修正：

$$质量百分比 = \frac{mg/L}{10000 \times 相对密度}$$

应该指出，水质检验结果一般不采用百分含量表示。但是，对于底质（如河水底泥、海水或水中的污泥等）中高含量成分（如 $\geqslant 1mg/g$）时的检验结果常以百分含量表示；对于低含量成分则以 mg/kg 表示。

对于水质检验中的一些物理指标（如色度、浊度、电导率等）和一些微生物指标（如细菌总数、大肠菌群等）以及部分化学指标（如 pH 值、碱度、硬度等）的检验结果还常由它们各自的单位来表示。

思 考 题 与 习 题

1. 填空题

（1）水样采集的关键是_____和_____。

（2）水样保存希望做到_____，水样保存的方法有_____。

（3）测定值与真实值的差值称为_____，根据_____的性质和产生的原因，可以分为_____和_____两类。

2. 判断题

（1）采集的水样与测定时间相隔越短，分析的结果就越可靠。　　　　（　　）

（2）如果说一组平行测定的数据精密度好，就是几次测定值之间很符合，准确度一定好。　　　　　　　　　　　　　　　　　　　　　　（　　）

（3）有效数字与通常数学上的数值在概念上是相同的。　　　　　（　　）

3. 简答题

（1）分析误差可以分为哪几种？他们分别由哪些因素引起的？可以用哪种方式表示？

（2）精密度与准确度有何区别？对分析来说，两者的关系如何？

（3）简述采集工业废水水样时的注意事项。

4. 计算题

（1）用二硫腙比色法测定水样中的铅，六次测定的结果分别为 1.06mg/L、1.08mg/L、1.10mg/L、1.15mg/L、1.10mg/L、1.20mg/L，试计算测定结果的平均值、平均偏差、相对平均偏差、标准偏差、极差、变异系数，并表示出该测定的结果。

（2）一组测定值为 15.65、15.86、15.89、15.95、15.97、16.01、16.02、16.04、16.04、16.07，用 Dixon 检验法检验最小值 15.65 和最大值 16.07 是否为离群值。

（3）对同一样品 10 次测定的结果为 4.41、4.49、4.50、4.51、4.64、4.75、4.81、4.95、5.01、5.39，试用 Grubbs 检验法检验最大值 5.39 是否为离群值。

（4）用二苯碳酰二肼分光光度法测定水样铬的含量，标准曲线的实验数据见表 2-8，试用该实验数据求吸光度对铬量的直线回归方程并绘制标准曲线。

标准曲线实验数据   表 2-8

铬含量(μg)	20	40	60	80	100	140
吸光度	0.044	0.091	0.179	0.269	0.355	0.518

（5）试用上题中实验数据计算吸光度对铬含量关系曲线的相关系数 γ，并指出该实验数据线性关系的密切程度。

教学单元 3　水质检验技能应用基础

【教学目标】

通过水质检验常用玻璃仪器、器皿及器具、仪器设备、化学试剂和试液、实验用水等知识点，以及滴定分析应用基础的学习，学生将具有在水质检验中正确选择常用仪器、进行实验前仪器洗涤及试剂配制等准备能力，熟练应用滴定分析基本操作。

3.1　常用玻璃仪器及其他器皿、器具

3.1.1　常用玻璃仪器

玻璃仪器由于具有透明、耐热、耐腐蚀、易清洗等特点，在水质分析中应用较广。

常用玻璃仪器的规格、用途及使用注意事项见表 3-1。

常用玻璃仪器　　　　　　　　　　　　　　　表 3-1

名　　称	规格	主要用途	注意事项
烧杯	容量(mL)25，50，100，250，400，500，800，1000，2000	配制溶液，溶解处理样品	（1）加热时需在底部垫石棉网，防止因局部加热而破裂；（2）杯内待加热液体的体积不要超过总容积的 2/3；（3）加热腐蚀性液体时，杯口要盖表面皿
三角瓶及碘量瓶	容量（mL）50，100，250，500，1000	用于容量滴定分析；加热处理试样；碘量法及其他生成易挥发性物质的定量分析	（1）加热时应置于石棉网上，以使之受热均匀，瓶内液体应为容积的 1/3 左右；（2）磨口三角瓶加热时要打开瓶塞
平(圆)底烧瓶	容量（mL）250，500，1000	加热及蒸馏液体	（1）加热时置于石棉网上；（2）可加热至高温，注意不要使温度变化过于剧烈

续表

名　　称	规格	主要用途	注意事项
蒸馏烧瓶	容量（mL） 50，100，250， 500，1000	蒸馏	（1）加热时应置于石棉网上； （2）可加热至高温，注意不要使温度变化过于剧烈
量筒	容量（mL）5， 10，25，50， 100，250，500， 1000，2000	粗略量取一定体积的液体	（1）不能用量筒加热溶液； （2）不可作溶液配制的容器使用； （3）操作时要沿壁加入或倒出液体
容量瓶	容量（mL）5， 10，25，50， 100，200，250， 500，1000，2000	用于配制体积要求准确的溶液；定容 分无色和棕色两种，棕色用于盛放避光溶液	（1）磨塞要保持原配，漏水的容量瓶不能用； （2）不能用火加热也不能在烤箱内烘烤； （3）不能在其中溶解固体试剂； （4）不能盛放碱性溶液
滴定管	容量（mL） 25，50，100	滴定分析中的精密量器，用于准确测量滴加到试液中的标准溶液的体积	（1）活塞要原配； （2）漏水不能使用； （3）不能加热； （4）碱式滴定管不能用来装与胶管作用的溶液
微量滴定管	容量（mL）1， 2，3，4，5， 10	用于微量或半微量分析滴定使用	（1）活塞要原配； （2）漏水不能使用。非碱式滴定管不能用来装碱性溶液

名　　称	规格	主要用途	注意事项
移液管　　吸量管	容量(mL) 无分度移液管：1，2，5，10，25，50，100； 直管式吸量管：0.1，0.5，1，2，5，10； 上小直管式吸量管：1，2，5，10	滴定分析中的精密量器，用于准确量取一定体积的溶液	(1) 使用前洗涤干净，用待吸液润洗； (2) 移液时，移液管尖与受液容器壁接触，待溶液流尽后，停留15s，再将移液管拿走； (3) 除吹出式移液管外，不能将留在管尖内的液体吹出； (4) 不能加热，管尖不能磕坏
比色管 50mL	容量（mL）10，25，50，100（具塞，不具塞）	比色分析	(1) 比色时必须选用质量、口径、厚薄、形状完全相同的成套使用； (2) 不能用毛刷擦洗，不可加热
滴瓶	容量(mL)30，60，125，250（无色，棕色）	常用盛装逐滴加入的试剂溶液	(1) 磨口滴头要保持原配； (2) 放碱性试剂的滴瓶应该用橡皮塞，以防长时间不用而打不开； (3) 滴管不能倒置，不要将溶液吸入胶头
细口瓶、广口瓶	容量（mL）30，60，125，500，1000，2000；（有无色和棕色两种，棕色盛放避光试剂）	也称试剂瓶，细口瓶盛放液体试剂，广口瓶盛放固体试剂或糊状试剂溶液	(1) 不能用火直接加热； (2) 盛放碱溶液要用胶塞或软木塞； (3) 取用试剂时，瓶盖应倒放； (4) 长期不用时应在瓶口与磨塞间衬纸条，以便在需要时顺利打开
洗瓶	容量（mL）250，500，1000	洗涤仪器和沉淀	(1) 不能装自来水； (2) 可以自己装配

续表

名　　称	规格	主要用途	注意事项
冷凝管	长度（mm）320，370，490；直形，球形，蛇形冷凝管	用于冷却蒸馏出的液体	（1）装配仪器时，先装冷却水胶管，再装仪器；（2）装配时从下口进冷却水，从上口出冷凝液。开始进水需缓慢，水流不能太大；（3）使用时不应骤冷骤热
干燥器	直径（mm）160，210，240，300；分普通干燥器和真空干燥器	用于冷却和保存已经烘干的试剂、样器或已恒重的称量瓶，坩埚	（1）盖子与器体的磨口处涂适量的凡士林，以保证密封；（2）放入干燥器的物品温度不能过高；（3）开启顶盖时不要向上拉，而应向旁边水平开，顶盖取下后要翻过来放稳；（4）经常更换干燥剂
漏斗	直径（mm）45，55，60，80，100，120	用于过滤或倾注液体	（1）不可直接用火加热，过滤的液体也不能太热；（2）过滤时，漏斗颈尖端要紧贴承接容器的内壁；（3）滤纸铺好后应低于漏斗上边缘 5mm
分液漏斗	容积（mL）50，100，125，150，250，500，1000	分开两种密度不同又互不混溶的液体；作反应器的加液装置	（1）活塞上要涂凡士林，使之转动灵活，密合不漏；（2）活塞、旋塞必须保持原配；（3）长期不用时，在磨口处垫一纸条；（4）不能用火加热
研钵	直径（mm）60，80，100，150，190	研磨固体试剂	不能撞击，不能加热
表面皿	直径（mm）45，60，75，90，100，120，150，200	用于盖烧杯及漏斗等，防止灰尘落入或液体沸腾液体飞溅产生损失，做点滴板	不能用火直接加热

续表

名　称	规格	主要用途	注意事项
称量瓶 高型　　低型	容量(mL) 高型：10，20，25，40，60； 低型：5，10，15，30，45	称量或烘干样品，基准试剂，测定固体样品中水分	(1) 洗净，烘干(但不能盖紧瓶烘烤)，置于干燥器中备用； (2) 磨口塞要原配； (3) 称量时不要用手直接拿取，应用洁净的纸带或用棉纱手套； (4) 烘干样品时不能盖紧磨塞

3.1.2　常用瓷器皿

由于瓷质器皿与玻璃仪器相比，有耐高温(可达 1200℃)，机械强度大，耐骤冷骤热的温度变化等优点，在实验室中经常用到。表 3-2 列举了实验室常用瓷器皿。

水质分析常用瓷器皿
表 3-2

名　称	常用规格	主要用途	使用注意事项
蒸发皿	容量(mL) 无柄：35，60，100，150，200，300，500，1000； 有柄：30，50，80，100，150，200，300，500，1000	蒸发浓缩液体； 用于700℃以下物料灼烧	(1) 能耐高温，但不宜骤冷； (2) 一般在铁环上直接用火加热，但须在预热后再提高加热强度
坩埚	容量(mL) 高型：15，20，30，50； 中型：2，5，10，15，20，50，100； 低型：15，25，30，45，50	灼烧沉淀，处理样品	(1) 能耐高温，但不宜骤冷； (2) 根据灼烧物质的性质选用不同材料的坩埚
研钵	直径(mm) 普通型：60，80，100，150，190； 深型：100，120，150，180，205	混合、研磨固体物料绝对不允许研磨强氧化剂（如 $KClO_4$）； 研磨时不得敲击	(1) 不能作反应容器，放入物质量不超过容积的1/3； (2) 绝对不允许研磨强氧化剂（如 $KClO_4$）； (3) 研磨时不得敲击
点滴板	孔数：6，12； 上釉瓷板，分黑、白两种	定性点滴试验，观察沉淀生成或颜色	(1) 白色点滴板用于有色沉淀，显色试验； (2) 黑色点滴板用于白色、浅色沉淀，显色试验
布氏漏斗	外径(mm) 51，67，85，106，127，142，171，213，269	用于抽滤物料	(1) 漏斗和吸滤瓶大小要配套，滤纸直径略小于漏斗内径； (2) 过滤前，先抽气。结束时，先断开抽气管与滤瓶连接处再停抽气，以防止液体倒吸

续表

名　称	常用规格	主要用途	使用注意事项
白瓷板	长×宽×高（mm）152×152×5	滴定分析时垫于滴定板上，便于观测滴定时的颜色变化	

3.1.3 常用器具

水质检验中为配合玻璃仪器的使用，还必须配置一些器具。这些常用器具见表 3-3。

常用器具　　　　　　　　　　　　　　　　　　表 3-3

名　称	用　途	名　称	用　途
水浴锅	用于加热反应器皿，电热恒温水浴使用更为方便	滴定台　滴定夹	夹持滴定管
铁架台铁三脚架	固定放置反应容器。如要加热，在铁环或铁三脚架上要垫石棉网或泥三角	移液管（吸管架）	放置各种规格的移液管（吸量管）
石棉网	加热容器时，垫在容器和热源之间，使受热均匀	漏斗架	放置漏斗进行过滤
泥三角	架放直接加热的小蒸发皿	试管架	放置试管
万能夹　　烧瓶夹	夹持冷凝管、烧瓶等	比色管架	放置比色管

3.1.4　玻璃仪器的洗涤及保管

在进行水质检验前，必须将所用玻璃仪器洗净，玻璃仪器是否洁净，对实验结果的准确度和精密度都有直接影响。因此，玻璃仪器的洗涤是实验工作中非常重要的环节。洗涤后的仪器必须达到倾去水后器壁不挂水珠的程度。

1. 一般玻璃仪器的洗涤

洗涤任何玻璃仪器之前，一定要先将仪器内原有的试液倒掉，然后再按下述步骤进行洗涤。

（1）用水洗　根据仪器的种类和规格，选择合适的刷子蘸水刷洗，或用水摇动（必要时可加入滤纸碎片），洗去灰尘和可溶性物质。

（2）用洗涤剂洗　用于对一般玻璃仪器如烧杯、锥形瓶、试剂瓶、量筒、量杯等的洗涤。其方法是用毛刷蘸取低泡沫的洗涤剂，用刷子反复刷洗，然后边刷边用水冲洗，当倾去水后，如果被刷洗容器壁上不挂水珠，即可用少量蒸馏水或去离子水分多次（至少 3 次）淋洗，洗去所沾的自来水后，即可（或干燥后）使用或保存。

（3）用洗液洗　对于有些难以洗净的污垢，或不宜用刷子刷洗的容量仪器，如移液管、滴定管、容量瓶等，以及无法用刷子刷洗的异形仪器，如冷凝管，还有上述方法不能洗净的玻璃仪器。若用上述方法已洗至不挂水珠，此步骤可省略。其方法是将洗液倒入仪器内进行涮洗或浸泡一段时间，回收洗液后用自来水冲洗干净。可根据污垢的性质选用相应的洗液洗涤。常用的洗液种类及用途见表 3-4。

常用洗液　　　　　　　　　　　　　　　　　　　　　　　　表 3-4

洗液名称	配制方法	适用洗涤的仪器	注意事项
合成洗涤剂	选用合适的洗涤剂或洗衣粉，溶于温水中，配成浓溶液	洗涤玻璃器皿安全方便，不腐蚀衣物	该洗液用后，最好再用 6mol/L 硝酸浸泡片刻
铬酸洗液	称 20g 研细的重铬酸钾（工业纯）加 40mL 水，加热溶解。冷却后，沿玻璃棒慢慢加入 360mL 浓硫酸，边加边搅拌，放冷后装入试剂瓶中盖紧瓶塞备用	用于去除器壁残留油污，用少量洗液刷洗或浸泡	（1）具有强腐蚀性，防止烧伤皮肤和衣物；（2）新配的洗液呈暗红色，用毕回收，可反复使用。贮存时瓶塞要盖紧，以防吸水失效；（3）如该液体转变成绿色，则失效；（4）废液应集中回收处理
碱性高锰酸钾洗液	4g $KMnO_4$ 溶于少量水中，加 10% 的 NaOH 溶液至 100mL	此洗液作用缓慢温和，用于洗涤油污或某些有机物	（1）玻璃器皿上沾有褐色氧化锰可用盐酸羟胺或草酸洗液洗除之；（2）洗液不应在所洗的玻璃器皿中长期存留
草酸洗液	5～10g 草酸溶于 100mL 水中，加入少量浓盐酸	用于洗涤使用高锰酸钾洗液后，器皿产生的二氧化锰	必要时加热使用
纯酸洗液	① 1＋1HCl　② 1＋1H_2SO_4　③ 1＋1HNO_3　④ H_2SO_4＋HNO_3 等体积混合液	浸泡或浸煮器皿，洗去碱性物质及大多数无机物残渣	使用需加热时，温度不宜太高，以免浓酸挥发或分解

续表

洗液名称	配制方法	适用洗涤的仪器	注意事项
碱性乙醇洗液	25g 氢氧化钾溶于少量水中,再用工业纯乙醇稀释至 1L	适于洗涤玻璃器皿上的油污	(1) 应贮于胶塞瓶中,久贮易失效; (2) 防止挥发,防火
碘—碘化钾洗液	1g 碘和 2g 碘化钾混合研磨,溶于少量水中,再加水稀释至 100mL	洗涤硝酸银的褐色残留物	洗液应避光保存
有机溶剂	汽油、甲苯、二甲苯、丙酮、酒精、氯仿等有机溶剂	用于洗涤粘较多油脂性污物、小件和形状复杂的玻璃仪器。如活塞内孔、吸管和滴定管尖头等	(1) 使用时要注意其毒性及可燃性,注意通风; (2) 用过的废液回收,蒸馏后仍可继续使用

用洗液洗涤时要注意两点:一是在使用一种洗液时,则一定要洗尽前一种洗液,以免两种洗液互相作用,降低洗涤效果,或者生成更难洗涤的物质;二是在用洗液洗涤后,仍需先用自来水冲洗,洗尽洗液后,再用蒸馏水淋洗,除尽自来水,控干备用。

(4) 用专用有机溶剂洗　用上述方法不能洗净的油或油类物质,可用适当的有机溶剂溶解去除。

洗涤玻璃仪器的一般步骤为:①用自来水冲洗;②用洗涤液(剂)洗涤;③用自来水冲洗;④用少量蒸馏水淋洗至少 3 次,直到仪器器壁不挂水珠,无干痕。

玻璃砂(滤)坩埚、玻璃砂(滤)漏斗及其他玻璃砂芯滤器,由于滤片上空隙很小,极易被灰尘、沉淀物等堵塞,又不能用毛刷清洗,需选用适宜的洗液浸泡抽洗,最后用自来水、蒸馏水冲洗干净。

适用于洗涤砂芯滤器的洗涤液见表 3-5。

砂芯滤器洗涤液　　　　　　　　　　　　　　表 3-5

沉淀物	洗液配方	用　法
新滤器	热 HCl、铬酸洗液	浸泡、抽洗
氯化银	1:1 氨水、10% 亚硫酸钠	浸泡后抽洗
硫酸钡	浓硫酸、3%EDTA 500mL+浓氨水 100mL 混合液	浸泡、蒸煮、抽洗
汞	热浓硝酸	浸泡、抽洗
氧化铜	热氯酸钾+盐酸混合液	浸泡、抽洗
有机物	热铬酸洗液	抽洗
脂肪	四氯化碳	浸泡、抽洗、再换洁净的四氯化碳抽洗

2. 玻璃仪器的干燥

不同的分析操作,对仪器的干燥程度要求不同,有的可以带水,有的则要求干燥,所以应根据实验的要求来选择合适的干燥方式。表 3-6 为常见的干燥方式。

玻璃仪器的干燥方式　　　　　　　　　　　　表 3-6

干燥方式	操作要领	注意事项
晾干	不急于使用的、要求一般干燥的仪器，洗净后倒置，控去水分，使其自然干燥	
烘干	要求无水的仪器在 110～120℃ 清洁的烘箱内烘 1h 左右	（1）干燥实心玻璃塞、厚壁仪器时，要缓慢升温，以免炸裂； （2）烘干后的仪器一般应在干燥器中保存； （3）任何量器均不得用烘干法干燥
吹干	急于干燥的仪器或不适合烘干的仪器如量器，可控净水后依次用乙醇、乙醚荡洗几次，然后用吹风机，热、冷风顺序吹干	（1）溶剂要回收； （2）注意室内通风、防火、防毒
烤干	对急用的试管，试管口向下倾斜，用火焰从管底依次向管口烘烤	（1）只适于试管； （2）注意防火、防炸裂

3. 玻璃仪器的保管

洗净、干燥的玻璃仪器要按实验要求妥善保管，如称量瓶要保存在干燥器中，滴定管倒置于滴定管架上；比色皿和比色管要放入专用盒内或倒置在专用架上；磨口仪器，如容量瓶、碘量瓶、分液漏斗等要用小绳将塞子拴好，以免打破塞子或互相弄混；暂时不用的磨口仪器，磨口处要垫一纸条，用橡皮筋拴好塞子保存。

3.2　化学试剂与试液

3.2.1　化学试剂

水质分析中要用到各种化学试剂，了解化学试剂的分类、规格、性质及使用知识是很有必要的。

1. 试剂的分类与规格

化学试剂根据用途可分为一般化学试剂和特殊化学试剂。

（1）一般化学试剂

根据国家标准，一般化学试剂按其纯度可分为四级，其规格及适用范围见表 3-7。另外，指示剂也属于一般化学试剂。

化学试剂的规格及适用范围　　　　　　　　　　表 3-7

试剂级别	纯度分类	符号	瓶签颜色	适用范围
一级品	优级纯	G. R.	绿色	纯度很高，适用于精密分析及科学研究工作
二级品	分析纯	A. R.	红色	纯度较高，适用于一般分析测试及科学研究工作
三级品	化学纯	C. P.	蓝色	纯度较差，适用于工业分析和化学试验
四级品	实验试剂	L. R.	棕色	纯度较低，适用于一般的化学实验或研究

（2）特殊化学试剂

1）基准试剂　其纯度相当于（或高于）一级品，主成分含量一般在 99.9％ 以上，可用作滴定分析中的基准物质，也可直接配制成已知浓度的标准溶液。

2）高纯试剂 这一类试剂的主要成分含量可达到四个九（99.99%）以上，主要用于极精密分析中的标准物或配制标样的基体。其中"光谱纯"试剂杂质含量用光谱分析法已测不出或低于某一限度；"分光光度纯"试剂要求在一定波长范围内没有干扰物质或很少干扰物质；"色谱纯"试剂或"色谱标准物质"其杂质含量用色谱分析法检测不出或低于某一限度。

3）生化试剂 用于各种生物化学检验。

2. 化学试剂的选择

化学试剂的纯度对分析结果的准确性有较大的影响，但是试剂纯度越高，其价格也越贵。所以应该根据分析任务，分析方法以及对分析结果准确度的要求选用不同规格的试剂。

化学试剂选用的原则是在满足分析要求的前提下，选择试剂的级别应尽可能低，既不要超级别而造成浪费，也不能随意降低试剂级别而降低分析结果的准确度。试剂的选择通常考虑以下几点：

（1）对痕量分析应选高纯度规格的试剂，以降低空白值；对于仲裁分析一般选用优级纯和分析纯试剂。

（2）滴定分析中用间接法配制的标准溶液，应选择分析纯试剂配制，再用基准物质标定。如对分析测定结果要求不是很高的实验，也可用优级纯或分析纯代替基准试剂作标定。滴定分析中所用的其他试剂一般为分析纯试剂。

（3）仪器分析中一般选择优级纯或专用试剂，测定微量成分时应选用高纯试剂。

（4）配制定量或定性分析中的普通试液和清洁液时应选用化学纯试剂。

需要注意的是，试剂的级别要求高，分析实验用水的纯度及容器、仪器洁净程度也有特殊要求，必须配合使用，方能满足要求。

此外，由于进口化学试剂的规格、标志与我国化学试剂现行等级标准不甚相同，使用时可参照有关化学手册加以区别。

3. 化学试剂的贮存、管理和使用

实验室都需贮存一定量的化学药品（包括原装化学试剂和自己制备的各类试剂），这些化学药品应该由专人妥善管理，尤其是大部分药品都具有一定的毒性或易燃易爆性，若管理不当，易发生危险事故。同时，化学试剂如保管不善则会发生变质，变质试剂不仅是导致分析测定结果误差的主要原因，而且还会使分析工作失败，甚至引起事故。因此，必须了解化学药品的性质，避开引起试剂变质的各种因素，妥善保管。

（1）引起化学试剂变质的因素

1）空气的影响 空气中的氧易使还原性试剂氧化而变质；强碱性试剂易吸收二氧化碳而变成碳酸盐；水分可以使某些试剂潮解、结块，纤维、灰尘能使某些试剂还原、变色等。

2）温度的影响 高温加速不稳定试剂的分解速度；低温对有些试剂也有影响，如温度过低会析出沉淀、发生冻结等。

3）光的影响　日光中的紫外线能加速某些试剂的化学反应而使其变质(例如银盐、汞盐、溴和碘的钾、钠、铵盐和某些酚类试剂)。

4）湿度的影响　空气中相对湿度在 40%～70% 为正常，湿度过高或过低都易使试剂发生化学或物理变化，使不同的试剂发生潮解、风化、稀释、分解等变化。

5）杂质　试剂纯净与否，会影响其变质情况。所以在取用试剂时要特别防止带入杂质。

6）贮存期的影响　不稳定试剂在长期贮存后会发生歧化、聚合、分解或沉淀等变化。

（2）化学试剂的贮存

一般化学试剂应贮存在通风良好、干燥洁净、避免阳光照射的房间里，要远离火源，并注意防止水分、灰尘和其他物质的污染。通常化学药品的存放可分类如下：

1）无机物

盐类及氧化物（按周期表分类存放）：如钠、钾、铵、镁、钙、锌等的盐及 CaO、MgO、ZnO 等；

碱类：KOH、$NaOH$、$NH_3 \cdot H_2O$ 等；

酸类：H_2SO_4、HNO_3、HCl、$HClO_4$ 等。

2）有机物

按官能团分类存放：烃类、醇类、酚类、酮类、酯类、羧酸类、胺类、卤代烷类、苯系物等。

3）指示剂

酸类指示剂、氧化还原指示剂、配位滴定指示剂、荧光指示剂等。

剧毒试剂（如 $NaCN$、As_2O_3、$HgCl_2$），必须安全使用和妥善保管。

（3）化学试剂的取用

取用化学试剂应遵循以下原则：

1）取用前先检查试剂的外观、生产日期，不能使用失效的试剂，如怀疑变质，应检验合格后再用。若瓶上的标签脱落，应及时贴好，防止试剂混淆。

2）取用固体试剂时应遵循"只出不回，量用为出"的原则，取出的多余试剂不得倒回原瓶。要用洁净干燥的药匙，不允许一匙多用，取完试剂要立即盖上瓶盖。一般的固体试剂可以放在干净的硫酸纸或表面皿上称量，具有腐蚀性、强氧化性或易潮解的试剂不能在纸上称量。

3）取用液体试剂时，必须倾倒在洁净的容器中再吸取使用，不得在试剂瓶中直接吸取，倒出的试剂不得再倒回原瓶。倾倒试剂时应使瓶签朝向手心，防止流下的液体沾污、腐蚀瓶签。

3.2.2　实验室分析用水

在水质分析工作中，洗涤仪器、溶解样品、配制溶液等均需用水。一般天然水和自来水中常含有氯化物、碳酸盐、硫酸盐、泥砂及少量有机物等杂质，影响水质分析结果的准确度。作为分析用水，必须先用一定的方法净化，达到国家规定实验室用水规格后才能使用。

1. 实验室用水的质量要求

（1）外观与等级

实验室用水应为无色透明的液体，其中不得有肉眼可辨的颜色和纤絮杂质。

实验室用水应在独立的制水间制备，一般分为三个等级，其用途及处理方法见表 3-8。

实验室用水的等级、用途及处理方法　　　　　　　　表 3-8

等级	用　途	处理方法	备　注
一级水	一级水用于有严格要求的分析实验，制备标准水样或超痕量物质分析，如液相色谱分析用水等	二级水经再蒸馏、离子交换混合床和 $0.2\mu m$ 滤膜过滤等方法处理，或用石英蒸馏装置将二级水作进一步处理	它不含溶解杂质或胶态有机物
二级水	用于精确分析和研究工作，如原子吸收光谱分析用水	将蒸馏、电渗析或离子交换法制得的水再进行蒸馏处理	常含有微量的无机物、有机或胶态杂质
三级水	用于一般化学分析实验	用蒸馏、电渗析或离子交换等方法制备	

（2）质量指标

实验室用水的质量应符合表 3-9 规定。

实验室用水质量指标　　　　　　　　　　　表 3-9

名　称	一级	二级	三级
pH 值范围(25℃)	—	—	5.0～7.5
电导率(25℃)，$\mu S/cm$	≤0.1	≤1.0	≤5.0
可氧化物质(以 O 计)，mg/L	—	0.08	0.4
吸光度(254nm，1cm 光程)	≤0.001	≤0.01	—
蒸发残渣(105±2℃)，mg/L	—	≤1.0	≤2.0
可溶性硅(以 SiO_2 计)，mg/L	≤0.01	≤0.02	

2. 实验室用水的制备

制备实验室用水，应选取饮用水或比较纯净的水，如有污染，必须进行预处理。

（1）一般纯水的制备

实验室各种用水的制备见表 3-10。

实验室各种用水的制备　　　　　　　　　　表 3-10

水的名称	制备方法	适用范围
普通蒸馏水	将天然水或自来水用蒸馏器蒸馏、冷凝制得	普通化学分析
高纯蒸馏水	将普通蒸馏水用石英玻璃蒸馏器重新进行蒸馏(可进行多次)所得的蒸馏水	分析高纯物质
电渗析水	将自来水通过电渗析器除去水中大部分阴、阳离子后所得到的水	供制备去离子水
去离子水(离子交换水)	将电渗析水(也可用自来水)经过阴、阳离子交换树脂(单柱或混柱)后所得到的水	分析普通和高纯物质
膜过滤高纯水	将普通蒸馏水或去离子水通过膜过滤后所得到的水	分析高纯物质

（2）特殊要求的实验室用水

在某些项目分析时，要求分析过程中所用纯水中的某些指标含量应愈低愈好，这就要求制备某些特殊的纯水，以满足分析需要。

1）无氯水

利用亚硫酸钠等还原剂将水中余氯还原成氯离子，用联邻甲苯胺检查不显黄色。然后用附有缓冲球的全玻璃蒸馏器(以下各项的蒸馏同此)进行蒸馏制得。

2）无氨水

加入硫酸至 pH 值小于 2，使水中各种形态的氨或胺均转变成不挥发的盐类，然后用全玻璃蒸馏器进行蒸馏制得。但应注意避免实验室空气中存在的氨重新污染。还可利用强酸性阳离子树脂进行离子交换，得到较大量的无氨水。

3）无二氧化碳水

① 煮沸法　将蒸馏水或去离子水煮沸至少 10 min(水多时)，或使水量蒸发 10％以上(水少时)，加盖放冷即得。

② 曝气法　用惰性气体或纯氮通入蒸馏水或去离子水至饱和即得。

制得的无二氧化碳水应贮于具有碱石灰管的、用橡皮塞盖严的瓶中。

4）无铅(重金属)水

用氢型强酸性阳离子交换树脂处理原水即得。所用储水器事先应用 6mol/L 硝酸溶液浸泡过夜再用无铅水洗净。

5）无砷水

一般蒸馏水和去离子水均能达到基本无砷的要求。制备痕量砷分析用水时，必须使用石英蒸馏器、石英储水瓶等器皿。

6）无酚水

① 加碱蒸馏法　加氢氧化钠至水的 pH 值大于 11，使水中的酚生成不挥发的酚钠后蒸馏即得；也可同时加入少量高锰酸钾溶液至水呈红色(氧化酚类化合物)后进行蒸馏。

② 活性炭吸附法　每升水加 0.2g 活性炭，置于分液漏斗中，充分振摇，放置过夜，中速滤纸过滤即得。

7）不含有机物的蒸馏水

加入少量碱性高锰酸钾(氧化水中有机物)溶液，使水呈紫红色，进行蒸馏即得。若蒸馏过程中红色退去应补加高锰酸钾。

3.2.3 溶液的配制

在水质分析中，常要将试剂配制成所需浓度的溶液。实验中用到的溶液有一般溶液、标准溶液和缓冲溶液几种。

1. 一般溶液的配制

未规定准确浓度，只用于一般实验的溶液称为一般溶液或常用溶液。配制时试剂的质量可用托盘天平称量，体积可用量筒或量杯量取。配制这类溶液的关键是正确计算出应该称量溶质的质量，以及应量取溶液溶质的体积。

（1）配制方法

1）常用酸溶液的配制

对于液体酸溶液的配制，可用下述方法：先在容器中加入一定量的水，然后量取一定体积的浓酸倒入水中，待所配酸溶液冷却后，转移至试剂瓶中，稀释至所需体积。

在配制酸溶液时，一定要将浓酸缓慢地倒入水中，并边倒边搅拌，切不可把水倾倒在浓酸中，以防浓酸飞溅伤人。

2）常用碱溶液的配制

固体碱溶液的配制：用烧杯在托盘天平上称量出所需的固体碱的质量，溶于适量水中，再稀释至所需的体积。

3）常用盐溶液的配制

在托盘天平上称量所需量的试剂，溶于适量的水中，再用水稀释到预定体积。对于不易溶解或易于水解的盐，需加入适量酸，再用水或稀酸稀释。易于氧化还原的盐，应在使用前临时配制。

（2）配制注意事项

1）配制试剂时，应根据对溶液浓度准确度的要求，合理选择试剂的级别、称量器皿、天平的级别、有效数字的表示以及盛装容器等。

2）经常或大量使用的溶液，可先配置 10 倍于预定浓度的贮备液，需要时适当稀释即可。

3）对易于腐蚀玻璃的溶液，不应盛放在玻璃瓶内。

4）易挥发、易分解的溶液，如 $KMnO_4$、$AgNO_3$ 等，应盛放在棕色试剂瓶中，置于阴凉暗处，避免光照。

5）配好的溶液盛于试剂瓶后，应马上贴上标签，注明溶液的名称、浓度、配制日期、配制人，并做好配制记录，记录中应包括所用试剂的规格、生产厂家、配制过程等。

2. 标准溶液的配制及标定

（1）标准溶液的配制

配制标准溶液，通常有直接配制法和间接配制法。

1）直接配制法

用分析天平准确称取一定量的基准试剂，用适量水溶解后，移入一定体积的容量瓶中，加水稀释至刻度，摇匀即可。根据称得的基准试剂的质量和容量瓶体积计算标准溶液的准确浓度。

凡是基准试剂均可用来直接配制标准溶液。但大多物质不能满足以上要求，如 $NaOH$ 极易吸收空气中的 CO_2 和水分，称得的质量不能代表纯的 $NaOH$，因此这类物质均不能用直接法配制标准溶液，而要用间接法配制。

2）间接配制法

间接配制法又称标定法，先粗略地称取一定量物质或量取一定体积的溶液，配制成接近于所需要浓度的溶液，这样的溶液其准确度还是未知的，然后用基准物质或另一种物质的标准溶液来测定其浓度，这种确定浓度的操作称为标定。

（2）标准溶液的标定

标准溶液的标定方法有直接标定法和比较标定法两种。

直接标定法是用基准物质标定溶液浓度的方法，根据基准物质的质量和待标定溶液所消耗的体积，可计算出待标定溶液的准确浓度。

比较标定法是用已知浓度的标准溶液来标定溶液浓度的方法，根据两种溶液消耗的体积及已知标准溶液的浓度，可以计算出待标定溶液的准确浓度。这种方法虽然不如直接标定法准确，但简便易行。

标定时，应做三次平行测定，滴定结果的相对偏差不超过 0.2%，将三次测得数据取算术平均值作为被标定溶液的浓度。

3. 缓冲溶液的配制

缓冲溶液是一种能对溶液的酸碱度起稳定作用的溶液。能够耐受进入其溶液中的少量强酸或强碱性物质以及水的稀释作用而保持溶液 pH 值基本不变。

缓冲溶液可分为普通缓冲溶液和标准缓冲溶液两类。普通缓冲溶液主要是用来控制溶液酸度（pH 值）的。标准缓冲溶液其 pH 值是一定的（与温度有关），主要用来校正 pH 值计。

配制缓冲溶液必须使用符合要求的新鲜蒸馏水（三级水），试剂纯度应在分析纯以上。配制 pH 值在 6.0 以上的缓冲溶液时，必须除去水中的二氧化碳并避免其侵入。所有缓冲溶液都应避开酸性或碱性物质的蒸气，保存期不得超过三个月。凡出现浑浊、沉淀或发霉等现象时，应弃去重新配制。

常用缓冲溶液及配制方法见表 3-11。

常用缓冲溶液及配制方法　　　　　　　　　表 3-11

缓冲溶液组成	pK_a	缓冲溶液 pH 值	缓冲溶液配制方法
氨基乙酸-HCl	2.35(pK_{a1})	2.3	取氨基乙酸 150g 溶于 500mL 水中后，加浓 HCl 80mL，再用水稀释至 1 L
H_3PO_4-柠檬酸	—	2.5	取 $Na_2HPO_4 \cdot 12H_2O$ 113g 溶于 200mL 水中后，加柠檬酸 387g 溶解，过滤后稀释至 1 L
一氯乙酸-NaOH	2.86	2.8	取 200g 一氯乙酸溶于 200mL 水中，加 NaOH 40g，溶解后，稀释至 1L
邻苯二甲酸氢钾-HCl	2.95(pK_{a1})	2.9	取 500g 邻苯二甲酸氢钾溶于 500mL 水中后，加浓 HCl 80mL，稀释至 1L
甲酸-NaOH	3.76	3.7	取 95g 甲酸和 NaOH 40g 于 500mL 水中溶解，稀释至 1L
NH_4Ac-HAc	—	4.5	取 NH_4Ac 77g 溶于 200mL 水中后，加冰醋酸 59mL，稀释至 1L
NaAc-HAc	4.74	4.7	取无水 NaAc 83g 溶于水中，加冰醋酸 60mL，稀释至 1L
NH_4Ac-HAc	—	5.0	取 NH_4Ac 250g 溶于水中，加冰醋酸 25mL，稀释至 1L
六亚甲基四胺-HCl	5.15	5.4	取六亚甲基四胺 40g 溶于 200mL 水中，加浓 HCl 10mL，稀释至 1L
NH_4Ac-HAc	—	6.0	取 NH_4Ac 600g 溶于水中，加冰醋酸 20mL，稀释至 1L
$NaAc$-Na_2HPO_4	—	8.0	取无水 NaAc 50g 和 $Na_2HPO_4 \cdot 12H_2O$ 50g 溶于水中，稀释至 1L

续表

缓冲溶液组成	pK_a	缓冲溶液 pH 值	缓冲溶液配制方法
NH_3-NH_4Cl	9.26	9.2	取 NH_4Cl 54g 溶于水中，加浓氨水 63mL，稀释至 1L
NH_3-NH_4Cl	9.26	9.5	取 NH_4Cl 54g 溶于水中，加浓氨水 126mL，稀释至 1L
NH_3-NH_4Cl	9.29	10.0	取 NH_4Cl 54g 溶于水中，加浓氨水 350mL，稀释至 1L

注：标准缓冲溶液的配制要求所用试剂必须是"pH 基准缓冲物质"，一般有专门出售的试剂，也可以购置市售的固体 pH 标准缓冲溶液。

3.3　实验室常用仪器设备

3.3.1　天平

天平是水质分析实验室常用的称量仪器，天平的种类很多，根据称量的准确度可分为两大类，即托盘天平和分析天平。

1. 托盘天平

托盘天平又称台秤。其操作简便快速，但称量精度不高，一般能称准到 0.1g 或 0.01g，可用于精度要求不高的称量，如配制各种百分比浓度、比例浓度的溶液，以及有效数字要求在整数以内的物质的量浓度溶液，或者用于称取较大量的样品、原料等工作中。

称量时，取两张质量相当的纸，放在两边天平盘上，调节好零点。左边天平盘上放置上欲称量样品，在右边天平盘上加砝码。加码的顺序一般是从大的开始加起，如果偏重再换小的砝码。大砝码放在托盘中间，小砝码放在大砝码周围。称量完毕后，将砝码放入砝码盒内，两个天平盘放在一边，以免天平常处于摆动状态。称量时不许用手拿取砝码，应用镊子夹取。化学试剂不允许直接放在天平盘上。

2. 分析天平

分析天平的种类很多，根据其结构可分为等臂天平和不等臂天平。根据称盘的多少，又可分为等臂单盘天平、等臂双盘天平和不等臂单盘天平。等臂双盘天平是最常见的一种，不等臂天平几乎都是单盘天平，可根据实验的要求合理选用。下面重点介绍常用的电光天平和电子天平。

（1）电光天平

最常用的电光天平是半自动电光天平和全自动电光天平，两者都是等臂双盘天平。一般能称准至 0.1mg，所以又称万分之一天平，最大载荷为 100g 或 200g，适用于精确度要求较高的称量。

1）电光天平的使用

① 称量前的准备

使用前检查天平是否水平、天平称盘是否清洁、砝码是否齐全、机械加码指数盘是否在"000"的位置。

② 零点的测定

接通电源，旋开升降旋钮，投影屏上可以看到移动的标尺投影。待稳定后，标尺的"0"应与屏幕上的刻线重合，使零点为"0.0"，如果两者不重合，可用调屏杆调节光屏左右位置，使两线重合，如果偏差较大，不易调整，可用天平梁上的平衡砣调节。

③ 称量

直接法：先准确称量表面皿、坩埚或小烧杯等容器的质量，再把试样放入容器中称量，两次称量之差即为试样的质量。该称量方法只适用于在空气中性质比较稳定的试样。

减量法：在干燥洁净的称量瓶中，装入一定量的样品，盖好瓶盖，放在天平盘上称其质量，记下准确读数。然后取下称量瓶，打开瓶盖，使瓶倾斜，用瓶盖轻轻敲击瓶的上沿，使样品慢慢倾出于洗净之烧杯中。估计已够时，慢慢竖起称量瓶再轻轻敲几次，使瓶口不留一点试样，放回天平盘上再称其质量。如一次倒出的试样不够，可再倒一次，但次数不能太多。如称出的试样超出要求值，只能弃去。两次称量之差即为试样质量。

本法适用于称量一般易吸湿、易氧化、易与 CO_2 反应的试样，也适用于几份同一试样的连续称量。称取一些吸湿性很强（无水 $CaCl_2$、P_2O_5 等）及极易吸收 CO_2 的样品〔CaO、$Ba(OH)_2$ 等〕时，要求动作迅速，必要时还应采取其他保护措施。

2）电光天平的使用时应注意的问题

① 同一实验应使用同一台天平和砝码。

② 使用砝码时，只能用镊子夹取，严禁用手拿取。

③ 称量前后检查天平是否完好并保持天平清洁，如在天平内洒落药品应立即清理干净，以免腐蚀天平。

④ 天平载重不得超过最大载荷，被称物应放在干燥清洁的器皿中称量。挥发性、腐蚀性物体必须放在密封加盖的容器中称量。

⑤ 不要把热的或过冷的物体放到天平上称量，应待物体和天平室温度一致后进行称量。

⑥ 被称物和砝码应放在天平盘中央。开门取放物体和砝码时，必须关闭天平。开启或关闭天平时，转动启开手柄要缓慢均匀。

⑦ 称量完毕应及时取出所称样品，将砝码放回盒中，读数盘转到零位，关好天平门，检查天平零点，拔下电源插头，罩上防尘罩，进行登记。

⑧ 天平有故障时应请专业人员检查、修理，不得随意拆卸乱动。

（2）电子天平

电子天平是天平中最新发展的一种。目前大多数水质分析实验室均有电子天平的使用。电子天平具有操作简单、智能化等优点。

电子天平的型号较多，不同型号的电子天平操作步骤有很大差异，因此，要按仪器使用说明书的操作程序使用。

1）电子天平的使用

① 开机　天平接通电源，预热至指示时间。按动"ON"键，显示器亮，并

显示仪器状态。

② 校准天平　天平校准前应把所有的物品从称盘中取走，关闭所有挡风窗，按仪器使用说明书将天平调至校准模式，按"CAL"天平校准键，校准天平，使天平准确无误。

③ 称量　直接称量：按"TAR"键，显示器显示零后，置被称物于盘中，待数字稳定后，该数字即为被称物的质量。去皮重：置被称容器于称盘中，天平显示容器质量，按"TAR"键，显示零，即去皮重，再置被称物于容器中，这时显示的是被称物的净重。

④ 关天平　轻按"OFF"键，显示器熄灭。

2）电子天平的维护

① 天平应置于稳定的工作台上，避免振动、阳光照射、气流和腐蚀性气体侵蚀。

② 工作环境温度：20±5℃，相对湿度50％～70％。其余维护工作可参考说明书要求。

③ 天平箱内应保持清洁、干燥。被称量的物品一定要放在适当的容器内（称量瓶、烧杯等），一般不得直接放在天平盘上进行称量；不可称量热的物品；称量潮湿或有腐蚀性的物品时，应放在密闭的容器中进行。

④ 不可使天平的称量超过其最大称量限度，以免损坏天平。

⑤ 天平有故障时应请专业人员检查维修，不准随意拆卸。

3.3.2　电热设备

1. 电热干燥箱

电热恒温干燥箱又称干燥箱或烘箱，主要用于干燥试样、玻璃器皿及其他物品，常用温度在100～150℃，最高温度可达300℃。

使用干燥箱时必须按设备使用说明书操作，并注意以下事项：

（1）干燥箱应安装在室内通风、干燥、水平处，防止振动和腐蚀；

（2）使用前应检查电源，并有良好的地线；

（3）使用干燥箱前，必须首先打开干燥箱上部的排气孔，然后接通电源，注意烘箱顶部小孔内插入温度计与表盘显示的温度是否一致；

（4）干燥箱无防爆装置，切勿将易燃、易爆及挥发性物品放入箱内加热，箱体附近不要放置易燃、易爆物品；

（5）待烘干的试剂、样品必须放在称量瓶、玻璃器皿或瓷皿中不得直接放置在隔板上，或用纸衬垫或包裹；

（6）带鼓风的干燥箱，在加热和恒温过程中必须开动鼓风机，否则影响烘箱内温度的均匀性和损坏加热元件；

（7）保持箱内清洁，避免所干燥物品交叉污染。

2. 高温炉

常用的高温炉是马弗炉，用于重量分析中灼烧沉淀、测定灰分、有机物的灰化处理以及样品的熔融分解等工作。

用电阻丝加热的高温炉，最高使用温度为950℃，常用温度为800℃；用硅碳棒加热的高温炉，最高使用温度为 1350℃。

使用高温炉时必须按设备使用说明书操作，并注意以下事项：

（1）要有专用电闸控制电源；

（2）周围禁止存放易燃、易爆物品；

（3）灼烧样品时应严格控制升温速度和最高炉温，避免样品飞溅腐蚀炉膛；

（4）新炉应在低温下烘烤数小时，以免炸膛；

（5）不宜在高温下长期使用，以保护炉膛；

（6）使用完毕，要待温度降至 200℃ 以下方可打开炉门。要及时切断电源，关好炉门，防止耐火材料受潮气侵蚀。

3. 培养箱

电热恒温培养箱简称培养箱，是培养微生物必备的设备。其结构与普通干燥箱大致相同，使用温度在 60℃ 以下，一般常用温度为 37℃。使用时的注意事项与干燥箱相同。在水质分析中生化培养箱主要用于 BOD_5 的培养，是一种专用恒温设备。

4. 电热恒温水浴锅

电热恒温水浴锅是实验室常用的恒温加热和蒸发设备，常用的有两孔、四孔、六孔、八孔，单列式或双列式等规格。加热器位于水浴锅的底部，正面板上装有自动温度控制器，放水阀位于水浴槽的左下部或后部。

使用时应按设备使用说明书操作，并注意以下几点：

（1）水槽内水位不得低于电热管，否则电热管会被烧坏；

（2）不要将水溅到电器控制箱部分，防止受潮，以防漏电伤人或损坏仪器；

（3）使用时随时注意水浴槽是否有渗漏现象，槽内水位不足 2/3 时，应随时补加；

（4）较长时间不用时，应将水排净，擦干箱内，以免生锈。

3.3.3　其他设备

实验室除了常用电热设备外，还要用到一些其他设备。

1. 电动离心机

电动离心机是利用离心沉降原理将液体中的沉淀物或悬浮物分离或将两种以上液体形成的乳化溶液分离。常用的低速离心机，其转速一般为 0～5000r/min，高转速的可达 10000r/min 以上，使用时应注意以下几点：

（1）每次实验使用的离心管其规格要符合要求，直径、长短及每支管的质量要统一，并保持其清洁、干燥；

（2）加入离心管的液体的密度及体积应一致，且不允许超过离心管的标称容量，离心管应对称安放；

（3）离心机的转速和离心时间依实验需要来调整，启动时应先低速开始，运转平稳后再逐渐过渡到高速，切不可直接在高速运转；

（4）离心机的套管（放离心管的位置）应保持清洁干燥。

2. 搅拌器

一般用于搅拌液体反应物，搅拌器分为电动搅拌器和电磁搅拌器。水质分析中常用的是电磁搅拌器。

电磁搅拌器由电机带动磁体旋转，磁体又带动反应器中的磁子旋转，从而达到搅拌的目的。电磁搅拌器一般都带有温度和速度控制旋转钮，使用后应将旋钮回零。使用过程中注意防潮防腐。

3. 空气压缩机

实验室中常用的为小型空气压缩机，选用时应考虑工作压力和排气量两项指标。

空气压缩机的使用应注意以下几点：

（1）使用 220V 电源，接通电源即开始工作；

（2）曲柄箱内装 20 号机油，根据使用时间及污染程度不定期更换；

（3）运转时不应有明显的振动、噪声和发热，发现异常立即停机检修；

（4）定期检查滤油器的羊毛毡，除去过多的油；

（5）油盒处应定期加油。

4. 真空泵

"真空"是指压力小于 101.3kPa（一个标准大气压）的气态空间。真空泵是利用机械、物理、化学或物理化学方法对容器进行抽气，以获得真空的设备。真空泵的种类很多，一般实验室最常用的是定片式或旋片式转动泵。

在实验室中，真空泵主要用于真空干燥、真空蒸馏、真空过滤。

使用真空泵必须注意以下几点：

（1）开泵前先检查泵内油的液面是否在油孔的标线处。油过多，在运转时会随气体由排气孔向外飞溅；油不足，泵体不能完全浸没，达不到密封和润滑作用，对泵体有损坏；

（2）真空泵使用时应使电源电压与电动机要求的电压相符。对于三相（380V）电动机，送电前要先取下皮带，检查电动机转动方向是否相符，勿使电动机倒转，造成泵油喷出；

（3）真空泵与被抽系统（干燥箱、抽滤瓶等）之间，必须连接安全瓶、干燥过滤塔（内装无水 $CaCl_2$、固体 NaOH、石蜡、变色硅胶）用已吸收酸性气体、水分、有机蒸气等，以免进入泵内污染润滑油；

（4）真空泵运转时要注意电动机的温度不可超过规定温度（一般为 65℃）。且不应有摩擦和金属撞击声；

（5）停泵前，应使泵的进气口先通入大气后再切断电源，以防泵油返压进入抽气系统；

（6）真空泵应定期清洗进气口处的细纱网，以免固体小颗粒落入泵内，损坏泵体，使用半年或一年后，必须换油。

5. 气体钢瓶与高压气

各种高压气的气瓶在装气前必须经过试压并定期进行技术检验，充装一般气体的有效期为三年，充装腐蚀性气体的有效期为两年。不符合国家安全规定的气瓶不得使用。在气体钢瓶及高压气使用时需注意：

（1）各种高压气体钢瓶的外表必须按规定漆上颜色、标志并标明气体名称，见表 3-12；

高压气气瓶标志　　　　　　　　　　　表 3-12

气体名称	瓶外表颜色	气名颜色	气体名称	瓶外表颜色	气名颜色
氧	天蓝	黑	压缩空气	黑	白
氢	深绿	红	乙炔	白	红
氮	黑	黄	二氧化碳	黑	黄
氩	灰	绿			

（2）瓶身上附有两个防振用的橡胶圈，移动气瓶时，瓶上的安全帽要旋紧，气瓶不应放在高温附近；

（3）未装减压阀时绝不允许打开气瓶阀门，否则易造成事故；

（4）不得把气瓶中的气体用完。若气瓶的剩余压力达到或低于剩余残压时，就不能再使用，应立即将气瓶阀门关紧，不让余气漏掉。建议剩余残压不少于0.3～0.5MPa；

（5）气瓶与用气室分开，直立并固定，室内放置气瓶不宜过多。

3.4　滴定分析基本操作

在滴定分析中，常用到三种准确测量溶液体积的仪器，即滴定管、移液管和容量瓶。这 3 种仪器的使用是滴定分析中最重要的基本操作。正确、熟练的使用这三种仪器，是减小溶液体积测量误差，获得准确分析结果的先决条件。

本节分别介绍这几种仪器的性能、使用、校准和洗涤方法。

3.4.1　滴定管的使用

滴定管是滴定时用来准确测量流出操作溶液体积的量器（量出式仪器），根据其容积、盛放溶液的性质和颜色可分为常量滴定管、半微量滴定管或微量滴定管，酸式滴定管和碱式滴定管，无色滴定管和棕色滴定管。用聚四氟乙烯制成的滴定管，则无酸碱式之分。

1. 滴定管的选择

应根据滴定剂的性质以及滴定时消耗标准滴定剂体积选择相应规格的滴定管。酸性溶液、氧化性溶液和盐类稀溶液应选择酸式滴定管；碱性溶液应选择碱式滴定管；高锰酸钾、碘和硝酸银等溶液因能与橡皮管起反应而不能装入碱式滴定管；消耗较少滴定剂时，应选用微量滴定管；见光易分解的滴定剂应选择棕色滴定管。

滴定管的使用

2. 滴定管的使用

（1）酸式滴定管的准备

1）涂凡士林　使用一支新的或较长时间不使用的和使用了较长时间的酸式滴定管，会因玻璃旋塞闭合不好或转动不灵活，而导致漏液和操作困难，这时需涂抹凡士林。其方法是将滴定管放在平台上，取下活（旋）塞，用滤纸片擦干活塞和活塞套。用手指均匀地涂一薄层凡士林于活塞两头。注意不要将油涂在活塞孔上、下两侧，以免旋转时堵塞旋塞孔。将旋塞径直插入活塞套中，向同一方向转动活塞，直至活塞和活塞套内的凡士林全部透明为止。用一小橡皮圈套在活塞尾部的凹槽内，以防活塞掉落损坏。

2）试漏　检查活塞处是否漏水。其方法是将活塞关闭，用自来水充满至一定刻度，擦干滴定管外壁，将其直立夹在滴定管架上静置约 10min，观察液面是否下降，滴定管下管口是否有液珠，活塞两端缝隙间是否渗水（用干的滤纸在活塞套两端贴紧活塞擦拭，若滤纸潮湿，说明渗水）。若不漏水，将活塞旋转 180°，静置 2min，按前述方法查看是否漏水。若不漏水且活塞旋转灵活，则涂凡士林成功。否则重新操作。若凡士林堵塞出口尖端，可将它插入热水中温热片刻，然后打开活塞，使管内的水突然流下（最好借助洗耳球挤压），将软化的凡士林冲出，并重新涂油、试漏。

图 3-1　涂抹凡士林和转动活塞

(a)涂凡士林；(b)转动活塞

3）洗涤　滴定管的外侧可用洗洁精或肥皂水刷洗，管内无明显油污的滴定管可直接用自来水冲洗，或用洗涤剂泡洗，但不可刷洗，以免划伤内壁，影响体积的准确测量。若有油污不易清洗，可根据沾污的程度，采用不同的洗液（如铬酸洗液、草酸加硫酸溶液等）洗涤。洗涤时，将酸式滴定管内的水尽量除去，关闭活塞，倒入 10～15mL 洗液，两手横持滴定管，边转动边将管口倾斜，直至洗液布满全管内壁，立起后打开活塞，将洗液放回原瓶中。若滴定管油污较多，可用温热洗液加满滴定管浸泡一段时间。将洗液从滴定管彻底放净后，用自来水冲洗（注意最初的涮洗液应倒入废酸缸中，以免腐蚀下水管道），再用蒸馏水淋洗 3次，洗净的滴定管其内壁应完全被水润湿而不挂水珠，否则需重新洗涤。洗净的滴定管倒夹（防止落入灰尘）在滴定台上备用。

长期不用的滴定管应将活塞和活塞套擦拭干净，并夹上薄纸后再保存，以防活塞和活塞套之间粘住而打不开。

（2）碱式滴定管的准备

1）检查　使用前应检查乳胶管和玻璃珠是否完好。若胶管已老化，玻璃珠过大（不易操作）或过小和不圆滑（漏水），应予更换。

2）试漏　装入自来水至一定刻度线，擦干滴定管外壁，处理掉管尖处的液滴。将滴定管直立夹在滴定架上静置 5min，观察液面是否下降，滴定管下管口是否有液珠。若漏水，则应调换胶管中的玻璃珠，选择一个大小使用合适且比较圆滑的配上再试。

3）洗涤　碱式滴定管的洗涤方法与酸式滴定管相同，但要注意用铬酸洗液洗涤时，不能直接接触橡胶管，可将胶管连同尖嘴部分一起拔下，套上旧滴瓶胶帽，然后装入洗液洗涤。

（3）装溶液、赶气泡

装入操作溶液前，应将试剂瓶中的溶液摇匀，并将操作溶液直接倒入滴定管中，不得借助其他容器(如烧杯、漏斗等)转移。关闭滴定管活塞，用左手前三指持滴定管上部无刻度处(不要整个手握住滴定管)，并可稍微倾斜；右手拿住细口试剂瓶向滴定管中倒入溶液，让溶液慢慢沿滴定管内壁流下，如图 3-2 所示。先用摇匀的操作溶液(每次约 10mL)将滴定管涮洗三次。应注意，涮洗时，两手横持滴定管，边转动边将管口倾斜，一定要使操作溶液洗遍滴定管全部内壁，并使溶液接触管壁 1～2min，以便涮洗掉原来残留液，然后立起打开活塞，将废液放入废液缸中。对于碱式滴定管，仍应注意玻璃珠下方的洗涤。最后，将操作溶液倒入滴定管，直至 0 刻度以上，打开活塞(或用手指捏玻璃珠周围的乳胶管)，使溶液充满滴定管的出口管，并检查出口管中是否有气泡。若有气泡，必须排除。酸式滴定管排除气泡的方法是，右手拿滴定管上部无刻度处，并使滴定管稍微倾斜，左手迅速打开活塞使溶液冲出(放入烧杯)。若气泡未能排出，可用手握住滴定管，用力上下抖动滴定管。如仍不能排出气泡，可能是出口没洗干净，必须重洗。碱式滴定管赶气泡的方法如图 3-3 所示。左手拇指和食指拿住玻璃珠所在部位并使乳胶管向上弯曲，出口管倾斜向上，然后轻轻捏玻璃珠部位的乳胶管，使溶液从管口喷出(下面用烧杯承接溶液)，再一边捏乳胶管一边把乳胶管放直，注意应在乳胶管放直后，再松开拇指和食指，否则出口管仍会有气泡。

图 3-2　装溶液　　　　　　　　　图 3-3　碱式滴定管赶气泡

（4）滴定管的读数

1）装入或放出溶液后，必须等 1～2min，使附着在滴定管内壁上的溶液流下来，再进行读数。如果放出溶液的速度较慢(例如，滴定到最后阶段，每次只加半滴溶液时)，等 0.5～1min 方可读数。每次读数前要检查一下管内壁是否挂有液珠，出口管内是否有气泡，管尖是否有液滴。

2）读数时用手拿住滴定管上部无刻度处，使滴定管保持自由下垂。如图 3-4所示，对于无色或浅色溶液，读数时，视线与弯月面下缘最低点相切，读取弯月面下缘的最低点读数；溶液颜色太深时，视线与液面两侧的最高点相切，读取液面两侧的最高点读数。若为白底蓝线衬背滴定管，应当取蓝线上下两尖端相对点的位置读数。无论哪种读数方法，都应注意读数与终读数采用同一标准。

图 3-4　滴定管读数

(a)普通滴定管读取数据示意；(b)有色溶液读取数据示意

3）读取初读数前，应将滴定管尖悬挂着的液滴除去。滴定至终点时应立即关闭活塞，并注意不要使滴定管中溶液有稍微流出，否则终读数便包括流出的半滴溶液。因此，在读取终读数前，应注意检查出口管尖是否悬有溶液。

（5）滴定操作

进行滴定时，应将滴定管垂直地夹在滴定管架上。使用滴定管的操作如图 3-5、图 3-6 所示。滴定姿势一般应采取站姿，要求操作者身体要站立。有时为操作方便也可坐着滴定。

图 3-5　酸式滴定管操作

图 3-6　碱式滴定管操作

滴定反应可在锥形瓶或烧杯中进行。使用酸式滴定管并在锥形瓶中进行滴定时，用右手拿住锥形瓶上部，使瓶底离滴定台约 2～3cm，滴定管下端伸入瓶口内约 1cm。用左手控制活塞，拇指在前、中指和食指在后，轻轻捏住活塞柄，无名指和小指向手心弯曲，手心内凹，不要让手心顶着活塞，以防顶出活塞，造成漏液。转动活塞时应稍向手心用力，不要向外用力，以免造成漏液。但也不要往里用力太大，以免造成活塞转动不灵活。边滴加溶液，边用右手摇动锥形瓶，使溶液沿一个方向旋转，要边摇边滴，使滴下去的溶液尽快混匀。

在烧杯中进行滴定时，把烧杯放在滴定台上，滴定管的高度应以其下端伸入烧杯内约 1cm 为宜。滴定管的下端应在烧杯中心的左后方处，如放在中央，会影响搅拌；如离杯壁过近，滴下的溶液不宜搅拌均匀。左手控制滴定管滴加溶液，右手持玻璃棒搅拌溶液。玻璃棒应做圆周搅动，不要碰到烧杯壁和底部。使用碱式滴定管时，左手无名指及小手指夹住出口管，拇指与食指在玻璃珠所在部位往一旁（左右均可）捏乳胶管，使溶液从玻璃珠旁空隙处流出。注意：不要用力捏玻璃珠，也不能使玻璃珠上下移动；不要捏到玻璃珠下部的乳胶管，以免在管口处带入空气。右手和用酸式滴定管时的操作相同。无论使用哪种滴定管，都要用左手操作，右手用来摇动锥形瓶。

进行滴定操作时应注意：

1）每次滴定前都应将液面调至零刻度或接近零刻度处，这样可使每次滴定前后的读数基本上都在滴定管的同一部位，从而消除由于滴定管刻度不准确而引起的误差；还可以保证滴定过程中操作溶液足够量，避免由于操作溶液量不够，需重新装一次操作溶液再滴定而引起的读数误差。

2）滴定时，左手不能离开旋塞，任溶液自流。

3）摇锥形瓶时，应微动腕关节，使锥形瓶做圆周运动，瓶中的溶液则向同一方向旋转，左、右旋转均可，但不可前后晃动，以免溶液溅出。

4）滴定时，应认真观察锥形瓶中的溶液颜色的变化。不要去看滴定管上的刻度变化，而不顾滴定反应的进行。

5）要正确控制滴定速度。开始滴定时，速度可稍快些，但溶液不能成流水状地从滴定管放出。应呈"见滴成线"状，这时为 3～4 滴/s 左右。接近终点时，应一滴一滴的加入。快到终点时，应半滴半滴地加入，直到溶液出现颜色变化为止。

6）半滴溶液的控制与加入。用酸式滴定管时，可慢慢转动旋塞，旋塞稍打开一点，让溶液慢慢流出悬挂在出口管尖上，形成半滴，立即关闭活塞。用碱式滴定管时，拇指和食指捏住玻璃珠所在部位，稍用力向右挤压乳胶管，使溶液慢慢流出，形成半滴，立即松开拇指与食指，溶液即悬挂在出口管尖上。然后将滴定管嘴尽量伸入瓶中较低处，用瓶壁将半滴溶液靠下，再从洗瓶中吹出蒸馏水将瓶壁上的溶液冲下去。注意只能用很少量蒸馏水冲洗 1～2 次，否则使溶液过分稀释，导致终点颜色变化不敏锐。在烧杯中进行滴定时，可用玻璃棒下端轻轻沾下滴定管尖的半滴溶液，再浸入烧杯中搅匀。但应注意，玻璃棒只能接触溶液，不能接触管尖。用碱式滴定管滴定时，一定先松开拇指和食指，再将半滴溶液靠下，否则尖嘴玻璃管内会产生气泡。

7）读数必须读到小数点后第二位，而且要求准确到 0.01mL。

（6）滴定结束后滴定管的处理

滴定结束后，滴定管内剩余的溶液应弃去，不可倒回原瓶，以防沾污操作溶液。随即依次用自来水和蒸馏水将滴定管洗净，然后装满蒸馏水，夹在滴定管架上，上口用一器皿罩上，下口套一段洁净的乳胶管或橡皮管，或倒夹在滴定管架上备用。长期不用，应倒尽水，酸式滴定管的活塞和塞套之间应垫上一张小纸片，再用橡皮圈套上，然后收到仪器柜中。

3.4.2　吸管的使用

吸管也是量出式仪器，一般用于准确量取一定体积的液体。有分度吸管和无分度吸管两类。无分度吸管通称移液管，它的中腰膨大，上下两端细长，上端刻有环形标线，膨大部分标有它的容积和标定时的温度；分度吸管又叫吸量管，可以准确量取所需要的刻度范围内某一体积的溶液，但其准确度差一些。

1. 吸管的选择

根据所移溶液的体积和要求，选择合适规格的吸管使用。在滴定分析中准确移取溶液一般用移液管，移取一般试液时使用吸量管。

2. 吸管的使用

在用洗净的吸管移取溶液前，为避免吸管尖端上残留的水滴进入所要移取的溶液中，使溶液的浓度改变，应先用滤纸将吸管尖端内外的水吸尽。然后用待取溶液润洗三次，以保证转移的溶液浓度不变。其方法如下：

吸取溶液时用左手拿洗耳球，将食指或拇指放在洗耳球的上方，其余手指自然握住洗耳球，用右手的拇指和中指拿住吸管标线以上的部分，无名指和小手指辅助拿住吸管，将吸管管尖插入溶液，将洗耳球中的空气排出后，用其尖端紧按在吸管口上，慢慢松开捏紧的洗耳球，溶液借吸力慢慢上升，如图 3-7 所示。等溶液吸至吸管的 1/4 处(这时切勿使溶液流回原瓶中，以免稀释溶液)时，立即用右手食指按住管口，离开溶液，将吸管横过来。用两手的拇指和食指分别拿住吸管的两端，转动吸管并使溶液布满全管内壁，当溶液流至距上口 2～3cm 时，将吸管直立，使溶液由流液口(尖嘴)放出，弃去。用同样的方法将吸管润洗 3 次后，即可移取溶液。

吸管的使用

图 3-7　吸管的操作溶液

(a)吸取溶液；(b)放出溶液；(c)错误操作

将吸管插入待吸溶液液面下 1～2cm 深度。如插得太浅，液面下降后会造成吸空；如插得太深，吸管外壁沾带溶液过多。吸液过程中，应注意液面与管尖的位置，管尖应随液面下降而下降。当液面吸至标线以上 1～2cm 时，迅速移开洗耳球，同时立即用右手食指堵住管口。左手放下洗耳球，拿起滤纸擦干吸管下端黏附的少量溶液，并另取一干燥洁净的小烧杯，将吸管管尖紧靠小烧杯内壁，小烧杯保持倾斜，使吸管垂直，视线与刻度线保持水平，然后微微松动右手食指，使液面缓慢下降，直到溶液弯月面的最低点与标线相切，立即按紧食指。左手放下小烧杯，拿起接收溶液的容器，将其倾斜约 45°，将吸管垂直，管尖紧贴接收容器的内壁，松开食指，使溶液自然顺壁流下。待溶液下降到管尖后，应等 15s 左右，然后移开吸管放在吸管架上。不可乱放，以免沾污。注意吸管放出溶液后，其管尖仍残留一滴溶液，对此，除特别注明"吹"字的吸管外，此残留液切不可吹入接收容器中，因为在吸管生产检定时，并未把这部分体积计算进去。实验完毕后要清洗吸管，放置在吸管架上。

3.4.3 容量瓶的使用

容量瓶是细颈梨形有精确体积刻度线的具塞玻璃容器，由无色或棕色玻璃制成，容量瓶均为量入式。在滴定分析中用于配制准确浓度的溶液或定量地稀释溶液。

1. 容量瓶的选择

根据配制溶液的体积选择合适规格的容量瓶，对见光易分解的物质应选择棕色容量瓶，一般性物质则选择无色容量瓶。

2. 容量瓶的使用

（1）试漏

检查容量瓶的瓶塞是否漏水。其方法是：加自来水至标线附近，盖好瓶塞，用左手食指按住瓶塞，其余手指拿住瓶颈标线以上部分，用右手指尖托住瓶底边缘，将瓶倒立 2min，看其是否漏水，可用滤纸片检查。将瓶直立，瓶塞转动 180°，再倒立 2min 检查，若不漏水，则可使用。容量瓶的瓶塞不应取下随意乱放，以免沾污、搞错或打碎。可用橡皮筋或细绳将瓶塞系在瓶颈上。如为平顶的塑料塞子，也可将塞子倒置在桌面上放置。

容量瓶的使用

（2）洗涤

容量瓶使用前首先用自来水洗涤，然后用铬酸洗液或其他专用洗涤液洗涤，然后用自来水充分洗涤，最后用蒸馏水淋洗 3 次。

（3）用固体物质配制溶液

准确称取基准试剂或被测样品，置于小烧杯中，用少量蒸馏水（或其他溶剂）将固体溶解。如需加热溶解，则加热后应冷却至室温。然后将溶液定量转移到容量瓶中。定量转移溶液时，右手持玻璃棒，将玻璃棒伸入容量瓶口中，玻璃棒的下端就靠在瓶颈内壁上（注意：玻璃棒不能和瓶口接触）。左手拿烧杯，使烧杯嘴紧贴玻璃棒，让溶液沿玻璃棒和内壁流入容量瓶中，如图 3-8 所示。烧杯中溶液倾完后，将烧杯慢慢扶正同时使杯嘴沿玻璃棒上提 1～2cm，然后再离开玻璃棒，避免杯嘴与玻璃棒之间的一滴溶液流到烧杯外面，并把玻璃棒放回烧杯中，但不要靠杯嘴，然后用洗瓶吹洗玻璃棒和烧杯内壁，在将溶液按上述方法转移到容量瓶中。如此吹洗、转移操作应重复数次，以保证转移完全。然后再加少量蒸馏水至容量瓶 2/3 容量处，将容量瓶沿水平方向轻轻转动几周，使溶液初步混均匀。再继续加水至标线以下约 1cm 处，等待 1～2min，使附在瓶颈内壁的水流下后，再用小滴管滴加蒸馏水至弯月面的最低点与标线相切，视线应在同一水平线上，如图 3-9 所示。无论溶液有无颜色，加水位置都应使弯月面的最低点与标线相切。随即盖紧瓶

图 3-8 转移溶液

塞，左手食指按住瓶塞，其余手指拿住瓶颈标线以上部分，右手指尖托住瓶底边缘将容量瓶倒转，使气泡上升到顶部，水平振荡混匀溶液。这样重复操作 15～20 次，使瓶内溶液充分混匀，如图 3-10 所示。

图 3-9　定容操作　　　　　　　　　　图 3-10　摇匀溶液

右手托瓶时，应尽量减少与瓶身的接触面积，以避免体温对溶液温度的影响。100mL 以下的容量瓶，可不用右手托瓶，只用一只手抓住瓶颈，同时用手心顶住瓶塞倒转摇动即可。

（4）稀释溶液

如用容量瓶将已知准确浓度的浓溶液稀释成一定浓度的稀溶液，则用移液管移取一定体积的浓溶液于容量瓶中，加蒸馏水至标线，按前述方法混匀溶液。

（5）使用注意事项

1）热溶液必须冷至室温后，才能稀释到标线，否则会造成体积误差。

2）容量瓶不宜长期保存试剂溶液，不可将容量瓶当作试剂瓶使用。如配好的溶液需长期保存，应将其转移至磨口试剂瓶中，磨口瓶洗涤干净后还必须用容量瓶中的溶液淋洗 3 次。

3）容量瓶用毕，应立即用自来水冲洗干净。如长期不用，磨口处应洗净擦干，垫上小纸片，放入仪器柜中保存。

4）容量瓶不能在烘箱中烘烤，也不能用任何方法加热。如需使用干燥的容量瓶时，可将容量瓶洗净后，用乙醇等有机溶剂荡洗后晾干或用电吹风的冷风吹干。

思 考 题 与 习 题

1. 玻璃仪器是如何分类的？
2. 实验室的纯水分几个等级？可测水中哪些物质？
3. 实验室的洗涤液有哪几种？如何进行铬酸洗液的配制和使用？
4. 请分别说出滴定管、锥形瓶、容量瓶及移液管的洗涤和干燥方法。
5. 分析天平在使用前应进行哪些检查？
6. 如何配制 5% 的 NaOH 溶液？

技能训练 1　分析天平的使用

一、实训目的

1. 了解分析天平的基本结构、掌握其使用规则。

2. 掌握分析天平的称量方法——直接法和差减法。

二、实训原理

分析天平是根据杠杆原理设计制造的。当被称量物和砝码分别在天平的两侧达到平衡时，被称物的质量等于砝码质量。

三、仪器和试剂

1. 全自动光电分析天平或电子天平；

2. 称量瓶，托盘天平，小烧杯；

3. 无水 $Na_2CO_3(s)$（称量前烘干）。

四、实训内容

1. 分析天平基本构造的认识

常用的分析天平有阻尼天平、半自动光电分析天平、全自动光电分析天平，根据所使用天平的类型，进行其结构的认识学习。

2. 使用前的检查

先用软毛刷清扫天平盘上和天平箱内的灰尘，然后检查天平各部件是否在正常位置，通过水准仪检查天平的水平状态。

3. 调整零点

接通电源，启动升降枢旋钮，在不载重情况下，检查光屏上标尺的位置。若零点与光幕上的中线不重合，可拨动旋钮下面的扳手（小棒），左右移动光幕的位置，使其重合，若偏离较大时，需轻轻地旋动天平梁上平衡螺丝使其重合。

4. 称量

（1）差减法（或减量法）

1）在洁净、干燥的称量瓶中装入约 2g Na_2CO_3，先在托盘天平上粗称其质量，然后再在分析天平称其准确质量，记录 $m_1(g)$。

2）取出称量瓶，从其中倾出 0.3～0.4g 样品于洁净、干燥的小烧杯中，精确称量剩余质量，记录 $m_2(g)$，则（m_1-m_2）为试样的质量。以同样的方法连续称出 3 份试样。

3）原始记录及数据处理（表 3-13）。

Na_2CO_3 称量结果记录　　　　　　　　　表 3-13

序次 记录项目	1	2	3
称量瓶加试样质量 $m_1(g)$			
倾出试样后称量瓶加剩余试样质量 $m_2(g)$			
试样质量 $m_1-m_2(g)$			

（2）直接法

先在托盘天平上粗称小烧杯的质量，然后在分析天平上精确称出其质量，记录 $m_{空}(g)$；然后按所需试样的质量，在分析天平上加一定量的砝码，再用药匙将试样渐次加入小烧杯中，直到平衡点达到预先确定的称量数值为止。记录 $m_{(样+空)}(g)$。最后，计算出所称样品质量。

称量完毕，记下物品的质量，关闭升降旋钮，取出物品，关好天平门，将圈码指数盘恢复至"000"位置，切断电源，罩好天平罩。

五、注意事项

1. 直接称量法适用于不易吸水、在空气中稳定试样的称量；易于吸水、易于氧化或易与 CO_2 反应的试样，必须采用差减法。

2. 取放物体或加减砝码时，必须首先关闭升降枢，把天平梁托起，否则易使刀口损坏。转动升降枢和转动机械加码转盘时，应小心缓慢，轻开轻关。观察天平两边是否平衡时，不要将升降枢的旋钮完全打开，只要能看出指针偏移方向即可。

3. 为了防止砝码和天平被腐蚀，严禁用手拿取砝码。化学药品和试样不得直接放在天平盘上。挥发性、腐蚀性物质必须放在密封加盖的容器中称量。如果在天平内洒落药品，应立即清理，以免腐蚀天平，增加系统误差。

4. 绝不能使天平载重超过最大负荷。为减少称量误差，同一实验应使用同一台天平和相配套的砝码。

5. 在称量过程中，为了不引起称量误差，称量的物品必须与天平箱内的温度一致，不要将热的和过冷的物品放在天平内称量。天平箱内应放置干燥剂，保持其干燥环境。

技能训练 2　滴定分析基本操作

一、实训目的

1. 通过 HCl 和 NaOH 溶液的配制和标定，掌握容量分析仪器的使用和操作方法。

2. 学会滴定终点的判断。

二、仪器和试剂

1. 50mL(或 25mL)酸式滴定管，50mL(或 25mL)碱式滴定管；

2. 1mL、2mL、25mL 移液管；

3. 1mL、5mL、10mL 吸量管；

4. 250mL 容量瓶；

5. 浓盐酸 HCl(相对密度 1.183，37%，分析纯 AR)；

6. 无水碳酸钠 Na_2CO_3；

7. 固体 NaOH；

8. 指示剂：0.1%酚酞乙醇溶液，0.1%甲基橙水溶液；

9. 无 CO_2 蒸馏水。

三、实训步骤

1. 滴定管、容量瓶、移液管、吸量管的使用

(1) 酸式滴定管　洗涤→涂油→试漏→装溶液(以水代替)→赶气泡→调液面→滴定→读数。

(2) 碱式滴定管　洗涤→试漏→装溶液(以水代替)→赶气泡→调液面→滴定→读数。

(3) 容量瓶的使用　洗涤→试漏→装溶液(以水代替)→稀释→调整液面至刻度→摇匀。

(4) 移液管的使用　洗涤→润洗→吸液(以水代替)→调液面→放液。

(5) 吸量管的使用　洗涤→润洗→吸液(以水代替)→调液面→放液(每次放 1mL)。

2. 无水碳酸钠 Na_2CO_3 的称量

首先将 Na_2CO_3 在干燥箱中180℃下烘 2h，干燥器中冷却至室温。用差减法准确称取约1g 3份(记录 m_1、m_2、m_3 准确质量，精确到0.0001g)，分别放入250mL 锥形瓶中，待用。

3. HCl 操作溶液配制与标定——HCl 标准储备溶液的配制

（1）配制约 1mol/L HCl 溶液

计算配制 50mL 1mol/L HCl 溶液需要浓 HCl 的量 $V_{\text{HCl浓}}$（mL），然后用吸量管吸取 $V_{\text{HCl浓}}$（mL）移入 250mL 容量瓶中，用蒸馏水稀释至刻度，摇匀，贴上标签，待标定。

（2）标定

向上述 3 份盛 Na_2CO_3 的 250mL 锥形瓶中，分别加入 20mL 无 CO_2 蒸馏水溶解后，加 1～2 滴甲基橙指示剂，用 HCl 操作溶液滴定至溶液由橙黄色变为淡橙红色为终点。记录消耗 HCl 溶液的量 $V_{\text{HCl浓}}$（mL），根据 Na_2CO_3 基准物质的质量，计算 HCl 溶液的量浓度（mol/L）。

$$C_{\text{HCl}} = \frac{m}{53 \times V_{\text{HCl}}} \times 1000$$

式中　C_{HCl}——HCl 标准储备溶液的量浓度（mol/L）；

V_{HCl}——滴定时消耗 HCl 操作溶液的量（mL）；

m——基准物质 Na_2CO_3 的质量（共 3 份 m_1，m_2，m_3）（g）；

53——基准物质 Na_2CO_3 的摩尔质量（$\frac{1}{2} Na_2CO_3$，g/mol）。

4. 0.1000mol/L HCl 溶液的配制

根据上述所得 HCl 标准储备溶液的量浓度，计算配制 250mL 0.1000mol/L HCl 溶液所需的量 $V_{\text{HCl储备}}$（mL），用吸量管准确吸取 $V_{\text{HCl储备}}$（mL）放入 250mL 容量瓶中，用无 CO_2 蒸馏水稀释至刻度。

5. NaOH 操作溶液的配制与标定——NaOH 标准溶液配制

（1）配制约 0.1mol/L NaOH 溶液

在托盘天平上称取配制 250mL 0.1mol/L NaOH 溶液所需固体 NaOH 的质量，放入干净的小烧杯中，加少许蒸馏水，用玻璃棒搅拌，溶解后转移至 250mL 容量瓶，稀释至标线，摇匀，倒入试剂瓶，贴上标签。

（2）标定

将配制的 NaOH 溶液加入滴定管中，调节零点。用移液管吸取 25.00mL 0.1000mol/L HCl 溶液共 3 份，分别放入 3 个锥形瓶中，各加 1～2 滴酚酞指示剂，自滴定管用 NaOH 溶液分别滴定至溶液由无色变为淡粉红色，指示滴定终点。

记录 NaOH 溶液用量（mL）。根据 NaOH 溶液用量计算 NaOH 溶液的量浓度（mol/L）。标定结果见表 3-14。

HCl 溶液和 NaOH 溶液标定结果记录　　　　　　　　　　　　　　　　表 3-14

HCl 溶液标定			NaOH 溶液标定		
Na_2CO_3 质量（g）			0.1000mol/L HCl（mL）		
HCl 溶液滴定终点读数（mL）			NaOH 溶液滴定终点读数（mL）		

技能训练 3　色度的测定（目视比色法）

一、实训目的

通过水中色度的测定，了解目视比色法的原理和基本操作。

二、方法原理

用氯铂酸钾与氯化钴配成标准系列，与水样进行目视比色。规定 1mg 铂/L 和 0.5mg 钴/L 水中所具有的颜色为 1 度，作为标准色度单位。

三、仪器和试剂

1. 50mL 具塞比色管，其刻线高度要一致；

2. 铂钴标准溶液：称取 1.2456g 氯铂酸钾 K_2PtCl_6（相当于 500mg 铂）和 1.000g 氯化钴比 $CoCl_2 \cdot 6H_2O$（相当于 250mg 钴）溶于 100mL 水中，加 100mL 浓盐酸 HCl，用水定容至 1000mL。此溶液色度为 500 度（0.5 度/mL）。密塞保存。

四、实训步骤

1. 标准色列的配制

吸取铂钴标准溶液 0、0.50、1.00、1.50、2.00、2.50、3.00、3.50、4.00、4.50、5.00、6.00 及 7.00mL，分别放入 50mL 具塞比色管中，用蒸馏水稀释至刻度，混匀。把对应的色度记录在实验报告中。

2. 水样的测定

（1）将水样（注明 pH 值）放入同规格比色管中至 50mL 刻度。

（2）将水样与标准色列进行目视比较。比色时选择光亮处。各比色管底均应衬托白瓷板或白纸，从管口向下垂直观察。记录与水样色度相同的铂钴标准色列的色度 A。

五、实训数据记录与处理

1. 实训数据记录（表 3-15）

色度测定实训记录   表 3-15

标准溶液(mL)	0	0.50	1.00	1.50	1.50	2.00	2.50	3.00	3.50	4.00	4.50	5.00	6.00	7.00
色度(度)														
水样色度(度)														

2. 实训结果计算

$$色度(度) = \frac{A \times 50}{V}$$

式中　A——水样的色度（度）；

V——原水样的体积（mL）；

50——水样最终稀释体积（mL）。

六、注意事项

1. 如水样色度恰在两标准色列之间，则取两者中间数值，如果水样色度大于 100 度时，则将水样稀释一定倍数后再进行比色。

2. 如果水样较浑浊，虽经预处理而得不到透明水样时，则用"表色"报告。

3. 如实验室无氯铂酸钾，可用重铬酸钾代替。称取 0.04375g K_2CrO_7 和 1.000g $CoSO_4 \cdot 7H_2O$，溶于少量水中，加 0.50mL 浓硫酸，用水稀至 500mL。此溶液色度为 500 度，不宜久存。

4. 如水样浑浊，则应放置澄清，亦可用离心法或用孔径为 $0.45\mu m$ 滤膜过滤以去除悬浮物。但不能用滤纸过滤，因滤纸可吸附部分溶解于水的颜色。

水质色度测定的操作评分表

班级＿＿＿＿＿＿＿＿　学号＿＿＿＿＿＿＿＿　姓名＿＿＿＿＿＿＿＿　成绩＿＿＿＿＿＿＿＿

考核日期＿＿＿＿＿＿＿　开始时间＿＿＿＿＿＿　结束时间＿＿＿＿＿＿　考评员＿＿＿＿＿＿

序号	考核点	配分	评分标准	扣分	得分
（一）	玻璃仪器洗涤	3	玻璃仪器洗涤干净后内壁应不挂水珠，否则一次性扣 3 分		
	移液管的润洗	4	润洗溶液若超过总体积的 1/3，一次性扣 1 分		
（二）	标准系列的配制	28	（1）标准溶液使用前没有摇匀的，扣 4 分； （2）移液管插入溶液前或调节液面前未用纸擦拭管尖部，扣 2 分； （3）移液管插入液面下 1～2cm，不正确，扣 2 分； （4）一次吸液不成功，重新吸取的，扣 2 分； （5）吸空或将溶液吸入吸耳球内，扣 2 分； （6）将移液管中过多的储备溶液放回储备液瓶中，扣 3 分； （7）每个点取液应从顶刻度开始，不正确，扣 3 分； （8）标准曲线取点不得少于 10 点，不符合，扣 4 分； （9）只选用一支吸量管移取标液，不符合，扣 2 分； （10）逐滴加入蒸馏水至标线，操作不当，扣 2 分； （11）混合不充分，中间未开塞，扣 2 分		
（三）	水样的测定	25	（1）水样取用量不合适，扣 5 分； （2）取量水样应使用移液管不正确，扣 5 分； （3）观察水样色度的方式不正确，扣 5 分； （4）稀释倍数法稀释方式不正确，扣 10 分		
（四）	原始数据记录	9	（1）数据未直接填在记录单上、数据不全、有空项，每项扣 2 分，可累计扣分； （2）原始记录中，缺少计量单位或错误每出现一次，扣 2 分		
（五）	文明操作	6	（1）实训过程中台面、地面脏乱，一次扣 2 分； （2）实训结束未先清洗仪器或试剂物品未归位，一次性扣 2 分； （3）损坏玻璃仪器的，每次扣 2 分		
（六）	测定结果	25	（1）测定结果不正确，扣 15 分； （2）色度结果表述不正确，扣 10 分		
合计					

教学单元 4　酸碱滴定法

【教学目标】

通过酸碱滴定基本原理的学习，学生能正确进行酸碱溶液氢离子平衡浓度的计算，具有给水及废水处理中碱度、酸度等水质指标检验及质量控制能力，为水处理工艺的正常运行提供数据，判断水质是否达标。

酸碱滴定法是以酸碱反应为基础的滴定分析方法。应用酸碱滴定法可以测定水中酸、碱以及能与酸或碱起反应的物质的含量。

酸碱滴定法通常采用强酸或强碱作滴定剂，例如用 HCl 作为酸的标准溶液，可以滴定具有碱性的物质，如 NaOH、Na_2CO_3 和 $NaHCO_3$ 等。如用 NaOH 作为标准溶液，可以滴定具有酸性的物质，如 H_2SO_4 等。

4.1　酸碱指示剂

酸碱滴定过程中，溶液本身不发生任何外观的变化，因此常借酸碱指示剂的颜色变化来指示滴定终点。要使滴定获得准确的分析结果，应选择适当的指示剂，从而使滴定终点尽可能地接近化学计量点。

4.1.1　酸碱指示剂的变色原理

酸碱指示剂通常是一种有机弱酸、有机弱碱或既显酸性又能显碱性的两性物质。在滴定过程中，由于溶液 pH 值的不断变化，引起了指示剂结构上的变化，从而发生了指示剂颜色的变化。

例如，酚酞指示剂是弱的有机酸，在很稀的中性或弱酸性溶液中，几乎完全以无色的分子或离子状态存在，在水溶液中存在如下的解离平衡：

内酯结构(酸式色)　　羧酸结构　　　　醌式盐结构(碱式色)　　羧酸盐式离子

无色　　　　　　　　　　　　　　　　　红色　　　　　　　　　　无色

(中性或酸性溶液中)　　　　　　　　(碱性溶液中)　　　　　　(浓碱溶液中)

当溶液 pH 值渐渐升高时，酚酞的结构和颜色发生了改变，变成了醌式结构的红色离子。在 pH 值减小时，溶液中发生相反的结构和颜色的改变。酚酞在浓碱溶液中，醌式结构变成无色的羧酸盐式离子，使用中需要注意。

又如甲基橙是一种有机弱碱型的双色指示剂，在水溶液中存在如下的解离平衡：

$$(CH_3)_2N \text{—} \bigcirc \text{—} N\text{=}N \text{—} \bigcirc \text{—} SO_3^- \underset{OH^-}{\overset{H^+}{\rightleftharpoons}} (CH_3)_2\overset{+}{N} \text{—} \bigcirc \text{—} N\text{=}\underset{\underset{H}{|}}{N} \text{—} \bigcirc \text{—} SO_3^-$$

偶氮式离子（碱式色）　　　　　　　　　　　　醌式离子（酸式色）

当溶液 pH 值渐渐减小时，甲基橙转变为具有醌式结构的红色离子。在 pH 值升高时，甲基橙转变为具有偶氮式结构的黄色离子。

4.1.2　指示剂的变色范围

实际上并不是溶液的 pH 值稍有改变就能观察到指示剂的颜色变化，必须是溶液的 pH 值改变到一定范围，指示剂的颜色变化才能被观察到，这个范围称为指示剂的变色范围。例如酚酞在 pH 值小于 8 的溶液中无色，而当溶液的 pH 值大于 10 时，酚酞则呈红色，pH 值 8～10 是酚酞逐渐由无色变为红色的过程，此范围就是指示剂酚酞的变色范围。当溶液 pH 值小于 3.1 时甲基橙呈红色，大于 4.4 时呈黄色，pH 值 3.1～4.4 是甲基橙的变色范围。

指示剂的变色范围，可由指示剂在溶液中的解离平衡过程来加以解释。

设弱酸型指示剂的表示式为 HIn，则有：

$$HIn \rightleftharpoons H^+ + In^-$$

$$K_{HIn} = \frac{[H^+][In^-]}{[HIn]}$$

或

$$\frac{K_{HIn}}{[H^+]} = \frac{[In^-]}{[HIn]}$$

式中　K_{HIn} 是指示剂解离常数，$[In^-]$ 和 $[HIn]$ 分别为指示剂的碱色和酸色的浓度。由上式可知，溶液的颜色是由 $\frac{[In^-]}{[HIn]}$ 的比值来决定，而此比值又与 $[H^+]$ 和 K_{HIn} 有关。在一定温度下，对于某一指示剂来说，K_{HIn} 是一个常数，因此比值 $\frac{[In^-]}{[HIn]}$ 仅为 $[H^+]$ 的函数，即溶液的颜色仅与 pH 值相关。当 $[H^+]$ 发生改变，$\frac{[In^-]}{[HIn]}$ 比值随之发生改变，溶液的颜色也就逐渐发生改变。但人眼辨别颜色的能力是有限的，一般来说，当：

$\frac{[In^-]}{[HIn]} \leqslant \frac{1}{10}$ 时，即 $pH \leqslant pK_{HIn} - 1$，只能观察出酸式（HIn）颜色，即酸色；

$\frac{[In^-]}{[HIn]} \geqslant 10$ 时，即 $pH \geqslant pK_{HIn} + 1$，只能观察出碱式（$In^-$）颜色，即碱色；

$\frac{1}{10} < \frac{[In^-]}{[HIn]} < 10$，指示剂呈混合色，即过渡色，人眼一般难以辨别。

$pH = pK_{HIn} \pm 1$，称为指示剂变色的 pH 值范围。不同的指示剂，其 pK_{HIn} 不同，所以指示剂各有不同的变色范围。

当指示剂的 $[In^-] = [HIn]$ 时，则 $pH = pK_{HIn}$，此 pH 值为指示剂的理论变

色点。理想的情况是：滴定化学计量点与指示剂的变色点的 pH 值完全一致，实际上是有困难的。

根据上述理论推算，指示剂的变色范围应是两个 pH 值单位，但实际测得的各种指示剂的变色范围并不一样，而是略有上下，这是因为人眼对各种颜色的敏感程度不同，以及指示剂的两种颜色之间有相互掩盖的现象所致。

表 4-1 列出常用酸碱指示剂的变色范围及其配制方法。

指示剂的变色范围越窄越好，因为 pH 值稍有改变，指示剂立即由一种颜色变成另一种颜色，指示剂变色敏锐，有利于提高分析结果的准确度。

表 4-1 所列的指示剂都是单一指示剂，它们的变色范围一般都较宽，其中有些指示剂，例如甲基橙，变色过程中还有过渡颜色，不易于辨别颜色的变化。混合指示剂可以弥补其存在不足。

常用酸碱指示剂的变色范围及其配制方法　　　　　　　　　　　　表 4-1

指示剂	变色范围	pK_{HIn}	酸色	碱色	配制方法
百里酚蓝(第一次变色)	1.2～2.8	1.7	红	黄	0.1%的 20% 的乙醇溶液
甲基橙	3.1～4.4	3.4	红	黄	0.1%水溶液
溴酚蓝	3.0～4.6	4.1	黄	紫	0.1%的 20% 的乙醇溶液或其钠盐水溶液
溴甲酚绿	4.0～5.6	4.9	黄	蓝	0.1%的 20% 的乙醇溶液或其钠盐水溶液
甲基红	4.4～6.2	5.0	红	黄	0.1%的 60% 的乙醇溶液或其钠盐水溶液
溴百里酚蓝	6.2～7.6	7.3	黄	蓝	0.1%的 20% 的乙醇溶液或其钠盐水溶液
中性红	6.8～8.0	7.4	红	黄橙	0.1%的 60% 的乙醇溶液
苯酚红	6.8～8.4	8.0	黄	红	0.1%的 60% 的乙醇溶液或其钠盐水溶液
甲酚红	7.2～8.8	8.2	黄	紫红	0.1%的 20% 的乙醇溶液或其钠盐水溶液
酚酞	8.0～10.0	9.1	无	红	0.1%的 90% 的乙醇溶液
百里酚蓝(第二次变色)	8.0～9.6	8.9	黄	蓝	0.1%的 20%的乙醇溶液
百里酚酞	9.4～10.6	10	无	蓝	0.1%的 90%的乙醇溶液

混合指示剂是由人工配制而成的，利用两种指示剂颜色之间的互补作用，使变色范围变窄，过渡颜色持续时间缩短或消失，易于终点观察。

表 4-2 列出了常用混合指示剂的变色点和配制方法。

常用混合指示剂　　　　　　　　　　　　表 4-2

指示剂溶液组成	变色点		酸色	碱色
	pH 值	颜色		
1 份 0.1% 甲基橙水溶液 1 份 0.25% 靛蓝二磺酸水溶液	4.1	灰色	紫	黄绿
1 份 0.2% 溴甲酚绿乙醇溶液 1 份 0.4% 甲基红乙醇溶液	4.8	灰紫色	紫红	绿
3 份 0.1% 溴甲酚绿乙醇溶液 1 份 0.2% 甲基红乙醇溶液	5.1	灰色	橙红	绿

指示剂溶液组成	变色点		酸色	碱色
	pH 值	颜色		
1 份 0.2% 甲基红溶液 1 份 0.1% 亚甲基蓝溶液	5.4	暗蓝	红紫	绿
1 份 0.1% 甲酚红钠盐水溶液 3 份 0.1% 百里酚蓝钠盐水溶液	8.3	玫瑰红	黄	紫
1 份 0.1% 酚酞乙醇溶液 2 份 0.1% 甲基绿乙醇溶液	8.9	浅蓝	绿	紫

混合指示剂的组成一般有两种：一是用一种不随 H^+ 浓度变化而改变的染料和一种指示剂混合而成，如亚甲基蓝和甲基红组成的混合指示剂，亚甲基蓝是不随 pH 值而变化的染料，呈蓝色；甲基红的酸色是红色，碱色是黄色；混合后的酸色为紫色，碱色为绿色，混合指示剂在 pH 值为 5.4 时，可由紫色变为绿色或相反，非常明显，此指示剂主要用于水中氨氮用酸滴定时的指示剂；二是由两种不同的指示剂，按一定比例混合而成，如溴甲酚绿($pK_{HIn}=4.9$)和甲基红($pK_{HIn}=5.0$)两种指示剂所组成的混合指示剂，两种指示剂都随 pH 值变化，按一定的比例混合后，在 pH=5.1 时，由酒红色变为绿色或相反，极为敏锐。此指示剂用于水中碱度的测定。

如果将甲基红、溴百里酚蓝、百里酚蓝和酚酞按一定比例混合，溶于乙醇，配成混合指示剂，该混合指示剂随 pH 值的不同而逐渐变色如下：

pH 值　　　　≤ 4　5　6　7　8　　9　≥10
颜色　　　红　橙　黄　绿　青（蓝绿）蓝　紫

广泛 pH 值试纸是用上述混合指示剂制成的，用来测定 pH 值。

4.2　酸碱滴定曲线和指示剂的选择

采用酸碱滴定法进行分析测定，必须了解酸碱滴定过程中 pH 值的变化规律，特别是化学计量点附近溶液 pH 值的变化，这样才有可能选择合适的指示剂，准确地确定滴定终点。因此，溶液的 pH 值是酸碱滴定过程中的特征变量，可以通过计算求出，也可用 pH 值计测出。

表示滴定过程中 pH 值变化情况的曲线，称为酸碱滴定曲线。不同类型的酸碱在滴定过程中 pH 值的变化规律不同，因此滴定曲线的形状也不同。下面，分别讨论各种类型酸碱滴定过程中 pH 值的变化情况及指示剂的选择等问题。

4.2.1　强碱(酸)滴定强酸(碱)

这一类型滴定包括 HCl、H_2SO_4 和 NaOH、KOH 等的相互滴定，因为它们在水溶液中是完全解离的，滴定的基本反应为：

$$H^+ + OH^- \Longrightarrow H_2O$$

现以 0.1000mol/L NaOH 滴定 20.00mL 0.1000mol/L HCl 为例，研究滴定过程中 H^+ 浓度及 pH 值变化规律和如何选择指示剂。滴定过程的 pH 值变化见表 4-3。

0.1000mol/L NaOH 滴定 20.00mL 0.1000mol/L HCl 时
的 H^+ 浓度及 pH 值变化情况　　　　　　　　表 4-3

加入 NaOH (mL)	HCl 被滴定的百分数	剩余的 HCl (mL)	过量的 NaOH (mL)	$[H^+]$ 或 $[OH^-]$ 的计算式	$[H^+]$ (mol/L)	pH 值
0.00	0.00	20.00		$[H^+]=0.1000$mol/L	1.00×10^{-1}	1.00
18.00	90.00	2.00			5.26×10^{-3}	2.28
19.80	99.00	0.20		$[H^+]=\dfrac{0.1000\times V_{酸剩余}}{V_总}$	5.02×10^{-4}	3.30
19.98	99.90	0.02			5.00×10^{-5}	4.30
20.00	100.00	0.00		$[H^+]=10^{-7}$mol/L	1.00×10^{-7}	7.00
20.02	100.1		0.02		2.00×10^{-10}	9.70
20.20	101.0		0.20		2.01×10^{-11}	10.70
22.00	110.0		2.00	$[OH^-]=\dfrac{0.1000\times V_{碱过量}}{V_总}$	2.10×10^{-12}	11.68
40.00	200.0		20.00		3.00×10^{-13}	12.52

　　为了更加直观地表现滴定过程中 pH 值的变化趋势，以溶液的 pH 值对 NaOH 的加入量或被滴定百分数作图，得到如图 4-1 所示的一条 S 形滴定曲线。由图 4-1 中的曲线可以看出，在滴定初期，溶液的 pH 值变化很小，曲线较平坦，随着滴定剂 NaOH 的加入，曲线缓缓上升，在计量点前后曲线急剧上升，以后又比较平坦，形成 S 形曲线。

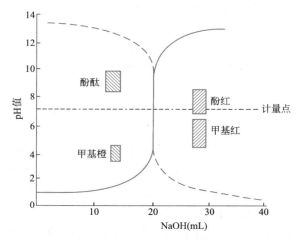

图 4-1　强碱(酸)滴定强酸(碱)的滴定曲线

　　滴定过程中 pH 值变化呈 S 形曲线的原因是：开始时，溶液中酸量大，加入 90% 的 NaOH 溶液才改变了 1.28 个 pH 值单位，这部分恰恰是强酸缓冲容量最大的区域，因此 pH 值变化较小。随着 NaOH 的加入，酸量减少，缓冲容量逐渐下降。从 90% 到 99%，仅加入 1.8mL NaOH 溶液 pH 值改变 1.02，当滴定到只剩 0.1% HCl(即 NaOH 加入 99.9%)时，再加入 1 滴 NaOH(约 0.04mL，为 100.1%，过量 0.1%)，溶液由酸性突变为碱性。pH 值从 4.30 骤增至 9.70，改变了 5.4 个 pH 值单位，计量点前后 0.1% 之间的这种 pH 值的突然变化，称为滴定突跃。相当于图 4-1 中接近垂直的曲线部分。突跃所在的 pH 值范围称为滴定突跃范围。此后继续加入 NaOH 溶液，进入强碱的缓冲区，pH 值变化逐渐减小，曲线又趋平坦。

S 形曲线中最具实用价值的部分是化学计量点前后的滴定突跃范围，它为指示剂的选择提供了可能，选择在滴定突跃范围内发生变色的指示剂，其滴定误差不超过±0.1%。若在化学计量点前后没有形成滴定突跃，不是陡直，而是缓坡，指示剂发生变色时，将远离化学计量点，引起较大误差，无法准确滴定。因此选择指示剂的一般原则是使指示剂的变色范围部分或全部在滴定曲线的突跃范围之内。在此浓度的强碱滴定强酸的情况下，突跃范围是 4.30～9.70。在此突跃范围内变色的指示剂，如酚酞、甲基橙、酚红和甲基红都可选择，它们的变色范围分别是 8.0～10.0、3.1～4.4、6.8～8.4 和 4.4～6.2，其中酚酞变色最为敏锐。

强酸滴定强碱的滴定曲线与强碱滴定强酸的曲线形状类似，只是位置相反（如图 4-1 中虚线部分），变色范围为 9.70～4.30，可以选择酚酞和甲基红作指示剂。若选择甲基橙作指示剂，只应滴定至橙色，若滴定至红色，将产生＋0.2% 以上的误差。

为了在较大范围内选择指示剂，一般滴定曲线的突跃范围越宽越好。从前面表格的计算中知强酸强碱形滴定曲线的突跃范围主要决定于碱或酸的浓度，浓度大时突跃范围宽。浓度对滴定曲线的影响如图 4-2 所示。

图 4-2　不同浓度强碱滴定相应浓度的强酸的滴定曲线

因此在溶液浓度是 0.1000mol/L 的强酸、强碱反应中使用的指示剂在 0.01000mol/L 的强酸、强碱反应的溶液中不一定适用。

4.2.2　强碱滴定弱酸

这类滴定包括强碱 NaOH、KOH 等与弱酸 HAc、HF 等之间的相互滴定。

现以 0.1000mol/L NaOH 滴定 20.00mL 0.1000mol/L HAc 为例，考察滴定过程中 H^+ 浓度或 pH 值变化规律和如何选择指示剂，滴定的 pH 值变化见表 4-4，酸碱反应为：

$$OH^- + HAc \Longleftrightarrow H_2O + Ac^-$$

0.1000mol/L NaOH 滴定 20.00mL 0.1000mol/L HAc 时的 pH 值改变情况　表 4-4

加入 NaOH（mL）	被滴定的 HAc（%）	剩余的 HAc（mL）	过量的 NaOH（mL）	$[H^+]$ 或 $[OH^-]$ 的计算式	pH 值
0.00	0.00	20.00		$[H^+] = \sqrt{CK_a}$	2.88
1.00	5.00	19.00			3.42
5.00	25.00	15.00			4.22
10.00	50.00	10.00		$[H^+] = \dfrac{K_a C_{HAc}}{C_{Ac^-}}$	4.70
18.00	90.00	2.00			5.71
19.80	99.00	0.20			6.76
19.98	99.90	0.02			7.74
20.00	100.00	0.00		$[OH^-] = \sqrt{C\dfrac{K_w}{K_a}}$	8.73
20.02	100.1		0.02		9.70
20.20	101.0		0.20	$[OH^-] = \dfrac{0.1000 \times V_{碱过量}}{V_{总}}$	10.70
22.00	110.0		2.00		11.68
40.00	200.0		20.00		12.52

　　以溶液的 pH 值对 NaOH 的加入量或被滴定百分数作图，得到如图 4-3 所示的一条滴定曲线。由图 4-3 中曲线可以看出，NaOH 滴定 HAc 的滴定曲线（实线）与 NaOH 滴定 HCl 的滴定曲线（虚线）有明显的不同：起点高，开始变化较快，计量点偏向碱性一边。突跃范围较同浓度的强酸的滴定小得多。

图 4-3　强碱（酸）滴定弱酸（碱）的滴定曲线

　　滴定过程中 pH 值如此变化的原因是：HAc 是弱酸，滴定前溶液的 pH 值自然高于同浓度的 HCl，滴定开始后系统产生 AC^-，抑制了 HAc 的解离，使 pH 值增长较快，当 $[HAc]/[AC^-]$ 渐趋于 1，缓冲容量变大。曲线趋于平缓。之后缓冲能力消失，pH 值变化又逐渐加快。计量点时，溶液变为弱碱 NaAc，呈碱性。计量点后，变为 Ac^--NaOH 混合溶液，溶液的 pH 值主要由强碱 OH^- 决定。甲基红和甲基橙已不在突跃范围之内。酚酞、百里酚蓝和甲酚红可以指示化学计量点。

4.2.3　强酸滴定弱碱

以 0.1000mol/L 的 HCl 溶液滴定 20.00mL 0.1000mol/L 氨水为例，其滴定过程中溶液的 pH 值变化见表 4-5，滴定曲线如图 4-3(虚线部分)所示，酸碱反应为：

$$H^+ + NH_3 \cdot H_2O \Longleftrightarrow H_2O + NH_4^+$$

0.1000mol/L HCl 滴定 20.00mL 0.1000mol/L NH₃·H₂O
时的 pH 值改变情况　　　　　　　　　　　　　　　　表 4-5

加入 HCl 溶液		剩余 NH₃·H₂O (mL)	过量 HCl	计算公式	pH
(mL)	(%)				
0.00	0	20.00		$[OH^-] = \sqrt{CK_b}$	11.3
5.00	25.0	15.00			9.7
18.00	90.0	2.00		$[OH^-] = \dfrac{K_b C_{NH_3 \cdot H_2O}}{C_{NH_4^+}}$	8.3
19.80	99.0	0.20			7.3
19.98	99.9	0.02			6.3
20.00	100.00	0.00		$[H^+] = \sqrt{C\dfrac{K_w}{K_b}}$	5.3
20.02	100.1		0.02		4.3
20.20	101.0		0.20	$[H^+] = \dfrac{C_{酸} V_{酸过量}}{V_{总}}$	3.3
22.00	110.0		2.00		2.3
40.00	200.0		20.00		1.3

强酸滴定弱碱与强碱滴定弱酸的曲线相似，只是变化方向相反。化学计量点是 5.3，突跃范围是 6.3～4.3，可选择甲基红(4.4～6.2)、甲基橙(3.1～4.4)以及溴甲酚绿(4.0～5.6)作指示剂。

计算式看出，突跃范围取决于弱酸与弱碱解离常数(K_a 或 K_b)和浓度，两者的值越大，突跃范围越宽，如图 4-4 所示。

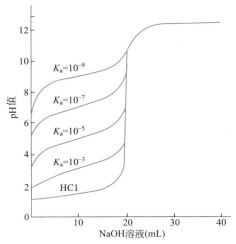

图 4-4　用强碱滴定 0.1000mol/L 不同强度弱酸的滴定曲线

一般 $CK_a(K_b)<10^{-8}$ 时已无明显突跃，所以 $CK_a\geqslant10^{-8}$ 是弱酸被准确滴定的判据。

4.3 酸碱滴定法的应用

4.3.1 碱度的测定

1. 碱度组成及测定意义

水的碱度是指水中所含能与强酸定量作用的物质总量。

水中碱的来源较多，天然水的碱度基本上是碳酸盐、重碳酸盐及氢氧化物含量的函数，所以碱度可分为氢氧化物（OH^-）碱度、碳酸盐（CO_3^{2-}）碱度和重碳酸盐（HCO_3^-）碱度分别进行测定，也可同时测定氢氧化物与碳酸盐碱度（OH^- 与 CO_3^{2-}）、碳酸盐与重碳酸盐碱度（CO_3^{2-} 与 HCO_3^-）。如天然水中繁生大量藻类，剧烈吸收水中 CO_2，使水有较高 pH 值，主要有碳酸盐碱度，一般 pH 值小于 8.3 的天然水中主要含有重碳酸盐碱度，略高于 8.3 的弱碱性天然水可同时含有重碳酸盐和碳酸盐碱度，pH 值大于 10 时主要是氢氧化物碱度。总碱度被当作这些成分浓度的总和。当水中含有硼酸盐、磷酸盐或硅酸盐等时，则总碱度的测定值也包含它们所起的作用。

某些工业废水如造纸厂、制革厂等排出的生产废水可能含有大量的强碱，其碱度主要是氢氧化物或碳酸盐。在排入水体之前必须进行中和处理。在给水处理如水的凝聚澄清和水的软化处理以及废水好氧厌氧处理设备运行中，碱度的大小是个重要的影响因素。在其他复杂体系的水体中，还含有有机碱类如 $C_6H_5NH_2$、金属水解性盐类等。在这些情况下用普通的方法不易辨别各种成分，需要测定总碱度。碱度成为一种水质的综合性指标，代表能被强酸滴定物质的总和。

碱度对水质特性有多方面的影响，常用于评价水体的缓冲能力及金属在其中的溶解性和毒性，同时也是给水和废水处理过程、设备运行、管道腐蚀控制的判断性指标，所以碱度的测定在工程设计、运转和科研中有着重要的意义。

2. 碱度测定

碱度的测定采用酸碱滴定法。用 HCl 或 H_2SO_4 作为标准溶液，酚酞和甲基橙作为指示剂，根据不同指示剂变色所消耗的酸的体积，可分别测出水样中所含的各种碱度。在滴定中各种碱度的反应是：

$$OH^-+H^+\Longleftrightarrow H_2O \quad 化学计量点\ pH=7.0 \tag{4-1}$$

$$CO_3^{2-}+H^+\Longleftrightarrow HCO_3^- \quad 化学计量点\ pH=8.3 \tag{4-2}$$

$$HCO_3^-+H^+\Longleftrightarrow H_2CO_3 \quad 化学计量点\ pH=3.9 \tag{4-3}$$

根据酸碱滴定原理，化学计量点为 pH=7.0 和 pH=8.3 时可以选择酚酞作指示剂，化学计量点为 pH=3.9 时可以选择甲基橙作指示剂。因此，用酸滴定碱度时，先用酚酞作指示剂，水中的氢氧化物碱度完全被中和，而碳酸盐碱度只中和了一半。若继续用甲基橙作指示剂，滴至溶液颜色由黄色变为橙红色，说明碳酸盐碱度又完成了另一半，重碳酸盐碱度也全部被中和，此时测定的碱度为水中各种碱度成分的总和，因此将单独用甲基橙作为指示剂测定的碱度称为总碱度。

按操作方式和选择不同的指示剂测定碱度，可分为如下两种方法：

（1）连续滴定

取一定容积的水样，加入酚酞指示剂以强酸标准溶液进行滴定，到溶液由红色变为无色为止，标准酸溶液用量以 P 表示。再向水样中加入甲基橙指示剂，继续滴定溶液由黄色变为橙色为止，滴定用去标准溶液体积以 M 表示。根据 P 和 M 的相对大小，可以判断水中碱度组成并计算其含量。

1）单独的氢氧化物的碱度（OH⁻）

水的 pH 值一般在 10 以上，滴定时加入酚酞后溶液呈红色，用标准酸溶液滴至无色，得到 V_1 值，反应为式(4-1)。再加入甲基橙，溶液呈橙色，因此不用继续滴定。滴定结果为：

$$P > 0, \quad M = 0$$

因此，判断只有 OH⁻ 碱度，而且：OH⁻ $= P$，总碱度 $T = P$

2）氢氧化物与碳酸盐碱度（OH⁻、CO_3^{2-}）

水的 pH 值一般也在 10 以上，首先以酚酞为指示剂，用标准酸溶液滴定，得到 P 值，其反应由式(4-1)进行到式(4-2)，其中包括 OH⁻ 和一半的 CO_3^{2-} 碱度，加甲基橙指示剂继续滴定，得 M，反应由式(4-2)进行到式(4-3)，测出另一半 CO_3^{2-} 碱度。滴定结果为：

$$P > M$$

因此，判断有 OH⁻ 与 CO_3^{2-} 碱度，而且有：

$$OH^- = P - M$$
$$CO_3^{2-} = 2M$$
$$T = P + M$$

3）单独的碳酸盐碱度（CO_3^{2-}）

水的 pH 值若在 9.5 以上，以酚酞作指示剂，用标准酸溶液滴定，测得 P 值，反应为式(4-2)，其中包括一半 CO_3^{2-} 碱度，再加甲基橙指示剂，得 M 值，反应为式(4-3)，测出另一半 CO_3^{2-} 碱度。滴定结果为：

$$P = M$$

因此，判断只有 CO_3^{2-} 碱度，而且有：

$$CO_3^{2-} = 2P = 2M$$
$$T = 2P = 2M$$

4）碳酸盐和重碳酸盐碱度（CO_3^{2-}、HCO_3^-）

水的 pH 值一般低于 9.5 而高于 8.3，以酚酞为指示剂用标准酸溶液滴定到终点 P 值，反应为式(4-2)，含一半 CO_3^{2-} 碱度，再加甲基橙指示剂，得 M 值，反应为式(4-3)，测出另一半 CO_3^{2-} 和 HCO_3^- 碱度。滴定结果为：

$$P < M$$

因此，判断有 CO_3^{2-} 和 HCO_3^- 碱度，而且有：

$$CO_3^{2-} = 2P$$
$$HCO_3^- = M - P$$
$$T = P + M$$

5）单独的重碳酸盐碱度（HCO_3^-）

水的 pH 值在此时一般低于 8.3，滴定时首先加入酚酞指示剂，溶液并不呈红色而为无色，以甲基橙为指示剂，用标准溶液滴定到终点，得 M 值，反应为式（4-3），测出 HCO_3^- 碱度。滴定结果为：

$$P=0, \quad M>0$$

因此，判断只有 HCO_3^- 碱度，而且有：

$$HCO_3^- = M$$
$$T = M$$

若各种标准溶液浓度为已知，就可计算碱度含量。

各类碱度及酸碱滴定结果的关系见表 4-6。

水中碱度组成与计算　　　　　　　　　　　　　　表 4-6

类型	滴定结果	OH^-	CO_3^{2-}	HCO_3^-	总碱度
1	$P>0$, $M=0$	P	0	0	P
2	$P>M$	$P-M$	$2M$	0	$P+M$
3	$P=M$	0	$2P$	0	$2P$
4	$P<M$	0	$2P$	$M-P$	$P+M$
5	$P=0$, $M>0$	0	0	M	M

（2）分别滴定

取两份同体积试样，第一份加入百里酚蓝—甲酚红指示剂，用标准酸溶液滴定至指示剂由紫色变为黄色，终点的 pH＝8.3，消耗标准酸体积为 $V_{pH8.3}$，第二份水样用溴甲酚绿—甲基红指示，用标准酸溶液滴定至由绿色变为浅灰紫色，终点的 pH＝4.8，消耗标准酸体积为 $V_{pH4.8}$，由此可判断水中碱度组成和含量。

各类碱度及酸碱滴定结果的关系见表 4-7。

判断碱度组成与表示　　　　　　　　　　　　　　表 4-7

滴定体积			碱度组成与表示		
比较	表示		OH^-	CO_3^{2-}	HCO_3^-
	$V_{pH8.3}$	$V_{pH4.8}$			
$V_{pH8.3}=V_{pH4.8}$	OH^-		$V_{pH8.3}=V_{pH4.8}$		
$2V_{pH8.3}>V_{pH4.8}$	$OH^-+1/2CO_3^{2-}$	$OH^-+CO_3^{2-}$	$2V_{pH8.3}-V_{pH4.8}$	$2(V_{pH4.8}-V_{pH8.3})$	
$2V_{pH8.3}=V_{pH4.8}$	$1/2CO_3^{2-}$	CO_3^{2-}		$2V_{pH8.3}=V_{pH4.8}$	
$2V_{pH8.3}<V_{pH4.8}$	$1/2CO_3^{2-}$	$CO_3^{2-}+HCO_3^-$		$2V_{pH8.3}$	$V_{pH4.8}-2V_{pH8.3}$
$V_{pH8.3}=0$, $V_{pH4.8}>0$		HCO_3^-			$V_{pH4.8}$

3. 碱度表示方法及计算实例

（1）碱度以 CaO（mg/L）计和 $CaCO_3$（mg/L）计

$$总碱度（以\ CaO\ 计，mg/L）=\frac{C(P+M)\times28.04}{V}\times1000$$

$$总碱度（以\ CaCO_3\ 计，mg/L）=\frac{C(P+M)\times50.05}{V}\times1000$$

式中　C——HCl 标准溶液浓度（mol/L）；

　　28.04——氧化钙摩尔质量（$1/2CaO$，g/mol）；

　　50.05——碳酸钙摩尔质量（$1/2CaCO_3$，g/mol）；

　　　V——水样体积（mL）；

　　　P——酚酞为指示剂滴定至终点时消耗 HCl 标准溶液的量（mL）；

　　　M——甲基橙为指示剂滴定至终点时消耗 HCl 标准溶液的量（mL）。

（2）碱度以 mol/L 或 mmol/L 表示

如果以 mol/L 表示碱度，应注明 OH^- 碱度（OH^-，mol/L）、CO_3^{2-} 碱度（$1/2CO_3^{2-}$，mol/L）、HCO_3^- 碱度（HCO_3^-，mol/L）。

（3）碱度以 mg/L 表示

如果以 mg/L 表示时，在碱度计算中，由于采用 Cmol/L HCl 标准溶液滴定，所以各具体物质采用的摩尔质量：OH^- 为 17g/mol、$1/2CO_3^{2-}$ 为 30g/mol、HCO_3^- 为 61g/mol。

如果已经知道了构成碱度的具体物质组成如 OH^- 或 CO_3^{2-} 或 HCO_3^-，则具体物质碱度的含量，可由两个滴定终点消耗 HCl 标准溶液的量 P 和 M 关系中分别计算 OH^- 碱度、CO_3^{2-} 碱度和 HCO_3^- 碱度。此处不再赘述。

【例 4-1】 取水样 100.0mL，用 0.1000mol/L 溶液滴定至酚酞无色时，用去 15.00mL；接着加入甲基橙指示剂，继续用 HCl 标准溶液滴定至橙红色出现，又用去 3.00mL。问水样有何种碱度，其含量各为多少？（分别以 CaO 计，CaCO₃ 计，用 mg/L 和 mol/L 表示）。

【解】 $P=15.00$mL，$M=3.00$mL，

$$P>M$$

所以水中有 OH^- 和 CO_3^{2-} 碱度，$OH^-=P-M$，$CO_3^{2-}=2M$

$$OH^- 碱度（以\ CaO\ 计，mg/L）=\frac{C(P-M)\times28.04\times1000}{100}$$

$$=\frac{0.1000\times(15.00-3.00)\times28.04\times1000}{100}$$

$$=336.5mg/L$$

$$OH^- 碱度（以\ CaCO_3\ 计，mg/L）=\frac{C(P-M)\times50.05\times1000}{100}=600.6mg/L$$

$$OH^- 碱度（OH^-，mol/L）=\frac{C(P-M)\times1000}{100}=12.0mol/L$$

$$OH^- 碱度（OH^-，mg/L）=\frac{C(P-M)\times17\times1000}{100}=204.0mg/L$$

$$CO_3^{2-} 碱度（以\ CaO\ 计，mg/L）=\frac{C\times2M\times28.04\times1000}{100}=168.2mg/L$$

$$CO_3^{2-}碱度(以\ CaCO_3\ 计,\ mg/L)=\frac{C\times 2M\times 50.05\times 1000}{100}=300.3mg/L$$

$$CO_3^{2-}碱度(1/2CO_3^{2-},\ mol/L)=\frac{C\times 2M\times 1000}{100}=6.0mol/L$$

$$CO_3^{2-}碱度(CO_3^{2-},\ mg/L)=\frac{C\times 2M\times 30\times 1000}{100}=180.0mg/L$$

4.3.2 酸度及其测定

在水中，由于溶质的解离或水解(无机酸类，硫酸亚铁和硫酸铝)而产生的氢离子，与碱标准溶液作用至一定 pH 所消耗的量，称为酸度。产生酸度的物质主要是 H^+，CO_2 以及其他各种弱无机酸和有机酸、$Fe(H_2O)_6^{3+}$ 等。大多数天然水、生活污水和污染较轻的各种工业废水只含有弱酸。地表水溶入 CO_2 或由于机械、选矿、电镀、化工等行业排放的含酸废水污染后，致使 pH 值降低。由于酸的腐蚀性，破坏了鱼类及其他水生生物和农作物的正常生存条件，造成鱼类及农作物等死亡。含酸废水可腐蚀管道和水处理构筑物。因此，酸度也是衡量水体污染的一项重要指标。

酸度的测定是用 NaOH 标准溶液滴定，以 $CaCO_3$ mg/L 表示。根据所选择的指示剂不同，可分为两种酸度。酸度数值的大小，随所用指示剂指示终点 pH 值的不同而异。滴定终点的 pH 值有两种规定，即 3.7 和 8.3。

以甲基橙为指示剂，用氢氧化钠溶液滴定到 pH 值为 3.7 的酸度，称为"甲基橙酸度"，代表一些较强的酸，消耗氢氧化钠溶液的体积设为 V_1；以酚酞作指示剂，用氢氧化钠溶液滴定到 pH 值 8.3 的酸度，称为"酚酞酸度"，又称总酸度，它包括强酸和弱酸，消耗氢氧化钠溶液的体积设为 V_2。则酸度的计算如下：

$$甲基橙酸度(CaCO_3,\ mg/L)=\frac{C_{NaOH}V_1}{V_水}\times 50.05\times 1000$$

$$酚酞酸度(CaCO_3,\ mg/L)=\frac{C_{NaOH}V_2}{V_水}\times 50.05\times 1000$$

对酸度产生影响的溶解气体，如 CO_2、H_2S 和 NH_3，在取样、保存或滴定时，都可能增加或损失酸度。因此，在打开试样容器后，要迅速滴定到终点，防止干扰气体溶入试样。为了防止水样中 CO_2 等溶解气体损失，在采样后，要避免剧烈摇动，并要尽快分析，否则要在低温下保存。

含有三价铁和二价铁、锰、铝等可氧化或容易水解的离子，在常温滴定时的反应速率很慢，且生成沉淀，导致终点时指示剂退色。遇此情况，应在加热后进行滴定。

水样中的游离氯会使甲基橙指示剂退色，可在滴定前加入少量 0.1mol/L 硫代硫酸钠溶液去除。

对有色的或浑浊的水样，可用无二氧化碳水稀释后滴定，或选用电位滴定法(指示终点的 pH 值仍为 8.3 和 3.7)，其操作步骤按所用仪器说明进行。

氢氧化钠标准溶液(0.1mol/L)的标定：

称取 60g 氢氧化钠溶于 50mL 水中，转入 150mL 的聚乙烯瓶中，冷却后，用装有碱石灰管的橡皮管塞紧，静置 24h 以上。吸取上层清液约 7.5mL 置于 1000mL 容量瓶中，用无二氧化碳水稀释至标线，摇匀，移入聚乙烯瓶中保存。按下述方法进行标定。

称取在 105～110℃干燥过的基准试剂级邻苯二甲酸氢钾（$KHC_8H_4O_4$，简写为 KHP）约 0.5g（称准至 0.0001g），置于 250mL 锥形瓶中，加无二氧化碳水 100mL 使之溶解，加入 4 滴酚酞指示剂，用待标定的氢氧化钠标准溶液滴定至浅红色为终点。同时用无二氧化碳水做空白滴定，按下式进行计算：

KHP 与 NaOH 的滴定反应为

$$KHP + NaOH = KNaP + H_2O$$

$$氢氧化钠标准溶液浓度（mol/L）= \frac{m \times 1000}{(V_0' - V_0) \times 204.2}$$

式中　m——称取邻苯二甲酸氢钾的质量（g）；

　　　V_0——滴定空白时所消耗氢氧化钠标准溶液体积（mL）；

　　　V_0'——滴定邻苯二甲酸氢钾时所消耗氢氧化钠标准溶液的体积（mL）；

　204.2——邻苯二甲酸氢钾的换算系数。

4.3.3　氨氮的测定

氨氮（NH_3-N）以游离氨（NH_3）或铵盐（NH_4^+）形式存在于水中，氨氮的测定方法通常有纳氏试剂比色法、苯酚-次氯酸盐（或水杨酸-次氯酸盐）比色法、蒸馏滴定法和电位滴定法等。

当水样中氨氮含量较高或水样浑浊，水样中伴随有影响使用比色法测定的有色物质时，宜采用蒸馏滴定法进行测定。

蒸馏滴定法测定氨氮的原理是将水样的 pH 值调节在 6.0～7.4 范围，加入氧化镁使呈微碱性。加热蒸馏，释出的氨被硼酸溶液吸收，以甲基红—亚甲基蓝为指示剂，用酸标准溶液滴定馏出液中的氨。

测定时，分取 250mL 水样（如氨氮含量高，可分取适量加水至 250mL，使氨氮含量不超过 2.5mg），移入凯式烧瓶中，加数滴溴百里酚蓝指示液，用氢氧化钠或盐酸溶液调节至 pH 值为 7 左右。加入 0.25g 轻质氧化镁和数粒玻璃珠，立即连接氮球和冷凝管，导管下端插入硼酸吸收液液面下。加热蒸馏，至流出液达 200mL 时，停止蒸馏。在流出液中加 2 滴混合指示剂，用 0.200mol/L 的硫酸溶液滴定至绿色转为紫色为止，记录硫酸溶液的用量。

另做一空白试验，以同体积的无氨水代替水样，加入相同的试剂，同样进行蒸馏和滴定。

按下式进行计算：

$$氨氮（N，mg/L）= \frac{(V_2 - V_1) \times C \times 14 \times 1000}{V}$$

式中　V_2——水样滴定时消耗的硫酸标准溶液的体积（mL）；

　　　V_1——空白滴定时消耗的硫酸标准溶液的体积（mL）；

　　　C——硫酸标准溶液的浓度（mol/L）；

　　14——氨氮（N）的换算系数。

思 考 题 与 习 题

1. 简答题

(1) 酸碱指示剂是怎样指示化学计量点的？

(2) 滴定曲线的主要特点是什么？它为选择指示剂提供了什么？

(3) 说明指示剂选择的基本原则。

(4) 水中碱度有几种类型？怎样判断溶液的碱度组成？

2. 计算题

(1) 标定 NaOH 溶液，用邻苯二甲酸氢钾基准物 0.5418g，以酚酞指示剂滴定至终点，用去 NaOH 溶液 24.32mL，求 NaOH 溶液的浓度。

(2) 标定 HCl 溶液时，以甲基橙为指示剂，用 Na_2CO_3 为基准物，称取 Na_2CO_3 0.5286g，用去 HCl 溶液 20.55mL，求盐酸溶液的浓度。

(3) 取水样 100mL，用 0.05000mol/L HCl 溶液滴定至酚酞终点时，用去 30.00mL，加入甲基橙，继续用 HCl 溶液滴至橙色出现，又用去 5.00mL，问水样中有何碱度？其含量分别为多少(mg/L)？

(4) 测定某水样碱度，用 0.05000mol/L HCl 溶液滴定至酚酞终点时，用去 15.00mL；用甲基橙作指示剂，终点时用去 0.05000mol/L HCl 溶液 37.00mL，两次滴定水样体积均为 150mL，问水样中有何碱度？其含量分别为多少？(mg/L)

(5) 取水样 100mL，用 0.05000mol/L HCl 溶液滴定至 pH 值为 8.3，指示剂由紫红变为黄色用去 2.00mL，另取 100mL 水样用同一 HCl 溶液滴定至 pH 值为 4.8，指示剂由绿色转变为浅紫色，用去 3.00mL，求碱度组成(mg/L)。

技能训练 碱度的测定(总碱度、重碳酸盐和碳酸盐)

一、实训目的

1. 学会酸碱滴定法测定碱度。

2. 巩固滴定操作和终点颜色的判断。

二、方法原理

水样用酸标准溶液滴定至规定的 pH 值，其终点可由加入的酸碱指示剂在该 pH 值时颜色的变化来判断。当滴定至酚酞指示剂由红色变为无色时，溶液 pH 值即为 8.3，指示水中氢氧根离子已被中和，碳酸盐均被转为重碳酸盐(HCO_3^-)，反应如下：

$$OH^- + H^+ \longrightarrow H_2O$$

$$CO_3^{2-} + H^+ \longrightarrow HCO_3^-$$

当滴定至甲基橙指示剂由橘黄色变成橘红色时，溶液的 pH 值为 4.4～4.5，指示水中的重碳酸盐(包括原有的和由碳酸盐转化成的重碳酸盐)已被中和，反应如下：

$$HCO_3^- + H^+ \longrightarrow H_2O + CO_2 \uparrow$$

根据上述两个终点到达时所消耗的盐酸标准滴定溶液的量，可以计算出水中碳酸盐、重碳酸盐及总碱度。

上述计算方法不适用于污水及复杂体系中碳酸盐和重碳酸盐的计算。

三、干扰及消除

水样浑浊、有色均干扰测定，遇此情况，可用电位滴定法测定。能使指示剂退色的氧化还原性物质也干扰测定。例如水样中余氯可破坏指示剂（含余氯时，可加入 1～2 滴 0.1mol/L 硫代硫酸钠溶液消除）。

四、样品保存

样品采集后应在 4℃保存，分析前不应打开瓶塞，不能过滤、稀释或浓缩。样品应于采集后的当天进行分析，特别是当样品中含有可水解盐类或含有可氧化态阳离子时，应及时分析。

五、仪器与试剂

1. 酸式滴定管，25mL。

2. 锥形瓶，250mL。

3. 无二氧化碳水：用于制备标准溶液及稀释用的蒸馏水或去离子水，临用前煮沸 15min，冷却至室温。pH 值应大于 6.0，电导率小于 $2\mu S/cm$。

4. 酚酞指示液：称取 0.5g 酚酞溶于 50mL 95％乙醇中，用水稀释至 100mL。

5. 甲基橙指示剂：称取 0.05g 甲基橙溶于 100mL 蒸馏水中。

6. 碳酸钠标准溶液：称取 1.3249g（于 250℃烘干 4h）的基准试剂无水碳酸钠（Na_2CO_3），溶于少量无二氧化碳水中，移入 1000mL 容量瓶中，用水稀释至标线，摇匀。贮于聚乙烯瓶中，保存时间不要超过一周。

7. 盐酸标准溶液（0.0250mol/L）：用分度吸管吸取 2.1mL 浓盐酸（$\rho=1.19g/mL$），并用蒸馏水稀释至 1000mL，此溶液浓度≈0.025mol/L。其准确浓度按下法标定：

用无分度吸管吸取 25.00mL 碳酸钠标准溶液于 250mL 锥形瓶中，加无二氧化碳水稀释至约 100mL，加入 3 滴甲基橙指示液，用盐酸标准溶液滴定至由橘黄色刚变成橘红色，记录盐酸标准溶液用量。按下式计算其准确浓度：

$$C=\frac{25.00\times0.0250}{V}$$

式中　C——盐酸标准溶液浓度(mol/L)；

　　　　V——盐酸标准溶液用量(mL)。

六、操作步骤

分取 100mL 水样于 250mL 锥形瓶中，加入 4 滴酚酞指示剂，摇匀。当溶液呈红色时，用盐酸标准溶液滴定至刚刚退至无色，记录盐酸标准溶液用量。若加酚酞指示剂后溶液无色，则不需用盐酸标准溶液滴定，并接着进行下述操作。向上述锥形瓶中加入 3 滴甲基橙指示剂，摇匀。继续用盐酸标准溶液滴定至溶液由橘黄色刚刚变为橘红色为止。记录盐酸标准溶液用量。

七、计算

对于多数天然水样，碱性化合物在水中所产生的碱度，有五种情形。设以酚酞作指示剂时，滴定至颜色变化所消耗盐酸标准溶液的量为 PmL，以甲基橙作指示剂时盐酸标准溶液用量为 PmL，则盐酸标准溶液总消耗量为 $T=P+M$

第一种情形，$P>0$，$M=0$ 时：

V_1 代表全部氢氧化物及碳酸盐的一半，由于 $M=0$，表示不含有碳酸盐，亦不含重碳酸盐。因此，$T=P=$ 氢氧化物。

第二种情形，$P>1/2T$，即 $P>M$ 时：

$M>0$，说明有碳酸盐存在，且碳酸盐 $=2M$，而且由于 $P>M$，说明尚有氢氧化物存在，氢氧化物 $=T-2M=P+M-2M=P-M$。

第三种情形，$P=1/2T$，即 $P=M$ 时：

P 代表碳酸盐的一半，说明水中仅有碳酸盐，碳酸盐$=2P=2M=T$。

第四种情形，$P<1/2T$ 时：

此时，$M>P$，因此 M 除代表由碳酸盐生成的重碳酸盐外，尚有水中原有的重碳酸盐。碳酸盐$=2P$，重碳酸盐$=T-2P=P+M-2P=M-P$。

第五种情形，$P=0$ 时：

此时，水中只有重碳酸盐存在，重碳酸盐$=T=M$。

$$总碱度（以 CaO 计，mg/L）=\frac{C(P+M)\times 28.04}{V}\times 1000$$

$$总碱度（以 CaCO_3 计，mg/L）=\frac{C(P+M)\times 50.05}{V}\times 1000$$

八、注意事项

1. 若水样中含有游离二氧化碳，则不存在碳酸盐，可直接以甲基橙作指示剂进行滴定。

2. 当水样中总碱度小于 20mg/L 时，可改用 0.01mol/L 盐酸标准溶液滴定，或改用 10mL 容量的微量滴定管，以提高测定精度。

教学单元5　络合滴定法

【教学目标】

通过络合平衡、络合滴定基本原理的学习，学生将具有水源硬度等一般化学指标检验的能力。

5.1　络合滴定法概述

络合滴定法是利用络合反应来进行滴定分析的方法。在水质分析中，络合滴定法主要用于水中硬度以及氰化物测定等。

络合反应是由中心离子或原子与配位体以配位键形成络离子(配离子)的反应。含有络离子的化合物称络合物(配合物)。如铁氰化钾($K_3[Fe(CN)_6]$)络合物，$[Fe(CN)_6]^{3-}$称为络离子，也称内界。络离子中的金属离子(Fe^{3+})称为中心离子，与中心离子结合的阴离子CN^-叫作配位体。配位体中直接与中心离子络合的原子叫配位原子(CN^-中的氮原子)，与中心离子络合的配位原子数目叫配位数。钾离子称络合物的外界，与内界间以离子键结合。

根据配体中所含配位原子数目的不同可分为单基配位体和多基配位体配体，它们与金属离子分别形成简单络合物和螯合物。

5.1.1　简单络合物

单基配位体是只含一个配位原子的配体。如：X^-、H_2O、NH_3等，一般是无机配位体，这种配位体也称络合剂。它与中心原子直接配位形成的化合物是简单络合物。如$[Ag(NH_3)_2]Cl$、$K_2[PtCl_6]$等。大量的水合物实际上是以水为配体的简单络合物，如$FeCl_3 \cdot 6H_2O$实际上是$[Fe(H_2O)_6]Cl_3$，而$CuSO_4 \cdot 5H_2O$实际上是$[Cu(H_2O)_4]SO_4 \cdot H_2O$。前者配位数为6，后者配位数为4。

络合物的稳定性是很重要的。环境中的不稳定的络合物能转化为稳定的络合物，还可以转化为沉淀，但有些难溶物质也可以转化为稳定的络合物等。稳定的络合物优先形成。在络合滴定中主要是利用生成的稳定络合物来进行定量分析的。

Ag^+与CN^-可以生成稳定的$[Ag(CN)_2]^-$络离子，当用$AgNO_3$滴定CN^-到化学计量点时，稍微过量就与试银灵(对二甲氨基亚苄基罗丹宁)指示剂反应，溶液由黄色变为橙红色。指示终点到达。因此利用这个络合反应可以测定氰化物的含量或以KCN为滴定剂滴定Ag^+，Ni^{2+}或Co^{2+}。

但是，像上面那样的能用于实际分析的络合反应极为有限，因为大多数无机络合剂与金属离子的络合反应，往往存在着分步络合现象，而且络合物的稳定性比较差，如Zn^{2+}与NH_3能分步形成$[Zn(NH_3)]^{2+}$、$[Zn(NH_3)_2]^{2+}$、$[Zn$

$(NH_3)_3]^{2+}$、$[Zn(NH_3)_4]^{2+}$ 等络离子，略去络合物所带电荷，其形成过程为：

$$Zn+NH_3 \Longrightarrow Zn(NH_3) \qquad K_1 = \frac{[Zn(NH_3)]}{[Zn][NH_3]} = 10^{2.27}$$

$$Zn(NH_3)+NH_3 \Longrightarrow Zn(NH_3)_2 \qquad K_2 = \frac{[Zn(NH_3)_2]}{[Zn(NH_3)][NH_3]} = 10^{2.34}$$

$$Zn(NH_3)_2+NH_3 \Longrightarrow Zn(NH_3)_3 \qquad K_3 = \frac{[Zn(NH_3)_3]}{[Zn(NH_3)_2][NH_3]} = 10^{2.40}$$

$$Zn(NH_3)_3+NH_3 \Longrightarrow Zn(NH_3)_4 \qquad K_4 = \frac{[Zn(NH_3)_4]}{[Zn(NH_3)_3][NH_3]} = 10^{2.05}$$

K_1、K_2、K_3、K_4 等为各级络离子的形成常数。

在此络合平衡中，络离子将以 5 种型体存在。

$$C=[Zn]+[Zn(NH_3)]+[Zn(NH_3)_2]+[Zn(NH_3)_3]+[Zn(NH_3)_4]$$

在 $[NH_3]$ 低于 $10^{-3}mol/L$ 时，Zn^{2+} 离子占大多数，当 $[NH_3]$ 高于 $10^{-2}mol/L$ 时，$[Zn(NH_3)_4]^{2+}$ 占大多数，而在 $10^{-3} \sim 10^{-2}mol/L$ 之间时，5 种型体的浓度相差不大。出现这种情况的原因正是在于相邻逐级稳定常数比较接近。因此，如果采用 NH_3 作标准滴定剂直接滴定 Zn^{2+} 时，各物种浓度将随滴定剂的加入而不断改变。两者之间始终没有确定的化学计量关系，而且络离子各物种的稳定性都不够高。要使 Zn^{2+} 最后完全转变为 $[Zn(NH_3)_4]^{2+}$，则必须加入大量的氨，这将大大地超过计量点。因此，大多数无机配体都不适宜作滴定剂。

5.1.2 螯合物

多基配位体含有两个或两个以上的配位原子。这样的配位体一般是有机化合物。由中心原子和多齿配位体形成的具有环状结构，形状类似蟹，以双螯钳住中心离子的稳定的配合物称为螯合物。这种配位体也称为螯合剂。

例如：2 个乙二胺和 Cu^{2+} 可形成两个五元环的二乙二胺合铜（Ⅱ）离子，结构如下：

$$\begin{array}{ccc} CH_2-NH_2 & & NH_2-CH_2 \\ | & \searrow Cu^{2+} \swarrow & | \\ CH_2-NH_2 & \nearrow \quad \nwarrow & NH_2-CH_2 \end{array}$$

又如 1，10-二氮菲，

1，10-二氮菲

可与 Fe^{2+} 生成橙红色螯合物，具有特殊的颜色，用以鉴定 Fe^{2+} 的存在。其螯合过程为每一个 1，10-二氮菲提供二个氮原子，与 Fe^{2+} 成键，三个 1，10-二氮菲提供 6 个氮原子与 Fe^{2+} 形成六个配位健，因此该化合物有三个—C—N—Fe—N—C—所构成的环，形成稳定结构。

以上两种螯合剂的配位原子只有氮原子，可与金属离子形成 NN 型螯合物。酒石酸（COOH—CHOH—CHOH—COOH）、柠檬酸钠这样的螯合剂的配位原子只有氧原子，前者与铁、钙、镁等，后者与铝形成 OO 型螯合物。吡咯烷二硫代氨基甲酸铵在 pH 值为 3.0 时与铜、锌、铅、镉形成 NS 型螯合物。

目前，在络合滴定中广泛用做滴定剂的是属于氨羧配位剂的乙二胺四乙酸。氨羧配位剂是以氨基二乙酸 $[-N(CH_2COOH)_2]$ 为基体的有机络合剂或螯合剂，其中氨氮和羧氧配位原子均具有孤对电子，能和金属形成配位键，因此它们都是多齿配位体，能与金属离子形成具有环状结构的螯合物。

5.2　EDTA 与 EDTA 螯合物

5.2.1　EDTA 和 EDTA 二钠

乙二胺四乙酸，简称 EDTA 或 EDTA 酸，常用 H_4Y 表示。它在水中的溶解度很小，室温下每 $100mL$ 水中仅溶解 $0.02g$，故常用它的二钠盐 $Na_2H_2Y \cdot 2H_2O$，即 EDTA 二钠，一般也称为 EDTA。它在 $22℃$ 时，每 $100mL$ 水中溶解 $11.1g$，浓度约为 $0.3mol/L$，pH 值约为 4.8。水溶液中以双极离子形式存在，即两个羧基上的质子转移到两个氨氮上，H_4Y 的分子结构如下：

$$HOOCH_2C\diagdown \qquad \diagup CH_2COOH$$
$$NCH_2CH_2N$$
$$HOOCH_2C\diagup \qquad \diagdown CH_2COOH$$

当 H_4Y 溶解于酸度很高的水溶液中时，它的两个羧酸根可再接受 H^+，于是 EDTA 相当于一个六元酸，即 H_6Y^{2+}。EDTA 分子结构中含有两个氨基和四个羧基，共有 6 个配位原子，可以和很多种金属离子形成稳定的螯合物。

5.2.2　EDTA 螯合物的稳定性

一个 EDTA 分子中的 6 个配位原子(即 2 个氮原子和 4 个羧氧原子)，和金属离子能形成六个配位键，与金属离子以 1∶1 的比例生成配位数为 6 的 5 个五元环螯合物。例如，EDTA 与 Ca^{2+} 的络合，形成络合物的结构如图 5-1 所示。其中四个环由 O—C—C—N 构成，一个环由 N—C—C—N 构成。螯合物的稳定性与

螯合环的大小和数目有关，一般五元环和六元环的螯合物很稳定，而且形成的环数愈多愈稳定。因此，EDTA 与许多金属形成的螯合物都具有较大的稳定性。

EDTA 二钠盐以有效的部分 Y 和金属离子 M 的络合反应可简写为：

$$M + Y \rightleftharpoons MY$$

其稳定常数表示为：

$$K_{MY} = \frac{[MY]}{[M][Y]}$$

图 5-1　EDTA 与 Ca 螯合物的立体结构

K_{MY} 或 lgK_{MY} 越大，平衡体系中金属离子和 EDTA 的浓度越小，螯合物越稳定，反应越完全。因此从稳定常数的大小可以区分不同螯合物的稳定性。实验测得的不同金属离子与 EDTA 的螯合物的稳定常数对数值见表 5-1。

EDTA 螯合物的 lgK_MY 表 5-1

M	$\lg K_{MY}$	M	$\lg K_{MY}$	M	$\lg K_{MY}$	M	$\lg K_{MY}$
Ag^+	7.3	Fe^{2+}	14.33	Y^{3+}	18.09	Cr^{3+}	23
Ba^{2+}	7.76	Ce^{3+}	15.98	Ni^{2+}	18.67	Th^{4+}	23.2
Sr^{2+}	8.63	Al^{3+}	16.1	Cu^{2+}	18.8	Fe^{3+}	25.1
Mg^{2+}	8.69	Co^{2+}	16.31	Re^{3+}	15.5～19.9	V^{3+}	25.9
Be^{2+}	9.8	Cd^{2+}	16.46	Tl^{3+}	21.5	Bi^{3+}	27.94
Ca^{2+}	10.69	Zn^{2+}	16.5	Hg^{2+}	21.8	Zr^{4+}	29.5
Mn^{2+}	13.87	Pb^{2+}	18.04	Sn^{2+}	22.1	Co^{3+}	36

注：Re^{3+} 为稀土元素离子。

由表 5-1 可见，三价和四价阳离子及 Hg^{2+} 离子的稳定常数的对数 $\lg K_{MY} > 20$；二价过渡元素、稀土元素及 Al^{3+} 的 $\lg K_{MY}$ 约 15～19；碱土金属的 $\lg K_{MY}$ 约 8～11。数值大小表示了不同金属离子-EDTA 螯合物在不考虑外界因素影响情况下的稳定性。

EDTA 与金属离子以 1:1 的比值形成螯合物，多数可溶而且无色，即使如 Cu-EDTA、Fe-EDTA 这样的螯合物有色，但是在较低浓度下，对终点颜色的干扰可以采取适当的办法消除。EDTA 一般只形成一种型体即一种配位数的螯合物，螯合物稳定性高，反应能够定量、快速地进行，非常适于络合滴定。

5.2.3 EDTA 在溶液中的分布

EDTA 溶解于酸度很高的水溶液中形成 H_6Y^{2+}，可以认为在水溶液中分六级形成，或分六级解离，因此共有七种型体存在，总浓度为：

$$C_Y = [Y] + [HY] + [H_2Y] + [H_3Y] + [H_4Y] + [H_5Y] + [H_6Y]$$

其逐级稳定常数见表 5-2。

EDTA 的逐级稳定常数 表 5-2

平衡式	逐级稳定常数	平衡式	逐级稳定常数
$Y + H \rightleftharpoons HY$	$K_1 = 10^{10.34}$	$H_3Y + H \rightleftharpoons H_4Y$	$K_4 = 10^{2.07}$
$HY + H \rightleftharpoons H_2Y$	$K_2 = 10^{6.24}$	$H_4Y + Y \rightleftharpoons H_5Y$	$K_5 = 10^{1.6}$
$H_2Y + Y \rightleftharpoons H_3Y$	$K_3 = 10^{2.75}$	$H_5Y + H \rightleftharpoons H_6Y$	$K_6 = 10^{0.9}$

根据逐级稳定常数和总浓度表达式，可以计算出不同 pH 值溶液中各种型体的浓度，得到的 EDTA 七种型体在不同 pH 值溶液中的分布曲线，如图 5-2 所示。

从图 5-2 可以看出，在不同 pH 值时，EDTA 的主要存在型体见表 5-3。

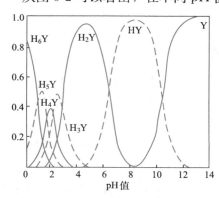

图 5-2 EDTA 各种存在型体的分布图

不同 pH 值时 EDTA 的主要存在型体 表 5-3

pH 值	主要型体
<1	H_6Y^{2+}
0.9～1.6	H_5Y^+
1.6～2.0	H_4Y
2.0～2.67	H_3Y^-
2.67～6.24	H_2Y^{2-}（少量 H_3Y^- 和 HY^{3-}）
6.24～10.34	HY^{3-}（少量 H_2Y^{2-} 和 Y^{4-}）
>10.34	Y^{4-}（少量 HY^{3-}）
>12	Y^{4-}

从表 5-3 可知，在 pH>12 时 EDTA 完全以 Y^{4-} 有效型体存在，其他 pH 值条件下可以转化为 EDTA 的不同型体。

5.2.4　EDTA 的酸效应

在酸性条件下，由于 Y 与 H 能形成 HY、H_2Y、$\cdots$、H_6Y，使其与金属离子直接作用的有效浓度 $[Y]$ 减小，与金属离子反应能力下降，这种现象称为酸效应。Y 与 H 的反应称为副反应。有效浓度 $[Y]$ 与金属离子的反应称为主反应。酸效应的强弱用酸效应系数 $\alpha_Y(H)$ 的大小衡量。设 EDTA 的总浓度为 $C_Y=[Y']$，则：

$$\alpha_Y(H)=\frac{[Y']}{[Y]}=\frac{[Y]+[HY]+[H_2Y]+[H_3Y]+[H_4Y]+[H_5Y]+[H_6Y]}{[Y]}$$

由表 5-2 的逐级稳定常数和酸效应系数表示式，可以得出：

$$\alpha_Y(H)=1+K_1[H]+K_1K_2[H]^2+\cdots+K_1K_2K_3K_4K_5K_6[H]^6$$

酸效应系数仅是 $[H]$ 的函数，而与配位剂的浓度无关，酸度越大，酸效应系数值越大，有效浓度越小，Y 与 H 的副反应就应越强，EDTA 与金属离子的主反应越弱。由于酸效应系数值的变化范围很大，故用其对数值比较方便，表 5-4 列出了不同 pH 值条件下 EDTA 的 $\lg\alpha_Y(H)$ 值。

不同 pH 值下 EDTA 的 $\lg\alpha_Y(H)$ 　　　　　　　　　　表 5-4

pH 值	$\lg\alpha_Y(H)$	pH 值	$\lg\alpha_Y(H)$	pH 值	$\lg\alpha_Y(H)$	pH 值	$\lg\alpha_Y(H)$	pH 值	$\lg\alpha_Y(H)$
0.0	23.64	2.5	11.90	5.0	6.60	7.5	2.78	10.0	0.45
0.1	23.06	2.6	11.62	5.1	6.26	7.6	2.68	10.1	0.39
0.2	22.47	2.7	11.35	5.2	6.07	7.7	2.57	10.2	0.33
0.3	21.89	2.8	11.09	5.3	5.88	7.8	2.47	10.3	0.28
0.4	21.32	2.9	10.84	5.4	5.69	7.9	2.87	10.4	0.24
0.5	20.75	3.0	10.60	5.5	5.51	8.0	2.30	10.5	0.20
0.6	20.18	3.1	10.37	5.6	5.33	8.1	2.17	10.6	0.16
0.7	19.62	3.2	10.14	5.7	5.15	8.2	2.07	10.7	0.13
0.8	19.08	3.3	9.92	5.8	4.98	8.3	0.97	10.8	0.11
0.9	18.54	3.4	9.70	5.9	4.81	8.4	1.87	10.9	0.09
1.0	18.01	3.5	9.48	6.0	4.80	8.5	1.77	11.0	0.07
1.1	17.49	3.6	9.27	6.1	4.49	8.6	1.67	11.1	0.06
1.2	16.98	3.7	9.06	6.2	4.34	8.7	1.57	11.2	0.05
1.3	16.49	3.8	8.85	6.3	4.20	8.8	1.48	11.3	0.04
1.4	16.02	3.9	8.65	6.4	4.06	8.9	1.38	11.4	0.03
1.5	15.55	4.0	8.44	6.5	3.92	9.0	1.40	11.5	0.02
1.6	15.11	4.1	8.24	6.6	3.79	9.1	1.19	11.6	0.02
1.7	14.68	4.2	8.04	6.7	3.67	9.2	1.10	11.7	0.02
1.8	14.27	4.3	7.84	6.8	3.55	9.3	1.01	11.8	0.01
1.9	13.88	4.4	7.64	6.9	3.43	9.4	0.92	11.9	0.01
2.0	13.51	4.5	7.44	7.0	3.40	9.5	0.83	12.0	0.01
2.1	13.16	4.6	7.24	7.1	3.21	9.6	0.75	12.1	0.01
2.2	12.82	4.7	7.04	7.2	3.10	9.7	0.67	12.2	0.005
2.3	12.50	4.8	6.84	7.3	2.99	9.8	0.59	13.0	0.0008
2.4	12.19	4.9	6.65	7.4	2.88	9.9	0.52	13.9	0.0001

5.2.5　溶液酸碱性、其他络合剂对滴定反应的影响及条件稳定常数

溶液中由于有酸性物质，会产生 EDTA 的酸效应。同时由于其他一些辅助络合剂或碱性物质存在，可能和金属离子生成络合物或沉淀等，发生副反应，削弱了金属离子和 EDTA 的滴定主反应，使螯合物稳定性下降，反应平衡向左进行，螯合物发生解离。这种现象称为金属离子的络合效应或水解效应。

同酸效应一样，金属离子的络合效应可用络合效应系数表示：

$$\alpha_M(L) = \frac{[M']}{[M]}$$

式中　$\alpha_M(L)$ 表示未与 EDTA 络合的金属离子的各种存在形式的总浓度 $[M']$ 与 M 的平衡浓度 $[M]$ 之比。

同理可以得出：

$$\alpha_M(L) = 1 + K_1[L] + K_1K_2[L]^2 + \cdots\cdots$$

L 为 EDTA 之外的其他络合剂。

考虑到酸效应和络合效应，EDTA-金属螯合物的稳定性用条件稳定常数表示：

$$K'_{MY} = \frac{[(MY)']}{[M'][Y']}$$

从酸效应系数和络合效应系数可知：

$$[Y'] = \alpha_Y(H)[Y]$$
$$[M'] = \alpha_M(H)[M]$$

把上面两个表示式代入公式 $K'_{MY} = \dfrac{[(MY)']}{[M'][Y']}$ 并用对数来表示，则：

$$\lg K'_{MY} = \lg K_{MY} - \lg\alpha_Y(H) - \lg\alpha_M(L)$$

若不存在其他络合剂或碱性物质，则此时只有 EDTA 的酸效应，上式可以简化为：

$$\lg K'_{MY} = \lg K_{MY} - \lg\alpha_Y(H)$$

上式可以说明，在一定的酸度条件下，络合物的实际稳定常数。pH 值越大，$\lg\alpha_Y(H)$ 值越小，则 $\lg K'_{MY}$ 越大，络合物越稳定。

设被测离子浓度为 C_M，允许滴定误差为 $\pm 0.1\%$，滴定终点时，$[(MY)'] = 0.999 C_M$，$[M'] = [Y'] = 0.001 C_M$，则：

$$K'_{MY} = \frac{0.999C_M}{(0.001C_M)^2} = \frac{10^6}{C_M}$$

由此可以得出，金属离子被准确滴定的条件为：

$$\lg C_M K'_{MY} \geq 6$$

通常情况下，设 $C_M = 0.01\text{mol/L}$，则 $\lg K'_{MY} \geq 8$

5.2.6　络合滴定中金属离子所允许的最低 pH 值和酸效应曲线

由于 pH 值对 EDTA 的有效浓度有很大的影响，所以有实际意义的是利用金属离子准确滴定的条件，求出金属离子完全反应时所需要的最小 pH 值或最大允许酸度，利用缓冲溶液调节稍小于此酸度或大于此 pH 值进行测定。

如前所述，若使某离子完全和 EDTA 反应，在金属离子浓度 $C_M = 0.01\text{mol/L}$，

滴定的允许误差≤0.1%，由 $\lg K'_{MY} = \lg K_{MY} - \lg \alpha_Y(H) \geqslant 8$，得 $\lg \alpha_Y(H) \leqslant \lg K_{MY} - 8$。由此可以计算出各种金属离子被准确滴定时所允许的最低 pH 值。

【例 5-1】 求用 EDTA 标准溶液滴定 Zn^{2+} 的最低 pH 值。

【解】 用 EDTA 测定 0.01mol/L 的 Zn^{2+}，要求误差在 0.1% 以下。查表 5-1，$\lg K_{ZnY} = 16.5$，若用 EDTA 准确滴定 Zn^{2+}，应满足 $\lg \alpha_Y(H) \leqslant \lg K_{MY} - 8$，即：$\lg \alpha_Y(H) \leqslant 8.5$

查表 5-4，$\lg \alpha_Y(H) = 8.5$ 时，$pH \approx 4.0$。因此，最低 pH 值为 4 时。

同样，可以计算出 EDTA 滴定各种离子所需的最低 pH 值。以 $\lg K_{MY}$ 为横坐标，最低 pH 值为纵坐标，然后绘出酸效应曲线，如图 5-3 所示。

图 5-3 EDTA 的酸效应曲线

从图 5-3 中可查出金属离子准确滴定的最小 pH 值。如 Fe^{2+} 和 Fe^{3+} 的最小 pH 值分别为 5 和 1.2 左右。

曲线显示，EDTA 螯合物稳定常数越大的金属离子，所允许的 pH 值越小，可容纳较强的酸度，稳定常数小的离子，只能在较弱的酸性介质中和 EDTA 反应完全。这为控制较强酸度优先测定螯合物稳定性较强的金属离子提供了可能。

5.3　金属指示剂

在络合滴定中，指示剂是指示滴定过程中金属离子浓度的变化，故称为金属指示剂。金属指示剂对金属离子浓度的改变十分灵敏，在一定的 pH 值范围内，当金属离子浓度发生改变时，指示剂的颜色发生变化，用它可以确定滴定的终点。

5.3.1 金属指示剂的作用原理

金属指示剂是一种络合性的有机染料，能和金属离子生成有色络合物或螯合物。在如 pH＝10 时，用铬黑 T 指示剂指示 EDTA 滴定 Mg^{2+} 的滴定终点。滴定前，溶液中只有 Mg^{2+} 离子，加入铬黑 T（HIn^{2-}）后，发生络合反应，生成的 $MgIn^-$ 呈红色，反应式如下：

$$Mg^{2+} + HIn^{2-} \rightleftharpoons MgIn^- + H^+$$

滴定开始至化学计量点前，由于 EDTA 和 Mg^{2+} 反应的生成产物 MgY^{2-} 无色，所以溶液一直是 $MgIn^-$ 的红色。

滴定反应的化学式为：

$$Mg^{2+} + H_2Y^{2-} \rightleftharpoons MgY^{2-} + 2H^+$$

化学计量点时，金属离子全部反应完全，稍加过量的 EDTA 由于具有强的螯合性，把铬黑 T-金属螯合物中的铬黑 T 置换出来，其反应式为：

$$H_2Y^{2-} + MgIn^- \rightleftharpoons MgY^{2-} + HIn^{2-} + H^+$$

pH＝10 时，铬黑 T 为纯蓝色，因此反应结束时，溶液颜色由红色转变为蓝色，利用此颜色的转变可以指示滴定终点。

5.3.2 金属指示剂应具备的条件

一个良好的金属指示剂，一般应具备以下条件：

（1）在滴定要求的 pH 值条件下，指示剂与金属-指示剂螯合物具有明显的色变。

（2）金属-指示剂螯合物应有适当的稳定性，其稳定性必须小于 EDTA 与金属离子的稳定性，否则，化学计量点时 EDTA 不能从金属-指示剂螯合物中夺取金属，而看不到颜色的变化。但金属-指示剂螯合物的稳定性也不能太低，否则，此螯合物在化学计量点前发生解离，指示剂提前释放，游离出来，终点提前，而且变色不敏锐。因此，金属-指示剂螯合物的稳定性要适当，以避免引起滴定误差。

（3）指示剂与金属离子的反应要迅速，In 与 MIn 应易溶于水。

（4）指示剂应具有较好的选择性，在测定的条件下只与被测离子显色。若选择性不理想，应设法消除干扰。

（5）指示剂本身在空气中应稳定，便于保存。大多数金属指示剂由于自身结构特点，在空气中或在水溶液中易被氧化，所以最好现用现配。保存时应避光，密封保存在棕色容器中。有时直接使用盐稀释的固体。

指示剂与某些离子生成极稳定的络合物，滴入过量 EDTA 也不能夺取 MIn 络合物中的金属离子，指示剂在化学计量点附近没有颜色变化，这种现象称为指示剂的封闭现象。如 Al^{3+} 对指示剂二甲酚橙有封闭作用，能和指示剂生成稳定螯合物，可采取返滴定的方式避免直接接触。如果干扰离子封闭指示剂，则加入另外一种比指示剂螯合能力强的络合剂与之反应，消除封闭现象。

MIn 稳定性与 MY 相当或 In、MIn 不易溶于水，导致即使过了化学计量点也不变色，终点拖长，消耗过量的 EDTA，这种现象称为僵化现象。可以加入有机溶剂增加其溶解性或加热来促进溶解，加快反应速度。但最好选择易溶于水的指示剂。

指示剂若保存不当，会发生氧化变质现象。

综上所述，选择金属指示剂时，需要考察给定 pH 值下金属-指示剂螯合物的稳定性，螯合物与 EDTA-金属螯合物的稳定性差异，颜色变化的敏锐性，干扰离子的去除等，最后还需要通过实验验证指示结果的准确性。

5.3.3 常用的金属指示剂

一些常用的金属指示剂的配制方法、用途及注意事项见表 5-5。

常用金属指示剂 表 5-5

指示剂	使用的适宜 pH 值范围	颜色变化		配制方法	用 途	注意事项
		In	MIn			
铬黑 T（EBT）	8～10	蓝	红	① 0.5g 铬黑 T 加 20mL 三乙醇胺加水稀释至 100mL ② 1：100 NaCl 研磨，棕色瓶保存	pH＝10 时，直接滴定 Mg^{2+}、Zn^{2+}、Ca^{2+}、Pb^{2+}、 Mn^{2+}、Cd^{2+}、Hg^{2+}	Al^{3+}、Fe^{3+}、Ni^{2+}、Co^{2+}、Cu^{2+}、Ti^{4+}、铂族封闭指示剂
酸性铬蓝 K	8～13	蓝	红	1g 酸性铬蓝 K＋2g 萘酚绿 B＋40g KCl 混合研磨	pH＝10：Mg^{2+}、Zn^{2+}、Mn^{2+}；pH＝13：Ca^{2+}	
PAN	1.9～12	黄	紫红	0.1%乙醇溶液	pH＝2～3：Bi^{3+}、In^{3+}、Th^{4+}；pH＝5～6：Cu^{2+}、Cd^{2+} Pb^{2+}，Zn^{2+}	常常加入有机溶剂或加热处理
二甲酚橙（XO）	＜6.4	黄	红	0.5% 乙醇 或 水溶液	pH＜1：Zr^{4+}；pH＝2：Bi^{3+}；pH＝2～3.5：Th^{4+}；pH＝5～6：Pb^{2+}、Zn^{2+}、Cd^{2+}、Hg^{2+}	Al^{3+}、Fe^{3+}、Ni^{2+}、Ti^{4+}等封闭指示剂
磺基水杨酸（SSal）	1.8～2.5	无	红	2%水溶液配制	pH＝1.8～2：Fe^{3+}	加热到 60～70℃
钙指示剂	12～13	蓝	酒红	1：100 NaCl 研磨，棕色瓶保存	pH＝12～13：Ca^{2+}	Al^{3+}、Fe^{3+}、Cu^{2+}、Ni^{2+}、Co^{2+} 封闭指示剂

5.4 提高络合滴定选择性的方法

在实际水样中往往有多种金属离子共存的情况，而 EDTA 能与许多金属离子生成稳定的络合物，因此如何在混合离子中对某一离子进行选择滴定，是络合滴定中的一个十分重要的问题。

5.4.1 控制酸度消除干扰

假设水样中同时存在 M，N 两种离子，其起始浓度分别为 C_M 和 C_N，当用 EDTA 滴定时，要求测定离子 M 的 $\lg C_M K'_{MY} \geqslant 6$，滴定误差不大于 1%，而干扰离子 N 基本不干扰 M 的测定，则在终点时，应符合下列条件：

$$[MY'] \approx C_M, \quad [M] \leqslant C_M/100, \quad [N] = C_N, \quad [NY'] = C_M/1000$$

将这些有关数值分别代入 M、N 离子的条件稳定常数表示式，则：

$$K'_{MY}/K'_{NY} \geqslant [MY'][N][Y']/[NY'][M][Y'] = 10^5 C_N/C_M$$

上式两边同时取对数，则：

$$\lg C_M K'_{MY} - \lg C_N K'_{NY} \geqslant 5$$

在没有水解或其他络合剂影响时，相同的酸度下，则有：

$$\lg C_M K_{MY} - \lg C_N K_{NY} \geqslant 5$$

此式就是用来判断能否控制酸度进行选择性测定的判别式。若符合此式，在 M 离子适宜的酸度范围内，可以滴定 M，而 N 不干扰。

判别式只能用来说明滴定 M 的可能性，不能用来计算滴定 M 时的酸度。如果判别式判断出某一种离子可能选择滴定时，则可从图 5-3 上查出滴定酸度。

【例 5-2】 水样中含有 Fe^{3+}、Al^{3+}、Ca^{2+}、Mg^{2+} 离子，能否利用控制酸度的方法滴定 Fe^{3+}？

【解】 $\lg K_{FeY} = 25.1$，$\lg K_{AlY} = 16.1$，$\lg K_{CaY} = 10.07$，$\lg K_{MgY} = 8.69$，可见 $\lg K_{FeY} > \lg K_{AlY}$、$\lg K_{CaY}$、$\lg K_{MgY}$。均可同时满足上述判断式的判断条件，根据酸效应曲线(图 5-3)，如控制 pH=2，只能满足 Fe^{3+} 所允许的最小 pH 值，其他 3 中离子达不到允许的最小 pH 值，不能形成络合物，即消除了干扰。

如果干扰离子比被选定测定的离子 EDTA 螯合物稳定或两者稳定程度相近，则不能使用调酸度控制干扰的方法进行测定，而要使用其他方法。

5.4.2 利用掩蔽剂消除干扰

加入一种试剂与干扰离子作用，使干扰离子浓度降低，这就是掩蔽作用。加入的试剂叫掩蔽剂。

常用的掩蔽方法有络合掩蔽、沉淀掩蔽和氧化还原掩蔽。

1. 络合掩蔽

利用掩蔽剂与干扰离子形成稳定的络合物，降低干扰离子浓度的方法，称为络合掩蔽法。如 Fe^{3+} 和 Al^{3+} 与 EDTA 的螯合物比 Ca^{2+} 和 Mg^{2+} 的螯合物稳定，在 Fe^{3+}、Al^{3+} 存在时，测定 Ca^{2+}、Mg^{2+} 离子时，可以在酸性溶液中加入三乙醇胺使 Fe^{3+}、Al^{3+} 生成络合物而除去。又如，Al^{3+} 和 Zn^{2+} 两种离子共存时，由于两种 EDTA 螯合物的稳定性相近，所以可用加入氟化物的方法使 Al^{3+} 生成稳定的 AlF_6^{3-} 除去 Al^{3+}，而测定 Zn^{2+}。

在选择掩蔽剂时要考虑掩蔽剂的用量，酸度范围，形成络合物的稳定性，该掩蔽剂的加入是否影响到被测离子，络合物的颜色等。

2. 沉淀掩蔽

利用掩蔽剂与干扰离子形成沉淀，降低干扰的离子浓度的方法，称为沉淀掩蔽法。如水样中含有 Ca^{2+} 和 Mg^{2+}，欲测其中 Ca^{2+} 的含量，因为两种离子的 EDTA 螯合物的稳定常数相差很小，则可加入 NaOH，使 pH>12，产生 $Mg(OH)_2$ 沉淀，以 EDTA 溶液滴定 Ca^{2+}，则 Mg^{2+} 不干扰测定。

沉淀掩蔽法要求生成沉淀的溶解度小，反应完全，且是无色紧密的晶形沉淀，否则吸附被测离子，又影响终点颜色的观察。

3. 氧化还原掩蔽

利用氧化还原反应改变干扰离子的价态，消除干扰的方法，称为氧化还原掩蔽法。例如，在 Fe^{3+} 存在下测定水中 ZrO^{2+}、Th^{4+}、Bi^{3+} 等任一种离子时，三种离子的 lgK_{MY} 与 lgK_{FeY}- 之差很小，用抗坏血酸或盐酸羟胺把 Fe^{3+} 还原为 Fe^{2+}，使 lgK_{MY}-lgK_{FeY}^{2-} 很大，可以用控制酸度的方法形成 MY 而 FeY^{2-} 不能形成，消除了 Fe^{3+} 的干扰。

常用的掩蔽剂列于表 5-6 中。

常用的掩蔽剂 　　　　　　　　　　　　　　　　　　　表 5-6

名称	pH 值范围	被掩蔽的离子	备注
NH₄F	pH=4～6	Al^{3+}、Ti^{4+}、Sn^{4+}、Zr^{4+}、W^{6+}	用 NH₄F 比 NaF 好，优点是加入后溶液 pH 变化不大
	pH=10	Al^{3+}、Mg^{2+}、Ca^{2+}、Sr^{2+}、Ba^{2+} 及稀土元素	
三乙醇胺（TEA）	pH=10	Al^{3+}、Sn^{4+}、Ti^{4+}、Fe^{3+}	与 KCN 并用，可提高掩蔽效果
	pH=11～12	Fe^{3+}、Al^{3+} 及少量 Mn^{2+}	
二巯基丙醇（BAL）	pH10	Hg^{2+}、Ca^{2+}、Zn^{2+}、Pb^{2+}、Bi^{3+}、Sn^{4+}、Sb^{3+}、Ag^+ 及少量 Co^{2+}、Cu^{2+}、Ni^{2+}	Co^{2+}、Cu^{2+}、Ni^{2+} 与 BAL 的络合物有色
酒石酸	pH=1～2	Fe^{2+}、Sn^{2+}、Mo^{6+}、Sb^{3+}、Sn^{4+}、Fe^{3+} 及 5mg 以下的 Cu^{2+}	与抗坏血酸联合掩蔽
	pH=5.5	Fe^{2+}、Al^{3+}、Sn^{4+}、Ca^{2+}	
	pH=10	Al^{3+}、Sn^{4+}	
草酸	pH=2	Sn^{2+}、Cu^{2+}	草酸对 Fe^{3+} 的掩蔽能力比酒石酸强、对 Al^{3+} 却不如酒石酸
	pH=5.5	ZrO^{2+}、Th^{4+}、Fe^{3+}、Fe^{2+}、Al^{3+}	
柠檬酸	pH5～6	UO_2^{2+}、Th^{4+}、Zr^{2+}、Sn^{2+}	
	pH=7	UO_2^{2+}、Th^{4+}、ZrO^{2+}、Ti^{4+}、Nb^{5+}、WO_4^{2-}、Ba^{2+}、Fe^{3+}、Cr^{3+}	

5.5　络合滴定方式及其应用

5.5.1　络合滴定方式

在络合滴定中，采用不同的滴定方式，不仅可以扩大络合滴定的应用范围，而且可以提高络合滴定的选择性。常用的络合滴定方式有直接滴定法、反滴定法和置换滴定法。

1. 直接滴定法

将水样调节到所需要的酸度，加入必要的其他试剂（如掩蔽剂）和指示剂，用 EDTA 标准溶液直接滴定水中被测离子浓度。

如 pH=1～2 时，直接滴定 Fe^{3+}、Bi^{3+}；pH=4 时，直接滴定 Cu^{2+}、Pb^{2+}、Cd^{2+}、Zn^{2+}、Co^{2+}、Ni^{2+}、Al^{3+} 等离子；pH=10 时，测定 Ca^{2+}、Mg^{2+} 的含量。

直接滴定法必须满足下列条件：

(1) 形成的络合物稳定，即 $\lg CK_{MY}' \geqslant 6$；

(2) 络合反应速度快；

(3) 有变色敏锐的指示剂，且无封闭现象。

不满足以上条件时，可采用以下滴定方式

2. 返滴定法

返滴定法是在水样中加入过量的 EDTA 标准溶液，用另一种金属盐的标准溶液滴定过的 EDTA，根据两种标准溶液的浓度和用量，求得水样中被测金属离子含量的方法。下列情况可采用返滴定法：

(1) 被测金属离子 M 与 EDTA 络合速度慢或封闭指示剂

如测定水中的 Al^{3+} 时，Al^{3+} 与 EDTA 络合缓慢，且 Al^{3+} 对指示剂二甲酚橙有封闭现象，可采用返滴定法。在水样中加入准确体积的过量 EDTA 标准溶液，在 pH 值为 3.5 条件下，加热煮沸，以加快反应速度，使 Al^{3+} 与 EDTA 络合完全。冷却后，再调节 pH 值至 5～6，以 PAN 或二甲酚橙为指示剂，用 Cu^{2+}（或 Zn^{2+}）标准溶液返滴定剩余的 EDTA。

(2) 无变色敏锐的指示剂

如测定水样中 Ba^{2+} 时，由于没有符合要求的指示剂，可加入过量的 EDTA 标准溶液，使 Ba^{2+} 与 EDTA 生成络合物 BaY 之后，再加入铬黑 T 作指示剂，用 Mg^{2+} 标准溶液返滴定剩余的 EDTA 至溶液由红色变为蓝色。

注意：返滴定法中的金属盐标准溶液与 EDTA 形成的螯合物的稳定性不宜超过被测离子与 EDTA 螯合物的稳定性，否则会把被测离子从螯合物中转换出，引起滴定误差。

3. 置换滴定法

置换滴定法是利用置换反应，置换出等物质的量的另一种金属离子或置换出 EDTA，然后进行滴定的方法。

置换滴定法适用于多种金属离子共存时，测定其中一种金属离子，或是用于无适当指示剂的金属离子的测定。

(1) 置换出金属离子

如 Ag^+ 与 EDTA 的络合物不稳定，不能用 EDTA 直接滴定，但在含 Ag^+ 离子的试液中加过量的 $Ni(CN)_4^{2-}$，则发生下列反应：

$$2Ag^+ + Ni(CN)_4^{2-} \rightleftharpoons 2Ag(CN)_2^- + Ni^{2+}$$

在 pH＝10 的氨性溶液中，以紫脲酸铵作指示剂，用 EDTA 滴定置换出的 Ni^{2+}，即可求得 Ag^+ 的含量。

被测金属离子与 EDTA 反应不完全或形成的络合物不够稳定，又缺乏指示剂时，可以采用置换金属离子的方法。

(2) 置换出 EDTA

用一种选择性高的络合剂将被测金属离子与 EDTA 络合物中的 EDTA 置换出来，置换出与被测离子等化学计量的 EDTA，用另一种金属离子标准溶液滴定。

如测定 Cu^{2+}、Zn^{2+}、Al^{3+} 共存水样中 Al^{3+}，可先加入过量 EDTA，加热使

三种离子都与 EDTA 络合完全，在 pH 值 5～6 时以二甲酚橙或 PAN 为指示剂，用 Cu^{2+} 标准溶液返滴过量的 EDTA，再加入选择性高的络合剂 NH_4F，使 AlY^- 转变为络合物 AlF_6^{3-}，置换出的 EDTA 再用 Cu^{2+} 标准溶液滴定至终点。其反应式为：

$$AlY^- + 6F^- \Longrightarrow AlF_6^{3-} + Y^{4-}$$
$$Y^{4-} + Cu^{2+} \Longrightarrow CuY^{2-}$$

置换出 EDTA 的方法，适用于多种金属离子共存时，测定其中一种金属离子。

5.5.2　EDTA 标准溶液的配制与标定

1. 配制

称取 $EDTA(Na_2 \cdot 2H_2O)3.725g$，溶于水后，在 1000mL 容量瓶中稀释至刻度，存放于聚乙烯瓶中，该 EDTA 溶液的近似浓度为 10.0mmol/L。

2. 标定

标定用的基准物质可用 Zn(锌粒纯度为 99.9%)、$ZnSO_4$、$CaCO_3$ 等，指示剂可用铬黑 T(EBT)，pH＝10.0，终点时溶液由红色变为蓝色，以 NH_3-NH_4Cl 为缓冲溶液；或用二甲酚橙(XO)，pH＝5～6，终点时溶液由紫红色变为亮黄色，以六次甲基四胺为缓冲溶液。

例如：准确吸取 25.00mL 10.0mmol/L Zn^{2+} 标准溶液，用蒸馏水稀释至 50mL，加入几滴氨水，使溶液 pH＝10.0，在加入 5mL NH_3-NH_4Cl 为缓冲溶液，以铬黑 T 为指示剂，用近似浓度的 EDTA 溶液滴定至终点，消耗近似浓度的 EDTA 溶液 V_{EDTA}(mL)。则：

$$C_{EDTA} = \frac{C_{Zn^{2+}} V_{Zn^{2+}}}{V_{EDTA}}$$

式中　C_{EDTA}——EDTA 标准溶液的浓度(mmol/L)；

　　　$C_{Zn^{2+}}$——Zn^{2+} 标准溶液的浓度(mmol/L)；

　　　$V_{Zn^{2+}}$——Zn^{2+} 标准溶液的体积(25mL)；

　　　V_{EDTA}——消耗近似浓度的 EDTA 溶液的体积(mL)。

5.5.3　络合滴定法的应用

1. 水的总硬度的测定(EDTA 滴定法)

水的硬度是指水中 Ca^{2+}、Mg^{2+} 浓度的总量，是水质的重要指标之一。如果水中 Fe^{2+}、Fe^{3+}、Sr^{2+}、Mn^{2+}、Al^{3+} 等离子含量较高时，也应记入硬度含量中；但用络合滴定法测定硬度，可不考虑它们对硬度的贡献。一般天然地表水中硬度较小，如长江水为 4～7 度，松花江水月平均硬度为 2～8 度，地下水、咸水和海水的硬度较大，一般为 10～100 度，多者达几百度，一般情况下，工业废水和污水可不考虑硬度的测定。有时把含硬度的水称为硬水(硬度＞8 度)，含有少量或完全不含有硬度的水称为软水(硬度＜8 度)。

水的硬度于健康很少有危害。一般硬水可以饮用，并且由于 $Ca(HCO_3)_2$ 的存在而有一种蒸馏水所没有的、醇厚的新鲜味道；饮用硬度过高的水，有时会引起肠胃不适。由于钙是构成动物骨骼的元素之一，长期饮用硬度过低的水，会使人骨骼发育受影响，也会加剧某些疾病的发生。因此，适量的钙是人类生活中不可缺少的。但含有硬度的水，不宜用于洗涤，因为肥皂中的可溶性的脂肪酸盐遇 Ca^{2+}、Mg^{2+} 等离子，即生成不溶性沉淀，不仅造成浪费，而且污染衣物。但是近年来，由于合成洗涤剂的广泛应用，水的硬度的影响已大大减小了。

硬度过高的水不适宜工业使用，特别是锅炉作业。由于长期加热的结果，会使锅炉内壁结成水垢(主要成分为 $CaSO_4$、$CaCO_3$、$MgCO_3$ 和部分铁、铝盐等)，这不仅影响热的传导，造成燃料浪费，而且由于受热不均，还隐藏着爆炸的危险。一些工业用水对水的硬度也有一定要求。因此，为了保证锅炉安全运行和工业产品的质量，对锅炉用水和一些工业用水，必须软化之后，才能应用。去除硬度离子的软化处理，是水处理尤其工业用水处理的重要内容。一般天然地面水中硬度较小，地下水、咸水和海水的硬度较大。工业废水和生活污水一般不考虑硬度的测定。

水中总硬度的测定，目前常采用 EDTA 络合滴定法。在 pH＝10 的氨性缓冲溶液条件下，以铬黑 T 为指示剂，用 EDTA 标准溶液进行滴定。其测定原理如下：

在 pH＝10 的氨性缓冲溶液条件下，指示剂铬黑 T 和 EDTA 都能与 Ca^{2+}、Mg^{2+} 生成络合物，且络合物稳定程度顺序为 $CaY^{2-} > MgY^{2-} > MgIn^- > CaIn^-$。在加入指示剂铬黑 T 时，铬黑 T 与试样中少量的 Mg^{2+}、Ca^{2+} 离子生成紫红色的络合物：

$$Mg^{2+} + HIn^{2-} \rightleftharpoons MgIn^- + H^+$$
$$Ca^{2+} + HIn^{2-} \rightleftharpoons CaIn^- + H^+$$

滴定开始后，EDTA 首先与试样中游离的 Ca^{2+}、Mg^{2+} 络合，生成稳定无色的 MgY^{2-} 和 CaY^{2-} 络合物：

$$H_2Y^{2-} + Mg^{2+} \rightleftharpoons MgY^{2-} + 2H^+$$
$$H_2Y^{2-} + Ca^{2+} \rightleftharpoons CaY^{2-} + 2H^+$$

当游离的 Ca^{2+}、Mg^{2+} 与 EDTA 络合完全后，由于 CaY^{2-}、MgY^{2-} 络合物的稳定性远大于 $CaIn^-$、$MgIn^-$ 络合物，继续滴加的 EDTA 夺取 $CaIn^-$、$MgIn^-$ 络合物中的 Ca^{2+}、Mg^{2+}，使铬黑 T 游离出来，溶液由紫红色变为蓝色，指示滴定终点。反应如下：

$$H_2Y^{2-} + MgIn^- \rightleftharpoons MgY^{2-} + HIn^{2-} + H^+$$
$$H_2Y^{2-} + CaIn^- \rightleftharpoons CaY^{2-} + HIn^{2-} + H^+$$

根据 EDTA 标准溶液的浓度及滴定时的用量，即可计算出总硬度：

$$总硬度(CaO，mg/L) = \frac{C_{EDTA}V_{EDTA} \times 56.08 \times 1000}{V}$$

式中　C_{EDTA}——EDTA 标准溶液浓度(mol/L)；

$\quad\quad V_{EDTA}$——EDTA 标准溶液用量(mL)；

$\quad\quad V$——原水样的体积(mL)。

从上述反应可看出，在测定过程中每一步反应都有 H^+ 产生，为了控制滴定条件为 pH＝10，使 EDTA 与 Ca^{2+}、Mg^{2+} 形成稳定的络合物，所以必须使用氨性缓冲溶液稳定溶液的 pH 值。

2. 硬度的表示方法

（1）mmol/L：这是现在硬度的通用单位。

（2）mg/L（以 CaCO₃ 计）：1mmol/L＝100.1mg/L（以 CaCO₃ 计）。我国饮用水中总硬度不超过 450mg/L（以 CaCO₃ 计）。

（3）德国度（简称度）：1 德国度相当于 10mg/L CaO 所引起的硬度，即 1 度。通常所指的硬度是德国硬度。

1 度＝10mg/L（以 CaO 计）

1mmol/L（CaO）＝56.1÷10＝5.61 度

1 度＝100.1÷5.61＝17.8mg/L（以 CaCO₃ 计）

此外，还有法国度、英国度和美国度（均以 CaCO₃ 计）。这些单位与德国度、mmol/L 等硬度单位的关系见表 5-7。

几种硬度单位及其换算　　　　　　　　　　表 5-7

硬度单位	mmol/L	德国度 (10mg/L CaO)	英国度 (10mg/L CaCO₃)	法国度 (10mg/L CaCO₃)	美国度 (10mg/L CaCO₃)
1mmol/L	1	5.61	7.02	10	100
1 德国度 (10mg/L CaO)	0.178	1	1.25	1.78	17.8
1 英国度 (10mg/L CaCO₃)	0.143	0.08	1	1.43	14.3
1 法国度 (10mg/L CaCO₃)	0.1	0.56	0.7	1	10
1 美国度 (10mg/L CaCO₃)	0.01	0.056	0.07	0.1	1

3. 天然水中硬度与碱度的关系

总硬度——钙和镁的总浓度。

碳酸盐硬度（称暂时硬度）——总硬度的一部分，相当于跟水中碳酸盐及重碳酸盐结合的钙和镁所形成的硬度。一般用加热煮沸可以除去。但由于加热后生成碳酸盐沉淀在水中仍有一定的溶解度，则碳酸盐硬度并不能由加热煮沸完全除尽。

非碳酸盐硬度（又称永久硬度）——总硬度的另一部分，当水中钙和镁含量超出与它们结合的碳酸盐和重碳酸盐含量时，多余的钙和镁就在水中形成氯化物、硫酸盐、硝酸盐等，构成非碳酸盐硬度。

天然水的总碱度——主要是重碳酸盐碱度，碳酸盐碱度含量极小，故可认为〔HCO₃⁻〕等于总碱度。

根据假想化合物组成的不同，按化学计量关系可将水中硬度和碱度的关系分为以下 3 种情况：

（1）总硬度＞总碱度

当水中 Ca²⁺、Mg²⁺ 含量较多时，则与 CO₃²⁻、HCO₃⁻ 作用完之后，其余的 Ca²⁺，Mg²⁺ 便首先与 SO₄²⁻，Cl⁻ 化合成 CaSO₄，MgSO₄，CaCl₂，MgCl₂ 等非碳酸盐硬度，故水中无碱金属碳酸盐等存在，此时：

$$碳酸盐硬度＝总碱度$$
$$非碳酸盐硬度＝总硬度－总碱度$$

（2）总硬度＜总碱度

当水中 CO_3^{2-}，HCO_3^- 含量较大时，首先与 Ca^{2+}，Mg^{2+} 作用完之后，剩余的 CO_3^{2-}，HCO_3^- 便与 Na^+，K^+ 等离子形成碱金属碳酸盐而出现了负硬度。此时：

$$碳酸盐硬度＝总硬度$$

无非碳酸盐硬度，而有：

$$负硬度＝总碱度－总硬度$$

钠和钾的碳酸盐和重碳酸盐等称为负硬度。

（3）总硬度＝总碱度

当水中 Ca^{2+}，Mg^{2+} 与 CO_3^{2-}，HCO_3^- 作用完全之后，均无剩余，故此时总硬度的量就是总碱度的量，此时只有碳酸盐硬度，则：

$$碳酸盐硬度＝总硬度＝总碱度$$

应该指出，讨论硬度与碱度关系时，所涉列的有关化合物都是假想化合物，因为水中溶解性盐类，都以离子状态存在，如天然水中 Na^+、K^+、Ca^{2+}、Mg^{2+} 等阳离子和 CO_3^{2-}、HCO_3^-、Cl^-、SO_4^{2-}、NO_3^- 等阴离子，由这些离子结合的化合物称为假想化合物。

总硬度和总碱度可以测定，根据测得的数值的大小可以判断水中的碱度组成和硬度组成。

4. 氰化物测定

氰化物属于剧毒物质，对人体的毒性主要是与高铁细胞色素氧化酶结合，生成氰化高铁细胞色素氧化酶而失去传递氧的作用，引起组织缺氧窒息。

氰化物的主要污染源是小金矿的开采、冶炼、电镀、有机化工、选矿、炼焦炭造气、化肥等工业排放废水。氰化物可能以 HCN（气体）、CN^- 和络合氰离子形式存在于水中。含氰废水氯化法处理时，可产生氯化氰（CNCl），它是一种溶解度有限，但毒性很大的气体，其毒性超过同浓度的氰化物。氰化物气体（HCN 和 CNCl）可通过呼吸道进入生物体，发生毒害作用，CN^- 通过饮用水吸收，络合氰离子在一定条件下可转化为气体，对水生生物和人都有很大的毒性。由于小金矿的不规范化管理，我国时有发生 NaCN 泄漏污染事故。

（1）硝酸银滴定法

高浓度的氰化物水样，一般选择络合滴定法。向水样中加入酒石酸、硝酸锌或 EDTA，在 pH＝4 的条件下，加热蒸馏，简单氰化物和部分络合氰化物（如锌氰络合物）以氰化氢形式被蒸馏出，用氢氧化钠吸收，蒸馏后的碱性馏出液用硝酸银标准溶液滴定，氰离子与硝酸银作用生成可溶性的银氰络合离子 $[Ag(CN)_2]^-$，过量的银离子与试银灵（对二甲氨基亚苄基罗丹宁）指示剂反应，溶液由黄色变为橙红色。

（2）水样采集与保存

采集水样后，必须立即加氢氧化钠固定，使样品的 pH＞12，并将样品贮于聚乙烯瓶中，采来的样品应及时测定。否则，必须将样品存放约 4℃ 的暗处，并在采样后 24h 内进行样品测定。当水样中含有大量硫化物时，应先加碳酸镉或碳酸铅固体粉末，除去硫化物后，再加氢氧化钠固定。否则，在碱性条件下，氰离子与硫离子作用而形成硫氰酸根（SCN^-）离子，干扰测定。

思 考 题 与 习 题

1. 名词解释

多基配位体 氨羧配位剂 螯合物 EDTA 的酸效应 络合效应 稳定常数 条件稳定常数

2. 填空

(1) Fe^{3+}、Cu^{2+} 与 EDTA 二钠盐反应的方程式为＿＿＿＿＿、＿＿＿＿＿＿。

(2) 溶液酸性越强，酸效应越＿＿，溶液 pH 值越大，酸效应越＿＿＿＿，酸效应系数越＿＿＿＿。

(3) pH＞12 时，EDTA 以＿＿＿＿＿＿型体存在。

(4) 金属指示剂的颜色与＿＿＿＿有关，本身具有＿＿＿＿＿＿性。

(5) EDTA 与金属离子多数以＿＿＿＿的络合比形成螯合物。

(6) 大多数的金属离子与 EDTA 的螯合物＿＿颜色，少数如 Cu^{2+}、Fe^{3+} 等的螯合物＿＿＿。

3. 简答题

(1) 利用稳定常数对数值说明不同金属离子的 EDTA 螯合物的稳定性差异。

(2) 酸度怎样影响 EDTA 各种型体的分布？

(3) 条件稳定常数怎样通过稳定常数计算？哪些因素影响螯合物的稳定性？

(4) 通常情况下如何判断某金属离子能否被 EDTA 准确滴定？

(5) 酸效应曲线怎样绘制？稳定常数和对应的最小 pH 值有什么关系？

(6) 影响络合滴定曲线化学计量点及突跃范围的因素有哪些？

(7) 以铬黑 T 为例，说明金属指示剂的作用原理及必备条件。

(8) 何谓金属指示剂的封闭、僵化现象？如何防止？

(9) 控制酸度选择性测定某种离子需要满足什么条件？提高选择性的其他方法有哪些？

(10) 络合滴定方式有几种？应用的条件是什么？

(11) 简要说明水中总硬度测定的原理。

(12) 天然水中总硬度与总碱度的关系如何？

4. 计算题

(1) 准确称取 0.1001g 纯 $CaCO_3$，用盐酸溶解并煮沸除去 CO_2 后，在容量瓶中稀释至 100mL，吸取 25.00mL，调节 pH＝12，用 EDTA 溶液滴定，用去 25.00mL，求 EDTA 的量浓度和该溶液对 CaO、$CaCO_3$ 的滴定度？并计算配制此浓度的 EDTA1000mL 需用 $Na_2H_2Y \cdot 2H_2O$ 多少克？

(2) 用 EDTA 标准溶液滴定水样中的 Ca^{2+}、Fe^{3+}、Zn^{2+} 时的最小 pH 值是多少？结果有什么意义？

(3) 计算 pH＝10 时，以 10.00mmol/LEDTA 溶液滴定 20.00mL 10.0mmol/L Mg^{2+} 溶液，在计量点时 pMg 值。

(4) 取水样 100mL，调节 pH＝10，用铬黑 T 为指示剂，以 10.0mmol/L EDTA 溶液滴定至终点，消耗 25.00mL，求水样总硬度（以 mmol/L，$CaCO_3$ mg/L 表示）。

技能训练　水中硬度的测定

一、实训目的

1. 学会 EDTA 标准溶液的配制与标定方法。

2. 掌握水中硬度的测定原理和方法。

二、实训原理

用 EDTA 溶液络合滴定 Ca^{2+}、Mg^{2+} 总量，是在 pH=10 的氨性缓冲溶液中，铬黑 T 作指示剂，与钙和镁生成紫红色或紫色溶液。滴定中，游离的钙和镁离子首先与 EDTA 反应，与指示剂络合的钙和镁离子随后与 EDTA 反应，到达终点 EDTA 把指示剂置换出，此时溶液的颜色由紫变为天蓝色。

滴定 Ca^{2+} 量，用 2mol/L NaOH 调溶液 pH>12，使 Mg^{2+} 生成 $Mg(OH)_2$ 沉淀。钙指示剂与 Ca^{2+} 形成红色络合物，滴定终点为蓝色。根据两次滴定值，可分别计算总硬度和钙硬度。镁硬度可由总硬度减去钙硬度求得。

由于络黑 T 与 Mg^{2+} 显色的灵敏度高，与 Ca^{2+} 显色的灵敏度低，所以当水样中 Mg^{2+} 的含量较低时，用络黑 T 作指示剂往往得不到敏锐的终点。这时可在溶液中加入一定量的 Mg-EDTA 缓冲溶液，提高终点变色的敏锐性。可采用酸性铬蓝 K-萘酚绿 B 混合指示剂此时终点颜色由紫红色变为蓝绿色。

本法的主要干扰离子有 Fe^{3+}、Al^{3+}、Mn^{2+}、Cu^{2+}、Zn^{2+} 等。当 Mn^{2+} 含量超过 1mg/L 时，在加入指示剂后，溶液会出现浑浊的玫瑰色。可加入盐酸羟胺消除之。Fe^{3+}、Al^{3+} 等的干扰，可用三乙醇胺掩蔽；Cu^{2+}、Zn^{2+} 可用 Na_2S 消除。

若测定时室温过低，可将水样加热至 30~40℃，滴定时要注意速度不可太快，并不断摇动，使充分反应。

三、仪器与试剂

1. 250mL 锥形瓶 2 个。

2. 25mL 酸式滴定管 1 支。

3. 50mL 移液管 1 支。

4. 10mL 量筒 1 个。

5. 250mL 烧杯 1 支。

6. 0.01gmol/L EDTA 标准溶液的配制：称取 1.4g EDTA 二钠盐，溶解于 50mL 温热水中，稀释至 250mL，摇匀，转移至 250mL 具玻璃塞的试剂瓶中。

7. $CaCO_3$ 标准溶液配制：用减量法准确称取已在 110℃ 干燥过的 $CaCO_3$ 约 0.1~0.6g 于 100mL 烧杯中，加水润湿，盖上表面皿，再从杯嘴逐滴加入 HCl 至完全溶解后，加热煮沸，用水把可能溅到表面皿上的溶液淋洗入杯中，待冷却后移入 250mL 容量瓶中，稀释至刻度，摇匀，计算其准确浓度。

8. EDTA 溶液的标定：用移液管吸取 25mL 钙标准溶液，置于 250mL 锥形瓶，加 250mL 蒸馏水，加入适量固体钙指示剂，在搅拌下滴加 20% NaOH 溶液至出现酒红色后再过量 0.5~1mL，以 EDTA 溶液滴定至纯蓝色，即为终点。平行标定两次，计算 EDTA 的准确浓度。

9. 缓冲溶液：称取 20g 分析纯 NH_4Cl 溶于少量蒸馏水，加入 100mL 浓氨水，加 Mg-EDTA 溶液，用蒸馏水稀释至 1L。

10. Mg-EDTA 溶液制备方法：称取 0.25g 分析纯 $MgCl_2 \cdot 6H_2O$ 于 100mL 烧杯中，加

少量蒸馏水，溶解后转入 100mL 容量瓶中，稀释至刻度。用移液管吸取 50mL 放入锥形瓶中，加缓冲溶液 5mL，铬黑 T 少许，用 0.01mol/L EDTA 滴定至溶液刚呈蓝色；取与此同等量的 EDTA 溶液，加入容量瓶中剩余的 $MgCl_2$ 溶液中，摇匀；即成 Mg-EDTA 溶液。将此溶液全部倒入上述缓冲溶液中。

11. 2mol/L NaOH 溶液：称取 80g 分析纯 NaOH，溶于 1L 蒸馏水中。

12. 铬黑 T 指示剂或钙指示剂：取 1 份指示剂和 100 份分析纯 NaCl 混合研细。

13. 10%盐酸羟胺：此溶液容易分解，用时新配。

14. 1∶1 三乙醇胺溶液。

15. 2%Na_2S 溶液。

四、实训步骤

1. 总硬度的测定

（1）用移液管取水样 50mL，放入锥形瓶中。

（2）加盐酸羟胺溶液 5 滴。

（3）加三乙醇胺溶液 1mL，掩蔽 Fe^{3+}、Al^{3+} 的干扰。

（4）加缓冲溶液 5mL，此时水样的 pH 值应为 10。

（5）加铬黑 T 固体指示剂 1 小勺，使水样呈明显的紫红色。用 EDTA 标准溶液滴定，将近终点时，因反应较慢，要充分摇荡。滴至溶液由紫红色转变为蓝色时，即为终点。记录 EDTA 用量（V_1）。

2. 钙硬度的测定

（1）用移液管取 50mL 水样，放入锥形瓶中。

（2）加盐酸羟胺溶液 5 滴。

（3）加三乙醇胺溶液 1mL。

（4）加 2mol/L NaOH 溶液 1mL，此时水样的 pH 值应为 12～13。加钙指示剂 1 小勺，水样呈明显的红色。用 EDTA 标准溶液滴定（若水样中碳酸盐和重碳酸盐过多而出现沉淀时，可先将水样酸化，煮沸数分钟，冷却后再中和至中性，然后加 1mL NaOH 溶液即指示剂，并用 EDTA 标准溶液滴定）。

（5）滴定时要不断摇荡，将近终点时，滴定要慢。滴至溶液由红色变为蓝色，即为终点。记录 EDTA 用量（V_2）。

根据 V_1 和 V_2 计算水样总硬度、钙硬度及镁硬度。以（CaO，mg/L）表示分析结果。

五、数据记录与计算

1. 数据记录

水样编号	1	2	3
V_1(mL)			
平均值			
总硬度(mmol/L)（$CaCO_3$ 计，mg/L）			
V_2(mL)			
平均值			
钙硬度（Ca^{2+}）			

2. 计算

（1）总硬度

$$总硬度(mmol/L) = \frac{CV_1}{V_0}$$

$$总硬度(CaCO_3 计，mg/L) = \frac{CV_1}{V_0} \times 100.1$$

式中　　C——EDTA 标准溶液浓度(mmol/L)；

　　　　V_1——消耗标准溶液的体积(mL)；

　　　　V_0——水样的体积(mL)；

　　100.1——碳酸钙的换算系数。

（2）钙硬度

$$钙硬度(Ca^{2+}，mg/L) = \frac{CV_2}{V_0} \times 40.08$$

式中　　C——EDTA 标准溶液浓度(mmol/L)；

　　　　V_2——消耗标准溶液的体积(mL)；

　　40.08——钙的摩尔质量。

六、注意事项

1. 若水样硬度大于 15° 时，可取 10～25mL 水样，并用蒸馏水稀释至 50mL。

2. 指示剂的量过多显色就浓，少则淡。在这两种情况下，对于终点变色的判断都是困难的，因而添加指示剂的量，以能形成明显的红色为好。

3. 水样的酸性或碱性太强，会影响加缓冲溶液而不能达到一定的 pH 值。这时要用 NaOH 或 HCl 中和到大致呈中性。

七、思考题

1. 硬度测定中为什么要加入缓冲溶液？

2. 水样硬度的单位有哪些？其之间如何换算？

教学单元 6　重量分析和沉淀滴定法

【教学目标】

通过重量分析法和沉淀滴定法基本原理的学习，学生将具有水中悬浮性固体、氯化物等一般化学指标检验的能力。

6.1　重量分析法

6.1.1　概述

重量分析法通常是用适当的方法将被测组分从试样中分离出来，然后转化为一定的称量形式，最后用称量的方法测定该组分的含量。

重量分析法大多用在无机物的分析中，根据被测组分与其他组分分离方法的不同，重量分析法又可分为沉淀法和气化法。在水质分析中，一般采用沉淀法。

在水质检验中重量分析法常用于残渣的测定以及与水处理相关的滤层中含泥量测定等。

6.1.2　重量分析法的应用

1. 残渣

残渣可分为总残渣、总可滤残渣和总不可滤残渣三种。它们是表征水中溶解性物质、不溶性物质含量的指标。三者的关系可用下式表示：

$$总残渣＝总可滤残渣＋总不可滤残渣$$

由于所用滤器的特征及孔径的大小，均能影响总不可滤残渣和总可滤残渣的测定结果。因此，所谓可滤和不可滤具有相对意义。通常测定结果均应注明过滤方法和采用滤器的孔径。残渣含有游离水、吸着水、结晶水、有机物和加热条件下易发生变化的物质。因此，烘干温度和时间对残渣测定结果影响较大。实验中常用 $103 \sim 105℃$，有时也采用 $180 \pm 2℃$烘干测定。$103 \sim 105℃$烘干的残渣仍保留着结晶水和部分吸着水，重碳酸盐转为碳酸盐，有机物挥发较少，烘干速度较慢。$180℃$烘干的残渣，可能保留某些结晶水，有机物挥发量较大，部分盐类可能分解。

（1）总残渣

总残渣又称总固体，是指水或废水在一定温度下蒸发、烘干后残留在器皿中的物质。

将蒸发皿在 $103 \sim 105℃$烘箱中烘 30min，冷却后称量，直至恒重。取适量振荡均匀的水样于称至恒重的蒸发皿中，在蒸汽浴或水浴上蒸干，移入 $103 \sim 105℃$

烘箱内烘至恒重，增加量即为总残渣。

$$总残渣(mg/L) = \frac{(m_2 - m_1) \times 10^6}{V_水}$$

式中　m_1——蒸发皿质量(g)；

　　　m_2——总残渣和蒸发皿质量(g)；

　　　$V_水$——水样体积(mL)。

（2）总可滤残渣

总可滤残渣也称为溶解性总固体，是指通过过滤器的水样经蒸干后在一定温度下烘干至恒重的固体。一般测定 103～105℃ 烘干的总可滤残渣。但有时要求测定 180±2℃ 烘干的总可滤残渣。在此温度下烘干，可将吸着水全部去除，所得结果与化学分析所得的总矿物质含量较接近。

将蒸发皿在 103～105℃ 或（180±2）℃ 烘箱中烘 30min，冷却称量，直至恒重。用孔径 $0.45\mu m$ 滤膜，或中速定量滤纸过滤水样之后，取适量于称至恒重的蒸发皿中，在蒸汽浴或水浴上蒸干，移入 103～105℃ 或 180±2℃ 烘箱内烘至恒重，增加量即为总可滤残渣。

$$总可滤残渣(mg/L) = \frac{(m_2 - m_1) \times 10^6}{V_水}$$

式中　m_1——蒸发皿质量(g)；

　　　m_2——总可滤残渣和蒸发皿质量(g)；

　　　$V_水$——水样体积(mL)。

（3）总不可滤残渣

总不可滤残渣又称悬浮物(SS)，是指过滤后留在过滤器上，并于 103～105℃ 下烘干至恒重的固体物质。悬浮物包括不溶于水的泥砂、各种污染物、微生物及难溶无机物等。

测定方法有石棉坩埚法、滤纸或滤膜法等，都是基于过滤恒重的原理，主要区别是滤材的不同。石棉坩埚法要把石棉纤维均匀地铺在古氏坩埚上用做滤材，由于石棉危害较大，近年已较少采用；滤纸和滤膜法较简便，对操作要求较高，操作不严谨易造成误差。

测定方法为：选择适当已恒重的滤材，过滤一定量的水样，将载有悬浮物的滤材移入烘箱中在 103～105℃ 烘干至恒重，增加的质量即为悬浮物。

$$悬浮物(mg/L) = \frac{(m_2 - m_1) \times 10^6}{V_水}$$

式中　m_1——滤材质量(g)；

　　　m_2——悬浮物与滤材的总质量(g)；

　　　$V_水$——水样体积(mL)。

悬浮物对水体的影响很大。地表水中存在悬浮物，使水体变浑浊，透明度降低；工业废水和生活污水含有大量悬浮物，污染环境。悬浮物是衡量水质好坏的重要指标，它是决定工业废水和生活污水能否排入公共水体或必须经过处理的重要条件之一。

2. 滤层中含泥量的测定

滤池冲洗完毕后，降低水位至露出床面，然后在砂层面下 10cm 处采样。每个滤池采样点应至少两点，如果滤池面积超过 40m²，每增加 30m² 面积，可增加一个采样点，各采样点应均匀分布，将各采样点所得的样品混匀，再进行分析。

将污砂置于 103～105℃烘箱内烘干至恒重，冷却后用表面皿称量 5～10g 样品，然后置于瓷蒸发皿内，加 10％工业盐酸约 50mL 浸泡，待污砂松散后，再用自来水漂洗至肉眼不宜觉察污渍为止，最后用蒸馏水冲洗一次，烘干至恒重。

$$W\% = \frac{m_1 - m_2}{m_1} \times 100$$

式中　$W\%$——含泥率(%)；

m_1——污砂重(g)；

m_2——清洗后砂重(g)。

滤料层含泥率评价：

含泥量百分率(%)	滤料状态评价
0～0.5	极佳
0.5～1.0	好
1.0～3.0	满意
3.0～10	不好
>10	极差

6.2　沉淀滴定法

6.2.1　概述

沉淀滴定法是以沉淀反应为基础的一种滴定分析方法。虽然沉淀反应很多，但并不是所有的沉淀反应都适合于滴定分析。用于滴定分析的沉淀反应必须符合下列条件：

(1) 生成的沉淀应具有恒定的组成，且溶解度要小；

(2) 反应必须按一定的化学反应式迅速定量地进行；

(3) 有适当的指示剂或其他方法确定反应的终点；

(4) 沉淀的共沉淀现象不影响滴定的结果。

由于上述条件的限制，能用于沉淀滴定分析的反应就不多了。目前比较有实际意义的是生成难溶银盐的沉淀反应，例如：

$$Ag^+ + Cl^- \Longrightarrow AgCl \downarrow$$
$$Ag^+ + SCN^- \Longrightarrow AgSCN \downarrow$$

以生成难溶银盐沉淀的反应来进行滴定分析的方法称为银量法。用银量法可以测定 Cl^-、Br^-、I^-、Ag^+、CN^- 及 SCN^- 等，还可以测定经处理而能定量地产生这些离子的有机化合物。它对地面水、饮用水、废水以及电解液的分析，含氯有机物的测定都有重要意义。除银量法外，还有利用其他沉淀反应来进行滴定分析的方法。例如：用 $K_4[Fe(CN)_6]$ 测定 Zn^{2+} 生成 $K_2Zn_3[Fe(CN)_6]_2$；用 $BaCl_2$ 测定

111

SO_4^{2-} 生成 $BaSO_4$；用 $[NaB(C_6H_5)]$ 测定 K^+ 生成 $KB(C_6H_5)_4$ 等。

根据滴定的方式不同，银量法又分为直接滴定法和返滴定法两种；根据确定终点采用的指示剂不同又分为莫尔法、佛尔哈德法等。本节重点介绍莫尔法和佛尔哈德法及其在水质分析中的应用。

6.2.2 莫尔法

莫尔法是以铬酸钾（K_2CrO_4）作指示剂，用硝酸银（$AgNO_3$）作标准溶液，在中性或弱碱性条件下对氯化物（Cl^-）和溴化物（Br^-）进行分析测定的方法。

1. 滴定原理

以测定 Cl^- 为例，在含有 Cl^- 的中性水样中加入 K_2CrO_4 指示剂，用 $AgNO_3$ 标准溶液进行滴定，其反应式如下：

$$Ag + Cl^- \Longleftrightarrow AgCl(白色) \quad K_{sp} = 1.8 \times 10^{-10}$$

$$2Ag^+ + CrO_4^{2-} \Longleftrightarrow Ag_2CrO_4(砖红色) \quad K_{sp} = 2.0 \times 10^{-12}$$

根据分步沉淀的原理，由于 $AgCl$ 的溶解度比 Ag_2CrO_4 小，滴定过程中首先析出 $AgCl$ 沉淀。当 $AgCl$ 定量沉淀后，过量一滴 $AgNO_3$ 溶液即与 K_2CrO_4 反应，生成砖红色 Ag_2CrO_4 沉淀，指示滴定终点的到达。

2. 滴定条件

（1）指示剂的用量

根据溶度积规则，化学计量点时溶液中 Ag^+ 和 Cl^- 的浓度为：

$$[Ag^+] = [Cl^-] = \sqrt{K_{sp \cdot AgCl}} = \sqrt{1.8 \times 10^{-10}} = 1.3 \times 10^{-5} \text{mol/L}$$

在化学计量点时，要求刚好析出 Ag_2CrO_4 砖红色沉淀以指示终点，从理论上可以计算出此时所需要的 CrO_4^{2-} 的浓度：

$$CrO_4^{2-} = \frac{K_{sp \cdot Ag_2CrO_4}}{[Ag^+]^2} = \frac{1.1 \times 10^{-12}}{(1.3 \times 10^{-5})^2} = 6.1 \times 10^{-3} \text{mol/L}$$

在实际工作中，由于 K_2CrO_4 指示剂本身显黄色，当其浓度较高时颜色较深，不易判断砖红色沉淀的出现，因此，实际上加入 K_2CrO_4 的浓度不宜过大，实验证明，一般约为 $5 \times 10^{-3} \text{mol/L}$ 左右即可。

显然，K_2CrO_4 浓度降低后，要使 Ag_2CrO_4 沉淀析出，必须多加一些 $AgNO_3$ 标准溶液，这样滴定剂就过量了，终点将在化学计量点后出现。例如用 0.1000mol/L $AgNO_3$ 标准溶液滴定 0.1000mol/L KCl 溶液，指示剂浓度为 $5 \times 10^{-3} \text{mol/L}$ 时，终点误差仅为 $+0.06\%$，基本上不影响分析结果的准确度。但如果水样中 Cl^- 含量较小，例如用 0.01000mol/L $AgNO_3$ 标准溶液滴定 0.01000mol/L KCl 溶液，则终点误差可达到 $+0.6\%$，就会影响分析结果的准确度，在这种情况下，通常需要以指示剂的空白值对测定结果进行校正。

（2）溶液酸度的控制

在酸性条件下，CrO_4^{2-} 与 H^+ 发生如下反应：

$$2H^+ + 2CrO_4^{2-} \Longleftrightarrow 2HCrO_4^- \Longleftrightarrow Cr_2O_7^{2-} + H_2O$$

酸度增加，H^+ 浓度增大，平衡向正反应方向移动，CrO_4^{2-} 的浓度降低，影响 Ag_2CrO_4 沉淀的生成。因此滴定不能在酸性条件下进行。

如果在强碱条件下，则会析出 Ag_2O 沉淀

$$2Ag^+ + 2OH^- \Longrightarrow 2Ag(OH)_2 \downarrow$$
$$\hookrightarrow Ag_2O + H_2O$$

因此，莫尔法只能在中性或弱碱性($pH = 6.5 \sim 10.5$)条件下进行。如果水样为酸性或强碱性，可用酚酞作指示剂，以稀 $NaOH$ 溶液或稀 H_2SO_4 溶液调节酚酞的红色刚好退去。

当水样中有铵盐存在时，应控制水样 pH 值为 $6.5 \sim 7.2$，否则在 pH 值较高时，有游离的 NH_3 存在，与 Ag^+ 形成 $Ag(NH_3)^+$ 和 $Ag(NH_3)_2^+$，使 $AgCl$ 和 Ag_2CrO_4 沉淀的溶解度增大，影响滴定的准确度。因此，当水样中铵盐浓度很大，测定前应加入适量的碱，使大部分的氨挥发除去，然后再调节水样的 pH 值至适宜范围进行滴定。

（3）滴定时必须剧烈摇动

在用 $AgNO_3$ 标准溶液滴定 Cl^- 时，化学计量点前，生成的 $AgCl$ 沉淀容易吸附水样中被测 Cl^-，使 Cl^- 浓度降低，导致终点提前而引入误差。所以滴定时必须剧烈摇动滴定瓶，防止 Cl^- 被 $AgCl$ 吸附。$AgBr$ 吸附 Br^- 比 $AgCl$ 吸附 Cl^- 更严重，滴定时更应剧烈摇动。

3. 干扰去除

大量 Cu^{2+}、Co^{2+}、Ni^{2+} 等有色离子，影响终点观察。废水中有机物含量高、色度大或水样浑浊，难以辨别滴定终点时，可采用加入氢氧化铝悬浮液沉降过滤的方法去除干扰。水中含有可与 Ag^+ 生成沉淀的阴离子，如 PO_4^{3-}、AsO_4^{3-}、SO_3^{2-}、S^{2-}、CO_3^{2-}、$C_2O_4^{2-}$ 等，都干扰测定，对于含硫的还原剂，可用过氧化氢予以消除；Al^{3+}、Fe^{3+}、Bi^{3+}、Sn^{4+} 等高价金属离子在中性或弱碱性溶液中发生水解。Ba^{2+}、Pb^{2+} 能与 CrO_4^{2-} 生成 $BaCrO_4$ 和 $PbCrO_4$ 沉淀，也干扰测定。但 Ba^{2+} 的干扰可通过加入过量的 Na_2SO_4 消除。铁含量超过 $10mg/L$ 时使终点模糊，可用对苯二酚还原成亚铁消除干扰。少量有机物可用高锰酸钾处理消除。饮用水中 Br^-、I^-、SCN^- 等离子很少，可忽略不计。

AgI 和 $AgSCN$ 沉淀吸附 I^- 和 SCN^- 更强烈，所以莫尔法不适用于测定 I^- 和 SCN^-。此法也不适用于以 $NaCl$ 标准溶液滴定 Ag^+，这是因为在 Ag^+ 试液中加入 K_2CrO_4，指示剂将立即生成大量 Ag_2CrO_4 沉淀，在用 $NaCl$ 标准溶液滴定时，Ag_2CrO_4 沉淀转变为 $AgCl$ 沉淀速度甚慢，使测定无法进行。由于上述原因，莫尔法的应用受到一定限制。

6.2.3　佛尔哈德法

佛尔哈德法是以铁铵矾 $[NH_4Fe(SO_4)_2 \cdot 12H_2O]$ 作指示剂，用 NH_4SCN（或 KSCN）标准溶液，在酸性条件下对 Ag^+、Cl^-、Br^-、I^- 和 SCN^- 进行测定的方法。

1. 滴定原理

本方法可分为直接滴定法和返滴定法。

（1）直接滴定法测定 Ag^+

在含有 Ag^+ 的酸性水样中，以铁铵矾作指示剂，用 NH_4SCN（或 KSCN）标

准溶液滴定，首先析出 AgSCN 白色沉淀，当 Ag^+ 定量沉淀后，过量的 NH_4SCN 溶液与 Fe^{3+} 生成红色络合物，即为终点。滴定反应和指示剂反应如下：

$$Ag^+ + SCN^- \rightleftharpoons AgSCN \downarrow （白色） \quad K_{sp} = 1.16 \times 10^{-16}$$

$$Fe^{3+} + SCN^- \rightleftharpoons FeSCN^{2+} （红色） \quad K_1 = 138$$

测定过程中应注意：首先析出的 AgSCN 沉淀具有强烈的吸附作用，所以有部分 Ag^+ 被吸附于其表面，因此会产生终点过早出现的情况，使测定结果偏低。测定时必须充分摇动溶液，使被吸附的 Ag^+ 及时地释放出来。

（2）返滴定法测定 Cl^-、Br^-、I^- 及 SCN^-

例如，在测定水样中 Cl^- 时，首先向试样中加入已知过量的 $AgNO_3$ 标准溶液，再以铁铵矾作指示剂，用 NH_4SCN 标准溶液返滴定剩余的 Ag^+：

$$Ag^+ + Cl^- \rightleftharpoons AgCl \downarrow \quad K_{sp} = 1.8 \times 10^{-10}$$

$$Ag^+ + SCN^- \rightleftharpoons AgSCN \downarrow \quad K_{sp} = 1.16 \times 10^{-12}$$

由于 AgSCN 的溶解度小于 AgCl 的溶解度，所以用 NH_4SCN 标准溶液返滴定剩余的 Ag^+ 达到化学计量点后，稍过量的 SCN 可与 AgCl 作用，使 AgCl 转化为溶解度更小的 AgSCN：

$$AgCl + SCN^- = AgSCN \downarrow + Cl^-$$

上述沉淀的转化反应是缓慢进行的，当试液中出现 $FeSCN^{2+}$ 红色以后，随着不断摇动，反应会向右进行，直至达到平衡。显然达到终点时，会多消耗一部分 NH_4SCN 标准溶液。因此，为了避免上述误差，通常在形成 AgCl 沉淀之后，加入少量有机溶剂，如硝基苯或 1，2－二氯乙烷 1～2mL，使 AgCl 沉淀表面覆盖一层硝基苯而与外部溶液隔开。这样就防止了 SCN^- 与 AgCl 发生转化反应，提高了滴定的准确度。也可以在加入过量 $AgNO_3$ 标准溶液之后，将水样煮沸，使 AgCl 凝聚，以减少 AgCl 沉淀对 Ag^+ 的吸附。滤去沉淀，并用稀 HNO_3 洗涤沉淀，然后用 NH_4SCN 标准溶液滴定滤液中的剩余 Ag^+。

2. 滴定条件

（1）强酸性条件下滴定

一般溶液的 $[H^+]$ 控制在 0.1～1mol/L 之间，指示剂铁铵钒中的 Fe^{3+} 主要以 $Fe(H_2O)_6^{3+}$ 形式存在，颜色较浅。如果 $[H^+]$ 较低，Fe^{3+} 将水解成棕黄色的羟基络合物 $Fe(H_2O)_5(OH)^+$ 或 $Fe_2(H_2O)_4(OH)_2^{4+}$ 等，终点颜色不明显；如果 $[H^+]$ 更低，则可能产生 $Fe(OH)_3$ 沉淀，无法指示终点。因此，佛尔哈德法应在酸性溶液中进行。

（2）控制指示剂的用量

在用 NH_4SCN 为标准溶液滴定 Ag^+ 的酸性溶液中，化学计量点时：

$$[Ag^+] = [SCN^-] = \sqrt{K_{sp \cdot AgSCN}} = 1.0 \times 10^{-6} mol/L$$

欲此时刚好能观察到 $FeSCN^{2+}$ 的明显红色，一般要求 $FeSCN^{2+}$ 的最低浓度应为 $6 \times 10^{-6} mol/L$。由于 Fe^{3+} 的浓度较高，会使溶液呈较深的橙黄色，影响终点观察，所以通常保持 Fe^{3+} 的浓度为 0.015mol/L，终点较明显且引起的误差较小。

（3）滴定时剧烈摇动

由于用 SCN^- 标准溶液滴定 Ag^+ 生成 AgSCN 沉淀，如莫尔法所指出的那样，它对溶液中过量的 Ag^+ 有强烈的吸附作用，使 Ag^+ 溶液降低，终点出现偏早。尤其在测定 I^- 时，AgI 吸附更明显。因此，滴定时也必须剧烈摇动，使被吸附的离子释放出来。

3. 应用范围及干扰去除

佛尔哈德法以返滴定方式广泛用于水中卤素离子的测定，在测定水中 Br^- 或 I^- 时，则由于 $K_{sp \cdot AgBr}$（或 $K_{sp \cdot AgI}$）$<K_{sp \cdot AgSCN}$，不会发生沉淀的转化，因此不必加入硝基苯，但是在测定 I^- 时，必须先加入过量 $AgNO_3$ 后加入指示剂 Fe^{3+}，否则水中 I^- 被 Fe^{3+} 氧化成 I_2，而使测定结果偏低。反应为

$$2Fe^{3+} + 2I^- = 2Fe^{2+} + I_2$$

在酸性条件下，许多弱酸根离子 PO_4^{3-}、AsO_4^{3-}、CrO_4^{2-}、SO_3^{2-}、CO_3^{2-}、$C_2O_4^{2-}$ 等都不干扰滴定，所以此方法的选择性高。但水样中有强氧化剂、氮的低价氧化物及铜盐、汞盐等均能与 SCN^- 作用，产生干扰，必须预先除去。

若水样有色或浑浊，对终点观察有干扰，可采用电位滴定法指示终点。如对有色或浑浊的水样进行氯化物测定时，水样可不经预处理，直接用电位滴定法测定。测定原理为：用 $AgNO_3$ 标准溶液滴定含 Cl^- 的水样时，由于滴定过程中 Ag^+ 浓度逐渐增加，而在化学计量点附近 Ag^+ 浓度迅速增加，出现滴定突跃。因此用饱和甘汞电极作参比电极，用银电极作指示电极，观察记录 Ag^+ 浓度变化而引起电位变化的规律，通过绘制滴定曲线，即可确定终点。也可选用 Ag_2S 薄膜的离子选择性电极作指示电极，测量 Ag^+ 浓度的变化情况。从而确定滴定的终点。有关电位滴定法的内容，将在教学单元 9 中讨论。

6.2.4　沉淀滴定法的应用

1. 标准溶液的配制与标定

（1）$AgNO_3$ 标准溶液

$AgNO_3$ 的纯度很高，因此能直接配制成标准溶液。但实际工作中，仍用标定法配制，以 NaCl 作基准物质，用与测定相同的方法标定，这样可消除由方法引起的误差。$AgNO_3$ 溶液应保存在棕色瓶中，以防见光分解。

（2）NaCl 标准溶液

将 NaCl 基准试剂放于洁净、干燥的坩埚中，加热至 $500 \sim 600℃$，至不再有盐的爆裂声为止。在干燥器中冷却后，直接称量配制标准溶液。

2. 水中氯化物的测定

氯化物以钠、钙和镁盐的形式存在于天然水中。天然水中的 Cl^- 来源主要是地层或土壤中盐类的溶解，故 Cl^- 含量一般不会太高，但水源水流经含有氯化物的地层或受到生活污水、工业废水及海水、海风的污染时，其 Cl^- 含量都会增高。水源水中的氯化物浓度一般都在一定浓度范围内波动。因此，当氯化物浓度突然升高时，表示水体受到污染。

饮用水中氯化物的味觉阈主要取决于所结合阳离子的种类，一般情况下氯化物的味觉阈在 $200 \sim 300mg/L$ 之间。其中氯化钠、氯化钾和氯化钙的味觉阈分别

为 210mg/L、310mg/L 和 222mg/L。如果用氯化钠含量为 400mg/L 或氯化钙含量为 530mg/L 的水来冲咖啡，就会觉得口感不佳。

尽管每天我们从饮用水中摄入的氯化物只占总摄入量的一小部分，完全不会对健康构成影响，但是由于自来水制备过程中无法去除氯化物，所以从感官性状上考虑，我国《生活饮用水卫生标准》GB 5749—2006 中将氯化物的限值定为 250mg/L。

水中的 Cl^- 含量过高时，对设备、金属管道和构筑物都有腐蚀作用，对农作物也有损害。水中的 Cl^- 与 Ca^{2+}、Mg^{2+} 结合后构成永久硬度。因此，测定各种水中 Cl^- 的含量，是评价水质的标准之一。

水中 Cl^- 的测定主要采用莫尔法，有时也采用佛尔哈德法或其他定量分析方法。若水样有色或浑浊，对终点观察有干扰，此时可采用电位滴定法。

用莫尔法测定 Cl^-，应在 pH ＝ 6.5～10.5 的溶液中进行，干扰物质有 Br^-、I^-、CN^-、SCN^-、S^{2-}、AsO_4^{2-}、PO_4^{3-}、Ba^{2+}、Pb^{2+}、Bi^{3+} 和 NH_3。莫尔法适用于较清洁水样中 Cl^- 的测定。其缺点为终点不够明显，必须在空白对照下滴定，当水中 Cl^- 含量较高时，终点更难识别。

用佛尔哈德法测定 Cl^-，必须在较强的酸性溶液中进行。因此，凡能生成不溶于酸的银盐离子，如 Br^-、I^-、CN^-、SCN^-、S^{2-}、$[Fe(CN)_6]^{3-}$、$[Fe(CN)_6]^{4-}$ 等都会干扰测定。Hg^{2+}、Cu^{2+}、Ni^{2+} 和 Co^{2+} 能与 SCN^- 生成络合物，也会干扰测定。

【例 6-1】 量取含 Cl^- 水样 200mL，加入 50mL 0.1000mol/L $AgNO_3$ 标准溶液，又用 0.1500mol/L NH_4SCN 溶液滴定剩余 Ag^+，用去 7.25mL，求水样中 Cl^- 的含量（以 mg/L 表示）。

【解】 $$Cl^- = \frac{(0.1000 \times 50 - 0.1500 \times 7.25) \times 35.5 \times 1000}{200} = 694.5 \text{(mg/L)}$$

思 考 题 与 习 题

1. 填空题

(1) 常用的银量法主要有_____、_____。

(2) 莫尔法是用_____作指示剂，_____作标准溶液；佛尔哈德法的指示剂是_____、标准溶液是_____。

2. 选择题

(1) 沉淀滴定法中的莫尔法不适用于测定 I^-，是因为（   ）。

(A) 生成的沉淀强烈吸附被测物　　　　　(B) 没有适当的指示剂指示终点

(C) 生成的沉淀溶解度太小　　　　　　　(D) 滴定酸度无法控制

(2) 在莫尔法中用标准溶液 Cl^- 测定 Ag^+ 时不适合用直接滴定法，是由于（   ）。

(A) AgCl 强烈吸附 Ag^+　　　　　　　(B) Ag_2CrO_4 转化为 AgCl 的速度太慢

(C) AgCl 的溶解度太大　　　　　　　　(D) Ag^+ 容易水解

(3) 用沉淀滴定中的佛尔哈德法测定 Ag^+，使用的滴定剂是（   ）。

(A) NaCl　　　　　　　　　　　　　　(B) NaBr

(C) NH_4SCN　　　　　　　　　　　　(D) Na_2S

(4) 下列试样中的氯在不另加试剂的情况下，可用莫尔法直接测定的是(　　)。

(A) $FeCl_3$

(B) $BaCl_2$

(C) $NaCl+Na_2S$

(D) $NaCl+Na_2SO_4$

3. 简答题

(1) 沉淀滴定法所用的沉淀反应，必须具备哪些条件？

(2) 用莫尔法测定 Cl^- 时，为什么要做空白试验？

(3) 莫尔法有哪些缺点？实际应用中应注意哪些影响滴定结果准确度的因素？

(4) 用佛尔哈德法测定 Cl^- 时，为什么只能用稀 HNO_3 酸化溶液？

(5) 用佛尔哈德法测定 Br^-、I^- 时，加入过量 $AgNO_3$ 标准溶液后，是否也需要过滤沉淀或加入有机溶剂？为什么？

4. 计算题

(1) 某溶液中同时含有 Cl^- 和 CrO^{2-}，它们的浓度分别为 $[Cl^-]=0.0100mol/L$，$[CrO^{2-}]=0.1000mol/L$。当滴加硝酸银溶液时。先生成哪一种沉淀？当第二种沉淀开始生成时，第一种离子未沉淀的浓度为多少？

(2) 称取基准试剂 NaCl 0.2000g，溶于水，加入 $AgNO_3$ 标准溶液 50mL，以铁铵矾作指示剂，用 NH_4SCN 标准溶液滴定，用去 25mL，已知 1.00mL 标准溶液相当于 1.20mL $AgNO_3$ 标准溶液。计算 NH_4SCN 和 $AgNO_3$ 溶液的浓度。

(3) 取水样 100mL，加入 10.00mL 0.2150mol/L $AgNO_3$ 标准溶液，然后用 0.1260mol/L NH_4SCN 滴定过量的 $AgNO_3$ 溶液，用去 8.5mL，求此水样中氯离子的含量(以 mg/L 表示)？

(4) 配制 $AgNO_3$ 标准溶液 500mL，用于测定氯化物的含量，若要使 1mL $AgNO_3$ 溶液相当于 0.001000g Cl^-，应如何配制此 $AgNO_3$ 标准溶液？

(5) 用莫尔法测定自来水中 Cl^- 含量。取 100mL 水样，用 0.1000mol/L 的 $AgNO_3$ 标准溶液滴定，消耗 $AgNO_3$ 溶液 6.15mL；另取 100mL 蒸馏水做空白试验，消耗 $AgNO_3$ 溶液 0.25mL，求自来水中 Cl^- 的含量(用 mg/L 表示)。

技能训练 1　悬浮性固体的测定

一、实训目的

1. 掌握水中悬浮性固体(不可过滤残渣)测定原理，了解总量测定结果与滤器孔径的关系。

2. 掌握水中悬浮性固体测定的操作。

3. 巩固练习分析天平的操作。

二、方法原理

悬浮物是指残留在滤材上并在 103～105℃烘至恒重的固体。测定方法是将水样通过滤材后，烘干残留物及滤材，将所称总量减去滤材量，即为悬浮物总量。

地面水中存在悬浮物使水体浑浊，影响水生生物呼吸和代谢，悬浮物多时，还可能造成河道堵塞。造纸、制革、冲渣、选矿等工业生产中产生大量含无机、有机的悬浮物废水。因此，在水和废水处理中测定悬浮物具有特定意义。

三、仪器与试剂

1. 分析天平；

2. 电热恒温烘箱;

3. 干燥器;

4. 全玻璃微孔滤膜过滤器及孔径 0.45μm 滤膜(直径 60mm)或中性定量滤纸;

5. 多孔过滤瓷坩埚(30mL)及配套垫或过滤漏斗,吸滤瓶(500mL);

6. 石棉悬浮液:取 3g 分析纯石棉浸泡于 1L 水中,做成石棉悬浮液。或取 3g 普通石棉,剪成 5mm 小段,用自来水反复漂洗,去除粉末,沥去水后,放在 250mL 烧杯中,并加入 60~70mL 化学纯盐酸,浸泡 48h。用自来水洗涤多次,再用热蒸馏水冲洗多次,直至不含氯离子为止(检验的方法:取约 10mL 洗涤液于试管中,加入几滴 AgNO$_3$ 溶液,观察是否有白色沉淀生成),最后把洗好的石棉浸泡于 1L 水中,制成石棉悬浮液备用。

四、实训步骤

1. 滤膜(或滤纸)过滤

(1)用扁嘴无齿镊子夹取微孔滤膜放于事先恒重的称量瓶里,移入烘箱中于 103~105℃ 烘干 30min 后取出置于干燥器内冷却室温,称其质量。反复烘干、冷却、称量,直至两次称量的质量差不大于 0.2mg。将恒重的微孔滤膜(或将中性定量滤纸用蒸馏水洗去可溶性物质,再烘干至恒重)正确地放在滤膜过滤器的滤膜托盘上,加盖配套的漏斗,并用夹子固定好。以蒸馏水湿润滤膜,并不断吸滤。

(2)量取充分混合均匀的水样 100mL 抽吸过滤。使水样全部通过滤膜。再以每次 10mL 蒸馏水连续洗涤三次,继续吸滤以除去痕量水分。停止吸滤后,仔细取出载有悬浮物的滤膜放在原恒重的称量瓶里,移入烘箱中于 103~105℃下烘干 1h 后移入干燥器中,使冷却到室温,称其质量。反复烘干、冷却、称量,直到两次称量的质量差≤0.4mg 为止。

2. 石棉坩埚过滤

(1)将振荡均匀的石棉悬浮液倒入多孔过滤瓷坩埚内,慢慢抽滤,使底部形成 1.5mm 厚的石棉层。放入多孔瓷板,再加入振荡均匀的石棉悬浮液,抽滤,使瓷板上再形成 1.5mm 厚的石棉层。用蒸馏水冲洗,直到滤液中无微小的石棉纤维为止。将铺好的石棉坩埚于 103~105℃下烘干 1h,取出放入干燥器中冷却 30min 后称量,直至恒重。

(2)同滤膜过滤,在慢慢抽滤下,加入适量体积的水样,抽滤完毕,用蒸馏水连续洗涤多次。若水样中含油,用 10mL 石油醚分两次淋洗残渣。

(3)将坩埚于 103~105℃烘箱内每次烘干 1h,取出放入干燥器中冷却 30min 后称量。直至恒重。

五、实训数据记录与处理

1. 实训数据记录

测定方法	滤膜(滤纸)法		石棉坩埚法	
	滤膜(滤纸)+称量瓶质量(g)		石棉坩埚质量(g)	
称量次数	过滤前(m_1)	过滤后(m_2)	过滤前(m_1)	过滤后(m_2)
第 1 次				
第 2 次				
恒重值				
悬浮固体(mg/L)				

2. 实训结果计算

$$悬浮性固体(不可过滤残渣,mg/L) = \frac{(m_2 - m_1) \times 10^6}{V_水}$$

式中 m_1——滤膜＋称量瓶(或石棉坩埚)质量(g)；

　　　 m_2——悬浮物＋滤膜＋称量瓶(或悬浮物＋石棉坩埚)质量(g)；

　　　 $V_水$——水样体积(mL)。

六、注意事项

1. 树叶、木棒、水草等杂质应预先从水中去除。

2. 废水黏度高时，可加 2～4 倍蒸馏水稀释，振荡均匀，待沉淀物下降后再过滤。

3. 测定含酸或碱浓度较高水样中悬浮物应采用石棉坩埚过滤。

4. 称重时，必须准确控制时间和温度，并且每次按同样次序烘干、称重，这样容易得到恒重。

5. 报告结果时应注明测定方法、过滤材料以及烘干温度等。

技能训练 2 水中氯化物的测定(沉淀滴定法)

一、实训目的

1. 掌握 $AgNO_3$ 溶液的配制和标定。

2. 掌握用莫尔法测定水中氯化物的原理和方法。

二、原理

此法是在中性和弱碱性(pH＝6.5～10.5)溶液中，以铬酸钾作指示剂，以硝酸银标准溶液滴定水样中氯化物，由于银离子与氯离子作用生成白色的氯化银沉淀，当水样中的氯离子全部与银离子作用后，微过量的硝酸银即与铬酸钾作用生成砖红色的铬酸银沉淀，此即表示已达反应终点。

$$Ag^+ + Cl^- \Longrightarrow AgCl\downarrow(白色)$$
$$2Ag^+ + CrO_4^{2-} \Longrightarrow Ag_2CrO_4\downarrow(砖红色)$$

由于到达终点时，硝酸银的用量要比理论需要量略高，因此需要同时取蒸馏水做空白试验减去误差。

三、仪器和试剂

1. 250mL 锥形瓶 2 个，50mL 移液管 1 支，25mL 酸式滴定管 1 支。

2. 0.1000mol/L NaCl 标准溶液：取 3g 分析纯 NaCl，置于带盖的瓷坩埚中，加热并不断搅拌，待爆炸声停止后，将坩埚放入干燥器中冷却。准确称取 1.4621g NaCl 置于烧杯中，用蒸馏水溶解后转入 250mL 容量瓶中，稀释至刻度。

3. 0.1000mol/L $AgNO_3$ 溶液：溶解 16.987g $AgNO_3$ 于 1000mL 蒸馏水中，将溶液转入棕色试剂瓶中，置暗处保存，以防见光分解。

0.1000mol/L $AgNO_3$ 溶液的标定：用移液管取 0.1000mol/L NaCl 标准溶液 25.00mL，注入锥形瓶中，加 25mL 蒸馏水，加 1mL K_2CrO_4 指示剂。在不断摇动下，用 $AgNO_3$ 溶液滴定至淡橘红色，即为终点。同时做空白试验。根据 NaCl 标准溶液的浓度和滴定中所消耗 $AgNO_3$ 溶液的体积，计算 $AgNO_3$ 溶液的准确浓度。

4. 5% K_2CrO_4 溶液。

5. pH 值试纸。

四、操作步骤

1. 硝酸银溶液的标定：取 3 份 25mL 0.1000mol/L NaCl 标准溶液，同时取 25mL 蒸馏水作空白，分别放入 250mL 锥形瓶中，各加 25mL 蒸馏水和 1mL K_2CrO_4 指示剂。在不断

摇动下用 $AgNO_3$ 溶液滴定至淡橘红色，即为终点。记录 $AgNO_3$ 溶液用量（V_{0-1}、V_{0-2}、V_{0-3}、V_1）。根据 $AgNO_3$ 溶液的用量，计算 $AgNO_3$ 溶液的准确浓度。

2. 空白试验

用移液管取 50mL 蒸馏水于锥形瓶中，加适量 $CaCO_3$ 作背景，加入 1mL K_2CrO_4 溶液，然后在用力摇动下，用 $AgNO_3$ 标准溶液滴定，直到出现淡橘红色为止。记下 $AgNO_3$ 溶液用量 V_1。

3. 水样测定

用移液管取 50.00mL 水样于锥形瓶中（水样先用 pH 值试纸检查，需为中性或弱碱性），加入 1mL K_2CrO_4 溶液，然后在用力摇动下，用 $AgNO_3$ 标准溶液滴定，直到出现淡橘红色，并与空白试验相比较，二者颜色相似，即为终点。记录 $AgNO_3$ 标准溶液用量 V_2。平行测定 3 次（V_{2-1}、V_{2-2}、V_{2-3}），计算水样中氯离子的含量。

五、结果记录

实验编号	1	2	3	4
$AgNO_3$ 溶液的标定	V_{0-1}	V_{0-2}	V_{0-3}	V_1
滴定终点读数				
滴定开始读数				
V_{AgNO_3} (mL)				
水样测定	V_{2-1}	V_{2-2}	V_{2-3}	V_1
滴定终点读数				
滴定开始读数				
V_{AgNO_3} (mL)				

六、数据处理

$$Cl^- (mg/L) = \frac{(V_2 - V_1) \times C \times 35.5 \times 1000}{V_水}$$

式中　C——$AgNO_3$ 标准溶液的浓度(mol/L)；

$V_水$——水样的体积(mL)；

V_1——蒸馏水消耗 $AgNO_3$ 标准溶液的体积(mL)；

V_2——水样消耗 $AgNO_3$ 标准溶液的体积(mL)；

35.5——氯离子的换算系数。

七、注意事项

1. 如果水样的 pH 值在 6.5~10.5 范围内，可直接测定。当 pH 值小于 6.5 时，须用碱中和水样；当水样 pH 值大于 10.5 时，亦须用不含氯化物的硝酸或硫酸中和。

2. 空白试验中加少量 $CaCO_3$，是由于水样测定时有白色 AgCl 沉淀生成。而空白试验是以蒸馏水代替水样，蒸馏水中不含 Cl^-，所以滴定过程中不生成白色沉淀。为了获得与水样测定有相似的浑浊程度，以便比较颜色，所以加少量的 $CaCO_3$ 作背景。

3. 沉淀 Ag_2CrO_4 为砖红色，但滴定时一般以出现淡橘红色即停止滴定。因 Ag_2CrO_4 沉淀过多，溶液颜色太深，比较颜色确定滴定终点比较困难。

八、思考题

1. 滴定中试液的酸度宜控制在什么范围？为什么？怎样调节？

2. 为什么要做空白试验？滴定过程中为何要用力摇动？

3. 以 K_2CrO_4 作指示剂时，指示剂的浓度过大或过小对测定有何影响？

水质氯化物测定的操作评分表

班级＿＿＿＿＿＿＿＿　学号＿＿＿＿＿＿＿＿　姓名＿＿＿＿＿＿＿＿　成绩＿＿＿＿＿＿＿＿

考核日期＿＿＿＿＿＿　开始时间＿＿＿＿＿＿　结束时间＿＿＿＿＿＿　考评员＿＿＿＿＿＿

序号	考核点	配分	评分标准	扣分	得分
（一）	氯化钠标准溶液的配制	12			
1	称量前准备	2	（1）未检查天平水平，扣0.5分； （2）未调零点，扣0.5； （3）托盘未清扫，扣1分		
2	天平称量操作	8	（1）干燥器盖子放置不正确，扣0.5分； （2）手直接触及被称物容器或被称物容器放在台面上，每次扣0.5分； （3）称量瓶未放置在天平盘的中央，扣0.5分； （4）称量的量不正确，扣3分； （5）试样撒落，扣2分； （6）开关天平门、放置称量物要轻巧，不正确，扣0.5分； （7）读数及数据记录不正确，扣1分		
3	称量后处理	2	（1）天平未归零，扣0.5分； （2）天平内外不清洁，扣0.5分； （3）未检查零点，扣0.5分； （4）未做使用记录，扣0.5分		
（二）	硝酸银溶液标定	22			
1	玻璃仪器洗涤	2	玻璃仪器洗涤干净后内壁应不挂水珠，否则一次性扣2分		
2	移液管润洗	2	（1）润洗溶液若不超过总体积的1/3，扣0.5分； （2）润洗后废液应从下口排出，不正确，扣0.5分； （3）润洗少于3次，扣1分		
3	移取溶液	6	（1）移液管插入液面下1～2cm，不正确，扣1分； （2）吸空或将溶液吸入吸耳球内，扣1分； （3）移取溶液时，移液管不竖直，一次性扣1分； （4）放液时锥形瓶未倾斜30°～45°，一次性扣1分； （5）移液管贴锥形瓶壁放液，不正确，扣1分； （6）放完液后要停靠15s，不能吹，不正确，扣1分		
4	滴定操作	10	（1）滴定管未进行试漏或时间不足1～2min（总时间），扣1分； （2）滴定前管尖残液未除去，一次性扣1分； （3）未双手配合或控制旋塞不正确，扣1分； （4）操作不当造成漏液，扣1分； （5）滴定至淡黄色再加淀粉指示剂，不正确扣2分； （6）终点控制不准（非半滴到达、颜色不正确），每出现一次扣0.5分，可累计扣分； （7）读数不正确，每出现一次扣0.5分，可累计扣分； （8）原始数据未及时记录在报告单上，每出现一次扣1分		
5	原始记录	2	（1）数据记录不正确（有效数字、单位），每出现一次扣1分，但不超过2分； （2）数据不全、有空项、字迹不工整，每出现一次扣0.5分但不超过2分		

续表

序号	考核点	配分	评分标准	扣分	得分
(三)	样品测定	20			
1	取试样	2	(1) 盛试样的器皿选择不正确，扣1分； (2) 样品没有调节 pH 值在 6.5～10.5，扣1分		
2	测定过程	2	(1) 用胶头滴管加指示剂时，取上清液，不正确，扣1分； (2) 指示剂加入量 1mL，不正确，扣1分		
3	滴定操作	10	(1) 滴定管未进行试漏或时间不足 1～2min（总时间），扣0.5分； (2) 润洗方法不正确，扣1分； (3) 滴定前管尖残液未除去，每出现一次扣0.5分，可累计扣分； (4) 未双手配合或控制旋塞不正确，扣0.5分操作不当造成漏液，扣0.5分； (5) 滴定至淡黄色再加淀粉指示剂，不正确扣2分； (6) 终点控制不准（非半滴到达、颜色不正确），每出现一次扣0.5分，可累计扣分； (7) 读数不正确，每出现一次扣0.5分； (8) 原始数据未及时记录在报告单上，每出现一次扣1分		
4	原始记录	3	(1) 数据记录不正确（有效数字、单位），每出现一次扣1分，但不超过3分； (2) 数据不全、有空项、字迹不工整，每出现一次扣0.5分，但不超过3分		
5	有效数字运算	3	有效数字运算不规范，一次性扣3分		
(四)	文明操作	6			
1	实训台面	2	实训过程中台面、地面脏乱，一次性扣2分		
2	实训结束清洗仪器、试剂物品归位	2	实训结束未先清洗仪器或试剂物品未归位就完成报告，一次性扣2分		
3	仪器损坏	2	损坏仪器，一次性扣2分		
(五)	测定结果	40			
1	标定结果精密度	10	（极差/平均值）≤0.15%，不扣分； 0.15%<（极差/平均值）≤0.25%，扣2.5分； 0.25%<（极差/平均值）≤0.35%，扣5分； 0.35%<（极差/平均值）≤0.45%，扣7.5分； （极差/平均值）>0.45%，或标定结果少于3份，精密度不给分		
2	标定结果准确度	10	（极差/平均值）>0.45%，或标定结果少于3份，精密度不给分； 保证值±1s内，不扣分； 保证值±2s内，扣3分； 保证值±3s内，扣6分； 保证值±3s外，扣10分		

序号	考核点	配分	评分标准	扣分	得分
3	测定结果精密度	10	必须有 3 次测定结果才能计分； (极差/平均值)≤3%，不扣分； 3%<(极差/平均值)≤5%，扣 3 分； 5%<(极差/平均值)≤7.5%，扣 7 分； 7.5%<(极差/平均值)，扣 10 分		
4	测定结果准确度	10	(极差/平均值)>10%，或测定结果少于 3 份，准确度不给分； 保证值±1s 内，不扣分； 保证值±2s 内，扣 3 分； 保证值±3s 内，扣 7 分； 保证值±3s 外，扣 10 分		
合计					

教学单元 7　氧化还原滴定法

【教学目标】

通过氧化还原滴定法基本原理，以及高锰酸钾法、重铬酸钾法、碘量法和溴酸钾法等的学习，学生将具有水中高锰酸盐指数、COD、DO、BOD_5 等水质指标的检验及质量控制能力，为水处理工艺的正常运行提供数据，判断水质是否达标。

氧化还原滴定法是以氧化还原反应为基础的滴定分析方法。氧化还原滴定法广泛地应用于水质分析中，除可以用来直接测定氧化性或还原性物质外，也可以用来间接测定一些能与氧化剂或还原剂发生定量反应的物质。因此，水质分析中常用氧化还原滴定法测定水中的溶解氧（DO）、高锰酸盐指数（PV）、化学需氧量（COD）、生物化学需氧量（BOD_5）及苯酚等有机物污染指标来评价水体中有机物污染程度；测定水中游离余氯、二氧化氯和臭氧等。

氧化还原反应是基于电子转移的反应，其特点是反应机理比较复杂，反应经常分步进行，除了主反应外还常伴有副反应发生，而且反应速度一般较慢，有时需要创造适当的条件，例如控制温度、pH 值等，才能使氧化还原反应符合滴定分析的要求。

可以用于滴定分析的氧化还原反应很多，通常根据所用滴定剂的种类不同，将氧化还原滴定法分为高锰酸钾法、重铬酸钾法、碘量法、溴酸钾法等。本单元主要学习氧化还原滴定法的基本原理，重点介绍以滴定剂命名的各种分析方法及其在水质分析中的应用，最后讨论有机物污染指标问题。

7.1　氧化还原反应的方向

7.1.1　氧化还原反应和条件电极电位

氧化还原反应可由下列平衡式表示：

$$Ox_1 + Red_2 \rightleftharpoons Red_1 + Ox_2$$

式中 Ox 表示某一氧化还原电对的氧化态，Red 表示其还原态，它们的氧化还原半反应可用下式表示：

$$Ox + ne \rightleftharpoons Red$$

式中　n——电子转移数。

氧化剂的氧化能力或还原剂的还原能力的大小可以用有关电对的电极电位来衡量。电对的电极电位值越大，其氧化态是越强的氧化剂；电对的电极电位值越小，其还原态是越强的还原剂。例如，Fe^{3+}/Fe^{2+} 电对的标准电极电位（$\varphi^{\theta}_{Fe^{3+}/Fe^{2+}} = 0.77V$）比 Sn^{4+}/Sn^{2+} 电对的标准电极电位（$\varphi^{\theta}_{Sn^{4+}/Sn^{2+}} = 0.15V$）大，对

氧化态 Fe^{3+} 和 Sn^{4+} 来说，Fe^{3+} 是更强的氧化剂；对还原态 Fe^{2+} 和 Sn^{2+} 来说，Sn^{2+} 是更强的还原剂，因此能发生下列反应：

$$Fe^{3+} + Sn^{2+} \rightleftharpoons Sn^{4+} + Fe^{2+}$$

可以根据有关电对的电极电位值，来判断氧化还原反应的方向。

氧化还原电对的电极电位可用能斯特（Nernst）方程表示，即：

$$\varphi = \varphi^\theta + \frac{RT}{nF} \ln \frac{\alpha_{Ox}}{\alpha_{Red}} \tag{7-1}$$

式中 φ 为电对的电极电位，φ^θ 为电对的标准电极电位，α_{Ox} 和 α_{Red} 分别为氧化态和还原态的活度，R 为气体常数，等于 $8.314\text{J}/(\text{mol} \cdot \text{K})$；$T$ 为绝对温度（K）；F 为法拉第常数，等于 96487C/mol；n 为半反应中电子转移数。将有关常数代入式(7-1)，并取常用对数，在 25℃时：

$$\varphi = \varphi^\theta + \frac{0.059}{n} \lg \frac{\alpha_{Ox}}{\alpha_{Red}} \tag{7-2}$$

在实际工作中，溶液中离子强度和其他物质都会影响氧化还原反应过程，例如溶液中大量强电解质的存在，H^+ 或 OH^- 参与半反应，能与电对的氧化态或还原态络合的络合剂以及生成难溶化合物的物质存在等，这些外界因素都将影响电对的氧化还原能力，因此考虑外界因素的影响，则：

$$\varphi = \varphi^{\theta'} + \frac{0.059}{n} \lg \frac{C_{Ox}}{C_{Red}} \tag{7-3}$$

式中 $\varphi^{\theta'}$ 称为条件电极电位。它是在一定的条件下，当氧化态和还原态的分析浓度 $C_{Ox} = C_{Red} = 1$ 或 $C_{Ox}/C_{Red} = 1$ 时的实际电极电位。在一定条件下，它是一常数。因此，在氧化还原反应中，引入条件电极电位之后，可以在一定条件下，直接通过实验测得条件电极电位。这样，处理实际问题就比较简单，同时也比较符合实际。

7.1.2　氧化还原反应进行的方向

氧化剂和还原剂的浓度、溶液的 pH 值、生成沉淀和形成络合物等对氧化还原电对的电极电位都产生影响，因此，在不同的条件下，氧化还原反应进行的方向可能不同。

例如，地下水除铁，采用曝气法，水中的溶解氧将水中 Fe^{2+} 氧化成 Fe^{3+}，并水解生成 $Fe(OH)_3$ 沉淀，其反应为：

$$4\ Fe^{2+} + 8HCO_3^- + O_2 \rightleftharpoons 4Fe(OH)_3 \downarrow + 8CO_2 \uparrow$$

该氧化还原反应中电对的标准电极电位分别为：

$$\varphi^\theta_{Fe^{3+}/Fe^{2+}} = 0.77\text{V}$$

$$\varphi^\theta_{O_2/OH^-} = 0.40\text{V}$$

由标准电极电位可知，水中的 O_2 不可能将 Fe^{2+} 氧化成为 Fe^{3+}。但是氧化态 Fe^{3+} 的水解生成了 $Fe(OH)_3$ 沉淀，则 Fe^{3+} 的浓度是微溶化合物 $Fe(OH)_3$ 的溶解平衡浓度为：

$$Fe(OH)_3 \rightleftharpoons Fe^{3+} + 3OH^-$$

$$K_{sp \cdot Fe(OH)_3} = 3 \times 10^{-39}$$

$$[Fe^{3+}] = \frac{K_{sp \cdot Fe(OH)_3}}{[OH^-]^3}$$

则：

$$\varphi_{Fe^{3+}/Fe^{2+}} = \varphi^{\theta}_{Fe^{3+}/Fe^{2+}} + 0.059 \lg \frac{\dfrac{K_{sp \cdot Fe(OH)_3}}{[OH^-]^3}}{[Fe^{2+}]}$$

$$= \varphi^{\theta}_{Fe^{3+}/Fe^{2+}} + 0.059 \lg K_{sp \cdot Fe(OH)_3} + \lg \frac{1}{[OH^-]^3 [Fe^{2+}]}$$

当 $[OH^-] = [Fe^{2+}] = 1 mol$ 时，体系的实际电位就是 $Fe(OH)_3/Fe^{2+}$ 电对的条件电极电位。

$$\varphi^{\theta'}_{Fe(OH)_3/Fe^{2+}} = \varphi^{\theta}_{Fe(OH)_3/Fe^{2+}} + 0.059 \lg K_{sp \cdot Fe(OH)_3}$$
$$= 0.77 + 0.059 \lg 3 \times 10^{-39}$$
$$= -1.50 V$$

由此可见，由于 Fe^{3+} 水解生成沉淀，使电极电位由原来的 0.77V 下降至 -1.50V。此时：

$$\varphi^{\theta}_{O_2/OH^-} > \varphi^{\theta'}_{Fe(OH)_3/Fe^{2+}}$$

所以，采用曝气法去除地下水中的 Fe^{2+} 的反应，向生成 $Fe(OH)_3$ 沉淀的方向进行。

通过氧化还原反应电对的电极电位计算，可以判断氧化还原反应进行的方向。有关部分氧化还原半反应的条件电极电位和标准电极电位的数据见附录8。如果没有相同条件的条件电极电位，可采用相近条件的条件电极电位。例如在附录8中未查到 $1 mol/L H_2SO_4$ 溶液中 Fe^{3+}/Fe^{2+} 的条件电极电位，可以用 $0.5 mol/L H_2SO_4$ 溶液中 Fe^{3+}/Fe^{2+} 的条件电极电位（0.674V）代替。如果查不到指定条件的条件电极电位数据，只能采用标准电极电位进行近似计算。

滴定分析法要求反应定量完成，一般氧化还原反应可通过反应的平衡常数 K（或条件平衡常数 K'）来判断反应进行的程度。为达到反应必须定量完成这一滴定分析方法的基本要求，根据理论计算，滴定剂与被测组分之间的条件电极电位之差必须不小于 0.4V。在氧化还原滴定分析中，常用强氧化剂（如 $KMnO_4$、K_2CrO_7 等）和较强的还原剂 [如 $(NH_4)_2Fe(SO_4)_2$、$Na_2S_2O_3$ 等] 作滴定剂，要达到这个要求是不困难的。有时还可以控制条件改变电对的电位，以使反应定量完成。

7.2　氧化还原反应速度的影响因素

氧化还原反应的速度与酸碱反应相比，通常要慢得多。一个氧化还原反应有时尽管从电极电位和平衡常数来看，能够进行并能进行得很完全，但由于反应速度很慢，而没有实际意义。滴定分析要求反应快速进行。氧化还原滴定中不仅要从电极电位和反应的平衡常数判断反应的可行性，还要从反应速度来考虑反应的现实性。因此，必须创造适当的条件，尽可能增加反应速度，以使一个氧化还原反应能用于滴定分析。

7.2.1　浓度的影响

根据质量作用定律，反应速度与反应物浓度的乘积成正比。由于氧化还原反应涉及电子转移过程，情况比较复杂，反应常分步进行。因此，不能从总的氧化还原反应方程式来判断反应物浓度对反应速度的影响。但通常来说，增加反应物的浓度能够加快反应速度。例如，用 $K_2Cr_2O_7$ 标定 $Na_2S_2O_3$ 溶液，反应方程式如下：

$$Cr_2O_7^{2+} + 6I^- + 14H^+ == 2Cr^{3+} + 3I_2 + 7H_2O（慢）\qquad (7\text{-}4)$$

$$I_2 + 2S_2O_3^{2-} == I^- + S_4O_6^{2-}（快）\qquad (7\text{-}5)$$

称取一定量的 $K_2Cr_2O_7$，用少量水溶解后，加入过量 KI，待反应完全后，以淀粉为指示剂，用 $Na_2S_2O_3$ 溶液滴定析出的 I_2。滴定到 I_2 淀粉的蓝色恰好消失为止。因终点生成物中有 Cr^{3+}，呈蓝绿色，终点应由深蓝色变为亮绿色。如果 Cr^{3+} 浓度过大，将干扰终点颜色变化的观察，最好在稀溶液中滴定。

在滴定过程中，如果先将 $K_2Cr_2O_7$ 溶液冲稀，因为反应式(7-4)是慢反应，加入 KI 后，$Cr_2O_7^{2-}$ 和 I^- 的反应不能在用 $Na_2S_2O_3$ 溶液滴定前完成。因此，必须在较浓的 $Cr_2O_7^{2-}$ 溶液中，加入过量的 I^- 和 H^+，使反应式(7-4)较快地进行，再放置一段时间，待反应式(7-4)进行完全后，再将溶液冲稀，然后用 $Na_2S_2O_3$ 溶液滴定，从而避免滴定终点时，Cr^{3+} 浓度过大，影响终点颜色变化的观察。

此外，在氧化还原滴定过程中，由于反应物的浓度不断降低，特别是接近化学计量点时，反应速度更慢，所以滴定时应注意控制滴定速度与反应速度相适应。

7.2.2　温度的影响

对于大多数反应来说，升高温度可以提高反应速度。一般温度升高 10℃，反应速度约提高 2～3 倍。例如，在酸性溶液中用 MnO_4^- 滴定 $C_2O_4^{2-}$ 的反应：

$$2MnO_4^- + 5C_2O_4^{2-} + 16H^+ == 2Mn^{2+} + 10CO_2\uparrow + 8H_2O$$

在室温下，反应速度缓慢，将溶液加热能加快反应，通常保持温度在 70～80℃滴定。但还应考虑升高温度时可能引起的其他一些不利因素产生。例如，MnO_4^- 滴定 $C_2O_4^{2-}$ 的反应，温度过高会引起部分 $H_2C_2O_4$ 分解：

$$H_2C_2O_4 \xrightarrow{加热} H_2O + CO\uparrow + CO_2\uparrow$$

有些物质(如 I_2)易挥发，溶液加热时会引起挥发损失；有些物质(如 Sn^{2+}，Fe^{2+} 等)加热会促使它们被空气中的氧所氧化。所以，必须根据具体情况确定反应最适宜的温度。

7.2.3　催化剂的影响

催化剂对反应速度有很大的影响。加入催化剂能够改变其他物质的化学反应速度，而催化剂本身的状态和数量最终并不改变，只是在反应过程中，反复地参加反应，并循环地起作用。

催化剂有正催化剂和负催化剂之分，正催化剂加快反应速度，负催化剂减慢反应速度。负催化剂又叫"阻化剂"。

在水质分析中，利用催化剂的氧化还原反应很多，例如化学需氧量(COD)的测定中，以 Ag_2SO_4 作催化剂加快反应速度，用分光光度法测定水中的 Mn^{2+} 时，常以过硫酸铵作氧化剂，以银盐为催化剂氧化水中的 Mn^{2+} 等。

综上所述，氧化还原反应的速度与反应条件紧密相关，因此滴定分析过程中，必须严格遵守操作规程，选择适当的反应条件，提高滴定分析的准确度。

7.3 氧化还原滴定

7.3.1 氧化还原滴定曲线

与酸碱滴定法相似，在氧化还原滴定过程中，随着滴定剂的加入，溶液中氧化剂和还原剂浓度不断地发生变化，相应电对的电极电位也随之发生改变。在化学计量点处发生"电位突跃"。如反应中两电对都是可逆的，就可以根据能斯特方程，由两电对的条件电极电位计算滴定过程中溶液电位的变化，并描绘滴定曲线。图7-1是通过计算得到的以 $0.1mol/L\ K_2Cr_2O_7$ 标准溶液滴定等浓度 Fe^{2+} 的滴定曲线。滴定曲线的突跃范围为 $0.94\sim1.31V$，化学计量点为 $1.26V$。

化学计量点附近电位突跃的大小与两个电对条件电位相差的大小有关。电位相差越大，则电位突跃越大，反应也越完全。

图 7-1　$0.1mol/L\ K_2Cr_2O_7$ 滴定 Fe^{2+} 的理论滴定曲线

7.3.2 氧化还原指示剂

在氧化还原滴定过程中，可用指示剂在化学计量点附近颜色的改变来指示滴定终点。根据氧化还原指示剂的性质可分为以下各类。

1. 氧化还原指示剂

这类指示剂是具有氧化还原性质的复杂有机化合物，在滴定过程中也发生氧化还原反应，其氧化态和还原态的颜色不同，因而可以用于指示滴定终点的到达。

每种氧化还原指示剂在一定的电位范围内发生颜色变化，此范围称为指示剂的电极电位变色范围。选择指示剂时应选用电极电位变色范围在滴定突跃范围内的指示剂。常用的氧化还原指示剂及配制方法见表7-1。

一些氧化还原指示剂及配制方法　　表 7-1

指示剂	$\varphi^{\theta}(V)$ $[H^+]=1mol/L$	颜色变化		配制方法
		氧化态	还原态	
次甲基蓝	0.36	天蓝	无色	0.05%水溶液
二苯胺磺酸钠	0.85	紫蓝	无色	0.2 水溶液
邻苯氨基苯甲酸	0.89	紫红	无色	0.2%水溶液
2-2′联吡啶亚铁盐	1.02	紫红	红	稀盐酸溶液
邻二氮菲亚铁盐	1.06	淡蓝	红	每100mL溶液含1.624g邻二氮菲和0.695g $FeSO_4$
硝基邻二氮菲亚铁盐	1.26	淡蓝	红	1.7g硝基邻二氮菲和0.025mol/L Fe-SO_4 100mL 配成溶液

氧化还原指示剂是氧化还原滴定的通用指示剂，选择指示剂时应注意以下

两点：

（1）指示剂变色的电位范围应在滴定突跃范围之内。由于指示剂变色的电位范围很小，应尽量选择指示剂条件电位 φ_{In}^{θ} 处于滴定曲线突跃范围之内的指示剂。

（2）氧化还原滴定中，滴定剂和被滴定的物质常是有色的，反应前后颜色发生改变，观察到的是离子的颜色和指示剂所显示颜色的混合色，选择指示剂时注意化学计量点前后颜色变化是否明显。

此外，滴定过程中指示剂本身要消耗少量滴定剂，如果滴定剂的浓度较大（约 0.1mol/L），指示剂所消耗的滴定剂的量很小，对分析结果影响不大；如果滴定剂的浓度较小（约 0.01mol/L），则应作指示剂空白校正。

2. 自身指示剂

在氧化还原滴定中，有些标准溶液或被滴定物质本身有很深的颜色，而滴定产物为无色或颜色很浅，滴定时无需另加指示剂，它们本身颜色的变化就起着指示剂的作用。这种物质称为自身指示剂。例如在高锰酸钾法中，用 $KMnO_4$ 作滴定剂，MnO_4^- 本身呈深紫色，在酸性溶液中还原为几乎是无色的 Mn^{2+}，当滴定到化学计量点后，微过量的 MnO_4^-，就使溶液呈粉红色（此时 MnO_4^- 的浓度约为 $2\times 10^{-6}mol/L$）指示终点。

3. 特效指示剂

特效指示剂是能与滴定剂或被滴定物质反应生成特殊颜色的物质，以指示终点。如可溶性淀粉溶液与 I_2 溶液的反应，生成深蓝色化合物，当 I_2 溶液浓度为 $1\times 10^{-5}mol/L$ 时，即能看到蓝色。当 I_2 被还原为 I^- 时，深蓝色退去。因此，可以从蓝色的出现或消失指示滴定终点的到达。

7.4　氧化还原滴定法在水质分析中的应用

氧化还原滴定法，根据使用滴定剂的种类又分为不同的方法。在水质分析中，经常采用高锰酸钾法、重铬酸钾法、碘量法和溴酸钾法。

7.4.1　高锰酸钾法——水中高锰酸盐指数的测定

1. 概述

高锰酸钾法是以高锰酸钾（$KMnO_4$）为滴定剂的滴定分析方法。因为高锰酸钾是一种强氧化剂，可以用它直接滴定 Fe(II)、As(III)、Sb(III)，H_2O_2、$C_2O_4^{2-}$、NO_2^- 以及其他具有还原性的物质（包括很多有机化合物），还可以间接测定能与 $C_2O_4^{2-}$ 定量沉淀为草酸盐的金属离子等，因此高锰酸钾法应用广泛。$KMnO_4$ 本身呈紫色，在酸性溶液中，被还原为 Mn^{2+}（几乎无色），滴定时无需另加指示剂。它的主要缺点是试剂含有少量杂质，标准溶液不够稳定，反应历程复杂，并常伴有副反应发生。所以，滴定时要严格控制条件，已标定的 $KMnO_4$ 溶液放置一段时间后，应重新标定。

MnO_4^- 的氧化能力与溶液的酸度有关。在强酸性溶液中，$KMnO_4$ 被还原为 Mn^{2+}，半反应式为：

$$MnO_4^- + 8H^+ + 5e \Longrightarrow Mn^{2+} + 4H_2O \quad \varphi^{\theta} = 1.15V$$

在微酸性、中性或弱碱性溶液中，半反应式为：

$$MnO_4^- + 2H_2O + 3e \Longrightarrow MnO_2 + 4OH^- \quad \varphi^\theta = 0.588V$$

反应后生成棕色的 MnO_2，妨碍终点的观察。在强碱性溶液中（NaOH 的浓度大于 2mol/L），很多有机化合物与 MnO_4^- 反应，半反应式为：

$$MnO_4^- + e \Longrightarrow MnO_4^{2-} \quad \varphi^\theta = 0.564V$$

因此，常利用 $KMnO_4$ 的强氧化性作滴定剂，并可根据水样中被测定物质的性质采用不同的反应条件。

2. 标准溶液的配制与标定

高锰酸钾为暗紫色菱柱状闪光晶体，易溶于水。

$KMnO_4$ 试剂中常含有少量 MnO_2 和其他杂质。由于 $KMnO_4$ 的氧化性强，在生产、储存和配制溶液过程中易与还原性物质作用，如蒸馏水中含有的少量有机物质等。因此，$KMnO_4$ 标准溶液不能直接配制。

为了配制较稳定的 $KMnO_4$ 溶液，可称取稍多于计算用量的 $KMnO_4$，溶于一定体积蒸馏水中，例如配制 0.1000mol/L（1/5 $KMnO_4$ = 0.1000mol/L）的 $KMnO_4$ 溶液时，首先称取 $KMnO_4$ 试剂 3.3～3.5g，用蒸馏水溶解并稀释至 1L。将配好的溶液加热至沸，并保持微沸 1h，然后在暗处放置 2～3d，使溶液中可能存在的还原性物质充分氧化。用微孔玻璃砂芯漏斗过滤除去析出的沉淀。将溶液贮存于棕色瓶中，标定后使用。如果需要浓度较低的 $KMnO_4$ 溶液，则用无有机物蒸馏水（在蒸馏水中加少量 $KMnO_4$ 碱性溶液，然后重新蒸馏即得）稀释至所需浓度。

标定 $KMnO_4$ 的基准物质主要有 $Na_2C_2O_4$、$H_2C_2O_4 \cdot 2H_2O$、$(NH_4)_2Fe(SO_4)_2 \cdot 6H_2O$、$As_2O_3$、纯钢丝等。由于 $Na_2C_2O_4$ 易于提纯、稳定、不含结晶水，因此常用 $Na_2C_2O_4$ 作基准物质。$Na_2C_2O_4$ 在 105～110℃烘干 2h，冷却后即可使用。

在 H_2SO_4 溶液中，MnO_4^- 和 $C_2O_4^{2-}$ 发生下式反应：

$$2MnO_4^- + 5C_2O_4^{2-} + 16H^+ \Longrightarrow 2Mn^{2+} + 10CO_2\uparrow + 8H_2O$$

在标定过程中，为使反应定量进行，应注意以下滴定条件：

（1）酸度

由于 $KMnO_4$ 的氧化能力与溶液的酸度有关，如酸度过低，MnO_4^- 部分还原为 MnO_2；酸度过高，会促使 $H_2C_2O_4$ 分解，导致结果偏高。一般在滴定开始时，溶液的酸度约为 1mol/L。

（2）温度

为了加快反应速度，需将溶液加热至 70～80℃滴定。

（3）滴定速度

开始滴定时，由于反应速度较慢，应在加入一滴 MnO_4^- 溶液退色后再加入第二滴。如果开始时滴定速度快，MnO_4^- 还来不及与 $C_2O_4^{2-}$ 反应，就会在热的酸性溶液中分解：

$$4MnO_4^- + 12H^+ \Longrightarrow 4Mn^{2+} + 5O_2\uparrow + 6H_2O$$

导致标定结果偏低。随着滴定进行，由于生成物 Mn^{2+} 起了催化作用，滴定速度可以适当加快。

3. 高锰酸盐指数及其测定

高锰酸盐指数(PV)是指在一定条件下,1L 水样中的还原性物质(无机物和有机物)被 $KMnO_4$ 氧化所消耗 $KMnO_4$ 的量,以 mgO_2/L 作为量值单位。因此,高锰酸盐指数也称耗氧量。

水中的亚硝酸盐(NO_2^-)、亚铁盐(Fe^{2+})、硫化物(S^{2-})等还原性无机物和在此条件下可被氧化的有机物,均可消耗 $KMnO_4$。所以高锰酸盐指数是水体中还原性有机(含无机)物质污染程度的综合指标之一。

天然水体中存在的无机还原性物质为 Fe^{2+}、S^{2-}、NO_2^-、SO_3^{2-} 等,一般含量较少。而有机还原性物质组成比较复杂,有的是动植物腐烂分解后产生的,有的则是由于生活污水或工业废水排放造成的。这些有机物质的存在,促使细菌大量繁殖,直接影响水质安全,因而水中有机物含量的多少,在一定程度上反映了水被污染的状况。含大量有机物的水会变成黄色或褐色,呈酸性,不适合作为生活用水和工业用水。

高锰酸盐指数
的测定

清洁水和河水的高锰酸盐指数测定,通常采用酸性 $KMnO_4$ 法。

测定时,水样在酸性条件下,加入过量的 $KMnO_4$ 标准溶液,加热至沸,在沸水浴中加热反应一定时间,此时发生下列反应:

$$4MnO_4^- + 5C + 12H^+ \longrightarrow 4Mn^{2+} + 5CO_2\uparrow + 6H_2O$$
$$\text{(有机物)}$$

过量的 $KMnO_4$ 由于加入过量的 $Na_2C_2O_4$ 标准溶液而被还原,多余的 $Na_2C_2O_4$ 再被 $KMnO_4$ 标准溶液滴定至粉红色:

$$2MnO_4^- + 5C_2O_4^{2-} + 16H^+ \longrightarrow 2Mn^{2+} + 10CO_2\uparrow + 8H_2O$$

计算公式如下:

$$高锰酸盐指数(mg\ O_2/L) = \frac{[C_1(V_1 + V_1') - C_2 V_2] \times 8 \times 1000}{V_水} \tag{7-6}$$

式中　C_1——1/5 $KMnO_4$ 溶液浓度(mol/L);

　　　V_1——第一次加入 $KMnO_4$ 标准溶液的量(mL);

　　　V_1'——滴定时消耗 $KMnO_4$ 标准溶液的量(mL);

　　　C_2——1/2 $Na_2C_2O_4$ 标准溶液浓度(mol/L);

　　　V_2——加入 $Na_2C_2O_4$ 标准溶液的量(mL);

　　　$V_水$——水样的体积(mL);

　　　8——氧的换算系数。

测定高锰酸盐指数时,一定要严格遵守操作程序。如试剂用量、加入试剂的次序、加热时间和温度等,以使测定结果具有可比性。

当水样含大量氯化物(300mg/L 以上)时,由于:

$$2MnO_4^- + 10Cl^- + 16H^+ \longrightarrow 2Mn^{2+} + 5Cl_2 + 8H_2O$$

使高锰酸盐指数的测定结果偏高。此时,水样应先加蒸馏水稀释,使氯化物浓度降低,也可采用加 Ag_2SO_4 生成 AgCl 沉淀的方法。如加 $1g Ag_2SO_4$,则可排除 $200mg Cl^-$ 的干扰。

应该指出,用此法测定水中的高锰酸盐指数值,还不能完全代表水中全部有机物的含量。因为，在规定条件下，水中的有机物只能部分被氧化。所以，用此法测定的高锰酸盐指数不是反映水体中总有机物含量的尺度，只是一个相对的条件指标。

高锰酸盐指数的测定方法一般只适用于较清洁的水样。

7.4.2 重铬酸钾法——水中化学需氧量的测定

1. 概述

重铬酸钾法是以重铬酸钾为滴定剂的滴定分析方法，是氧化还原滴定法中的重要方法之一，在水质分析中常用于测定水中的化学需氧量（COD）。

重铬酸钾的化学式 $K_2Cr_2O_7$，橙红色晶体，易溶于水。它的主要优点是：

（1）$K_2Cr_2O_7$ 固体试剂易提纯（纯度可达 99.99%），在 120℃烘干 2～4h 后，可以直接配制标准溶液，而不需标定。

（2）$K_2Cr_2O_7$ 标准溶液非常稳定，可保存很长时间。

（3）滴定反应速度较快，通常可在常温下进行。

$K_2Cr_2O_7$ 是一种常用的强氧化剂，在酸性溶液中，能氧化还原性物质，本身被还原为 Cr^{3+}，半反应为：

$$Cr_2O_7^{2-} + 14H^+ + 6e \rightleftharpoons 2Cr^{3+} + 7H_2O \qquad \varphi^0 = 1.33V$$

$K_2Cr_2O_7$ 的氧化能力较 $KMnO_4$ 弱，在水溶液中稳定性大于 $KMnO_4$，室温下不氧化 Cl^-，因此可以在 HCl 介质中用 $K_2Cr_2O_7$ 直接测定 Fe^{2+}。

在滴定过程中，$Cr_2O_7^{2-}$ 和 Fe^{2+} 的反应为：

$$Cr_2O_7^{2-} + 6Fe^{2+} + 14H^+ = 2Cr^{3+} + 6Fe^{3+} + 7H_2O$$

橙色的 $Cr_2O_7^{2-}$ 还原后转变为绿色 Cr^{3+}，需用指示剂指示滴定终点。常用的指示剂是二苯胺磺酸钠，终点时由无色变为紫红色。

2. 化学需氧量及其测定

化学需氧量（COD）是在一定条件下，用强氧化剂处理水样时，所消耗氧化剂的量，以"$mg\ O_2/L$"作为量值的单位。

化学需氧量是对水中还原性物质污染程度的度量，通常将其作为工业废水和生活污水中含有有机物量的一种非专一性指标。我国规定用 $K_2Cr_2O_7$ 作为强氧化剂来测定废水的化学需氧量，其测得的值用 COD 来表示。

$K_2Cr_2O_7$ 能氧化分解有机物的种类多，氧化率高，准确度、精密度较好，因此被广泛应用。

测定时，在强酸性水样中加入催化剂（Ag_2SO_4）和一定过量的 $K_2Cr_2O_7$ 标准溶液，在回流加热和催化剂存在的条件下，水样中还原性有机物（也包括还原性无机物）被氧化。然后过量的 $K_2Cr_2O_7$ 用试亚铁灵作指示剂，以 $(NH_4)_2Fe(SO_4)_2$ 标准溶液反滴定，根据其用量计算出 COD 值。

测定过程可分成水样的氧化、反滴定和空白试验三部分：

（1）水样的氧化

采用密闭的回流装置，使水样中有机物在酸性溶液中被 $K_2Cr_2O_7$ 氧化完全。为保证有机物完全氧化，加热回流后 $K_2Cr_2O_7$ 的剩余量应为原加入量的 1/2～4/5，浓 H_2SO_4 的用量是水样和加入的 $K_2Cr_2O_7$ 溶液的体积之和。

在一般的废水中，无机性还原物质含量甚微，可认为消耗的 $K_2Cr_2O_7$ 量全都用于有机物的氧化。如有机物为直链脂肪烃、芳香烃和一些杂环有机化合物，则不能被 $K_2Cr_2O_7$ 氧化；当加入少量 Ag_2SO_4 作催化剂时，直链脂肪烃有 $85\%\sim95\%$ 可被氧化，对芳香烃和一些杂环化合物（如吡啶）仍无效。即便如此，同一水样 COD 的测定值仍大大高于高锰酸盐指数，也高于生物化学需氧量 BOD。

通常，加热回流时间为 2h，如水样比较清洁，可以适当缩短加热回流时间。水中如含有氯化物，加热回流时可发生下列反应：

$$Cr_2O_7^{2-}+6Cl^-+14H^+\longrightarrow 2Cr^{3+}+3Cl_2+7H_2O$$

所以当水中氯化物高于 300mg/L 时，应加入 $HgSO_4$，它与 Cl^- 生成稳定的可溶性络合物，从而可以抑制 Cl^- 的氧化。$HgSO_4$ 的加入量，以共存的 Cl^- 的 10 倍量为宜。

（2）返滴定

加热回流后的溶液应仍为橙色，此时溶液呈强酸性，应用蒸馏水稀释至总体积为 350mL，否则酸性太强，指示剂失去作用。另外，Cr^{3+} 的绿色太深，也会影响滴定终点的准确判断。

以试亚铁灵为指示剂，用 $(NH_4)_2Fe(SO_4)_2$ 标准溶液反滴定溶液中剩余的 $K_2Cr_2O_7$，此时发生下列反应：

$$Cr_2O_7^{2-}+6Fe^{2+}+14H^+\longrightarrow 2Cr^{3+}+6Fe^{3+}+7H_2O$$

溶液的颜色由黄色经蓝绿色变至红褐色即为终点。

（3）空白试验

空白试验的目的是检验试剂中还原性物质的量。

计算公式如下：

$$COD(mg\ O_2/L)=\frac{(V_0-V_1)\times C\times 8\times 1000}{V_{水}} \tag{7-7}$$

式中　C——硫酸亚铁铵标准溶液的浓度（mol/L）；

　　　V_0——空白试验消耗的硫酸亚铁铵标准溶液的量（mL）；

　　　V_1——水样消耗的硫酸亚铁铵标准溶液的量（mL）；

　　　$V_{水}$——水样的体积（mL）；

　　　8——氧的换算系数。

COD_{Cr} 的测定结果受加入氧化剂（$K_2Cr_2O_7$）浓度、反应溶液的酸碱强度和反应温度等因素影响。但作为一种标准分析方法，在滴定分析过程中，严格地按规定条件进行操作，其精密度还是相当高的。此法也存在一些缺点：如测定时间较长；使用汞盐、银盐和强酸等化学试剂，从而增多实验室废水处理量；对含 Cl^- 浓度较高或 COD_{Cr} 较低的试样，测定结果的重复性差；对芳香烃和一些杂环化合物（如吡啶）的氧化率过低等。

长期以来，科学工作者不断地研究开发测定 COD 的新装置和新方法。目前，我国已研制生产的 COD 快速测定仪由前处理、采样、加液计量、控制、测试、数据存储和显示等系统组成。采用重铬酸钾法，通过恒温器消解进行快速催化氧化还原反应。水样中的污染物被氧化，同时 $Cr_2O_7^{2-}$ 被还原为 Cr^{3+}，自动检测系统通过分光比色测

定 Cr^{3+} 浓度，计算出 COD 值，并在显示屏上直接显示出来。快速密闭催化消解法已广泛应用水中 COD 测定，它是在经典重铬酸钾-硫酸消解体系中加入助催化剂硫酸铝钾与钼酸铵，同时密闭消解过程是在加压条件下进行的，在高温高压下达到快速消解的目的，大大缩短了消解时间。消解后测定化学需氧量的方法，既可以采用滴定法，亦可采用光度法。该方法的优点是试剂用量少、快速、简便，易于普及。

7.4.3 碘量法——水中溶解氧的测定、生化需氧量的测定

1. 概述

碘量法是利用 I_2 的氧化性和 I^- 的还原性来进行滴定的水质分析方法。广泛应用于水中余氯、二氧化氯 ClO_2、溶解氧 DO、生物化学需氧量 BOD_5 以及水中有机物和无机还原性物质（如 S^{2-}、SO_3^{2-}、$S_2O_3^{2-}$、As（Ⅲ）、Sn^{2+}）的测定。

碘量法的基本反应是：
$$I_3^- + 2e \Longleftrightarrow 3I^- \quad (\varphi^\theta = 0.5338V，在 0.5mol/L\ H_2SO_4\ 中\ \varphi^\theta = 0.544V)$$

I_2 是较弱的氧化剂，只能直接滴定较强的还原剂；I^- 是中等强度的还原剂，可以间接测定多种氧化剂，生成的碘用 $Na_2S_2O_3$ 标准溶液滴定。

碘量法通常采用淀粉作指示剂，淀粉与 I_3^- 形成深蓝色化合物。直接滴定时，溶液呈蓝色；间接滴定时，溶液的蓝色消失，表示到达终点。

碘量法既可测定氧化剂，又可测定还原剂。I_3^-/I^- 电对的可逆性好，副反应少，它不仅可在酸性介质中滴定，还可在中性或弱碱性介质中滴定。碘量法有灵敏的特定指示剂——淀粉，因此碘量法应用很广泛。

2. 标准溶液的配制和标定

（1）$Na_2S_2O_3$ 溶液的配制

$Na_2S_2O_3 \cdot 5H_2O$ 一般都含有少量 S、Na_2SO_3、Na_2SO_4、Na_2CO_3、NaCl 等杂质，并容易风化、潮解，因此不能直接配制标准溶液。只能配制成近似浓度的溶液，然后标定。

配制 0.1mol/L $Na_2S_2O_3$ 溶液的方法如下：

称取 $Na_2S_2O_3 \cdot 5H_2O\ 25g$，用新煮沸并冷却的蒸馏水溶解，并稀释至 1L，加入约 $0.2gNa_2CO_3$，贮存于棕色试剂瓶中，放在暗处 8~14d 后标定其准确浓度。

$Na_2S_2O_3$ 溶液不稳定，容易分解，因为：

1）细菌的作用
$$S_2O_3^{2-} \xrightarrow{\text{细菌}} SO_3^{2-} + S\downarrow$$

2）溶解在水中 CO_2 的作用
$$S_2O_3^{2-} + CO_2 + H_2O \longrightarrow HSO_3^- + HCO_3^- + S\downarrow$$

3）空气的氧化作用
$$S_2O_3^{2-} + \frac{1}{2}O_2 \longrightarrow SO_4^{2-} + S\downarrow$$

此外，水中微量的 Cu^{2+} 或 Fe^{3+} 也能促使 $Na_2S_2O_3$ 溶液分解。

因此，配制 $Na_2S_2O_3$ 溶液时，需要用新煮沸冷却了的蒸馏水，以除去水中 CO_2 和杀死细菌，并加入少量 Na_2CO_3，使溶液呈弱碱性，从而抑制细菌的生长。这样配制的溶液才比较稳定，但也不宜长时间保存，使用一段时间后要重新进行

标定。如发现溶液变浑或有硫析出，应过滤后再标定，或者另配溶液。

（2）$Na_2S_2O_3$ 溶液的标定

标定 $Na_2S_2O_3$ 标准溶液的基准物质有 $K_2Cr_2O_7$、KIO_3、$KBrO_3$ 等，其中最常用的是 $K_2Cr_2O_7$。称取一定量的 $K_2Cr_2O_7$，在弱酸性溶液中，与过量 KI 作用，析出相当量的 I_2，以淀粉为指示剂，用 $Na_2S_2O_3$ 溶液滴定，有关反应式如下：

$$Cr_2O_7^{2-}+6I^-+14H^+\Longrightarrow 2Cr^{3+}+3I_2+7H_2O$$

$K_2Cr_2O_7$ 与 KI 的反应条件如下：

1）溶液的 $[H^+]$ 一般以 $0.2\sim0.4mol/L$ 为宜。$[H^+]$ 太小，反应速度减慢，$[H^+]$ 太大，I^- 容易被空气中的 O_2 氧化。

2）$K_2Cr_2O_7$ 与 KI 的反应速度较慢，应将盛放溶液的碘量瓶或带玻塞的锥形瓶放置在暗处一定时间（5min），待反应完全后，再进行滴定。

3）KI 试剂不应含有 KIO_3 或 I_2，通常 KI 溶液无色，如显黄色，则应事先将 KI 溶液酸化后，加入淀粉指示剂显蓝色，用 $Na_2S_2O_3$ 滴定至刚好无色后再使用。

滴定至终点，如几分钟后，溶液又出现蓝色，这是由于空气氧化 I^- 所引起的，不影响分析结果。若滴定至终点后，很快又出现蓝色，表示 $K_2Cr_2O_7$ 与 KI 反应未完全，应重新标定。

（3）I_2 液的配制和标定

用升华法制得的纯 I_2，可直接配制标准溶液。但在实际工作中，通常用纯碘试剂配成近似浓度，然后再进行标定。

I_2 微溶于水（溶解度 $0.3g/L$，25℃），而易溶于 KI 溶液，但在稀的 KI 溶液中溶解很慢，所以配制 I_2 液时不能过早加水稀释。I_2 与 KI 间有如下平衡：

$$I_2+I^-\Longrightarrow I_3^-$$

配制时，将称好的 I_2 溶于 KI 溶液中，然后再用水稀释至一定体积（KI 的浓度在最终体积中为 4%），倒入棕色瓶中于暗处保存。

I_2 液应避免与橡胶等有机物接触，同时也要防止见光遇热，否则浓度将发生变化。

标定 I_2 液的准确浓度时，可用已标定好的 $Na_2S_2O_3$ 标准溶液。

3．碘量法产生误差的原因

（1）溶液中 H^+ 的浓度

虽然在碘量法中两个电对的半反应没有 H^+ 参与：

$$I_2+2e\Longrightarrow 2I^-,\quad S_4O_6^{2-}+2e\Longrightarrow 2S_2O_3^{2-}$$

但是溶液中 H^+ 浓度的大小对滴定反应的定量关系有着重要影响。

$S_2O_3^{2-}$ 与 I_2 之间的反应很迅速、完全，但必须在中性或弱酸性溶液中进行。若在碱性溶液中，$S_2O_3^{2-}$ 与 I_2 将发生下列的副反应：

$$S_2O_3^{2-}+4I_2+10OH^-\Longrightarrow 2SO_4^{2-}+8I^-+5H_2O$$

而且 I_2 在碱性溶液中会发生歧化反应：

$$3I_2+6OH^-\Longrightarrow IO_3^-+5I^-+3H_2O$$

若在较强酸性的溶液中，$Na_2S_2O_3$ 会分解析出硫：

$$S_2O_3^{2-} + 2H^+ \longrightarrow SO_2\uparrow + S\downarrow + H_2O$$

（2）I_2 的挥发和 I^- 的氧化

I_2 具有挥发性，易从溶液中挥发。但是 I_2 在 KI 溶液中与 I^- 形成 I_3^-，可以减少 I_2 的挥发。含 I_2 溶液需要存放时，应该使用碘量瓶或带玻塞的试剂瓶，并放置于暗处。

I^- 在酸性溶液中易被空气的氧氧化，其反应式为：

$$4I^- + O_2 + 4H^+ \longrightarrow 2I_2 + 2H_2O$$

在中性溶液中，此反应进行得很慢，反应速度随 H^+ 浓度的增加而加快，若受日光直射速度更快。因此，用 I^- 碘还原氧化剂时，需避免日光直接照射；为避免空气对 I^- 的氧化产生误差，对析出 I_2 后的溶液要及时滴定，且滴定速度也应适当加快，切勿放置过久。

4. 终点的确定

碘量法常用淀粉溶液作指示剂，在少量 I^- 存在下，I_2 与淀粉反应形成深蓝色化合物，根据蓝色的出现或消失来指示终点。在加指示剂时应注意，应先用 $Na_2S_2O_3$ 溶液滴定至溶液呈淡黄色（大部分 I_2 已反应完），然后加入淀粉溶液，再用 $Na_2S_2O_3$ 溶液继续滴定至蓝色恰好消失，即为终点。如指示剂加入太早，则大量的 I_2 将与淀粉结合成蓝色化合物，这一部分 I_2 就不容易与 $Na_2S_2O_3$ 发生反应，因而产生误差。

淀粉溶液应使用新配制的。若放置过久，则与 I_2 形成的络合物不显蓝色而呈紫色或红色，用 $Na_2S_2O_3$ 溶液滴定时退色较慢，终点不敏锐。

5. 碘量法的应用实例

（1）水中余氯的测定

1）水中的余氯

在水的消毒中，常以液氯（Cl_2）为消毒剂，液氯与水中的细菌等微生物或还原性物质作用之后，剩余在水中的氯量称为余氯，包括游离性余氯（游离性有效氯）和化合性余氯（化合性有效氯）。

游离性有效氯包括次氯酸（HOCl）和次氯酸盐（OCl^-）。在水的消毒过程中，氯溶解于水后，迅速生成 HOCl 和 OCl^-，其反应式为：

$$Cl_2 + H_2O \Longrightarrow HOCl + H^+ + Cl^-$$
$$HOCl \Longrightarrow OCl^- + H^+$$

化合性有效氯是一种复杂的无机氯胺（NH_xCl_y）和有机氯胺（$RNCl_z$）的混合物（式中 x、y、z 为 0～3 的数值）。如原水中含有 $NH_3 \cdot H_2O$，则加入氯后便生成氯胺。此时，游离性有效氯和化合性有效氯同时存在于水中，因此测定水中的余氯包括游离性有效氯和化合性有效氯两部分。

我国要求加氯消毒的饮用水，在氯与水接触 30min 后游离余氯应不低于 0.3mg/L，管网末梢水应不低于 0.05mg/L；城市杂用水加氯消毒，要求接触 30min 后≥1.0mg/L，管网末端≥0.2mg/L。

2）测定原理

在酸性溶液中，水中的余氯与 KI 作用，释放出等化学计量的 I_2，以淀粉溶液为指示剂，用 $Na_2S_2O_3$ 标准溶液滴定至蓝色消失。由消耗的 $Na_2S_2O_3$ 标准溶液的量计算出水中余氯。主要反应如下：

$$I^- + CH_3COOH \longrightarrow CH_3COO^- + HI$$
$$2HI + HOCl \longrightarrow I_2 + H^+ + Cl^- + H_2O$$
$$I_2 + 2S_2O_3^{2-} \longrightarrow 2I^- + S_4O_6^{2-}$$

水样中如含有 NO_2^-、Fe^{3+}、$Mn(IV)$ 时，干扰测定。但是采用乙酸缓冲溶液缓冲 pH 值 3.5～4.2 时，可减少干扰。

3）计算

计算公式如下：

$$余氯(mg\ Cl_2/L) = \frac{C \times V_1 \times 35.45 \times 1000}{V_水} \tag{7-8}$$

式中 C——$Na_2S_2O_3$ 标准溶液的浓度（mol/L）；

V_1——$Na_2S_2O_3$ 标准溶液的用量（mL）；

$V_水$——水样的体积（mL）；

35.45——氯的换算系数。

应该强调说明一点：饮用水氯消毒中产生 $CHCl_3$ 等致癌性有机卤代物，而二氧化氯（ClO_2）替代液氯消毒已是大势所趋。二氧化氯消毒不产生致癌性有机卤代物，且消毒效果明显好于液氯，在欧美水厂已得到广泛应用，我国《生活饮用水卫生标准》GB 5749—2006 中已将 ClO_2 列为饮用水消毒剂。

（2）水中二氧化氯的测定

二氧化氯（ClO_2）在饮用水消毒中几乎不形成对人体有潜在危害的 $CHCl_3$ 等有机卤代物，已成为替代液氯的优良消毒剂之一。

水中二氧化氯（ClO_2）由于消毒过程或发生过程中常常含有少量的氯（Cl_2）、亚氯酸盐（ClO_2^-）和氯酸盐（ClO_3^-）存在，可采用连续碘量法同时测定水中的 ClO_2、Cl_2、ClO_2^- 和 ClO_3^- 的含量（详见《二氧化氯分析技术》等书中的 ClO_2、Cl_2、ClO_2^- 和 ClO_3^- 的连续测定文献）。

碘量法中，碘离子（I^-）与上述氯、氯氧类化物在不同 pH 值有如下反应：

$$pH < 7.0～8.5：Cl_2 + 2I^- \rightleftharpoons I_2 + 2Cl^-$$
$$pH = 7.0～8.5：2ClO_2 + 2I^- \rightleftharpoons I_2 + 2ClO_2^-$$
$$pH \leqslant 2：2ClO_2 + 10I^- + 8H^+ \rightleftharpoons 5I_2 + 2Cl^- + 4H_2O$$
$$ClO_2^- + 4I^- + 4H^+ \rightleftharpoons 2I_2 + Cl^- + 2H_2O$$
$$pH \ll 0.5：ClO_3^- + 6I^- + 6H^+ \rightleftharpoons 3I_2 + Cl^- + 3H_2O$$

基于上述反应，可用连续碘量法同时测定水中的 Cl_2、ClO_2、ClO_2^- 和 ClO_3^- 的含量。取 3 份等体积的同一水样，调节其 pH 值，用 $Na_2S_2O_3$ 标准溶液进行滴定。在 pH＝7.0～8.5 条件下，水中的 Cl_2 全部被 I^- 还原为 Cl^-；而 ClO_2 转移 1mol 电子被还原为 ClO_2^-，即 ClO_2 被 I^- 还原 1/5（按终产物 Cl^- 计）。在 pH≤2 时，用 N_2 气吹出水中 ClO_2 和部分 Cl_2，则 ClO_2^- 转移 4mol 电子全部被 I^- 还原为 Cl^-，包括水中原有 ClO_2^- 和 ClO_2 转化成 ClO_2^- 的另外 4/5 被还原。在 pH≪0.5（约 6～7mol/L HCl 溶液）时，ClO_3^-（包括 Cl_2、ClO_2、ClO_2^-）全部被 I^- 还原为 Cl^-。因此，

可用 $Na_2S_2O_3$ 标准溶液滴定上述各反应中转化的等化学计量 I_2，由 $Na_2S_2O_3$ 标准溶液的消耗量计算水中 Cl_2、ClO_2、ClO_2^-、ClO_3^- 的含量(mg/L)：

$$Cl_2 = [A-(B-D)/4] \times C_{Na_2S_2O_3} \times 35.453 \times 1000/V_{水}$$

$$ClO_2 = 5/4(B-D) \times C_{Na_2S_2O_3} \times 13.490 \times 1000/V_{水}$$

$$ClO_2^- = D \times C_{Na_2S_2O_3} \times 16.863 \times 1000/V_{水}$$

$$ClO_3^- = [E-(A+B)] \times C_{Na_2S_2O_3} \times 13.908 \times 1000/V_{水}$$

式中　A——水样(1)在 pH=7.0~8.5 时，消耗 $Na_2S_2O_3$ 标准溶液的量(mL)，$A=Cl_2+1/5ClO_2$；

B——水样(1)在 pH=7.0~8.5 时，滴定至终点后，接着在 pH≤2 时，用 $Na_2S_2O_3$ 标准溶液滴定至终点时所消耗的量(mL)，$B=4/5ClO_2+ClO_2^-$(包括水样中原有的和转化的两部分)；

D——水样(2)在 pH=7.0~8.5 时，先用 N_2 净化后，用 $Na_2S_2O_3$ 标准溶液滴定至终点时所消耗的量为 V_c；接着在 pH≤2 时，用 $Na_2S_2O_3$ 标准溶液滴定至终点时所消耗的量(mL)，$D=ClO_2^-$(原有的)；

E——水样(3)在 6~7mol/LHCl 溶液中，用 $Na_2S_2O_3$ 标准溶液滴定至终点时所消耗的量(mL)，$E=Cl_2+ClO_2+ClO_2^-+ClO_3^-$；

$C_{Na_2S_2O_3}$——$Na_2S_2O_3$ 标准溶液的浓度($Na_2S_2O_3$，mol/L)；

35.453——Cl_2 的摩尔质量($1/2Cl_2$，g/mol)；

13.490——ClO_2 的摩尔质量($1/5ClO_2$，g/mol)；

16.863——ClO_2^- 的摩尔质量($1/4ClO_2^-$，g/mol)；

13.908——ClO_3^- 的摩尔质量($1/6ClO_3^-$，g/mol)；

$V_{水}$——水样的量(mL)。

(3) 溶解氧及其测定

1) 溶解氧

溶解于水中的分子态氧称为溶解氧，常以 DO 表示，单位为"mgO_2/L"。水中溶解氧的饱和含量与大气压力、水的温度等因素都有密切关系。大气压力减小，溶解氧也减少。温度升高，溶解氧也显著下降。不同的水温、在 101.3kPa 大气压下、空气中含氧为 20.9% 时，氧在淡水中的溶解度列于表 7-2。

不同温度下水中饱和溶解氧(101.3kPa 大气压下)　　表 7-2

温度	溶解氧(mg/L)	温度	溶解氧(mg/L)	温度	溶解氧(mg/L)	温度	溶解氧(mg/L)
0	14.62	10	11.33	20	9.17	30	7.63
1	14.23	11	11.08	21	8.99	31	7.5
2	13.84	12	10.83	22	8.83	32	7.4
3	13.48	13	10.60	23	8.68	33	7.3
4	13.13	14	10.37	24	8.53	34	7.2
5	12.80	15	10.15	25	8.38	35	7.1
6	12.48	16	9.95	26	8.22	36	7.0
7	12.17	17	9.74	27	8.07	37	6.9
8	11.87	18	9.54	28	7.92	38	6.8
9	11.59	19	9.35	29	7.77	39	6.7

清洁的地表水在正常情况下，所含溶解氧接近饱和状态。当水中含藻类植物时，由于光合作用而放出氧，可使水中的溶解氧过饱和。相反，如果水体被有机物质污染，则水中所含溶解氧会不断减少。当氧化作用进行得太快，而水体并不能及时从空气中吸收充足的氧来补充氧的消耗时，水体的溶解氧会逐渐降低，甚至趋近于零。此时，厌氧菌繁殖并活跃起来，有机物质发生腐败作用，使水质发臭。废水中溶解氧的含量取决于废水排出前的工艺过程，一般含量较低，差异很大。溶解氧的测定对水体自净作用的研究有极重要的意义。在水污染控制和废水生物处理工艺的控制中，溶解氧也是一项重要的水质综合指标。

2) 溶解氧的测定

溶解氧的测定一般采用碘量法。测定时，在水样中加入 $MnSO_4$ 和 $NaOH$ 溶液，水中的 O_2 将 Mn^{2+} 氧化成水合氧化锰 $MnO(OH)_2$ 棕色沉淀，它把水中全部溶解氧都固定在其中，溶解氧越多，沉淀颜色越深。

$$Mn^{2+} + 2OH^- \Longleftrightarrow Mn(OH)_2 \downarrow (白色)$$

$$Mn(OH)_2 + \frac{1}{2}O_2 \Longleftrightarrow MnO(OH)_2 \downarrow (棕色)$$

$MnO(OH)_2$ 在有 I^- 存在下加酸溶解，定量地释放出与溶解氧相当量的 I_2，以淀粉为指示剂，用 $Na_2S_2O_3$ 标准溶液滴定释放出的 I_2。反应式如下：

$$MnO(OH)_2 + 2I^- + 4H^+ \Longleftrightarrow Mn^{2+} + I_2 + 3H_2O$$

$$I_2 + 2S_2O_3^{2-} \Longleftrightarrow 2I^- + S_4O_6^{2-}$$

此方法仅适用于清洁的地表水或地下水。如水中有 Fe^{2+}、Fe^{3+}、S^{2-}、NO_3^-、SO_3^-、Cl_2 以及各种有机物等氧化还原性物质时将影响测定结果。为此，应选择适当方法消除干扰。如水中 $NO_2^- > 0.05mg/L$、$Fe^{2+} < 1mg/L$ 时，可以加入叠氮化钠 NaN_3 消除 NO_2^- 的干扰。可在用浓 H_2SO_4 溶解沉淀物之前，在水样瓶中加入数滴 $5\%NaN_3$ 溶液，也可在配制碱性溶液时，把 $1\%NaN_3$ 和碱性 KI 同时加入。其反应式为：

$$2NaN_3 + H_2SO_4 \longrightarrow 2HN_3 + SO_3^{2-} + Na_2SO_4$$

$$HNO_2 + HN_3 \longrightarrow N_2 + N_2O + H_2O$$

如水中同时含有 Fe^{2+}、S^{2-}、SO_3^{2-}、NO_2^- 等还原性物质时，且 $Fe^{2+} > 1mg/L$ 时，为了消除 Fe^{2+} 干扰，可将水样预先在酸性条件下用 $KMnO_4$ 处理，剩余的 $KMnO_4$ 再用 $H_2C_2O_4$ 除去。

计算公式如下：

$$溶解氧(mg/L) = \frac{CV \times 8 \times 1000}{V_水} \tag{7-9}$$

式中　C——$Na_2S_2O_3$ 标准溶液的浓度(mol/L)；

　　　V——水样消耗的 $Na_2S_2O_3$ 溶液的量(mL)；

　　　$V_水$——水样的体积(mL)；

　　　8——氧的换算系数

溶解氧的测定，除碘量法外，还有膜电极法。如水样中干扰物质较多，色度高，碘量法测定有困难时，可用该法。氧敏感薄膜电极检测部件由原电池型 Ag—Pt

电极组成，其电解质为 1mol/L KOH 溶液，膜由聚氯乙烯或聚四氟乙烯制成。将膜电极置于水样中，薄膜只能透过氧和其他气体，而水和可溶解物质不能透过。透过膜的氧在电极上还原，产生微弱的扩散电流，在一定温度下其大小和水样溶解氧含量成正比。可由电表直接读出水中溶解氧的含量。

该方法操作简便快捷，可以进行连续检测，适用于现场测定。

（4）生物化学需氧量

1）生物化学需氧量（BOD_5）

生物化学需氧量是指在规定条件下，微生物分解存在于水中的某些可氧化物质、特别是有机物所进行的生物化学过程中所消耗的溶解氧的量。微生物氧化分解有机物是一个缓慢的过程，通常需要 20d 以上的时间才能将可分解的有机物全部分解。目前，普遍规定 20±1℃ 培养 5d 作为测定生化需氧量的标准条件，分别测定样品培养前后的溶解氧，二者的差值称为五日生化需氧量，用 BOD_5 表示，以 "mg O_2/L" 作为量值的单位。

生化需氧量的测定

2）BOD_5 的测定方法

① 稀释测定法

对于某些生活污水和工业废水以及污染较严重的地表水，因含较多的有机物，需要稀释后再培养测定，以降低其浓度和保证有充足的溶解氧。

测定时，取稀释后的水样两等份，一份测定其当天的溶解氧值，另一份在 20℃ 培养箱内培养 5d，测定期满后的溶解氧值。根据前后两溶解氧值之差，计算出 BOD_5 值。

计算公式如下：

$$BOD_5(mgO_2/L) = \frac{(D_1 - D_2) - (B_1 - B_2)f_1}{f_2} \tag{7-10}$$

式中　D_1 和 D_2——经稀释后的水样在当天和 5d 后的溶解氧值；

$\quad\quad$ B_1 和 B_2——纯稀释水在当天和 5d 后的溶解氧值；

$\quad\quad$ f_1 和 f_2——培养瓶中稀释水和水样分别所占比例。

对于溶解氧含量较高，有机物含量较少的清洁地面水，一般 $BOD_5 < 7mgO_2/L$ 时，可不经稀释，直接测定。对于 BOD_5 值较大的水样的稀释倍数通常以经过 5d 培养后所消耗的溶解氧大于 2mg/L，且剩余溶解氧在 1mg/L 以上予以确定。在水样污染程度比较固定（如工厂实验室中作常规分析）的情况下，分析人员能凭经验确定稀释倍数。在对水样污染程度无从了解的情况下，要取 3 个稀释倍数，根据对三者最终分析结果作比较之后，取其中 1 个适宜的稀释倍数进行 BOD_5 值的计算。

为了保证水样稀释后有足够的溶解氧，稀释水通常要通入空气进行曝气，以使稀释水中溶解氧接近饱和。稀释水中还应加入一定量的无机营养盐和缓冲物质（磷酸盐、钙、镁和铁盐等），以保证微生物的生长需要。

对于不含或少含微生物的工业废水，其中包括酸性废水、碱性废水、高温废水或经过氯化处理的废水，在测定 BOD_5 时应进行接种，以引入能分解废水中有机物的微生物。当废水中存在着难于被一般生活污水中的微生物以正常速度降解的有机物或含有毒物质时，应将驯化后的微生物引入水样中进行接种。

　　② 仪器测定法

　　稀释测定法一直被作为 BOD_5 的标准分析方法。由于测定 BOD_5 最少需时5d，所得数据对于了解水污染情况并进一步采取措施以控制污染已经失去意义。对生活污水来说测定结果在一定范围内波动，对工业废水来说波动范围更大，甚至相差几倍，往往同一水样采用不同的稀释倍数，所得结果也不尽相同，这可能是由于水样用曝气的水稀释后，不同稀释比的水样，其中所含有的初始氧浓度不同，致使在耗氧期间氧的消耗速率不同所造成的。如果使用仪器测量，使耗氧过程初始溶解浓度保持不变，可以克服测定结果重现性差，测定时间过长等缺点。

　　近10多年来，研究者们陆续提出一些新的测定方法，包括自动测定法、快速测定法和最近几年出现的利用生物膜传感技术的 BOD 测定法。目前使用较多的是气压计库仑式 BOD 测定仪(图 7-2)。

图 7-2　气压计库仑式 BOD 测定仪装置简图

　　将经过预处理的水样装在培养瓶中，利用电磁搅拌器进行搅拌，在进行生物氧化反应时，水样中的溶解氧被消耗，培养瓶上部空间中的氧气溶解于水样中。由于反应而产生的 CO_2 从水样中逸出，进入培养瓶空间。当 CO_2 被置于培养瓶中的 CO_2 吸收剂苏打石灰吸收时，瓶中氧分压和总气压下降。该气压下降由电极式压力计所检出，并转换成电信号，经放大器放大，继电器闭合而带动同步马达工作。与此同时，电解装置进行 $CuSO_4$ 溶液的恒电流电解，电解产生的氧气不断供给培养瓶，使培养瓶中的气压逐渐回升，当培养瓶内压力恢复到原来状态时，继电器断开并使电解与同步马达停止工作。通过这样反复过程使培养瓶上面空间始终保持在恒压状态，以促进微生物的活动和生化反应正常进行。在 BOD 测定时间内由于电解产生的氧量就相当于水样的 BOD 值，根据库仑定律，消耗的氧量与电解时所需的电量成正比关系，可以从式(7-11)求得电解产生的氧量：

$$O_2(\mathrm{mg}) = \frac{i \times t \times 8}{96500} \qquad (7\text{-}11)$$

式中 i——电解电流(mA);

       t——电解时间(s);

      8——氧的换算系数;

  96500——法拉第常数。

在仪器运转过程中,有一个同步马达随电解发生而启动,该马达又通过与其连接的电位计将其工作情况转换成电势,该电势与电解产生的氧量成正比。因此,可以用毫伏计自动记录 BOD 值随时间变化的耗氧曲线。这种气压计库仑式 BOD 测定仪不仅可测定五日生化需氧量 BOD_5,也可测定任何培养天数的 BOD 值。

稀释测定法测 BOD 值需要制备几个不同稀释倍数的水样,而仪器法只需一个水样就能进行测定。由于记录仪在测定过程中作出了自动连续的记录,因此得到的耗氧曲线能反映出水样发生生化反应的全过程。本测定方法所得的结果较稀释测定法偏高,这种情况可能是由于连续搅拌与稀释法不同所引起。

微生物传感器法可快速测定水中 BOD,微生物传感器由氧电极和微生物菌膜构成,其原理是当含有饱和溶解氧的样品进入流通池中与微生物传感器接触,水样中可生化降解的有机物受到微生物菌膜中菌种的作用,使扩散到氧电极表面上氧的质量减少。当水样中可生化降解的有机物向菌膜扩散的速度(质量)达到恒定时,此时扩散到氧电极表面上氧的质量也达到恒定,因此产生了一个恒定电流。由于恒定电流与水样中可生化降解的有机物浓度的差值与氧的减少量存在定量关系,据此可换算出水中生物化学需氧量。该方法的优点是维护简单,只需定期更换微生物膜和输液管;费用低廉,消耗品价格低,结构简单,无易损器件。缺点是:一般比较适用于地表水,对有重金属或者是其他毒性的污染物不太适合。

7.4.4 溴酸钾法——水中酚的测定

1. 概述

溴酸钾法是采用溴酸钾作氧化剂的滴定方法。

溴酸钾的化学式 $KBrO_3$,无色晶体或白色结晶粉末,具有强氧化性,溶于水,易纯化,130℃烘干后,可直接配制标准溶液。

在酸性溶液中,$KBrO_3$ 与还原性物质作用时,BrO_3^- 被还原为 Br^-,半反应为:

$$BrO_3^- + 6H^+ + 6e \Longleftrightarrow Br^- + 3H_2O \qquad \varphi^\theta = 1.44V$$

溴酸钾法常与碘量法配合使用,即用过量的 $KBrO_3$ 标准溶液与待测物质作用。过量的 $KBrO_3$ 在酸性溶液中与 KI 作用,析出游离 I_2 再用 $Na_2S_2O_3$ 标准溶液滴定。这种间接溴酸钾法在有机物分析中应用较多。

在实际测定中,通常在 $KBrO_3$ 标准溶液中加入过量 KBr,$KBrO_3$—KBr 溶液相当稳定,只是在溶液酸化时,BrO_3^- 氧化 Br^- 析出游离 Br_2,反应式为:

$$BrO_3^- + 5Br^- + 6H^+ \Longleftrightarrow 3Br_2 + 3H_2O$$

因此,$KBrO_3$ 标准溶液就相当于 Br_2 的标准溶液,游离 Br_2 如与水中还原性物质反应完全,过量的 Br_2 与 KI 作用,析出等化学计量的 I_2,便可用 $Na_2S_2O_3$ 标准溶液滴定。

$$Br_2 + 2I^- \Longleftrightarrow 2Br^- + I_2$$

2. 水中苯酚的测定

溴酸钾法主要用于水中苯酚等有机化合物的测定。

采用溴酸钾法测定水中的苯酚，水样酸化后，过量的 $KBrO_3$—KBr 标准溶液产生的游离 Br_2 可取代苯酚中的氢，待反应完全后，过量的 Br_2 被 KI 还原，析出的 I_2，用 $Na_2S_2O_3$ 标准溶液滴定。其主要反应为：

$$Br_2 + 2I^- \Longrightarrow 2Br^- + I_2$$

$$I_2 + 2S_2O_3^{2-} \Longrightarrow 2I^- + S_4O_6^{2-}$$

根据 $Na_2S_2O_3$ 标准溶液的消耗量求出水样中苯酚的含量。

计算公式如下：

$$苯酚(mg/L) = \frac{C \times V_1 \times 15.68 \times 1000}{V_水} \tag{7-12}$$

式中　C——$Na_2S_2O_3$ 标准溶液的浓度(mol/L)；

　　　V_1——水样消耗 $Na_2S_2O_3$ 标准溶液的量(mL)；

　　　$V_水$——水样的体积(mL)；

　　15.68——苯酚的换算系数。

水样中所含的酚类化合物往往为多种酚的混合物。用溴酸钾法测得结果，如以苯酚计算，只能得出酚类化合物的相对含量，而不能测得绝对含量。

7.5　水中有机物污染综合指标

由于生活污水和工业废水的排放，使水体中的有机物含量逐渐增加，如果不加大水环境污染治理力度和进行有效控制，大量有机物排入水体后，在微生物的作用下发生氧化分解反应，消耗水中的溶解氧；同时使藻类和水中微生物迅速增殖，使水中溶解氧进一步下降；如天然水体中 $DO<5mgO_2/L$ 时，鱼类开始死亡，$DO<1\sim2mgO_2/L$ 时，所有水生生物(包括好氧菌)都难以生存。此时，厌氧菌繁殖，继续分解有机物，由于严重缺氧导致水生生物大量死亡，而使水变黑发臭。含有大量有机物的废水，不但使水质恶化，污染环境，而且也会危害人类健康。因此，评价水质的好坏、控制水质污染是至关重要的。

目前，有机物已达几百万种以上，在有毒有害物质中，有机物约占 2/3 左右。采用仪器分析法和化学分析法在水已检测出上百种有机污染物，但是对它们一一定量，仍有一定困难。所以，采用有机物污染综合指标评价水质很有实际意义。有机物污染综合指标能反映水中有机物的相对含量和总污染程度。这些综合指标主要有高锰酸盐指数(PV)、化学需氧量(COD)、五日生化需氧量(BOD_5)、总有机碳(TOC)、总需氧量(TOD)和紫外吸光值(UVA)等。

143

7.5.1　高锰酸盐指数(PV)、COD 和 BOD_5

高锰酸盐指数(PV)、化学需氧量(COD)和生物化学需氧量(BOD_5)都是间接地表示水中有机物污染的综合指标。PV 和 COD 是在规定条件下，水中有机物被 $KMnO_4$、$K_2Cr_2O_7$ 氧化所需的氧量(mgO_2/L)；BOD_5 是在有溶解氧的条件下，水中可分解有机物被微生物氧化分解所需的氧量(mgO_2/L)。这些指标的测定值都没有直接表示出污染物质的组成和数量，并且测定受试剂浓度、H^+ 浓度、温度、时间等条件影响，测定时间也较长。

比较而言，PV 的测定需时最短，但 $KMnO_4$ 对有机物的氧化率低，所以只能应用于较清洁的水，并且不能反映出微生物所能氧化的有机物的量。

COD 几乎可以表示出有机物全部氧化所需的氧量。对大部分有机物，$K_2Cr_2O_7$ 的氧化率在 90% 以上。它的测定不受废水水质的限制，并且在 2～3h 内即能完成，但是它也不能反映被微生物所能氧化分解的有机物的量。

BOD_5 反映了被微生物氧化分解的有机物量，但由于微生物的氧化能力有限，不能将有机物全部氧化，其测定值低于 COD，由于测定时间太长(5d)，不能及时指导生产实践，此外还较难适用于毒性强的废水。

尽管 PV、COD、BOD_5 都是间接地表示水中有机物污染综合指标，但不能全面地反映水体中被有机物污染的真实程度，只能表示水中有机物质的相对数量，并且应用范围还有一定局限性，但在目前仍是重要的水质分析方法和水污染控制的评价参数。

表 7-3 是 PV、COD 和 BOD_5 三种指标对一些有机物的氧化率。表中理论需氧量(ThOD)是按照化学反应式完全氧化时 1g 有机物所需要的氧的克数。氧化率是三种指标的需氧量分别与理论值对比得到。实际上，此表反映出各项指标对同一种有机物的氧化程度。由表中数据可见，对水中同一种有机物的氧化率大小是 $COD > BOD_5 > PV$。一般废水中 $BOD_5/COD = 0.4～0.8$，COD 与 BOD_5 差值可认为是没有被微生物氧化分解的有机物。

不同分析方法的氧化率比较　　　　　　　　　　　　　　　表 7-3

名称	理论需氧量	氧化率(%)		
		PV	BOD_5	COD
甲酸	0.348	14	68	99.4
乙酸	1.07	7	71	93.5
甲醇	1.50	27	68	95.3
乙醇	2.09	11	72	94.3
苯	3.08	0	0	16.9
酚	2.38	63	61	98.3
苯胺	2.41	90	3	100
葡萄糖	1.07	59	56	97.6
可溶淀粉	1.135	61	43	86.5
纤维素	1.185	0	7	92.0
甘氨酸	0.639	3	15	98.1
谷氨酸	0.980	6	58	100

通常来说，对未受到工业废水严重污染的水体、城市污水和工业废水，有机物在一般条件下多具有良好的生物降解性。测定 BOD_5 确能反映出有机物污染的

程度和处理效果。如无条件或受水质限制而不能作 BOD$_5$ 测定时，可以测 COD。

7.5.2　总有机碳(TOC)

总有机碳(TOC)是以碳的含量表示水体中有机物总量的综合指标，单位为"mgC/L"。由于 TOC 的测定采用燃烧法，因此能将有机物全部氧化，它比 BOD 或 COD 更能直接表示有机物的总量。因此，常常被用来评价水体中有机物污染的程度。

近年来，国内外已研制出各种类型的 TOC 分析仪。按工作原理不同，可分为燃烧氧化—非分散红外吸收法、电导法、气相色谱法、湿法氧化—非分散红外吸收法等。其中燃烧氧化—非分散红外吸收法流程简单、重现性好、灵敏度高，只需一次性转化，因此这种 TOC 分析仪被广泛应用。

燃烧氧化—非分散红外吸收法 TOC 测定仪的测定流程如图 7-3 所示。

图 7-3　TOC 测定仪的测定流程(手工式)

1. 差减法测定 TOC 值的原理

水样分别被注入高温石英燃烧管(950℃)和低温石英反应管(150℃)中。经高温燃烧管的水样受高温催化氧化，使有机化合物和无机碳酸盐均转化成为二氧化碳。经过低温反应管的水样被酸化，无机碳酸盐分解成二氧化碳。所生成的二氧化碳依次被导入非分散红外检测器，从而分别测得水中的总碳(TC)和无机碳(IC)。总碳与无机碳之差值，即为总有机碳(TOC)。

2. 直接法测定 TOC 值的方法原理

将水样酸化，使各种碳酸盐分解生成二氧化碳，用氮气将二氧化碳吹脱除去，再注入高温燃烧管中，可直接测定总有机碳。但吹脱过程中会造成水样中挥发性有机物的损失。

计算公式如下：

(1) 差减测定法

$$TOC(mgC/L) = TC - IC$$

(2) 直接测定法

$$TOC(mgC/L) = TC$$

表 7-4 列出了部分有机物的理论 TOC 值和实测值。由表 7-4 可以看出，TOC 测定值与理论值非常接近，并且 TOC 的氧化率＞COD 的氧化率。由此可见，总

有机碳 TOC 能较好地反映水中有机物的污染程度。

在实际测定中，测定地表水中总有机碳时，下列常见共存离子，如 SO_4^{2-}、Cl^-、NO_3^-、PO_4^{2-}、S^{2-} 等均无明显的干扰。当水样中 SO_4^{2-}、Cl^-、NO_3^-、PO_4^{2-} 等离子浓度 $>1000ppm$ 时，可影响红外吸收。此时，应用无二氧化碳蒸馏水稀释后再测定。水样中重金属离子 $\leqslant 100ppm$ 时，对测定几乎无影响。但含量太高时，会堵塞石英管注入口等系统，而影响测定。

100ppm 有机物溶液中 TOC 值(ppm)　　　　表 7-4

名称	理论值	测定值	氧化率(%)	名称	理论值	测定值	氧化率(%)
甲酸	26.1	26.0	99.6	苯胺	77.4	81.0	104.7
乙酸	40.0	40.1	100.3	尿素	20.0	21.0	105.0
甲醇	37.5	39.0	104.0	葡萄糖	40.0	40.0	100.0
乙醇	52.0	53.5	102.9	麦芽糖	40.1	37.5	93.5
苯酚	76.5	69.8	91.2	淀粉	45.0	41.6	92.6
苯甲醛	69.5	62.5	89.9	谷氨酸	40.7	38.5	94.7
丁酮	66.6	65.0	97.6	甘氨酸	32.0	29.8	93.2

7.5.3　总需氧量(TOD)

总需氧量(TOD)是指水中有机物和还原性无机物经过燃烧变成稳定的氧化物时的需氧量，单位为 "mgO_2/L"。

TOD 用总需氧量分析仪测定。其测定流程如图 7-4 所示。

图 7-4　TOD 分析仪测定流程

水样中有机物在燃烧氧化过程中所需的氧气由硅胶渗透管提供(来源于空气)，并以氮气作为载气。一定量的水样在含有一定浓度氧气的氮气载带下，自动注入内填铂催化剂的高温石英燃烧管，在 $900℃$ 条件下，瞬间燃烧氧化分解，有机物中氢变成水，碳变成 CO_2，氮变成氮氧化物，硫变成 SO_2，金属离子变成氧化物。由于氧被消耗，供燃烧用的气体中氧的浓度降低，经氧燃料电池测定气体载体中氧的降低量，测得结果在记录仪上以波峰形式显示。

TOD 测定中的标准溶液用邻苯二甲酸氢钾配制，绘制出工作曲线，根据试样的波峰高度，由工作曲线求出试样的 TOD 值。

水中常见的阴离子，如 Cl^-、HCO_3^-、SO_4^{2-} 和 HPO_4^{2-} 等，一般不干扰测定。

若 Cl^- 的浓度＞1000ppm 时，TOD 值有偏高趋势。NO_3^- 或 NO_2^- 在 900℃时分解产生 O_2，使 TOD 值偏低，可以预先测出其含量，进行校正。如水中重金属离子，如 Pb^{2+}、Zn^{2+}、Cd^{2+} 等浓度较大时，会使燃烧管内铂催化剂的效率下降。水中如含有不可滤残渣(悬浮物)直径在 1mm 时，会堵塞取样管。

表 7-5 列出了部分有机化合物的 TOD 氧化率。由表 7-5 可见，各种有机物的氧化率大小顺序为：TOD＞COD＞BOD_5，表明用 TOD 分析仪测定的一些有机化合物的 TOD，其氧化率都很高，这是由于 TOD 值包括全部稳定的和不稳定的污染物质的需氧量，其测定值很接近理论值，对含氮的化合物、芳香族烃、碳水化合物等也得到良好的结果，这是 COD 和 BOD_5 无法与之媲美的。例如丙烯腈的氧化率：TOD 为 92.4％；COD 为 44％；而 BOD_5 根本测不出。

部分有机化合物的 TOD、COD 和 BOD_5 的氧化率(％)　　　表 7-5

物质名称	分子式	ThOD(ppm)	TOD	COD	BOD_5
乙醇	C_2H_5O	2.090	98.0	94.7	60～80
异丙醇	C_3H_8O	2.400	104.2	93.3	54～66
丙三醇	$C_3H_8O_3$	1.220	95.9	95.9	51～56
甲醛	CH_7O	1.070	103.0	51～76	28～42
乙醛	C_2H_4O	1.828	99.5	57.8	32～62
丙酮	C_3H_6O	2.210	98.9	85.1	63
乙酸乙酯	$C_4H_8O_2$	1.820	100.2	78	16～62
乙酸丁酯	$C_5H_{12}O_2$	2.10	100.6	86.4	7～24
葡萄糖	$C_5H_{12}O_5$	1.070	98.9	98.1	49～72
丙烯腈	C_3H_3N	2.566	92.4	44	0
苯甲醛	C_7H_6O	2.42	87	80	67

总而言之，水中有机物污染综合指标高锰酸盐指数(PV)、COD、BOD_5、TOC 和 TOD 都可以作为评价水处理效果和控制水质污染，以及评价水体中有机物污染程度的重要参数。由于 PV、COD、BOD_5 不能全面地反映水体中被有机物污染的真实程度，而 TOC、TOD 能够较准确地测出水体中需氧物质的总量，且氧化较完全，操作简便，效率高，数据可靠；可以自动、连续测定，能及时控制测定的要求和反映水体污染情况；可以达到对水体中有机物的自动、快速监测和及时控制的目的，具有明显的优越性。因此，随着 TOC 和 TOD 分析仪的普及，TOC 和 TOD 将逐步取代其他几项综合指标。

7.5.4 紫外吸光度(UVA)——水中有机污染物的新综合指标

1. 紫外吸光度(UVA)及其测定方法

(1)紫外吸光度(UVA)

水中有机物污染指标主要由化学需氧量(COD)和生物化学需氧量(BOD)来表示。近年来，又常采用总有机碳(TOC)、总需氧量(TOD)来表示。在公共水域的污染物总量控制中，有的采用 TOD 作为控制指标，用 TOC 作为参考指标，并用来控制总碳量和验证杂质对 TOD 的影响。TOC 和 TOD 两者配合使用有助于了解水质瞬间变化实况。但是，由于水中无机物对测定的干扰尚未完全解决，因此，TOC、TOD 还不能完全代替 COD 和 BOD。应该指出，上述表示方法，由于水的种类、操作方法、氧化剂种类不同而得到不同值。尤其对低浓度的有机物染物的分析测量往往产生一些困难。而采用紫外吸光度(UVA)作为新的有机物污染综合指标将具有普遍意义。

由于生活污水、工业废水、特别是石油废水的排放，使天然水体中含有许多有机污染物。这些有机污染物，特别是含有芳香烃和双键或羰基的共轭体系等有机物，在紫外光区都有强烈吸收，其吸光度的大小可以间接反映水中有机物的污染程度。对特定水系来说，其所含物质组成一般变化不大，可用紫外吸光度作为评价水质有机物污染的综合指标。因此，紫外吸光度(UVA)可作为 COD、BOD、TOC 等的替代指标，成为水中有机物污染综合指标之一。

(2) 测定方法

将孔径为 $0.45\mu m$ 的滤膜预先用蒸馏水浸泡 24h，以去除其中的溶解性杂质，滤膜不应吸附具有紫外吸收能力的有机物，也不应透过水中必须被去除的胶体状态的干扰物(如硝酸盐、亚硝酸盐等)。

将测定水样通过此滤膜进行过滤(如果待测水样浓度过高，则用蒸馏水事先稀释)，使用分光光度计和光程为 1cm 的石英比色皿，在波长为 254nm 下，测定滤后水的紫外吸光度 UVA_{254}，测定结果采用 cm^{-1} 为单位时，用下式计算：

$$UVA_{254} = (A/b) \times D$$

式中　UVA_{254}——紫外吸光度(cm^{-1})，(波长单位为 nm)；

b——石英比色皿光程(cm)；

A——吸光度；

D——稀释倍数。

紫外吸光度(UVA)作为新的评价水中有机污染物的替代指标，具有测定迅速、连续、精度高、重现性好、操作简单等独特的优点。用 UVA 不仅可推断水中有机物污染综合指标，也可推断水质的物理和化学指标。例如在有效波长带(UVA_{350}、UVA_{260}、UVA_{240}、$UVA_{210\sim200}$) 还可以判定水中的不可滤残渣即悬浮物(SS)、NH_3-N、NO_2^--N、NO_3^--N 等水质指标。

2. 紫外吸光度在水处理中的应用

水中大多数污染物的分析较复杂，在水处理方面，为了评价处理效果，已经采用 UVA 作为评价参数，从 UVA_{254} 的去除率来预测对某些有机化合物的去除率。它不仅能大体上反映水处理过程中多数有机污染物质的变化情况，而且测定时既迅速又经济。这给日常的水质分析与管理带来了极大的方便，有利于有效地控制水处理过程中水质的变化。

思 考 题 与 习 题

1. 填空题

(1) 氧化还原滴定法广泛地应用于水质分析中，除可以用来_____氧化性或还原性物质外，也可以用来_____一些能与氧化剂或还原剂发生定量反应的物质。

(2) 氧化还原滴定过程中，随着_____的加入，溶液中氧化剂和还原剂____不断地发生变化，相应电对的_____也随之发生改变。

2. 简答题

(1) 何谓标准电极电位和条件电极电位，两者关系如何？

(2) 比较氧化还原指示剂的变色原理与酸碱指示剂有何异同？

(3) 碘量法的主要误差来源有哪些？为什么碘量法不适于在低 pH 值或高 pH 值条件下进行？

(4) 试述 PV、COD、BOD_5、TOC、TOD 的物理意义，它们之间有何异同？

3. 判断题

(1) 高锰酸盐指数(PV)、化学需氧量(COD)和生物化学需氧量(BOD_5)都是间接地表示水中有机物污染综合指标。（　　）

(2) PV 的测定需时最短，能够反映出微生物所能氧化的有机物的量。（　　）

(3) COD 几乎可以表示出有机物全部氧化所需的氧量。（　　）

4. 计算题

(1) 准确称取 0.2500g $K_2Cr_2O_7$，配成 100mL 标准溶液，然后加入过量的 KI，在酸性溶液中用 $Na_2S_2O_3$ 标准溶液滴定至终点，消耗 40.04mL。计算 $K_2Cr_2O_7$ 标准溶液的量浓度($1/6$ $K_2Cr_2O_7$，mol/L)和 $Na_2S_2O_3$ 标准溶液的量浓度($Na_2S_2O_3$，mol/L)。

(2) 用重铬酸钾法测定某废水的 COD，取水样 20.00mL(同时取 20.00mL 无有机物蒸馏水做空白试验)加入回流锥形瓶中，加入 10.00mL 0.2500 mol/L $K_2Cr_2O_7$ 标准溶液($1/6$ $K_2Cr_2O_7$＝0.02500mol/L)和 30mL 硫酸——硫酸银溶液，加热回流 2h，冷却后加蒸馏水稀释至 140mL，加试亚铁灵指示剂，用 0.1000 mol/L 硫酸亚铁铵标准溶液〔$(NH_4)_2Fe(SO_4)_2 \cdot 6H_2O$＝0.1000mol/L〕回滴至红褐色，水样和空白分别消耗硫酸亚铁铵标准溶液 11.20mL 和 21.20mL。求该水样中的 COD 是多少(mgO_2/L)？

(3) 取水样 100mL，用 H_2SO_4 酸化后，加入 10.00mL 0.0100mol/L $KMnO_4$ 标准溶液($1/5KMnO_4$＝0.0100mol/L)，在沸水浴中加热 30min，趁热加入 10.00mL 0.0100mol/L $Na_2C_2O_4$ 标准溶液($1/2$ $Na_2C_2O_4$＝0.0100mol/L)，立即用同浓度 $KMnO_4$ 标准溶液滴定至显微红色，消耗 12.15mL，求该水样中高锰酸盐指数是多少(mgO_2/L)？

(4) 取氯消毒水样 100mL，放入 300mL 碘量瓶中，加入 0.5gKI 和 5mL 乙酸缓冲溶液(pH＝4)，用滴定管滴加 0.0100mol/L $Na_2S_2O_3$ 标准溶液($Na_2S_2O_3$＝0.0100mol/L)至淡黄色，加入 1mL 淀粉溶液，继续滴定至蓝色消失，共消耗 1.21mL 0.0100mol/L $Na_2S_2O_3$ 标准溶液($Na_2S_2O_3$＝0.0100mol/L)。求该水样中总余氯量是多少($mgCl_2/L$)？

(5) 自溶解氧瓶中吸取已将溶解氧 DO 固定的某地面水水样 100mL，用 0.0102mol/L$Na_2S_2O_3$ 标准溶液滴定至淡黄色，加入 1mL 淀粉溶液，继续滴定至蓝色刚好消失，共消耗 9.82mL。求该水样中溶解氧 DO 的浓度(mgO_2/L)？

技能训练 1　水中高锰酸盐指数的测定

一、实训目的

1. 学习高锰酸钾标准溶液的配制和标定；

2. 掌握清洁水中高锰酸盐指数的测定原理和方法。

二、原理

水样在酸性条件下，加入已知量的 $KMnO_4$，在沸水浴中加热 30min，高锰酸钾将水样中的某些有机物和无机还原性物质氧化，反应后加入过量的草酸钠 $Na_2C_2O_4$ 还原剩余的高锰酸钾，再用高锰酸钾标准溶液回滴过量的草酸钠。通过计算得出水样中高锰酸盐指数。

三、仪器和试剂

1. 25mL 酸式滴定管，250mL 锥形瓶，100mL 移液管，10mL 移液管，10mL 量筒，电炉，玻璃珠若干。

2. 高锰酸钾贮备液($1/5\ KMnO_4 \approx 0.1mol/L$)：称取 3.2g 高锰酸钾溶于蒸馏水并稀释至 1200mL，煮沸，使体积减至 1000 mL 左右，放置过夜。用 G-3 号砂心漏斗过滤后，滤液贮于棕色瓶中，避光保存。

3. 高锰酸钾标准溶液($1/5KMnO_4 \approx 0.01mol/L$)：吸取 100mL 高锰酸钾标准贮备液于 1000mL 容量瓶中，用蒸馏水稀释至标线，混匀，避光保存。使用当天应标定其浓度。

4. 草酸钠贮备液($1/2Na_2C_2O_4 = 0.1000mol/L$)：准确称取 0.6705g 经 120℃烘干 2h 并放冷的草酸钠溶解于蒸馏水中，移入 1000mL 容量瓶中，用蒸馏水稀释至标线，混匀。

5. 草酸钠标准溶液($1/2Na_2C_2O_4 = 0.01000mol/L$)：吸取上述草酸钠贮备液 10.00mL 于 100mL 容量瓶中，用水稀释至标线，混匀。

6. 1∶3 硫酸溶液：在不断搅拌下，将 100mL 密度为 1.84g/mL 的浓硫酸慢慢加入到 300mL 水中。

四、操作步骤

1. 高锰酸钾标准溶液的标定

将 50mL 蒸馏水和 5mL 1∶3 硫酸溶液依次加入 250mL 锥形瓶中，然后用移液管加 10.00mL 0.01000mol/L 草酸钠标准溶液，加热至 70～85℃，用 0.01mol/L 高锰酸钾标准溶液滴定。溶液由无色至刚出现浅红色，为滴定终点。计算高锰酸钾标准溶液的准确浓度。

2. 水样测定

(1) 取样　清洁透明水样取样 100mL；浑浊水取 10～25mL，加蒸馏水稀释至 100mL。将水样置于 250mL 锥形瓶中。

(2) 加入 5mL 1∶3 硫酸溶液，用滴定管准确加入 10.00mL 0.01mol/L 高锰酸钾标准溶液(V_1)，摇匀，并投入几粒玻璃珠，加热至沸腾，开始计时，准确煮沸 10min。如红色消失，说明水中有机物含量太多，则另取较少量水样用蒸馏水稀释 2～5 倍(至总体积 100mL)。再按步骤(1)、(2)重作。

(3) 煮沸 10min 后趁热用移液管准确加入 10.00mL 0.01000mol/L 草酸钠标准溶液(V_2)，摇匀，立即用 0.01mol/L 高锰酸钾标准溶液滴定至微红色。记录消耗高锰酸钾标准溶液的量(V_1')。

五、数据处理

计算公式如下：

$$高锰酸盐指数(mg/L) = \frac{[C_1(V_1+V_1') - C_2V_2] \times 8 \times 1000}{V_水}$$

式中　C_1——KMnO_4 标准溶液浓度($1/5KMnO_4$，mol/L)；

$\quad\ V_1$——开始加入 KMnO_4 标准溶液的量(mL)；

$\quad\ V_1'$——滴定时消耗 KMnO_4 标准溶液的量(mL)；

$\quad\ C_2$——Na_2C_2O_4 标准溶液浓度($1/2Na_2C_2O_4$，mol/L)；

$\quad\ V_2$——加入 Na_2C_2O_4 标准溶液的量(mL)；

$\quad\ V_水$——水样的体积(mL)；

$\quad\ 8$——氧的换算系数。

六、注意事项

1. 本方法适用于饮用水、水源水和地面水的测定。对污染较重的水，可少取水样，经适当稀释后测定。

2. 本方法不适用于测定工业废水中有机污染的负荷量，如需测定，可用重铬酸钾法测定化学需氧量。

高锰酸盐指数测定的操作评分表

班级＿＿＿＿＿＿＿＿　学号＿＿＿＿＿＿＿＿　姓名＿＿＿＿＿＿＿＿　成绩＿＿＿＿＿＿＿＿

考核日期＿＿＿＿＿＿　开始时间＿＿＿＿＿＿　结束时间＿＿＿＿＿＿　考评员＿＿＿＿＿＿

序号	考核点	配分	评分标准	扣分	得分
（一）	标准溶液稀释	22			
1	玻璃仪器洗涤	2	玻璃仪器洗涤干净后内壁应不挂水珠，否则一次性扣2分		
2	移液管润洗	2	（1）润洗溶液若超过总体积的1/3，扣0.5分； （2）润洗后废液应从下口排出，不正确扣0.5分； （3）润洗少于3次，扣1分		
3	移取、放出溶液	8	（1）移液时，移液管插入液面下1~2cm，插入过深一次性扣1分； （2）吸空或将溶液吸入吸耳球内，一次性扣2分； （3）移液时，移液管不竖直，一次性扣2分； （4）放液时，锥形瓶未倾斜30°~45°，一次性扣1分； （5）管尖未靠壁，一次性扣1分； （6）溶液流完后未停靠15s，一次性扣1分		
4	定容操作	10	（1）没有进行容量瓶试漏检查，扣2分； （2）加水至容量瓶约3/4体积时没有平摇，扣2分； （3）加水至近标线约1m处没有等待1min，扣2分； （4）逐滴加入蒸馏水至标线操作不当，扣2分； （5）未充分混匀、中间未开塞，扣1分； （6）持瓶方式不正确，扣1分		
（二）	定量测定	34			
1	取试样	2	量取器皿选择不正确，扣2分		
2	测定过程	10	（1）加入KMnO₄前，应将KMnO₄摇匀，没有摇匀，扣2分； （2）加入的KMnO₄只能用滴定管加入，用移液管扣4分； （3）水浴没有沸腾即加热水样，扣1分； （4）水浴水面低于试样液面，扣1分； （5）加热时间不在规定范围内，扣2分		
3	滴定操作	16	（1）滴定管未进行试漏或时间不足2min（总时间），扣2分； （2）润洗前，未摇匀KMnO₄溶液，一次性扣1分； （3）润洗次数少于3次，扣1分； （4）未排净气泡，每次扣1分； （5）调"0"时，应捏住滴定管上部无刻度处，否则一次性扣1分		

续表

序号	考核点	配分	评分标准	扣分	得分
3	滴定操作	16	(6) 滴定前管尖残液未除去，每出现一次扣 0.5 分，最多扣 1 分； (7) 滴定速度得当，若直线放液，一次性扣 1 分； (8) 操作不当造成漏液或滴出锥形瓶外，一次性扣 2 分； (9) 终点控制不准（非半滴到达、颜色过深），每出现一次扣 0.5 分，最多扣 2 分； (10) 终点后滴定管尖悬挂液滴或有气泡，一次性扣 1 分； (11) 加入 $Na_2C_2O_4$ 前，没有摇匀，扣 2 分； (12) 读数不正确，每出现一次扣 1 分		
4	原始记录	16	(1) 数据未直接填在报告单上，每出现一次扣 1 分； (2) 数据不全、有空项、字迹不工整，请在扣分项上打√； (3) 每出现一次扣 1 分，可累加扣分		
5	有效数字运算	3	有效数字运算不规范，一次性扣 3 分		
（三）	文明操作	6			
1	实训台面	2	实训过程中台面、地面脏乱，一次性扣 2 分		
2	实训结束清洗仪器、试剂物品归位	2	实训结束未先清洗仪器或试剂物品未归位就完成报告，一次性扣 2 分		
3	仪器损坏	2	损坏仪器，一次扣 2 分		
（四）	数据处理	38			
1	消耗的高锰酸钾溶液的体积校正	6	从滴定管的校正曲线图查出滴定水样和测定 K 值所消耗的高锰酸钾溶液的体积校正值不正确，每项扣 3 分		
2	高锰酸钾滴定液的温度校正	6	查表不正确，扣 2 分； 补正值（两项）计算不正确，每项扣 2 分		
3	K 值及高锰酸盐指数计算	6	k 值计算错误或没有计算，扣 3 分； 高锰酸盐指数计算错误或没有计算，扣 3 分		
4	测定结果精密度	10	必须有三次测定结果才能计分； （极差/平均值）≤3%，不扣分； 3%＜（极差平均值）≤5%，扣 3 分； 5%＜（极差平均值）≤7.5%，扣 7 分； 5%＜（极差平均值），扣 10 分		
5	测定结果准确度	10	必须有三次测定结果才能计分， （极差/平均值）＞10%，准确度不得分 测定结果。 保证值±1s 内，不扣 1 分； 保证值±2s 内，扣 5 分； 保证值±3s 内，扣 10 分； 保证值±3s 外，不得分		
	合计				

技能训练 2 水中化学需氧量 COD 的测定（重铬酸钾法）

一、实训目的

1. 学会硫酸亚铁铵标准溶液的标定方法；

2. 掌握水中 COD 的测定原理和方法。

二、原理

在水样中准确加入过量的重铬酸钾溶液，并在强酸性条件下，以银盐作催化剂，经沸腾回流后，以试亚铁灵为指示剂，用硫酸亚铁铵标准溶液滴定水样中未被还原的重铬酸钾，根据消耗的硫酸亚铁铵的量，计算水样化学需氧量 COD，以消耗氧的量"mg/L"表示。

在酸性重铬酸钾条件下，芳烃及吡啶难以被氧化，其氧化率较低。在硫酸银催化作用下，直链脂肪族化合物可有效地被氧化。

三、仪器和试剂

1. 回流装置：250mL 磨口锥形瓶回流冷凝器，电炉，玻璃珠若干（图 7-5）。

2. 50mL 酸式滴定管、移液管、容量瓶等。

3. 重铬酸钾标准溶液（1/6$K_2Cr_2O_7$ = 0.2500 mol/L）：称取预先在 120℃烘干 2h 的基准或优质纯重铬酸钾 12.258g 溶于水中，移入 1000mL 容量瓶，稀释至标线，摇匀。

4. 试亚铁灵指示液：称取 1.485g 邻菲罗啉 $C_{12}H_8N_2O$ 和 0.695g 硫酸亚铁 $FeSO_4 \cdot 7H_2O$ 溶于蒸馏水中，稀释至 100mL，贮于棕色瓶内。

5. 硫酸亚铁铵标准溶液（$[(NH_4)_2Fe(SO_4)_2] \cdot 6H_2O \approx$ 0.1mol/L）：称取 39.5g 硫酸亚铁铵溶于水中，边搅拌边缓慢加入 20mL 浓硫酸，冷却后移入 1000mL 容量瓶中，加水稀释至标线，摇匀。临用前，用重铬酸钾标准溶液标定。

6. 硫酸-硫酸银溶液：于 500mL 浓硫酸中加入 5g 硫酸银。放置 1～2d，不时摇动使其溶解。

7. 硫酸汞：结晶或粉末。

四、操作步骤

1. 硫酸亚铁铵标准溶液的标定

准确移取 10.00mL 重铬酸钾标准溶液于 250mL 锥形瓶中，加水稀释至 110mL 左右，缓慢加入 30mL 浓硫酸，混匀。冷却后，加入 3 滴试亚铁灵指示液（约 0.15mL），用硫酸亚铁铵标准溶液滴定，溶液的颜色由黄色经蓝绿色至红褐色即为终点。

计算：

图 7-5 重铬酸钾法测定 COD 的回流装置图

$$C = \frac{0.2500 \times 10.00}{V}$$

式中 C——硫酸亚铁铵标准溶液的浓度（mol/L）；

V——硫酸亚铁铵标准溶液的用量（mL）。

2. 取 20.00mL 混合均匀的水样（或适量水样稀释至 20.00mL）置于 250mL 磨口的回流锥形瓶中，准确加入 10.00mL 重铬酸钾标准溶液和数粒玻璃珠，连接磨口回流冷凝管，从冷凝管上口慢慢地加入 30mL 硫酸-硫酸银溶液，轻轻摇动锥形瓶使溶液混匀，加热回流 2h(自开始沸腾时计时)。

对于化学需氧量高的废水样，可先取上述操作所需体积 1/10 的废水样和试剂于 15mm×150mm 硬质玻璃试管中，摇匀，加热后观察是否显绿色。如溶液显绿色，再适当减少废水取样量，直至溶液不变绿色为止，从而确定废水样分析时应取用的体积。稀释时，所取废水样量不得少于 5mL，如果化学需氧量很高，则废水样应多次稀释。废水中氯离子含量超过 30mg/L 时，应先把 0.4g 硫酸汞加入回流锥形瓶中，再加 20.00mL 废水(或适量废水稀释至 20.00mL)，摇匀。

3. 溶液冷却后，用 90mL 水冲洗冷凝管壁，取下锥形瓶。溶液总体积不得少于 140mL，否则因酸度太大，滴定终点不明显。

4. 溶液再度冷却后，加 3 滴试亚铁灵指示液，用硫酸亚铁铵标准溶液滴定，溶液的颜色由黄色经蓝绿色至红褐色即为终点，记录硫酸亚铁铵标准溶液的用量。

5. 测定水样的同时，取 20.00mL 蒸馏水，按同样操作步骤做空白试验。记录滴定空白时硫酸亚铁铵标准溶液的用量。

五、数据处理

计算公式如下：

$$COD\ (mg/L) = \frac{(V_0 - V_1) \times C \times 8 \times 1000}{V_水}$$

式中　C——硫酸亚铁铵标准溶液的浓度(mol/L)；

　　　V_0——滴定空白时硫酸亚铁铵标准溶液用量(mL)；

　　　V_1——滴定水样时硫酸亚铁铵标准溶液用量(mL)；

　　　$V_水$——水样的体积(mL)；

　　　8——氧的换算系数。

六、注意事项

1. 使用 0.4g 硫酸汞络合氯离子的最高量可达 40mg，如取用 20.00mL 水样，即最高可络合 2000mg/L 氯离子浓度的水样。如水样中氯离子的浓度较低，也可少加硫酸汞，使保持硫酸汞：氯离子＝10：1(m/m)。如出现少量氯化汞沉淀，并不影响测定。

2. 水样取用体积可在 10.00～50.00mL 范围内，但试剂用量及浓度需按表 7-6 进行相应调整，也可得到满意的结果。

3. 对于化学需氧量小于 50mg/L 的水样，应改用 0.025mol/L 重铬酸钾标准溶液。回滴时用 0.01mol/L 硫酸亚铁铵标准溶液。

4. 水样加热回流后，溶液中重铬酸钾剩余量应为加入量的 1/5～4/5 为宜。

水样取用量和试剂用量表　　　　　　　　　　　　　表 7-6

水样体积 (mL)	0.2500 mol/L K_2CrO_7 溶液(mL)	H_2SO_4-Ag_2SO_4 溶液(mL)	$HgSO_4$(g)	$[(NH_4)_2Fe(SO_4)_2]$ (mol/L)	滴定前总体积 (mL)
10.0	5.0	15	0.2	0.050	70
20.0	10.0	30	0.4	0.100	140
30.0	15.0	45	0.6	0.150	210
40.0	20.0	60	0.8	0.200	280
50.0	25.0	75	1.0	0.250	350

化学需氧量测定的操作评分表

班级＿＿＿＿＿＿＿＿＿＿　学号＿＿＿＿＿＿＿＿＿＿　姓名＿＿＿＿＿＿＿＿　成绩＿＿＿＿＿＿＿＿

考核日期＿＿＿＿＿＿＿　开始时间＿＿＿＿＿＿＿　结束时间＿＿＿＿＿＿＿　考评员＿＿＿＿＿＿＿

序号	考核点	配分	评分标准	扣分	得分
（一）	1/6 重铬酸钾标准溶液的配制	20			
1	称量前准备	2	（1）未检查天平水平，扣 0.5 分； （2）未调零点，扣 0.5 分； （3）托盘未清扫，扣 1 分		
2	天平称量操作	8	（1）干燥器盖子放置不正确，扣 0.5 分； （2）手直接触及被称物容器或被称物容器放在台面上，每次扣 0.5 分； （3）称量瓶未放置在天平盘的中央，扣 0.5 分； （4）称量的量不正确，扣 3 分； （5）试样撒落，扣 2 分； （6）开关天平门、放置称量物要轻巧，不正确，扣 0.5 分； （7）读数及数据记录不正确，扣 1 分		
3	称量后处理	2	（1）天平未归零，扣 0.5 分； （2）天平内外不清洁，扣 0.5 分； （3）未检查零点，扣 0.5 分； （4）未做使用记录，扣 0.5 分		
4	定容操作	8	（1）没有进行容量瓶试漏检查，扣 2 分； （2）加水至容量瓶约 3/4 体积时没有平摇，扣 2 分； （3）加水至近标线约 1cm 处等待 1min，没有等待，扣 1 分； （4）逐滴加入蒸馏水至标线操作不当，扣 1 分； （5）未充分混匀、中间未开塞，扣 1 分； （6）持瓶方式不正确，扣 1 分		
（二）	硫酸亚铁铵溶液的标定	22			
1	玻璃仪器洗涤	2	玻璃仪器洗涤干净后内壁应不挂水珠，否则一次性扣 2 分		
2	移液管润洗	2	（1）润洗溶液若不超过总体积的 1/3，扣 0.5 分； （2）润洗后废液应从下口排出，不正确，扣 0.5 分； （3）润洗少于 3 次，一次性扣 1 分		
3	移取溶液	6	（1）移液时，移液管插入液面下 1～2cm，插入过深，一次性扣 1 分； （2）吸空或将溶液吸入吸耳球内，一次性 1 分； （3）移液时，移液管不竖直，一次性扣 1 分； （4）放液时锥形瓶未倾斜 30°～45°，一次性扣 1 分； （5）管尖未靠壁，一次性扣 1 分； （6）溶液流完后未停靠 15s，一次性扣 1 分		
4	滴定操作	10	（1）滴定管未进行试漏或时间不足 1～2min（总时间），扣 1 分； （2）润洗方法不正确，扣 1 分； （3）气泡未排除或排除方法不正确，扣 1 分； （4）滴定前管尖残液未除去，每出现一次扣 0.5 分，可累计扣分； （5）未双手配合或控制旋塞不正确，扣 0.5 分； （6）操作不当造成漏液，扣 1 分； （7）终点控制不准（非半滴到达、颜色不正确）每出现一次扣 0.5 分，可累计扣分； （8）读数不正确，每出现一次扣 0.5 分		

序号	考核点	配分	评分标准	扣分	得分
5	原始记录	2	(1) 数据记录不正确（有效数字、单位），每出现一次扣1分，但不超过2分； (2) 数据不全、有空项、字迹不工整，每出现一次扣0.5分，但不超过2分		
（三）	样品测定	16			
1	取试样	3	(1) 取试样的器皿选择不正确，扣2分； (2) 加入重铬酸钾10.00mL不正确，扣1分		
2	回流过程	3	(1) 加入玻璃珠或沸石，不正确扣0.5分； (2) 冷凝管装置安装，不正确扣1分； (3) 加入30.0mL硫酸—硫酸银，不正确扣0.5分； (4) 加热回流2h，不正确扣1分		
3	滴定操作	10	(1) 冷却后，用90mL水冲洗冷凝管壁，不正确扣1分； (2) 滴定前管尖残液未除去，每出现一次扣0.5分； (3) 未双手配合或控制旋塞不正确，扣0.5分操作不当造成漏液，扣2分； (4) 终点控制不准（非半滴到达、颜色不正确），每出现一次扣1分； (5) 读数不正确，每出现一次扣0.5分； (6) 原始数据未及时记录在报告单上，每出现一次扣1分		
（四）	原始记录和有效数字运算	6	(1) 数据记录不正确（有效数字、单位），每出现一次扣1分，但不超过3分； (2) 数据不全、有空项、字迹不工整，每出现一次扣0.5分，但不超过3分； (3) 有效数字运算不规范，一次性扣3分		
（五）	文明操作	6			
1	实训台面	2	实训过程中台面、地面脏乱，一次性扣2分		
2	实训结束清洗仪器、试剂物品归位	2	实训结束未先清洗仪器或试剂物品未归位就完成报告，一次性扣2分		
3	仪器损坏	2	损坏仪器，一次性扣2分		
（六）	测定结果	30			
1	标定结果精密度	10	（极差/平均值）≤0.15%，不扣分；0.15%<（极差/平均值）≤0.25%，扣2.5分；0.25%<（极差/平均值）≤0.35%，扣5分0.35%<（极差/平均值）≤0.45%，扣7.5分；（极差/平均值）>0.45%，或标定结果少于3份，精密度不给分		
2	标定结果准确度	10	（极差/平均值）>0.45%，或标定结果少于3份，精密度不给分；保证值±1s内，不扣分；保证值±2s内，扣3分；保证值±3s内，扣6分；保证值±3s外，扣10分		
3	测定结果准确度	10	（极差/平均值）>10%，或测定结果少于3份，准确度不给分；保证值±1s内，不扣分；保证值±2s内，扣3分；保证值±3s内，扣7分；保证值±3s外，扣10分		
	合计				

技能训练 3　水中溶解氧 DO 的测定（碘量法）

一、实训目的

1. 学会水中溶解氧的固定方法；

2. 掌握碘量法测定水中溶解氧的原理和方法。

二、原理

水样中加入硫酸锰和碱性碘化钾，水中溶解氧将低价锰氧化为高价锰，生成四价锰的氢氧化物棕色沉淀。加酸后，氢氧化物沉淀溶解并与碘离子反应而释放出游离碘。以淀粉作指示剂，用硫代硫酸钠滴定释出碘，可计算出溶解氧的含量。

三、仪器和试剂

1. 250～300mL 溶解氧瓶，250mL 锥形瓶。

2. 硫酸锰溶液：称取 480g 硫酸锰 $MnSO_4 \cdot 4H_2O$ 或 $364gMnSO_4 \cdot H_2O$ 溶于蒸馏水，过滤后稀释至 1000mL。

3. 碱性碘化钾溶液：称取 500g 氢氧化钠溶解于 300～400mL 蒸馏水中；另称取 150g 碘化钾溶于 200mL 蒸馏水中，待氢氧化钠溶液冷却后，将两溶液合并，混匀，用水稀释至1000mL。如有沉淀则放置过夜，倾出上清液，贮于棕色瓶中。用橡皮塞塞紧，避光保存。此溶液酸化后，遇淀粉应不呈蓝色。

4. 1：5 硫酸溶液。

5. 1％(m/V)淀粉溶液：称取 1g 可溶性淀粉，用少量水调成糊状，再用刚煮沸的水稀释至100mL。冷却后，加入 0.1g 水杨酸或 0.4g 氯化锌防腐。

6. 重铬酸钾标准溶液($1/6K_2Cr_2O_7=0.02500mol/L$)：称取 105～110℃烘干 2h 并冷却的重铬酸 1.2258g，溶于水，移入 1000mL 容量瓶中，并用水稀释至标线，摇匀。

7. 硫代硫酸钠溶液：称取 6.2g 硫代硫酸钠 $Na_2S_2O_3 \cdot 5H_2O$ 溶于煮沸放冷的水中，加入 0.2g 碳酸钠，用水稀释至1000mL。贮于棕色瓶中，使用前用 0.02500mol/L 重铬酸钾标准溶液标定。

8. 硫酸：密度为 1.84g/mL。

四、操作步骤

1. 硫代硫酸钠标准溶液的标定

于 250mL 碘量瓶中，加入 100mL 水和 1g 碘化钾，加入 10.00mL 0.02500mol/L 重铬酸钾标准溶液，5mL 1：5 硫酸溶液密塞，摇匀。于暗处静置 5min 后，用待标定的硫代硫酸钠溶液滴定至溶液呈淡黄色，加入 1mL 淀粉溶液，继续滴定至蓝色刚好退去为止，记录硫代硫酸钠溶液用量。

计算：

$$C=\frac{10.00\times0.0250}{V}$$

式中　C——硫代硫酸钠标准溶液的浓度(mol/L)；

　　　V——滴定时消耗硫代硫酸钠溶液的体积(mL)。

2. 溶解氧的固定

(1) 水样采集　用水样冲洗溶解氧瓶后，沿瓶壁直接注入水样或用虹吸法将细橡胶管插入溶解氧瓶底部，注入水样溢流出瓶容积 1/3～1/2 左右，迅速盖上瓶塞。取样时绝对不能使水样与空气接触，并且瓶口不能留有气泡。否则另行取样。

(2) 溶解氧的固定　取样后用吸管插入溶解氧瓶的液面下，加入 1mL 硫酸锰溶液，

2mL 碱性碘化钾溶液，小心盖好瓶塞(注意:瓶中绝对不可留有气泡)，颠倒混合数次，静置。待棕色沉淀物降至瓶内一半时，再颠倒混合一次，直至沉淀物下降到瓶底(一般在取样现场固定)。

3. 析出碘

轻轻打开瓶塞，立即用吸管插入液面下加 2.0mL 1:5 硫酸溶液。盖好瓶塞，颠倒混合摇匀，至沉淀物全部溶解为止，放置暗处 5min。

4. 滴定

吸取 100.00mL 上述溶液于 250mL 锥形瓶中，用硫代硫酸钠标准溶液滴定至溶液呈淡黄色，加入 1mL 淀粉溶液，继续滴定至蓝色刚好变为无色，即为终点。记录硫代硫酸钠标准溶液用量。

五、数据处理

计算公式如下:

$$溶解氧(mg/L) = \frac{C \times V \times 8 \times 1000}{100}$$

式中　C——硫代硫钠标准溶液浓度(mol/L);

　　　V——滴定时消耗硫代硫酸钠标准溶液的量(mL);

　　　8——氧的换算系数。

六、注意事项

1. 如果水样中含有氧化性物质(如游离氯大于 0.1mg/L 时)，应预先于水样中加入硫代硫酸钠去除。即用两个溶解氧瓶各取一瓶水样，在其中一瓶中加入 5mL 1:5 硫酸溶液和 1g 碘化钾，摇匀，此时游离出碘。以淀粉作指示剂，用硫代硫酸钠溶液滴定至蓝色刚退，记下用量(相当于去除游离氯的量)。在另一瓶水样中，加入同样量的硫代硫酸钠溶液，摇匀后，按操作步骤测定。

2. 如果水样呈强酸性或强碱性，可用氢氧化钠或硫酸调至中性后测定。

附:叠氮化钠修正法

水样中含有亚硝酸盐会干扰碘量法测定溶解氧，可加入叠氮化钠，使水中亚硝酸盐分解而消除干扰。在不含其他氧化、还原物质，水样中含 Fe^{3+} 达 $100\sim200$mg/L 时，可加入 1mL 40% 氟化钾溶液消除 Fe^{3+} 的干扰，也可用磷酸代替硫酸酸化后滴定。

大部分受污染的地面水和工业废水多采用此法测定。

一、仪器和试剂

(1) 仪器同碘量法。

(2) 碱性碘化钾——叠氮化钠溶液　溶解 500g 氢氧化钠于 $300\sim400$mL 蒸馏水中;溶解 150g 碘化钾(或 135g 碘化钠)于 200mL 蒸馏水中，溶解 10g 叠氮化钠于 40mL 蒸馏水中，混合三种溶液加蒸馏水稀释至 1000mL，贮于棕色瓶中。用橡皮塞塞紧，避光保存。

(3) 40%(m/V)氟化钾溶液　称取 40g 氟化钾 $KF \cdot 2H_2O$ 溶于水中，用水稀释至 100mL，贮于聚乙烯瓶中。

(4) 其他试剂同碘量法。

二、操作步骤

同碘量法。仅将试剂中碱性碘化钾溶液改为碱性碘化钾——叠氮化钠溶液。如水样中含有 Fe^{3+} 干扰测定，则在水样采集后，用移液管插入液面下加入 1mL 40% 氟化钾溶液、1mL 硫酸锰溶液和 2mL 碱性碘化钾——叠氮化钠溶液，盖好瓶盖，混匀。以下步骤同碘量法。

三、计算

同碘量法。

四、注意事项

叠氮化钠是一种剧毒、易爆试剂，不能将碱性碘化钾——叠氮化钠溶液直接酸化，否则可能产生有毒的叠氮酸雾。

溶解氧测定的操作评分表

班级＿＿＿＿＿＿＿　学号＿＿＿＿＿＿＿　姓名＿＿＿＿＿＿＿　成绩＿＿＿＿＿＿＿

考核日期＿＿＿＿＿＿＿　开始时间＿＿＿＿＿＿＿　结束时间＿＿＿＿＿＿＿　考评员＿＿＿＿＿＿＿

序号	考核点	配分	评分标准	扣分	得分
（一）	碘化钾的称量	10			
1	称量前准备	1	（1）未检查天平水平，扣0.5分； （2）托盘未清扫，扣0.5分		
2	天平称量操作	8	（1）干燥器盖子放置不正确，扣1分； （2）烧杯未放置在天平盘的中央，扣1分； （3）称量的量不正确，扣2分； （4）试样撒落，扣2分； （5）放置称量物要轻巧，不正确，扣1分； （6）读数及记录，不正确，扣1分		
3	称量后处理	1	天平没有收拾整理，扣1分		
（二）	硫代硫酸钠溶液的标定	24			
1	玻璃仪器洗涤	2	玻璃仪器洗涤干净后内壁应不挂水珠，不正确，扣2分		
2	移液管润洗	3	（1）润洗溶液若超过总体积的1/3，不正确，扣0.5分； （2）润洗后废液应从下口排出，不正确，扣0.5分； （3）润洗少于3次，扣2分		
3	移取、放出溶液	6	（1）移液管插入液面下1～2cm，不正确，扣1分； （2）吸空或将溶液吸入吸耳球内，扣1分； （3）移取溶液时，移液管不竖直，一次性扣1分； （4）放液时锥形瓶不倾斜30°～45°，一次性扣1分； （5）移液管贴锥形瓶壁放液，不正确，扣1分； （6）放完液后要停靠15s，不能吹，不正确，扣1分		
4	滴定操作	10	（1）滴定管未进行试漏或时间不足1～2min（总时间），扣0.5分； （2）润洗方法不正确，扣1分； （3）滴定前管尖残液未除去，每出现一次扣0.5分，可累计扣分； （4）未双手配合或控制旋塞不正确，扣0.5分； （5）操作不当造成漏液，扣0.5分； （6）滴定至淡黄色再加淀粉指示剂，不正确，扣2分； （7）终点控制不准（非半滴到达、颜色不正确），每出现一次扣0.5分，可累计扣分； （8）读数不正确，每出现一次扣0.5分； （9）原始数据未及时记录在报告单上，每出现一次扣1分		
5	原始记录	3	（1）数据记录不正确（有效数字、单位），每出现一次扣1分； （2）数据不全、有空项、字迹不工整，每出现一次扣0.5分		

续表

序号	考核点	配分	评分标准	扣分	得分
(三)	样品的测定	30			
1	取试样	4	(1) 盛试样的器皿选择不正确，扣1分； (2) 虹吸法取样不正确，扣3分		
2	测定过程	8	(1) 用胶头滴管加保存剂时，取上清液，不正确，扣2分； (2) 用胶头滴管加保存剂时，不能产生气泡，不正确，扣2分； (3) 硫酸溶液加错，扣2分； (4) 量筒直接量取硫酸溶液，不能用胶头滴管，不正确扣1分； (5) 放置暗处反应5min，不正确，扣1分		
3	滴定操作	12	(1) 滴定前管尖残液未除去，每出现一次扣0.5分； (2) 未双手配合或控制旋塞，不正确扣0.5分； (3) 操作不当造成漏液，扣0.5分； (4) 终点控制不准（非半滴到达、颜色不正确），每出现一次扣1分； (5) 滴定至淡黄色再加淀粉指示剂，不正确扣2分； (6) 读数不正确，每出现一次扣0.5分； (7) 原始数据未及时记录在报告单上每出现一次扣1分		
4	原始记录	3	(1) 数据未直接填在报告单上，每出现一次扣1分； (2) 数据不全、有空项、字迹不工整、请在扣分项上打√，每出现一次扣0.5分，可累加扣分但不超过3分		
5	有效数字运算	3	有效数字运算不规范，一次性扣1分		
(四)	文明操作	6			
1	实训台面	2	实训过程台面、地面脏乱，一次性扣1分		
2	实训结束清洗仪器，试剂物品归位	2	实训结束未先清洗仪器或试剂物品未归位就完成报告，一次性扣2分		
3	仪器损坏	2	损坏仪器，一次性扣2分		
(五)	测定结果	30			
1	标定结果精密度	10	(极差/平均值)≤0.15%，不扣分；0.15%<(极差/平均值)≤0.25%，扣2.5分；0.25%<(极差/平均值)≤0.35%，扣5分；0.35%<(极差/平均值)≤0.45%，扣7.5分；(极差/平均值)>0.45%，或标定结果少于3份，精密度不给分		
2	标定结果准确度	10	(极差/平均值)>045%，或标定结果少于3份；标定结果准确度不给分；保证值±1s内，不扣分；保证值±2s内，扣3分；保证值±3s内，扣6分；保证值±4s外，扣10分		
3	测定结果准确度	10	保证值±1s内，不扣分；保证值±2s内，扣3分；保证值±3s内，扣7分；保证值±3s外，不得分		

技能训练 4　水中生化需氧量 BOD$_5$ 的测定

一、实训目的

1. 了解稀释水的配制方法；

2. 掌握水中 BOD$_5$ 的测定原理和方法。

二、原理

生化需氧量是指在规定条件下，微生物分解存在于水中的某些可氧化物质，主要是有机物质所进行的生物化学过程中消耗溶解氧的量。分别测定水样培养前的溶解氧含量和在 20±1℃ 培养 5d 后的溶解氧含量，二者之差即为 5d 生化过程所消耗的氧量（BOD$_5$）。

对于某些地面水及大多数工业废水、生活污水，因含较多的有机物，需要稀释后再培养测定，以降低其浓度，保证生物降解过程在有足够溶解氧的条件下进行。其具体水样稀释倍数可借助于高锰酸钾指数或化学需氧量（COD$_{Cr}$）推算。

对于不含或少含微生物的工业废水，在测定 BOD$_5$ 时应进行接种，以引入能分解废水中有机物的微生物。当废水中存在难于被一般生活污水中的微生物以正常速度降解的有机物或含有剧毒物质时，应接种经过驯化的微生物。

三、仪器和试剂

1. 恒温生物培养箱，20L 细口玻璃瓶，1000mL 量筒，玻璃搅棒（棒长应比所用量筒高度长 20cm，在棒的底端固定一个直径比量筒直径略小，并带有几个小孔的硬橡胶板），200～300mL 溶解氧瓶，虹吸管（供分取水样和添加稀释水用）。

2. 磷酸盐缓冲溶液：将 8.5g 磷酸二氢钾 KH$_2$PO$_4$，21.75g 磷酸氢二钾 K$_2$HPO$_4$，33.4g 磷酸氢二钠 Na$_2$HPO$_4$·7H$_2$O 和 1.7g 氯化铵 NH$_4$Cl 溶于水中，稀释至 1000mL。此溶液的 pH 值为 7.2。

3. 硫酸镁溶液：将 22.5g 硫酸镁 MgSO$_4$7H$_2$O 溶于水中，稀释至 1000mL。

4. 氯化钙溶液：将 27.5g 无水氯化钙溶于水，稀释至 1000mL。

5. 氯化铁溶液：将 0.25g 氯化铁 FeCl$_3$·6H$_2$O 溶于水，稀释至 1000mL。

6. 稀释水：在 20L 玻璃瓶内装入一定量的蒸馏水，每升蒸馏水中加入氯化钙溶液、氯化铁溶液、硫酸镁溶液、磷酸盐缓冲溶液各 1mL，然后用无油空气压缩机或薄膜泵曝气，使水中溶解氧含量达 8～9mg/L 时，停止曝气，盖严，使溶解氧稳定。

如果工业废水中含有有毒物质，缺乏微生物时，稀释水中应加适量的经沉淀后的生活污水，作为微生物的接种，通常每升稀释水接种 2mL 沉淀污水；或将驯化后的特种微生物引入水样中进行接种。

7. 测定溶解氧的全部试剂。

四、操作步骤

1. 稀释水的检验

用虹吸法吸取稀释水（或接种稀释水），注满两个溶解氧瓶，加塞，用水封口。其中一瓶立即测定其溶解氧，另一瓶置于恒温生物培养箱内，在 20±1℃ 培养 5d 后测定。要求溶解氧的减少量小于 0.2～0.5mg/L。

2. 稀释倍数的确定

地面水可由测得的高锰酸盐指数乘以适当的系数求出稀释倍数，见表 7-7。

用高锰酸盐指数求取稀释倍数的系数			表 7-7
高锰酸盐指数(mg/L)	系数	高锰酸盐指数(mg/L)	系数
<5	—	10~20	0.4、0.6
5~10	0.2、0.3	>20	0.5、0.7、1.0

工业废水可由重铬酸钾法测得的 COD 值确定。通常需作三个稀释比,即使用稀释水时,由 COD 值分别乘以系数 0.075、0.15、0.225,即获得三个稀释倍数,使用接种稀释水时,则分别乘以 0.075、0.15 和 0.25,获得三个稀释倍数。

如无现成的高锰酸盐指数或 COD 值资料,一般污染较严重的废水(如工业废水)可稀释成 0.1%~1%,对于普通和沉淀过的污水可稀释成 1%~5%,生物处理后的出水可稀释成 5%~25%,污染的河水可稀释成 25%~100%。

3. 稀释水样的配置和 BOD_5 测定

(1) 不需经稀释水样的测定　溶解氧含量较高、有机物含量较少的地面水,可不经稀释,而直接以虹吸法将混匀水样转移至两个溶解氧瓶内,转移过程中应注意不使其产生气泡。以同样的操作使两个溶解氧瓶充满水样后溢出少许,加塞水封。

立即测定其中一瓶的溶解氧。将另一瓶放入培养箱中,在 20±1℃ 培养 5d 后。测其溶解氧。

(2) 需经稀释水样的测定

1) 一般稀释法　按照选定的稀释比例,用虹吸法沿筒壁先引入部分稀释水(或接种稀释水)于 1000mL 量筒中,加入需要量的均匀水样,再引入稀释水(或接种稀释水)至 1000mL,用带胶板的玻璃棒小心上下搅匀。搅拌时勿使搅棒的胶板露出水面,防止产生气泡。

按不经稀释水样的测定步骤,进行装瓶,测定当天溶解氧和培养 5d 后的溶解氧含量。

含水样 1% 以下的稀释水样通常采用一般稀释法。

2) 直接稀释法　直接稀释法是在溶解氧瓶内直接稀释。在已知两个容积相同(其差小于 1mL)的溶解氧瓶内,用虹吸法加入部分稀释水(或接种稀释水),再加入根据瓶容积和稀释比例计算出的水样量,然后引入稀释水(或接种稀释水)至刚好充满,加塞,勿使气泡留于瓶内。其余操作与上述稀释法相同。

在 BOD_5 测定中,一般采用叠氮化钠修正法测定溶解氧。如遇干扰物质,应根据具体情况采用其他测定法。

五、数据处理

1. 不经稀释直接培养的水样

$$BOD_5(mg/L) = C_1 - C_2$$

式中　C_1——水样在培养前的溶解氧浓度(mg/L);

　　　C_2——水样经 5d 培养后,剩余溶解氧浓度(mg/L)。

2. 经稀释后培养的水样

$$BOD_5(mg/L) = \frac{(C_1 - C_2) - (B_1 - B_2)f_1}{f_2}$$

式中　B_1——稀释水(或接种稀释水)在培养前的溶解氧浓度(mg/L);

　　　B_2——稀释水(或接种稀释水)在培养后的溶解氧浓度(mg/L);

　　　f_1——稀释水(或接种稀释水)在培养液中所占比例;

　　　f_2——水样在培养液中所占比例。

六、注意事项

1. 对于生化处理后的水中常含有硝化细菌，干扰 BOD_5 的测定，可加入硝化抑制剂，如丙烯基硫脲 $C_4H_8N_2S$ 或用酸处理消除干扰。

2. 在两个或三个稀释比的样品中，凡消耗溶解氧大于2mg/L和剩余溶解氧大于1mg/L都有效，计算结果时，应取平均值。

3. 培养过程中应经常检查培养瓶封口的水，及时补充，避免干涸。

生化需氧量测定的操作评分表

班级_____ 学号_____ 姓名_____ 成绩_____

考核日期_____ 开始时间_____ 结束时间_____ 考评员_____

序号	考核点	配分	评分标准	扣分	得分
（一）	实训准备	6			
1	玻璃仪器洗涤	2	玻璃仪器洗涤干净后内壁应不挂水珠，否则一次性扣2分		
2	移液管润洗	2	（1）润洗溶液若超过总体积的1/3，扣0.5分； （2）润洗后废液应从下口排出，不正确扣0.5分； （3）润洗少于3次，扣1分		
3	溶解氧测定仪校准	2	按照仪器说明书的操作进行仪器的校准，未进行扣2分		
（二）	样品的预处理	6			
1	调节pH值	2	测定样品或稀释后样品pH值，不在6~8范围内，应调节其pH值至6~8，不正确或未进行扣2分		
2	去除余氧（结合氧）	2	采样后放置1~2h，游离氧即可消失，不正确或未进行扣2分		
3	样品均质化	2	将样品搅拌均匀，不正确或未进行扣2分		
（三）	样品的准备	8	（1）测定待测试样的温度，应达到20±2℃不正确或未进行扣3分； （2）若样品中溶解氧浓度低，需要曝气15min，充分振摇赶走样品中残留的空气泡；若样品中氧气过饱和，将容器2/3体积充满样品，用力振荡赶出过饱和氧。不正确或未进行扣5分		
（四）	稀释倍数的确定	12	（1）根据COD或高锰酸盐指数确定R值，不正确或未进行扣3分计算p值（BOD_5期望值），不正确或未进行扣3分； （2）根据p值和水样的类型确定稀释倍数，不正确或未进行扣3分； （3）一个样品做2~3个不同的稀释倍数，不正确或未进行扣3分		
（五）	样品的测定	22			
1	取试样	4	（1）稀释试样的器皿选择不正确，扣1分； （2）虹吸法取样，不正确扣3分		
2	样品的稀释过程	6	（1）在稀释容器中加部分稀释水（接种稀释水），不正确扣1分； （2）用虹吸管将试样加入，不正确扣3分； （3）加稀释水（接种稀释水）至刻度，不正确扣1分； （4）轻轻混合避免残留气泡，不正确扣1分		

163

续表

序号	考核点	配分	评分标准	扣分	得分
3	样品的测定	12	（1）将试样充满 2 个溶解氧瓶中，使试样少量溢出，不正确扣 20 分； （2）靠瓶壁排除瓶中存在的气泡，不正确扣 1 分； （3）将一瓶盖上瓶盖，加上水封，不正确扣 2 分； （4）在瓶盖外罩上一个密封罩，防止培养期间水封水蒸发干，不正确扣 1 分； （5）在恒温培养箱中于 20±1℃培养 5d±4h，不正确扣 2 分； （6）培养后用电极法测定试样中溶解氧的质量浓度，不正确扣 2 分； （7）另一瓶 15min 后测定试样在培养前溶解氧的质量浓度，不正确扣 2 分		
（六）	空白测定	14	（1）空白试液为稀释水或接种稀释水，选择不正确扣 2 分； （2）将空白试液充满 2 个溶解氧瓶中，使空白试液少量溢出，不正确扣 2 分； （3）靠瓶壁排除瓶中存在的气泡，不正确扣 1 分； （4）将一瓶盖上瓶盖，加上水封，不正确扣 2 分； （5）在瓶盖外罩上一个密封罩，防止培养期间水封水蒸发干，不正确扣 1 分； （6）在恒温培养箱中于 20±1℃培养 5d±4h，不正确扣 2 分； （7）培养后用电极法测定空白试液中溶解氧的质量浓度，不正确扣 2 分； （8）另一瓶 15min 后测定空白试液在培养前溶解氧的质量浓度，不正确扣 2 分		
（七）	数据记录和结果计算	26			
1	原始记录	8	（1）数据未直接填在报告单上、数据不全、有空项，每项扣 1 分，可累计扣分； （2）分析、记录、校核人，每缺少一项，扣 2 分		
2	测定结果	18	（1）有效数字不正确，扣 3 分； （2）结果计算错误，扣 5 分； （3）稀释倍数确定错误，扣 10 分		
（八）	文明操作	6			
1	实训台面	2	实训过程中台面、地面脏乱，一次性扣 2 分		
2	实训结束清洗仪器、试剂物品归位	2	实训结束未清洗仪器或试剂物品未归位，扣 2 分		
3	仪器损坏	2	仪器损坏，一次性扣 2 分		
合计					

教学单元 8　分光光度法

【教学目标】

通过分光光度法基本原理、分光光度计组成及分光光度法测定条件选择的学习，学生应掌握紫外-可见分光光度法测试技术，具有应用该法测定水中铁、氨氮、挥发酚、余氯等水质指标及质量控制能力。

8.1　概　　述

分光光度法是基于物质对光的选择性吸收而建立起来的分析方法，因此又叫吸光光度法或吸收光谱法。

许多物质的溶液是有颜色的。例如，$KMnO_4$ 水溶液呈现紫红色，$K_2Cr_2O_7$ 水溶液呈现橙色。许多物质的溶液本身是无色或浅色的，但它们与某些试剂发生反应后生成有色物质。例如，Fe^{2+} 与邻二氮菲生成红色配合物；Cu^{2+} 与氨水生成深蓝色的配合物；Fe^{3+} 与 SCN^- 生成血红色配合物。有色物质溶液颜色的深浅与其浓度成正比，浓度越大，颜色越深。溶液中有色物质的含量是通过用标准色阶比较颜色深浅的方法来确定的，称为比色分析法；如果是通过使用分光光度计，利用溶液对单色光的吸收程度来确定物质含量，则称为分光光度法。根据入射光波长范围的不同，它又分为可见分光光度法、紫外分光光度法、红外分光光度法等。比色分析法常用目视测定，目视比色法仪器简单、操作简便，但灵敏度和准确度都不如分光光度法，只是在一些准确度要求不高的分析中仍有一定的应用。本章主要介绍分光光度法及其在水质分析中的应用。

分光光度法是水质分析中最常用的分析测定方法之一，它主要应用于测定试样中微量组分的含量。与化学分析法比较它具有如下特点：

（1）灵敏度高　分光光度法常用于测定试样中低至 $5 \times 10^{-5}\%$ 的微量组分。一般情况下，测定浓度的下限也可达 $0.1 \sim 1 \mu g/g(ppm)$，相当于含量为 $0.001\% \sim 0.0001\%$ 的微量组分。如果对被测组分预先富集，灵敏度还可以提高 2~3 个数量级。

（2）准确度较高　通常分光光度法的相对误差为 $2\% \sim 5\%$，完全能够满足微量组分的测定要求。若采用差示分光光度法，其相对误差甚至可达 0.5%，已接近重量分析和滴定分析的误差水平。相反，滴定分析法或重量分析法却难以完成这些微量组分的测定。

（3）操作简便快速　分光光度法的仪器设备一般都不复杂，操作简便。如果将试样处理成溶液，一般只经显色和测量吸光度两个步骤，就可得出分析结果。采用高灵敏度，高选择性的显色反应并与掩蔽反应相结合，一般可不经分离而直接进行测定。

（4）应用范围广　几乎所有的无机离子和有机化合物都可直接或间接地用分光光度法测定。还可用来研究化学反应的机理，例如测定溶液中配合物的组成，测定一些酸碱的解离常数等。目前，分光光度法是广泛用于工农业生产和生物、医学、临床、环保等领域的一种常规分析方法。

8.2　分光光度法测定原理

8.2.1　光的基本性质

光是一种电磁波，光具有波粒二象性。光的波动性表现在光具有一定的波长和频率，能产生折射、衍射和干涉等现象。光的粒子性表现在光是由大量以光速运动的粒子流所组成，能产生光电效应，这种粒子称为光子。光可用波长来表示，波长不同的光具有的能量也不同，波长越短、频率越高的光子，能量越大。具有同一波长的光称为单色光，由不同波长的光组成的光称为复合光（混合光或白光）。光的波长范围很广，人眼能看到的光波为 $400\sim800nm$，通常称为可见光区，短于 $400nm$ 的光波叫紫外线，$200\sim400nm$ 称为近紫外光区，短于 $200nm$ 称为远紫外光区。长于红色光波叫红外线，而 $0.75\sim2.5\mu m$ 称为极近红外光区，$2.5\sim25\mu m$ 为近红外光区，$25\sim300\mu m$ 为远红外光区。

8.2.2　溶液的颜色和对光的选择性吸收

物质吸收不同波长的光会在人视觉上产生不同的颜色，溶液的颜色是由于该溶液中物质对光的吸收具有选择性。如果把物质放在暗处，看不到是什么颜色。如果在复合光（白光）照射下，几乎所有的可见光全部都被吸收，溶液就呈黑色，如果全部不被吸收，则溶液就是无色透明的；溶液会选择性地吸收某些波长的色光，却让那些未被吸收的光透射过去（称为透射光），溶液的颜色就是透射光的颜色。此时，溶液吸收光的颜色与透射光的颜色称为互补色，例如，$KMnO_4$ 水溶液能吸收绿色光而呈现紫红色，则绿色和紫红色互为互补色，又如 $CuSO_4$ 水溶液能吸收黄色光而呈现黄色光的互补色蓝色，即 $CuSO_4$ 溶液为蓝色。物质呈现的颜色与吸收光颜色和波长的关系见表 8-1。

物质呈现的颜色与吸收光颜色和波长的关系　　　　　　　　　　表 8-1

物质呈现的颜色	吸收光		物质呈现的颜色	吸收光	
	颜色	波长范围(nm)		颜色	波长范围(nm)
黄绿	紫	380~435	紫	黄绿	560~580
黄	蓝	435~480	蓝	黄	580~595
橙红	绿蓝	480~500	绿蓝	橙	595~650
红紫	绿	500~560	蓝绿	红	650~760

如果将各种单色光，依次通过固定浓度和固定厚度的某一有色溶液，测量该溶液对各种单色光的吸收程度（即吸光度 A），然后以波长 λ 为横坐标，吸光度为纵坐标作图，所得曲线称为该溶液的光吸收曲线，该曲线能够很准确地描述溶液对不同波长单色光的吸收能力。图 8-1 是四种浓度 $KMnO_4$ 溶液的光吸收曲线。从图中

可以看出：

（1）$KMnO_4$ 溶液对不同波长的光的吸收程度不同，对绿色光区中 525nm 的光吸收程度最大（此波长称为最大吸收波长，以 λ_{max} 或 $\lambda_{最大}$ 表示），所以吸收曲线上有一最大的吸收峰。相反 $KMnO_4$ 溶液，对红色和紫色光基本不吸收，所以，$KMnO_4$ 溶液呈现紫红色。

图 8-1　高锰酸钾溶液的
光吸收曲线

（2）不同物质吸收曲线形状不同。这一特性可以作为物质定性分析的依据。同一物质的吸收曲线是相似的。并且 λ_{max} 或 $\lambda_{最大}$ 相同。

（3）相同物质不同浓度的溶液，在一定波长处吸光度随浓度增加而增大，因此，d 的浓度最大。

吸收曲线是分光光度法选择测量波长的重要依据，通常选择最大吸收波长的单色光进行比色，因为在此波长的单色光照射下，溶液浓度的微小变化能引起吸光度的较大改变，因而可以提高比色的灵敏度。

8.2.3　朗伯比耳定律

当一束平行的单色光通过某一溶液时，光的一部分被吸收，一部分透过溶液，设实际入射光的强度为 I_0，透过光的强度为 I，用 T 表示透光率，则 $T = I/I_0$。透光率的负对数称为吸光度，用符号 A 表示，其数学表达式为

$$A = -\lg \frac{I}{I_0} = \lg \frac{I_0}{I}$$

溶液对光的吸收程度与溶液的浓度、液层的厚度及入射光的波长等因素有关。早在 1760 年和 1852 年，朗伯（lamber）和比耳（beer）分别提出了溶液的吸光度与液层厚度 b 及溶液浓度 c 的定量关系，其数学表达式分别为：

$$\lg \frac{I_0}{I} = K_1 b（朗伯定律）$$

$$\lg \frac{I_0}{I} = K_2 c（比耳定律）$$

如果同时考虑溶液浓度和液层厚度对光吸收程度的影响，即将朗伯定律和比耳定律结合起来，则可得朗伯—比耳定律，此定律也称为光吸收基本定律。其数学表达式为：

$$A = \lg \frac{I_0}{I} = Kbc（朗伯—比耳定律）$$

朗伯—比耳定律不仅适用于可见光区，也适用于紫外光区和红外光区；不仅适用于溶液，也适用于其他均匀的非散射的吸光物质（包括气体和固体）是各类吸光光度法的定量依据。式中 K_1、K_2 和 K 均为比例常数，K 随 c、b 所用单位不同而不同。

如果液层厚度 b 的单位为"cm"，浓度单位为"g/L"，K 用 a 表示，a 称为吸光系数，又称为质量吸收系数，单位是"L/（g·cm）"，则：

$$A = abc$$

如果液层厚度 b 的单位仍为"cm"，但浓度单位为"mol/L"，则常数 K 用 ε

表示，ε 称为摩尔吸光系数，其单位是"L/(mol·cm)"，则表达式为：

$$A=\varepsilon bc$$

8.2.4　分光光度法的定量方法及误差

1. 分光光度法定量方法

（1）标准曲线法

根据光的吸收定律，如果液层厚度、入射光波长保持不变，则在一定浓度范围内，所测的吸光度与溶液中待测物质的浓度成正比。先配制一系列已知准确浓度的标准溶液，在选定波长处分别测其吸光度 A，然后以标准溶液的浓度 C 为横坐标，以相应的吸光度 A 为纵坐标，绘制 $A—c$ 关系图，得到一条通过坐标原点的直线，称为标准曲线（图 8-2）。在相同条件下测出试样溶液的吸光度，可从标准曲线上查出试样溶液的浓度。

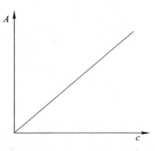

图 8-2　标准曲线图

（2）比较法

在相同条件下，配制被测试样溶液及与其浓度相近的标准溶液，在所选波长处分别测量标准溶液的吸光度和试样溶液的吸光度，根据朗伯—比耳定律：

$$A=Kbc$$
$$A_{标}=Kbc_{标}$$
$$A_{样}=Kbc_{样}$$
$$c_{样}=c_{标}\times A_{样}/A_{标}$$

比较法适用于线性关系好且通过原点的情况。

（3）一元线性回归法

用吸光度 A 和浓度 c 做工作曲线，横坐标为自变量 c，纵坐标为因变量 A，通常自变量可以控制和精确测量，因变量是随机变量，有误差。根据散点画一条直线，称这条直线为回归线。

若直线通过所有实验点，可以说 A 与 c 是密切线性相关。如果实验点不完全在直线上，为使误差大到最小，需要进一步线性回归。

设回归方程为

$$y=a+bx$$

式中　a——回归线在纵轴上的截距；

　　　b——回归线的斜率。

确定 a、b 两个参数，即可得到线性回归方程。用数学上的最小二乘法可以求得 a、b 两个参数。带有线性回归的计算器可实现这一计算，只需输入标准系列的浓度和相应的吸光度即可。

确立线性回归方程后，将样品测得的吸光度代入方程，即可求出样品的浓度。

2. 分光光度法的误差

（1）溶液偏离朗伯—比耳定律所引起的误差

在分光光度法中，根据朗伯—比耳定律，曲线应当是通过原点的直线。但在分析工作中往往遇到标准曲线发生弯曲的情况，这种情况称为偏离朗伯—比耳定律。引起偏离的主要原因有：

1）单色光纯度差　朗伯—比耳定律适用于单色光，而实际上在分光光度计中应用的是一定波长范围内的复合光，这样在进行测定时就造成标准曲线的上部发生弯曲，这种偏离是由于仪器条件限制所引起的。一般来说，单色光的纯度愈差、吸光物质的浓度愈大或吸收池的厚度愈大，则引起偏离标准曲线的程度愈大。

2）吸光物质发生化学变化　溶液中的化学变化如解离、缔合、溶剂化及形成新的配合物等，都会引起有色物质的浓度改变而导致偏离朗伯—比耳定律。

（2）仪器误差

仪器误差包括机械误差和光学系统误差。吸收池厚度不完全相同，四面不平行，皿壁厚度不均匀等都属于机械误差；光源不稳定，光强度不均匀使读数不稳定等属于光学系统误差。

（3）光度测量误差

进行分光光度法分析测定时，在不同吸光度范围内读数也可引入不同程度的误差，使测定的准确度受到影响。

（4）主观误差

由于人为操作不当所引起的误差为主观误差，如在处理标准溶液和被测溶液时没有按相同条件同步进行。如果标准溶液和被测溶液加入不同量或不同浓度的显色剂、放置时间不同或在不同温度下进行等都会给测定带来误差。

8.3　分光光度计基本组成与测定条件的选择

8.3.1　分光光度计的基本组成

分光光度计的类型很多，按波长范围分为可见分光光度计（300～800nm）、紫外可见分光光度计（200～1000nm）和红外分光光度计（760～400000nm）等。但就其结构来讲，都是由光源、分光系统（单色器）、吸收池（比色皿）、检测器和信号处理系统所组成。

1. 光源

根据不同波长范围，选择不同光源一般采用钨灯（320～2500nm 可见光用）氢灯、氘灯（190～400nm 紫外光用）。

2. 分光系统（单色器）

单色器是一种能把复合光分解为按波长的长短顺序排列的单色光的光学装置。包括入射和出射狭缝、透镜和色散元件组成。色散元件由棱镜和光栅做成，是单色器的关键性部件。

棱镜由玻璃或石英制成，是分光光度计常用的色散元件，复合光通过棱镜时，由于入射光的波长不同，折射率也会不同。故而能将复合光分解为不同波长的单色光。有些分光光度计用光栅做色散元件，其特点是工作波段范围宽，但单色光的强度较弱。

3. 吸收池(比色皿)

分光光度计中用来盛放溶液的容器称为吸收池,它是由石英或玻璃制成的,玻璃吸收池只能用于可见光区,石英吸收池可用于可见光区,也可用于紫外光区。吸收池形状一般为长方体,它的规格有很多种,可根据溶液多少和吸收情况选用。在测定时,各仪器应选用配套的吸收池,不能混用。吸收池的两光面易损伤,应注意保护。

4. 检测器

检测器是一种光电转换元件,它的作用是把透过吸收池后的透射光强度转换成可测量的电信号,分光光度计中常用的检测器有光电池、光电管和光电倍增管三种。

(1)光电池

光电池是用某些半导体材料制成的光电转换元件。种类很多,在分光光度计中常用硒光电池,其结构如图 8-3 所示。使用光电池时应注意防潮、防疲劳。不同的半导体材料,它的感光的光波范围也不同,如果测量红外光谱外缘的光吸收时,应该选用硫化银光电池进行工作。

(2)光电管

光电管的构造如图 8-4 所示。它是由一个阴极和一个阳极构成的真空(或充有少量惰性气体)二极管。阴极是金属做成的半圆筒,内表面涂有一层光敏物质(如碱或碱土金属氧化物等);阳极为金属电极,通常为镍环或镍片。两电极间外加直流电压,当光照射至阴极的光敏物质时,阴极表面就发射出电子,电子被引向阳极而产生。光愈强,阴极表面发射的电子就愈多,产生的光电流就愈大。

图 8-3 硒光电池光电效应示意图

1—铁;2—半导体硒;

3—金属薄片;4—入射光

图 8-4 光电管工作示意图

(3)光电倍增管

光电倍增管是利用二次电子发射以放大光电流,放大倍数在 $10^4 \sim 10^8$ 倍。光电倍增管的灵敏度比光电管的约高 200 倍,产生电流适于测量十分微弱的光,它的阳极上的光敏材料通常用碱金属锑、铋、银等合金。

5. 信号显示系统

分光光度计常用的显示装置有检流计、微安表、电位计、数字电压表、自动记录仪等。早期的分光光度计多采用检流计、微安表作显示装置，直接读出吸光度或透光率。近代的分光光度计则多采用数字电压表等显示和用 X—Y 记录仪直接绘出吸收（或透射）曲线，并配有计算机数据处理台。

8.3.2 分光光度计

1. 721 型分光光度计

721 型分光光度计是分析实验室常用的一种分光光度计。结构合理，性能稳定，工作波段为 360～800nm，采用光电管做检测器。其光学系统如图 8-5 所示。

图 8-5　721 型分光光度计光学系统

1—棱镜；2—准直镜；3—狭缝；4—光源；5—透镜；

6—反射镜；7—光栅；8—吸收池；

9—光门；10—光电管；11—放大镜；12—微安表

由光源发出的连续辐射光，经聚光透镜汇聚后，照射到平面反射镜上并转 90°再通过进光狭缝进入单色器内。狭缝正好位于平面准直镜的焦面上，因此当入射光线经准直镜反射后，就以一束平行光投射到背面镀铝的棱镜上，入射光在镀铝面上反射回来又射出棱镜。这样，经棱镜二次色散之后的光线，再经准直镜的反射汇聚在出光狭缝上，出光和进光狭缝是共轭的。为减少光线通过棱镜后的弯曲而影响单色性，把构成狭缝的两片刀口做成弧形，以便近似地符合谱线的弯曲，保证了仪器具有一定的单色性。转动波长调节器就能改变棱镜角度，从而使不同波长的光通过出光狭缝。从出光狭缝出来的光线经光栅、吸收池和光门投射到光电管上，光电管将光能转变为电能，再经电路放大，最后由微电流表显示出来。

2. 751 型分光光度计

751 型分光光度计是在 721 型基础上生产的一种紫外、可见和近红外分光光度计。其工作原理与 721 型相似，而波长范围较宽（200～1000nm），精密度也较高。

751 型分光光度计配有两种光源，当波长在 320～1000nm 时用钨丝白炽灯，在 200～320nm 时用氢弧灯。其光电管也有两种，200～650nm 范围内用紫敏光电管，650～1000nm 范围内用红敏光电管。为了防止玻璃对紫外光的吸收，751 型的棱镜、透镜都由石英制成。

上述分光光度计和其他类型分光光度计在使用时均需详细阅读仪器使用说明书，并按使用说明书进行操作。

8.3.3 测定条件的选择

1. 显色反应与显色剂

分光光度法只能测定有色溶液。如果被测试样溶液无色，必须加入一种能与被测物质反应生成稳定有色物质的试剂，然后进行测定，这个过程称为显色反应，加入的这种试剂称为显色剂。常见的显色反应可分为两类：一类为形成螯合物的配合反应；另一类为氧化还原反应。应用于分光光度法测定时，显色剂必须具备下列条件：

（1）选择性好。在显色条件下，显色剂尽可能不与溶液中其他共存离子显色，即使显色也须与被测物质的显色产物的吸收峰相隔较远。

（2）灵敏度高。要求显色反应中生成的有色化合物应有较大的摩尔吸光系数。摩尔吸光系数愈大，表示显色剂与被测物质生成的有色物质的吸光能力愈强，即使被测物质在含量较低的情况下，也能被测出。

（3）生成的有色化合物要有恒定的组成。如有色化合物组成不符合一定的化学式，测定的再现性就较差。

（4）生成的有色化合物的化学性质稳定。至少应保证在测量过程中溶液的吸光度基本不变。

（5）显色剂与有色化合物之间的颜色差别大。一般要求有色化合物的最大吸收波长与显色剂的最大吸收波长之差在 60nm 以上。

2. 显色反应条件

选择反应条件，目的是使待测组分在所选择的反应条件下，能有效地转变为适于光度测定的化合物。显色反应不仅与显色剂有关，而且与显色的条件有关。为了提高测定的灵敏度和准确度，必须选择合适的显色剂用量、溶液酸度、显色时间和温度等。

（1）显色剂用量

在显色反应中一般都加入适当过量的显色剂，以使被测物质尽可能转化为有色化合物，但并非显色剂加得越多越好，显色剂过多，则会发生其他副反应，对测定不利。在实际工作中，应根据实验要求常严格控制显色剂的用量。

（2）溶液的酸度

有机显色剂大部分是有机弱酸，溶液的酸度影响显色剂的浓度以及本身的颜色。由于大部分金属离子容易水解，酸度也会影响金属离子的存在状态，进一步还会影响有色化合物的组成和稳定性。因此，应通过试验确定出适当的酸度范围，并在水质分析过程中严格控制。

（3）显色时间

有些显色反应能够迅速完成且颜色稳定；有些显色反应速率较慢，需放置一段时间，颜色才能稳定。因此，应该在显色反应完成后，颜色达到最大深度（即吸光度最大）且稳定的时间范围内进行测定。

（4）显色温度

一般情况下，显色反应多在室温下进行，但有些显色反应需加热到一定温度才能完成。因此，不同的显色反应应选择适宜的显色温度，并应注意控制温度。

（5）溶剂

溶剂的不同可能会影响显色时间、有色化合物的解离度和颜色等。在测定时标准溶液和被测溶液应采用同一种溶剂。

3. 测定条件的选择

（1）选择合适的波长

波长对比色分析的灵敏度、准确度和选择性有很大的影响。选择波长的原则是：吸收最多，干扰最小。因为吸光度越大，测定的灵敏度越高，准确度也容易提高；干扰越小时，选择性好，测定的准确度越高。

（2）控制适当的吸光度范围

为了减小测量误差，一般应使被测溶液的吸光度 A 处在 $0.1\sim0.7$ 之间为宜，为此可通过调节溶液的浓度和选择不同厚度的吸收池来达到此要求。

（3）选择适当的参比溶液

参比溶液亦称空白溶液。在测定吸光度时，利用参比溶液调节仪器的零点，不仅可以消除由吸收池和溶剂对入射光的反射和吸收所带来的误差，而且能够提高测定的抗干扰能力。常见的参比溶液及其作用如下：

1）溶剂参比　制备试样溶液的试剂和显色剂均无色，即溶液中除被测物质外其他物质对测定波长的光几乎无吸收，可用溶剂作参比溶液，称为溶剂参比。

2）试剂参比　显色剂或其他试剂有颜色，在测定波长处有吸收，可按显色反应相同条件，只是不加入试样，同样加入所需试剂和溶剂作为参比溶液，称为试剂参比。

3）试样参比　试样基体有色（如试样溶液中混有其他有色离子），即在测定波长处有吸收，而与显色剂不起显色反应时，可按显色反应相同条件，取相同量的试样溶液，只是不加显色剂做参比溶液，称为试样参比。

8.4　分光光度法在水质分析中的应用

8.4.1　水中氨氮的测定

1. 测定的意义

水中的氨氮指以 NH_3 和 NH_4^+ 形式存在的氮，当酸性较强时，主要以 NH_4^+ 存在，相反，则以 NH_3 存在。水中的氨氮主要来自焦化厂、合成氨化肥厂等某些工业废水、农用排放水以及生活污水中所含的含氮有机物受到水中微生物的分解作用后，逐渐变成较简单的化合物，即由蛋白性物质分解成肽、氨基酸等，最后产生氨。

在地下水中，由于硝酸盐与 $Fe(II)$ 作用，也会分解产生 NH_4^+。此外，沼泽水中腐殖酸能将硝酸盐还原成氨，故沼泽水中通常含有较大量的 NH_4^+。由此可知，水中氨的来源很多，但以含氮有机化合物被微生物氧化分解为主。在发生生物化学反应的过程中，含氮有机化合物不断减少；而含无机氮化合物渐渐增加。若无氧存在，氨即为最终产物。有氧存在，氨继续分解并被微生物转变成亚硝酸盐（NO_2^-）、硝酸盐（NO_3^-），此作用称为硝化作用。这时，含氮有机化合物显然已由复杂的有机物变为无机性硝酸盐，含氮有机化合物完成了"无机化"作用。

在水质分析中，通过测定各类含氮化合物，可以推测水体被污染的情况及当前的分解趋势。水体的自净作用包括含氮有机化合物逐渐转变为氨、亚硝酸盐和硝酸盐的过程。这种变化进行时，水中的致病细菌也逐渐消除，所以测定各类含氮化合物，有助于了解水体的自净情况。如果水中主要含有机氮和氨氮，可以认为此水最近受到污染，有严重危险。水中氮的大部分如以硝酸盐的形式存在，则可认为污染已久，对于卫生影响不大或几乎无影响。通常，地面水中硝酸盐氮为 0.1~1.0mg/L。

2. 分析方法

水中氨氮的测定常采用纳氏试剂光度法。

氨氮的测定

氨与碘化汞钾的碱性溶液（纳氏试剂）反应，生成淡黄到棕色的络合物碘化氨基合氧汞（$[Hg_2ONH_2]I$），选用 410~425nm 波段进行测定，测出吸光度，由标准曲线法，求出水中氨氮的含量。本法的最低的检出限为 0.25mg/L，测定上限为 2mg/L。颜色深浅与氨氮含量成正比，若氨含量小时，呈淡黄色；相反，则生成红棕色沉淀。反应式如下：

$$NH_3 + 2K_2HgI_4 + 3KOH \longrightarrow [Hg_2ONH_2]I + 7KI + 2H_2O$$
黄棕色

可根据络合物颜色的深浅粗略估计氨氮含量。

水样浑浊可用滤纸过滤。少量 Ca^{2+}、Mg^{2+}、Fe^{3+} 等离子可用酒石酸钾钠或 EDTA 掩蔽。当干扰较多、氨氮含量较少时，应采用蒸馏法，氨从碱性溶液中呈气态逸出，但操作麻烦，精密度和准确度较差。

纳氏试剂对氨的反应很灵敏，本法的最低检出限为 0.25mg/L，测定上限为 2mg/L。

当水样（如污水）中氨氮含量大于 5 mg/L 时，可采用蒸馏-酸滴定法进行测定（详见本书教学单元 4 中 4.3 内容）。

美国哈希公司对氨氮等水质指标检测方法进行改进，将测定需配制的纳氏试剂等试剂制备成预装管试剂或粉枕试剂，购置相关试剂仪器后，将水样加入到预装管试剂或粉枕试剂配制的试剂管中，可以对水样进行测定，减少了人工配制试剂的误差，具有操作简单，实验耗时少，减少和避免使用危险化学试剂，安全、环保等特点，提供精确度高和重现性好的结果。

8.4.2 水中亚硝酸盐的测定

1. 测定的意义

亚硝酸盐（$NO_3\text{-}N$）是氮循环的中间产物，不稳定，在有氧的条件下，可被微生物氧化成硝酸盐，在缺氧的条件下，也可被还原成氨。亚硝酸盐可使人体正常的血红蛋白氧化成高铁血红蛋白，而失去血红蛋白在体内输送氧的能力。亚硝酸盐还容易生成具有致癌性的亚硝胺类物质。

水中亚硝酸盐的存在，表示有机物的分解过程还没有达到最后阶段。如水中硝酸盐含量很高、氨氮含量低时，则亚硝酸盐的少量存在并无任何重要性。反之，若硝酸盐含量低，氨氮含量较高，如发现亚硝酸盐就应该引起注意，一般认为水中亚硝酸盐含量较高，就需要加以重视。

2. 分析方法

水中亚硝酸盐的测定方法通常采用重氮-偶联反应，使之生成紫红色染料，方法灵敏，选择性强。所用的重氮和偶联试剂是对氨基苯磺酰胺和 α 萘酚。

在酸性条件下，亚硝酸盐氮与氨基苯磺酰胺反应，生成重氮盐，再与 α 萘酚偶联生成紫红色染料。在 540nm 波长处有最大吸收。

氯胺、氯、硫代硫酸盐、聚磷酸钠和高价铁离子有干扰。水样浑浊或有色，可加氢氧化铝悬浮液过滤消除。当水样 pH≥11 时，可加入 1 滴酚酞指示液，用(1＋9)的磷酸溶液中和。

测定时取经预处理的水样与 50mL 的比色管中，用水稀释至标线，加入1.0mL 显色剂，混匀，静置 20min 后，于波长 540nm 处比色。根据标准曲线求出亚硝酸盐的含量。

8.4.3　水中硝酸盐氮的测定

1. 测定的意义

硝酸盐是在有氧环境中最稳定的含氮氧化物，也是含氮有机化合物经无机化作用的最终产物。制革废水、酸洗废水、某些污水生化处理设施的出水和农田排水可含有大量的硝酸盐。

摄入硝酸盐后，经肠道中微生物作用可转变成亚硝酸盐而出现毒性。

2. 分析方法

水中硝酸盐的分析方法很多，有酚二磺酸分光光度法、镉柱还原法、离子色谱法、紫外分光光度法等，下面仅介绍紫外分光光度法：

由于硝酸根离子对 220nm 波长的紫外光有特征吸收，所以可以通过测定水样在 220nm 波长的紫外吸光值来确定水样中硝酸盐氮的含量。但溶解性有机物除在220nm 波长处也有吸收外，还可吸收 275nm 的紫外线，而硝酸根离子对 275nm的紫外线则没有吸收，所以对含有机物的水样，必须在 275nm 处做另一次测定，以扣除有机物的影响。

含有溶解性有机物、表面活性剂、亚硝酸盐、六价铬、碳酸盐和碳酸氢盐的水样，应进行预处理。可用氢氧化铝絮凝沉淀和大孔柱中性吸附树脂去除水样中浊度、高价铁、六价铬和大部分常见有机物。

紫外分光光度法简便快速，适用于清洁地表水和未受明显污染影响的地下水。

测定时量取 200mL 水样置于锥形瓶或烧杯中，经絮凝沉淀后，吸取 100mL 上清液，经过吸附树脂柱，将开始的流出液弃掉，收集 50mL 于比色管中，加 1.0mL盐酸溶液，0.1mL 氨基磺酸溶液，分别在 220nm 和 275nm 处比色，以 220nm 处的吸光值减去 2 倍的 275nm 处的吸光值，作为校正吸光值。根据校正吸光值，由标准曲线求出亚硝酸盐的含量。

8.4.4　水中总磷的测定

1. 测定的意义

在天然水和废水中，磷几乎都以各种磷酸盐的形式存在，分为正磷酸盐、缩合磷酸盐和有机结合的磷酸盐(如磷脂)。合成洗涤剂、化肥和冶炼等行业排放的废水，以及生活污水中常含有大量的磷。磷是生物生长所必需的营养元素之一，如水体中磷含量过高，超过 0.2mg/L，可造成藻类过度繁殖，使水体富营养化，水质变坏。

2. 分析方法

水中磷的测定，通常按其存在的形式分别测定总磷、溶解性正磷酸盐和总溶解性磷。水样经 $0.45\mu m$ 的滤膜过滤后，滤液可直接测定溶解性正磷酸盐，滤液经强氧化剂消解后可测定总溶解性磷。未过滤的水样经强氧化剂消解后可测得总磷含量。磷的测定有钼锑抗分光光度法、氯化亚锡还原钼蓝法、离子色谱法等，在这里仅介绍钼锑抗分光光度法。

在中性条件下用过硫酸钾（或硝酸-高氯酸）使水样消解，将水样所含磷全部氧化为正磷酸盐。在酸性条件下，正磷酸盐与钼酸铵、酒石酸锑氧钾反应，生成磷钼杂多酸后，被抗坏血酸还原，生成蓝色的络合物。

（1）水样的消解

过硫酸钾消解：取 25mL 水样于 50mL 具塞刻度管中，向水样中加 4mL5％的过硫酸钾溶液，将具塞比色管盖紧后，用聚四氟乙烯生料带将玻璃塞包扎紧（或用其他方法固定），以免加热时玻璃塞冲出。将具塞比色管放在大烧杯中置于高压蒸气消毒器（或一般压力锅）中加热，待压力达 $1.1kg/cm^2$，相应温度为 $120℃$ 时，保持 30min 后停止加热。待压力表读数降至零后，取出放冷。然后用水稀释至标线。

如用硫酸保存的水样，当用过硫酸钾消解时，需先将水样调至中性。

硝酸-高氯酸消解：取 25mL 水样于锥形瓶中，加数粒玻璃珠，加入 2mL 浓硝酸，在电热板上加热浓缩至 10mL。冷后加 5mL 浓硝酸，再加热浓缩至 10mL，放冷。加 3mL 高氯酸，加热至冒白烟，此时可调节电热板温度，使消解液在锥形瓶内壁保持回流状态，直至剩下 3～4mL，放冷。

加蒸馏水 10mL，加 1 滴酚酞指示剂。滴加 6mol/L 氢氧化钠溶液至刚呈微红色，再滴加 1mol/L 硫酸溶液使微红刚好退去，充分混匀。移至 50mL 具塞刻度管中，用水稀释至标线。

采用硝酸-高氯酸消解，需要在通风橱中进行。高氯酸和有机物的混合物经加热易发生危险，需将试样先用硝酸消解，然后再加入硝酸-高氯酸进行消解。

水样中的有机物用过硫酸钾氧化不能完全破坏时，可用此法。

（2）测定步骤

取适量经消解后的水样（使含磷量不超过 $30\mu g$），加入 50 mL 比色管中，用水稀释至标线。加入 1mL10％的抗坏血酸溶液，混匀。30s 后加入 2mL 钼酸盐溶液充分混合，放置 15min 后，在 700nm 波长处，以水做参比，测定吸光值。从标准曲线求出磷的含量。

8.4.5 水中六价铬的测定

1. 测定的意义

铬存在于电镀、冶炼、制革、纺织、制药等工业废水污染的水体中。铬以三价和六价形式存在于水中。六价铬的毒性比三价铬强，并有致癌的危害。因此，我国规定生活饮用水中，六价铬的含量不得超过 0.05mg/L；综合污水排放标准为不得超过 0.5mg/L。

2. 分析方法

分光光度法测定六价铬，常用二苯碳酰二肼（DPCI）作显色剂。在微酸性条件下（1.0mol/L H_2SO_4）生成紫红色的络合物。其颜色的深浅与六价铬的含量成正比，最大吸收波长为 540nm。由标准曲线测出六价铬的含量。

低价汞离子 Hg_2^{2+} 和高价汞离子 Hg^{2+} 与 DPCI 作用生成蓝色或蓝紫色络合物，但在本实验所控制的酸度条件下，反应不甚灵敏。铁的浓度大于 1mg/L 时，将与试剂生成黄色化合物而引起干扰，可以通过加入 H_3PO_4 与 Fe^{3+} 络合而削除干扰。五价钒 V^{5+} 与 DPCI 反应生成棕黄色化合物，该化合物很不稳定，在 20min 后颜色会自动退去，故可不考虑。少量 Cu^{2+}、Ag^+、Au^{3+} 在一定程度上对分析测定有干扰；钼低于 100mg/L 时不干扰测定。还原性物质也干扰测定。

8.4.6　水中余氯的测定

1. 测定的意义

氯气加入水中后，能起到消毒杀菌的作用。为了使氯气充分与细菌作用，以达到除去水中细菌的目的。所以水经过氯消毒后，还应保留有适当的剩余的氯，以保证持续的杀菌能力，这种适量的剩余的氯称为余氯。余氯又叫活性氯。

水中的余氯有三种形式：

（1）游离性余氯：HOCl、OCl^- 等；

（2）化合性余氯：NH_2Cl、$NHCl_2$、NCl_3 等；

（3）总余氯：HOCl、OCl^-、NH_2Cl、$NHCl_2$、NCl_3 等。

在水处理的消毒过程中，水中加入的液氯量是由水中多余氯量和余氯存在的形式来决定的。加氯量过少，不能达到完全消毒的目的；加氯量过多，不仅造成浪费，又会使水产生异味，影响水的质量。我国饮用水水质标准规定，在加氯 30min 以后，水中游离余氯不得低于 0.3mg/L，集中式给水除出厂水应符合上述要求外，管网末梢水余氯不得低于 0.5mg/L，这样便可预防水在通过管网输送时可能遇到的污染。因此，水中余氯的测定对水处理中的氯消毒有着重要的意义。

2. 分析方法

水中余氯的测定方法有滴定分析法中的氧化还原法、碘量法和分光光度法等。自来水的水质分析中，因为水中余氯的含量不高，故常采用分光光度法，若水中余氯的含量高或含有某些干扰物质时，则采用氧化还原法和碘量法等。

（1）二乙基对苯二胺（DPD）分光光度法

本方法规定了 N，N-二乙基对苯二胺（DPD）分光光度法测定生活饮用水及其水源水的总余氯及游离余氯的含量。本方法适用于经氯消毒后的生活饮用水及其水源水的总余氯及游离余氯的测定。它的最低检测质量为 $0.1\mu g$，若取 10mL 水样测定，最低检测浓度为 0.1mg/L 余氯。DPD 与水中游离余氯迅速反应而产生红色。在碘化物催化下，一氯胺也能与 DPD 反应显色。在加入 DPD 试剂前加入碘化物时，一部分三氯胺与游离余氯一起显色，通过变换试剂的加入顺序可测得三氯胺的浓度。

（2）丁香醛连氮分光光度法

本方法适用于经氯消毒后的生活饮用水及其水源水的总余氯及游离余氯的测定。本方法最低检测质量为 $0.44\mu g$，按本方法操作，实际水样量为 8.75mL，最低检测浓度为 0.05mg/L。丁香醛连氮在 pH＝6.6 缓冲介质中与水样中游离余氯迅速反应，生成紫红色化合物，于 528nm 波长以分光光度法定量。

8.4.7 水中铁的测定

1. 测定意义

地下水由于溶解氧的不足，所以含铁的化合物中常以 Fe^{2+} 状态存在。如碳酸亚铁、硫酸亚铁及有机含铁化合物；Fe^{3+} 在天然水中往往以不溶性氧化铁的水合物形式存在。地下水所含的低铁盐易氧化成高铁盐，并与水中碱性物质生成不溶性氧化铁的水合物。

铁是水中最常见的一种杂质，它在水中的含量极少，对人类健康影响不大。但饮用水含铁量太高会产生苦涩味。国家规定饮用水铁含量不得大于 0.3mg/L。水中含铁量在 1mg/L 左右，就易与空气中的溶解氧作用而产生浑浊现象。

2. 分析方法

水中铁的测定采用邻二氮菲分光光度法。水样中铁的含量一般都用总铁量来代表。在 pH = 2～9 的溶液中，Fe^{2+} 与邻二氮菲生成稳定的橙红色络合物；若 pH<2，显色缓慢而颜色浅，最大吸收波长为 510nm。通过测定吸光度，由标准曲线上查出对应 Fe^{2+} 的含量。此方法可测出 $0.05mgFe^{2+}/mL$。当铁以 Fe^{3+} 形式存在于溶液中时，可先用还原剂(盐酸羟胺或对苯二酚)将其还原为 Fe^{2+}：

$$4Fe^{3+} + 2NH_2OH \longrightarrow 4Fe^{2+} + N_2O + 4H^+ + H_2O$$

用邻二氮菲测定时，带颜色的离子及下列元素有干扰，银和铋生成沉淀，一些两价金属如镉、汞、锌与试剂生成稍溶解的络合物。若加入过量试剂，可消除这些离子的干扰。铝、铅、锌、镉的干扰，用加入柠檬酸铵和 EDTA 掩蔽。pH>2～9 时，磷酸盐可以存在的浓度为 $20ppmP_2O_5$，如 pH>4.0，500ppm 氟化物没有干扰。少量氯化物和硫酸盐无干扰。过氯酸盐含量较多时，生成过氯酸邻二氮菲沉淀。为了尽量减少其他离子的干扰，通常在 pH=5 的溶液中显色。

思 考 题 与 习 题

1. 选择题

(1) 以下说法错误的是( )。

　(A) 摩尔吸光吸数 ε 随浓度增大而增大　　　　(B) 吸光度 A 随浓度增大而增大

　(C) 透光率 T 随浓度增大而减小　　　　　　　(D) 透光率 T 随比色皿加厚而减小

(2) 符合朗伯—比尔定律的某有色溶液，当有色物质的浓度增加时，最大吸收波长和吸光度分别是( )。

　(A) 不变、增加　　　　　　　　　　　　　　(B) 不变、减小

　(C) 增加、不变　　　　　　　　　　　　　　(D) 减小、不变

(3) 一有色溶液对某波长光的吸收遵守比尔定律。当选用 2.0 的比色皿时，测得透光率为 T，若改用 1.0 的吸收池，则透光率应为( )。

　(A) 2T　　　　　　　　　　　　　　　　　　(B) $T/2$

　(C) T^2　　　　　　　　　　　　　　　　　　(D) $T^{1/2}$

2. 简答题

(1) 分光光度法的特点有哪些？

(2) 什么是朗伯—比耳定律？写出其数学表达式。

(3) 分光光度计由哪些部分组成？各部分的功能如何？

3．计算题

（1）某试液用 2.00cm 比色皿测量时，$T=60.0\%$，若用 1.00cm 或 3.00cm 的比色皿测量时，$T\%$ 及 A 各是多少？

（2）某地面水中 $NH_3 \cdot H_2O$ 与纳氏试剂作用生成黄棕色络合物，在 375nm 处 $\varepsilon_{375}=6.3\times10^3 L/(moL \cdot cm)$，如水样中的 NH_3—N 用 1cm 比色皿测得 $A_{375}=0.42$。计算水样中 NH_3—N 的含量（用 mg/L 表示）。

技能训练 1　水中铁的测定（邻二氮菲分光光度法）

一、实训目的

1．熟悉分光光度计的使用方法；

2．学会分光光度法中测定条件的选择。

二、原理

亚铁离子与邻二氮菲生成稳定的红色络合物，溶液的颜色与二价铁的浓度成正比。当铁以 Fe^{3+} 形式存在于溶液中时，可预先用还原剂盐酸羟胺将铁还原为 Fe^{2+}。

$$4Fe^{3+}+2NH_2OH \rightarrow 4Fe^{2+}+N_2O+4H^++H_2O$$
$$\text{羟胺}$$

显色时溶液的 pH 应为 2～9。若 pH 过低（pH＜2）显色缓慢而色浅。显色后用分光光度计，在波长为 510nm 条件下，使用 1cm 厚的比色皿测定吸光度。

三、仪器和试剂

1．仪器

分光光度计，50mL 比色管 10 支，5mL 移液管 2 支，10mL 移液管 1 支，5mL 量筒一个。

2．试剂

（1）铁标准溶液：准确称取 0.7020g 分析纯硫酸亚铁铵［$FeSO_4(NH_4)_2SO_4 \cdot 6H_2O$］溶于 50mL 蒸馏水中，加入 20mL 浓 H_2SO_4 溶解后转移至 1L 容量瓶中，并稀释至刻度。此溶液 1.00mL 含 Fe^{2+} 0.100mg。用移液管取 10.0 mL 于 100mL 容量瓶中，加蒸馏水稀释至刻度。此溶液 1.00mL 含 Fe^{2+} 0.010 mg。

（2）邻二氮菲溶液：称取 0.159 邻二氮菲（$C_{12}H_3N_2HCl$）溶于 100mL 蒸馏水中，加热至 80℃帮助溶解。每 0.1mgFe^{2+} 需此液 2mL。临用时配制。

（3）10％盐酸羟胺水溶液（临用时配制）。

（4）缓冲溶液（pH＝4.6）：把 68g 醋酸钠溶于约 500mL 的蒸馏水中，加入冰醋酸 29mL，稀释至 1L。

四、操作步骤

1．标准色列的配制

吸取铁的标准溶液（1mL＝0.010mgFe^{2+}）0、0.50、1.0、1.5、2.0、2.5、3.0、3.5、4.0mL 分别置于 9 支 50mL 比色管中。依次分别在各管中加入 1mL 盐酸羟胺溶液，摇匀。加入 2mL 邻二氮菲溶液、5mL 缓冲溶液，然后依次用蒸馏水稀释至刻度。摇匀。放置 10min。

2．吸收曲线的制作

取上述标准比色列中浓度适当的溶液（例如 0.03mg/50mL）在 721 型分光光度计上，用 1cm 比色皿，以试剂溶液为参比溶液，在 480～540nm 间，每隔 10nm 测定一次吸光度。以波长为横坐标，吸光度为纵坐标，绘制吸收曲线，从而选择测定铁的适宜波长。

以吸光度 A 为纵坐标，铁含量(mg/50mL)为横坐标绘制标准曲线。

3. 水样中铁的测定

（1）总铁的测定

用移液管取 25mL 水样，置于 50mL 比色管中，加 1mL 盐酸羟胺溶液，摇匀，加 2mL 邻二氮菲溶液、5mL 缓冲溶液，用蒸馏水稀释至刻度，摇匀。放置 10min。以试剂溶液作参比，于 510nm 波长测定吸光度。由标准曲线查出总铁含量。

（2）低铁离子(Fe^{2+})的测定

用移液管取 25mL 水样，置于 50mL 比色管中，加 2mL 邻二氮菲溶液 5mL 缓冲溶液，用蒸馏水稀释至刻度，摇匀。放置 10min 后。以试剂溶液作参比，于 510nm 波长测定吸光度。由工作曲线查出 Fe^{2+} 含量，并乘以水样稀释倍数。

五、结果记录与数据处理

1. 计算

$$总铁(mg/L) = \frac{相当于铁标准溶液的用量(mL) \times 10(\mu m)}{V_{水样}(mL)}$$

2. 试验结果记录

（1）标准曲线绘制（终体积 50mL）

铁标准溶液(10μg/mL)	1	2	3	4	5	6
加入量(mL)	0.00	0.50	1.00	2.50	3.50	4.00
Fe 含量(μg)	0.00	5.00	10.0	25.00	35.00	40.00
Fe 浓度(mg/L)	0.00	0.10	0.20	0.50	0.70	0.80
吸光度值	0.00					

（2）水样的测定

	水样编号	1	2	3
总铁	吸光度值			
	Fe 含量(μg)			
	Fe 浓度(mg/L)			
	Fe 含量(μg)			

	水样编号	1	2	3
Fe^{2+}	吸光度值			
	Fe 含量(μg)			
	Fe 浓度(mg/L)			
	Fe 含量(μg)			

六、注意事项

1. 为了防止光电管疲劳，不测定时必须将比色皿暗箱盖打开使光路切断，不让光电管连续照光太长，以延长光电管的使用寿命。

2. 在拿比色皿时只能拿住毛玻璃的两面，比色皿放入比色皿座架前应用细软而吸水的纸将比色皿外壁擦干，擦干时应注意保护其透光面勿使产生斑痕，否则要影响透光度。测定时比色皿要用待测溶液冲洗几次，避免待测溶液浓度的改变。

3. 每次实验完毕，比色皿一定要用蒸馏水洗干净，如比色皿壁被有机试剂染上颜色而用水不能洗去时，则可用盐酸-乙醇（1：2）洗涤液浸泡，然后再用蒸馏水冲洗干净。洗涤比色皿不能用碱液及过强的氧化剂（如 $K_2Cr_2O_7$—H_2SO_4 洗涤液）洗涤，也不能用毛刷清洗，以免损伤比色皿的光学表面。

七、721 型分光光度计使用方法

1. 将仪器电源开关接通，打开仪器比色皿暗箱盖，选择需用的单色光波长，将仪器预热 20min。

2. 调零。在仪器比色皿暗箱盖打开时，用调"0"电位器，将电表指针调至"0"刻线。

3. 将盛空白溶液的比色皿放入比色皿座架中的第一格内，显色液放在其他格内，把比色皿暗箱盖子盖好。

4. 把拉杆拉出，将参比液放在光路上，转动光量调节粗调和细调，使透光度为 100%（电表满度）然后拉动拉杆，使有色液进入光路，电表所指示的 A 值就是溶液的吸光度值。

其他类型的分光光度计的使用方法，按仪器使用说明书进行操作使用。

水质总铁测定的操作评分表

班级_____ 学号_____ 姓名_____ 成绩_____
考核日期_____ 开始时间_____ 结束时间_____ 考评员_____

序号	考核点	配分	评分标准	扣分	得分
（一）	仪器准备	6			
1	玻璃仪器洗涤	2	玻璃仪器洗涤干净后内壁应不挂水珠，否则一次性扣 2 分		
2	分光光度计预热 20min	2	(1) 仪器未进行预热或预热时间不够，扣 1 分 (2) 打开盖子预热，不正确扣 1 分		
3	移液管的润洗	2	(1) 润洗溶液若超过总体积的 1/3，一次性扣 0.5 分 (2) 润洗后废液应从下口排放，否则一次性扣 0.5 分 (3) 润洗少于 3 次，一次性扣 1 分		
（二）	标准系列的配制	18	(1) 标准溶液使前没有摇匀，扣 2 分 (2) 标准溶液使用前没有稀释，扣 3 分 (3) 移液管插入液面下 1cm 左右，不正确，一次性扣 1 分 (4) 吸空或将溶液吸入吸耳球内，扣 1 分 (5) 一次吸液不成功，重新吸取的，一次性扣 1 分 (6) 将移液管中过多的储备液放回储备液瓶中，扣 2 分 (7) 每个点取液应从零分度开始，不正确一次性扣 1 分 （工作液可放回剩余溶液再取液） (8) 标准曲线取点不得少于 6 个，不符合扣 3 分 (9) 只选用 1 支吸量管移取标液，不符合扣 2 分 (10) 逐滴加入蒸馏水至标线操作不当，扣 1 分 (11) 混合不充分、中间未开塞，扣 1 分		
（三）	标准系列的测定	20			
1	测定前的准备	4	(1) 波长选择不正确，扣 2 分 (2) 不能正确调"0"和"100%"，扣 2 分		
2	测定操作	10	(1) 没有进行比色皿配套性选择，或选择不当，扣 2 分 (2) 手触及比色皿透光面，扣 1 分 (3) 加入溶液高度不正确，扣 1 分 (4) 比色皿外壁溶液处理不正确，扣 1 分 (5) 未正确使用参比溶液，扣 2 分 (6) 比色皿盒拉杆操作不当，扣 1 分 (7) 开关比色皿暗箱盖不当，扣 1 分 (8) 读数不准确，或重新取液测定，扣 1 分		

续表

序号	考核点	配分	评分标准	扣分	得分
3	测定过程中仪器被溶液污染	2	(1) 比色皿在分光光度计仪器表面，扣1分 (2) 比色皿被洒落溶液污染或未及时彻底清理干净，扣1分		
4	测定后的处理	4	(1) 台面不清洁，扣1分 (2) 未取出比色皿及未洗涤，扣1分 (3) 没有倒尽控干比色皿，扣1分 (4) 未关闭仪器电源，扣0.5分 (5) 测定结束，未作使用记录，扣0.5分		
(四)	水样的测定	10	(1) 水样取用量不合适，扣3分 (2) 量取水样应使用移液管，不正确扣2分 (3) 稀释倍数不正确，致使吸光度超出要求范围或在第一、二点范围内，扣5分		
(五)	数据记录和结果计算	12			
1	原始记录	3	(1) 数据未直接填在报告单上、数据不全、有空项，每项扣0.5分，可累计扣分 (2) 原始记录中，缺少计量单位，每出现一次扣0.5分 (3) 没有进行仪器使用登记，扣1分		
2	结果计算	9	(1) 回归方程中 a, b 未保留4位有效数字，每项扣1分 (2) Y未保留到小数点后4位，扣1分 (3) 测定结果表述不正确，扣1分 (4) 回归方程计算错误或没有算出，扣5分		
(六)	文明操作	6			
1	实训台面	2	实训过程中台面、地面脏乱，一次性扣2分		
2	实训结束清洗仪器、试剂物品归位	2	实训结束未先清洗仪器或试剂物品未归位就完成报告；一次性扣2分		
3	仪器损坏	2	仪器损坏，一次性扣2分		
(七)	测定结果	28			
1	校准曲线线性	8	$r \geq 0.999$ 不扣分 $r = 0.9991 \sim 0.9998$，扣1—8分 $r < 0.9990$ 不得分		
2	测定结果精密度	10	$\lvert R_d \rvert \leq 0.5\%$，不扣分 $0.5\% < \lvert R_d \rvert \leq 0.6\%$ 扣1分 $0.6\% < \lvert R_d \rvert \leq 0.7\%$ 扣2分 $0.7\% < \lvert R_d \rvert \leq 0.8\%$ 扣3分，依此类推 $1.3\% < \lvert R_d \rvert \leq 1.4\%$ 扣9分 $\lvert R_d \rvert > 1.4\%$，或测定结果少于3个，扣10分		
3	测定结果准确度	10	测定结果：测定值在 保证值±0.5%内，不扣分 保证值±0.6%内，扣1分 保证值±0.7%内，扣2分，依此类推 保证值±1.4%内，扣9分 保证值±1.4%外，或测定结果少于3个，扣10分		
	合计				

技能训练 2 氨氮的测定(分光光度法)

一、实训目的

1. 学会分光光度法的测定原理和方法;

2. 学会标准曲线的绘制。

二、原理

对于无色、透明、含氨氮量较高的清洁水样常采用直接比色法;测定有色、浑浊、含干扰物质较多、氨氮含量较少的水样,如一般的污水和工业废水,将氨氮自水样中蒸馏出后,再用比色法测定,称为蒸馏比色法。

本实验为直接比色法。氨与碘化汞钾在碱性溶液中生成黄色络合物,其颜色深度与氨氮含量成正比,在 $0\sim2.0mg/L$ 的氨氮范围内近于直线。

三、仪器和试剂

分光光度计,50mL 比色管。

1. 不含氨蒸馏水:实验中所用蒸馏水为不含氨蒸馏水。每升蒸馏水中加入 2mL 浓硫酸和少量高锰酸钾($KMnO_4$)蒸馏,集取蒸馏液。

2. 纳氏试剂:称取 50g 分析纯碘化钾(KI)溶于 35mL 不含氨蒸馏水中,加入饱和氯化汞($HgCl_2$)溶液并不停搅拌,直到产生朱红色沉淀不再溶解为止。另取 140g 氢氧化钠,溶于不含氨蒸馏水中,稀释至约 400mL,加入上述溶液。最后用不含氨蒸馏水稀释至 1L,静置 24h,倾出上层澄清液,弃去沉淀物,将澄清液贮于试剂瓶内(用橡皮塞盖紧)。纳氏试剂放置过久,可能又生成沉淀物,使用时不要搅混沉淀。

3. 氯化铵标准溶液:称取 3.8190g 干燥的保证试剂氯化铵(NH_4Cl)溶于不含氨蒸馏水中,稀释至 1L。混合均匀后,吸取 10.0mL 于 1L 容量瓶中,用不含氨蒸馏水稀释至刻度。1.00mL=0.0100mg 氨氮(N),即 1.00mL=0.0122mg 氨(NH_3)=0.0129mg 铵离子(NH_4^+)。

4. 酒石酸钾钠溶液:称取 509 酒石酸钾钠($KNaC_4H_4O_5\cdot4H_2O$)溶于 100mL 蒸馏水中,煮沸,使约减少 20mL(赶去 NH_3)。冷却后,稀释至 100mL。

四、操作步骤

1. 配制氯化铵标准比色列:吸取 1.00mL=0.0100mg 氨氮(N)标准溶液 0、0.2、0.4、0.6、0.8、1.0、1.4、1.7mL 于 50mL 比色管中,用蒸馏水稀释至刻度,各加 1mL 纳氏试剂。混匀,放置 10min 后,用分光光度计以 420nm 波长测定吸光度。以吸光度对浓度绘制工作曲线。

2. 吸取 50.0mL 或一定量澄清水样于 50mL 比色管中,用蒸馏水稀释至刻度,加 0.5mL 酒石酸钾钠溶液混匀,再加 1mL 纳氏试剂,混匀,放置 10min,用分光光度计测定吸光度,由工作曲线查出量。

五、结果记录与数据处理

1. 计算

$$氨氮(N,mg/L)=\frac{NH_4Cl\ 标准溶液的用量(mL)\times0.010\times1000(\mu m)}{V_{水样}(mL)}$$

2. 结果记录

实验编号	1	2	3	4	5	6
氨标准溶液使用体积(mL)	0.00	0.40	0.80	1.40	1.70	4.00
NH_3-N 的质量(mg)	0.00					
50mL 溶液中 NH_3-N 含量(mg/L)	0.00					
吸光度值	0.00					

六、注意事项

1. 水样中若含有干扰性物质或浑浊，可用下述方法除去杂质后，再进行比色测定。

（1）试剂

硫酸锌溶液：称取 10g $ZnSO_4 \cdot 7H_2O$，溶于少量蒸馏水中，稀释至 100mL。

氢氧化钠溶液：称取 25gNaOH，溶于少量蒸馏水中，稀释至 50mL。

（2）方法

取 100mL 水样，加入 1mL $ZnSO_4$ 溶液，混合均匀后加入 0.5mL NaOH 溶液，再加以混合，此时生成白色沉淀。如水样中悬浮性固体、色度、浑浊度及干扰物质等都被除去，用上部澄清液进行比色测定。

2. 水样中如含有余氯时，与氨生成氯胺，不能与纳氏试剂生成显色化合物，干扰测定。如是这样，可在含有余氯的水样中加入适量还原剂（如 0.35% $Na_2S_2O_3$ 溶液）消除干扰后测定。

七、思考题

1. 若水样含氨氮量极少且杂质多，应如何处理才能测定？

2. 加酒石酸钾钠的目的是什么？

氨氮测定的操作评分表

班级＿＿＿＿＿＿＿＿　学号＿＿＿＿＿＿＿＿　姓名＿＿＿＿＿＿＿＿　成绩＿＿＿＿＿＿＿＿

考核日期＿＿＿＿＿＿＿＿　开始时间＿＿＿＿＿＿＿＿　结束时间＿＿＿＿＿＿＿＿　考评员＿＿＿＿＿＿＿＿

序号	考核点	配分	评分标准	扣分	得分
（一）	仪器准备	6			
1	玻璃仪器洗涤	2	玻璃仪器洗涤干净后内壁应不挂水珠，否则一次性扣2分		
2	分光光度计预热20min	2	（1）仪器未进行预热或预热时间不够，扣1分 （2）打开盖子预热，不正确扣1分		
3	移液管的润洗	2	（1）润洗溶液若超过总体积的1/3，一次性扣0.5分 （2）润洗后废液应从下口排放，否则一次性扣0.5分 （3）润洗少于3次，一次性扣1分		
（二）	标准系列的配制	18	（1）标准溶液使用前没有摇匀，扣2分 （2）标准溶液使用前没有稀释，扣3分 （3）移液管插入液面下1cm左右，不正确一次扣1分 （4）吸空或将溶液吸入吸耳球内，扣1分 （5）一次吸液不成功，重新吸取的，一次性扣1分 （6）将移液管中过多的储备液放回储备液瓶中，扣2分 （7）每个点取液应从零分度开始，不正确一次扣1分 （工作液可放回剩余溶液再取液） （8）标准曲线取点不得少于6个，不符合扣3分 （9）只选用1支吸量管移取标液，不符合扣2分 （10）逐滴加入蒸馏水至标线，操作不当，扣1分 （11）混合不充分、中间未开塞，扣1分		
（三）	标准系列的测定	20			
1	测定前的准备	4	（1）波长选择不正确，扣2分 （2）不能正确调"0"和"100%"，扣2分		

续表

序号	考核点	配分	评分标准	扣分	得分
2	测定操作	10	(1) 没有进行比色皿配套性选择，或选择不当，扣2分 (2) 手触及比色皿透光面，扣1分 (3) 加入溶液高度不正确，扣1分 (4) 比色皿外壁溶液处理不正确，扣1分 (5) 未正确使用参比溶液，扣2分 (6) 比色皿盒拉杆操作不当，扣1分 (7) 开关比色皿暗箱盖不当，扣1分 (8) 读数不准确，或重新取液测定，扣1分		
3	测定过程中仪器被溶液污染	2	(1) 比色皿在分光光度计仪器表面，扣1分 (2) 比色皿被洒落溶液污染或未及时彻底清理干净，扣1分		
4	测定后的处理	4	(1) 台面不清洁，扣1分 (2) 未取出比色皿及未洗涤，扣1分 (3) 没有倒尽控干比色皿，扣1分 (4) 未关闭仪器电源，扣0.5分 (5) 测定结束，未作使用记录，扣0.5分		
(四)	水样的测定	10	(1) 水样取用量不合适，扣3分 (2) 量取水样应使用移液管，不正确扣2分 (3) 稀释倍数不正确，致使吸光度超出要求范围或在第一、二点范围内，扣5分		
(五)	数据记录和结果计算	12			
1	原始记录	3	(1) 数据未直接填在报告单上、数据不全、有空项，每项扣0.5分，可累计扣分 (2) 原始记录中缺少计量单位，每出现一次扣0.5分 (3) 没有进行仪器使用登记，扣1分		
2	结果计算	9	(1) 回归方程中 a，b 未保留4位有效数字，每项扣1分 (2) Y 未保留到小数点后4位，扣1分 (3) 测定结果表述不正确，扣1分 (4) 回归方程计算错误或没有算出，扣5分		
(六)	文明操作	6			
1	实训台面	2	实训过程中台面、地面脏乱，一次性扣2分		
2	实训结束清洗仪器、试剂物品归位	2	实训结束未先清洗仪器或试剂物品未归位就完成报告；一次性扣2分		
3	仪器损坏	2	仪器损坏，一次性扣2分		
(七)	测定结果	28			
1	校准曲线线性	8	$r \geqslant 0.999$ 不扣分 $r = 0.9991 \sim 0.9998$，扣1—8分 $r < 0.9990$ 不得分		
2	测定结果精密度	10	$\lvert R_d \rvert \leqslant 0.5\%$，不扣分 $0.5\% < \lvert R_d \rvert \leqslant 0.6\%$ 扣1分 $0.6\% < \lvert R_d \rvert \leqslant 0.7\%$ 扣2分 $0.7\% < \lvert R_d \rvert \leqslant 0.8\%$ 扣3分，依此类推 $1.3\% < \lvert R_d \rvert \leqslant 1.4\%$ 扣9分 $\lvert R_d \rvert > 1.4\%$，或测定结果少于3个，扣10分		

续表

序号	考核点	配分	评分标准	扣分	得分
3	测定结果准确度	10	测定结果：测定值在 保证值±0.5％内，不扣分 保证值±0.6％内，扣1分 保证值±0.7％内，扣2分，依此类推 保证值±1.4％内，扣9分 保证值±1.4％外，或测定结果少于3个，扣10分		
合计					

技能训练3 挥发酚的测定(4-氨基安替比林分光光度法)

一、实训目的

1. 学会水中挥发酚的蒸馏方法；

2. 掌握水中挥发酚的4—氨基安替比林分光光度法的原理和测定方法。

二、原理

酚类化合物与4—氨基安替比林在碱性介质中，能和氧化剂铁氰化钾作用，生成红色的安替比林染料。

这种染料的色度在水溶液中能稳定约30min；若用氯仿萃取，可使颜色稳定4h，并能提高测定的灵敏度。

各种芳香胺、氧化性物质、还原性物质、重金属离子、水样的色度和浊度，均对本法有干扰。因此，对含有这些物质的水样必须经过蒸馏除去干扰。

三、仪器和试剂

锥形分液漏斗(500mL) 比色管(50mL)分光光度计。

全部试剂均用不含酚和游离氯的蒸馏水配制。

1.2％4—氨基安替比林溶液：称取2g4—氨基安替比林($C_{11}H_{13}ON$)溶于蒸馏水中，稀释至100mL，贮于棕色瓶中。此溶液只能用一周，最好是当天配制。

2. 8％铁氰化钾溶液：称取8g铁氰化钾(分析纯)溶于蒸馏水中，稀释至100mL，贮于棕色瓶中。此溶液只能用一周，最好是当天配制。

3. 氯仿(分析纯)。

4. 氨性氯化铵缓冲溶液(pH＝9.8)：称取20g氯化铵，溶于100mL浓氨水中，贮于橡皮塞瓶中，并保存于冰箱中。

5. 1％淀粉溶液：称取1g可溶性淀粉，用少量水调成糊状，再用刚煮沸的水稀释至100mL。

6. 0.02mol/L溴酸钾—溴化钾溶液：称取3.3402g干燥的溴酸钾，10g溴化钾，用蒸馏水溶解，转入1L容量瓶中，用蒸馏水稀释至刻度。

7. 0.1000mol/L硫代硫酸钠溶液：称取24.8g硫代硫酸钠溶于煮沸放冷的蒸馏水中，加入0.2g无水碳酸钠，稀释至1L，贮于棕色瓶中。其准确浓度用0.02000mol/L重铬酸钾溶液(称取在105℃烘干2h的基准重铬酸钾5.8838g，溶于蒸馏水，转入1L容量瓶中稀释至刻度)按"溶解氧"实验中所述方法进行标定。

8. 酚标准溶液：

(1) 酚标准贮备液：称取精制酚1.00g溶于无酚蒸馏水中，稀释至1000mL，放置在暗处保存。此液1mL相当于1mg酚。因为在保存中酚的浓度易改变，故需用下述方法标定其浓度：

吸取 10.0mL 酚标准溶液，放入 200mL 碘量瓶中，加蒸馏水至 50mL，同时取 50mL 无酚蒸馏水于另一碘量瓶中作空白测定，各加入 0.02mg/L 溴酸钾—溴化钾混合溶液 10.0mL，3mol/L 硫酸溶液 5mL，盖好塞子轻轻摇匀。放置 15min 后，加 1g 碘化钾，盖好塞子置于暗处 5min。用 0.1mol/L 硫代硫酸钠溶液滴定至浅黄色，加 1%淀粉溶液 1mL，继续滴定至蓝色消失，记录滴定酚标准溶液所消耗的硫代硫酸钠溶液的毫升数(V_2)滴定空白溶液所消耗的毫升数(V_1)，并按下式计算酚的准确浓度：

$$酚(mg/mL) = \frac{(V_1 - V_2) \times 1.568}{V}$$

式中　1.568 为 1mL0.1mol/LNa$_2$S$_2$O$_3$ 溶液相当于酚的毫克数，V 为酚贮备液的毫升数。

（2）根据标定的酚的准确浓度，临使用前，再逐级稀释为 1mL 含 1μg 酚的标准使用液。

四、操作步骤

1. 水样的蒸馏

按水样中含酚量，蒸馏时应取水样毫升数如下。

酚的含量（mg/L）	＜0.002	＞0.002	0.10～0.5
蒸馏时应取的水样（mL）	500	200	100

图 8-6　挥发性酚的蒸馏装置

若水样中含酚＜0.05mg/L 时，取水样 250mL 于蒸馏瓶内，加甲基橙指示剂 2 滴，用 1：9 硫酸溶液酸化至甲基橙变红，再加 5mL 硫酸铜溶液，投入几粒玻璃球，然后连接好冷凝装置（图 8-6）加热蒸馏，用碘量瓶接收馏出液。先蒸馏出 220mL 停止蒸馏，加 30mL 蒸馏水，再蒸至全部馏出液至 250mL 为止。

2. 酚工作曲线的绘制

吸取酚标准使用液 0.0、0.5、1.0、1.5、3.0、4.0mL，分别加入锥形分液漏斗中，用蒸馏水稀释至 250mL。加缓冲液 1.5mL，摇匀。加 1.5mL 4—氨基安替比林溶液，摇匀。再加 1.5mL 铁氰化钾溶液，摇匀。放置 15min 后，用 10mL 氯仿萃取 3min，静置分层后，在分液漏斗下口塞一束滤纸（或一节脱脂棉）将氯仿层放入 2cm 厚的比色皿中，用 721 型分光光度计在 460nm 处测其吸光度。

用吸光度对浓度绘制酚工作曲线。

3. 水样的测定

将馏出液转入 500mL 分液漏斗中，加入试剂及萃取方法与做工作曲线相同。测出吸光度，在工作曲线上查出水样中酚的含量。

如水样中含酚＞0.05mg/L 时，可取适量水样（含酚＞10μg）于 50mL 比色管中，同时吸取酚标准使用液 0.0、1.0、2.0、3.0、4.0、5.0mL，分别加于比色管中，用蒸馏水稀释至 50mL。向水样和标准液中各加缓冲液 0.25mL、4—氨基安替比林 0.5mL、铁氰化钾 0.5mL，每次加入试剂均需摇匀，放置 15min，在 510nm 处测定吸光度。

五、结果记录与数据处理

1. 计算

$$酚(以苯酚计，mg/L) = \frac{V_1 \times 1000}{V_{水样}}$$

式中　V_1——相当于标准溶液中酚量(mg)。

2. 实验数据记录

实验编号	1	2	3	4	5	6
苯酚标准溶液（mL)	0.0	0.50	1.00	1.50	3.00	4.00
标准液苯酚含量(μg)	0.0					
250mL 水样中含量(mg/L)	0.0					
吸光度值	0.0					
水样吸光度						

六、注意事项

1. 如果配制标准溶液的苯酚有颜色，则需精制。首先将苯酚在温水浴中熔化，然后倒入蒸馏瓶中，插上一支 250℃温度计，加热蒸馏，空气冷凝收集 182~184℃蒸馏液于瓶外冰水冷却的锥形瓶中，冷却后苯酚为无色结晶体，贮于暗处。

2. 如果水样中有游离余氯，可加入过量的硫酸亚铁将余氯还原为氯离子，然后蒸馏。

3. 如果水样中含酚大于 0.05mg/L 时，可直接采用 4—氨基安替比林分光光度法在510nm 处测定。

七、思考题

测定水样中的挥发酚时为什么要进行预蒸馏？

技能训练 4　水中余氯的测定(分光光度法)

一、实训目的

1. 掌握分光光度法测定水中余氯的原理和方法；

2. 进一步学习使用分光光度计和绘制标准曲线。

二、原理

DPD 与水中游离余氯迅速反应而产生红色。在碘化物催化下，一氯胺也能与 DPD 反应显色。在加入 DPD 试剂前加入碘化物时，一部分三氯胺与游离余氯一起显色，通过变换试剂的加入顺序可测得三氯胺的浓度。

三、仪器和试剂

1. 比色管(10mL)，分光光度计。

2. 碘化钾晶体。

3. 碘化钾溶液(5g/L)称取 0.50g 碘化钾(KI)，溶于新煮沸放冷的纯水中，并稀释至100mL，储存于棕色瓶中，在冰箱中保存，溶液变黄应弃去重配。

4. 磷酸盐缓冲溶液(pH＝6.5)：称取 24g 无水磷酸氢二钠(NaH_2PO_4)，46g 无水磷酸二氢钾(KH_2PO_4)，0.8g 乙二胺四乙酸二钠(Na_2EDTA)和 0.02g 氯化汞($HgCl_2$)。依次溶解于纯水中稀释至 1000mL。

5. N,N—二乙基对苯二胺(DPD)溶液(1g/L)：称取 1.0g 盐酸 N,N—二乙基对苯二胺 $[H_2NC_6H_4N(C_2H_5)_2 2HCl]$ 或 1.5g 硫酸 N,N—二乙基对苯二胺 $[H_2NC_6H_4N(C_2H_5)_2 H_2SO_4 \cdot 5H_2O]$，溶解于含 8mL 硫酸溶液(1＋3)和 0.2g Na_2EDTA 的无氯纯水中，并稀释至 1000mL。储存于棕色瓶中，在冷暗处保存。

6. 亚砷酸钾溶液(5.0mL)：称取 5.0g 亚砷酸钾($KAsO_2$)溶于纯水中，并稀释至 1000mL。

7. 硫代乙酰胺溶液(2.5g/L)：称取 0.25g 硫代乙酰胺(CH_2CSNH_2)，溶于 100mL 纯水中。

8. 无需氯水：在无氯纯水中加入少量氯水或漂粉精溶液，使水中总余氯浓度约为0.5mg/L。加热煮沸除氯。冷却后备用。

注：使用前可加入碘化钾检验其总余氯。

9. 氯标准储备溶液 $[\rho(Cl_2)=1000\mu g/mL]$：称取 0.8910g 优级纯高锰酸钾（$KMnO_4$）用纯水溶解并稀释至 1000mL。

10. 氯标准使用溶液 $[\rho(Cl_2)=1\mu g/mL]$：吸取 10.0mL 标准储备溶液，加纯水稀释至100mL。混匀后取 1.00mL 再稀释至 100mL。

四、操作步骤

1. 标准曲线绘制：吸取 0、0.1、0.5、2.0、4.0 和 8.0mL 氯标准使用溶液置于 6 支10mL 比色管中，用无需氯水稀释至刻度。各加入 0.5mL 磷酸盐缓冲溶液，0.5mL DPD 溶液，混匀，于波长 515nm，1cm 比色皿，以纯水为参比，测定吸光度，绘制标准曲线。

2. 吸取 10mL 水样置于 10mL 比色管中，加入 0.5mL 磷酸盐缓冲溶液，0.5mL DPD 溶液，混匀，立即于 515nm 波长，1cm 比色皿，以纯水为参比，测量吸光度，记录读数为 A，同时测量样品空白值，在读数中扣除。

3. 继续向上述试管中加入一小粒碘化钾晶体（约 0.1mg），混匀后，再测量吸光度，记录读数为 B。

4. 再向上述试管加入碘化钾晶体（约 0.1mg），混匀，2min 后，测量吸光度，记录读数为 C。

5. 另取两支 10mL 比色管，取 10mL 水样于其中一支比色管中，然后加入一小粒碘化钾晶体（约 0.1mg），混匀，于第二支比色管中加入 0.5mL 缓冲溶液和 0.5mL DPD 溶液，然后将此混合液倒入第一管中，混匀。测量吸光度，记录读数为 N。

五、数据处理

读数的计算方法见表 8-2。

游离余氯和各种氯胺，根据存在的情况计算　　　　　　　　　　　表 8-2

读数	不含三氯胺的水样	含三氯胺的水样
A	游离余氯	游离余氯
$B-A$	一氯胺	一氯胺
$C-B$	二氯胺	二氯胺＋50％三氯胺
N	—	游离余氯＋50％三氯胺
$2(N-A)$	—	三氯胺
$C-N$	—	二氯胺

根据表中计算出的读数，从标准曲线查出水样中游离余氯和各种化合余氯的含量，按下列公式计算：

$$\rho(Cl_2)=\frac{m}{V}$$

式中　$\rho(Cl_2)$——水样中余氯的质量浓度（mg/L）；

　　　m——从标准曲线上查得余氯的质量（μg）；

　　　V——水样体积（mL）。

六、注意事项

1. DPD 溶液不稳定，一次配制不宜过多，储存中如溶液颜色变深或退色，应重新配制。

2. $HgCl_2$ 可防止霉菌生长，并可消除试剂中微量碘化物对游离余氯测定造成的干扰。$HgCl_2$ 剧毒，使用时切勿入口或接触皮肤和手指。

3. 硫代乙酰胺是可疑致癌物，切勿接触皮肤或吸入。

4. 如果样品中二氯氨含量过高，可加入 0.1mL 新配制的碘化钾溶液（1g/L）。

189

技能训练5　浊度的测定(分光光度法)

一、实训目的

1. 掌握分光度法测定水中浊度的方法和原理;

2. 学会标准曲线绘制。

二、方法原理

在适当的温度下,硫酸肼与六次甲基四胺聚合,形成白色高分子聚合物。以此作为浊度标准液,在一定条件下与水样浊度相比较。

三、仪器与试剂

1. 分光光度计。

2. 50mL 比色管。

3. 无浊度水:将蒸馏水通过 $0.2\mu m$ 滤膜过滤,收集于用滤过水荡洗 2~3 次的烧杯中。

4. 浊度标准溶液:

(1) 硫酸肼溶液:准确称取 1.000g 硫酸肼 $NH_2NH_2 \cdot H_2SO_4$,用少量无浊度水溶解于 100mL 容量瓶中,并稀释至刻度(0.01g/mL);

(2) 六次甲基四胺溶液:准确称取 10.00g 六次甲基四胺 $(CH_2)_6N_4$,用无浊度水溶于 100mL 容量瓶中,并稀释至刻度(0.10g/mL);

(3) 浊度标准溶液:准确吸取 5.00mL 硫酸肼溶液和 5.00mL 六次甲苯四胺溶液于 100mL 容量瓶中,混匀。在 25℃±3℃下反应 24h,用无浊度水稀释至刻度,混匀(其中硫酸肼为 500mg/L,六次甲基四胺为 5000mg/L),该贮备溶液的浊度为 400 度(0.4 度/mL)。可保存一个月。

四、实训步骤

1. 标准曲线的绘制

准确吸取 0、0.50、1.25、2.50、5.00、10.00 和 12.50mL 浊度标准溶液(0.4 度/mL),分别放入 50mL 比色管中,用无浊度水稀释至刻度,混匀。该系列标准溶液的浊度分别为 0、4、10、20、40、80 和 100 度。用 3cm 比色皿,在 680nm 处测定吸光度,并做记录。绘制标准曲线。

2. 水样的测定

吸取 50.00mL 水样,放入 50mL 比色管中(如水样中浊度>100 度,可少取水样,用无浊度水稀释至 50mL,混匀),按绘制标准曲线步骤测定吸光度值,由标准曲线上查出水样对应的浊度。

五、实训数据记录与处理

1. 浊度测定实训记录

标准溶液(mL)	0	0.50	1.25	2.50	5.00	10.00	12.50
浊度(度)	0	4	10	20	40	80	100
吸光度							
水样吸光度							

2. 实训结果计算

$$浊度(度) = \frac{A}{V} \times 50$$

式中　　A——已稀释水样浊度；

　　　　V——原水样体积(mL)；

　　　　50——水样最终稀释体积(mL)。

以水中浊度为横坐标，对应的吸光度值为纵坐标绘制标准曲线。由测得水样吸光度在标准曲线上查出对应的浊度。

六、注意事项

硫酸肼毒性较大，属致癌物质，取用时注意安全。

浊度测定的操作评分表

班级＿＿＿＿＿＿＿＿＿　学号＿＿＿＿＿＿＿　姓名＿＿＿＿＿＿＿　成绩＿＿＿＿＿＿＿＿

考核日期＿＿＿＿＿＿＿　开始时间＿＿＿＿＿＿＿　结束时间＿＿＿＿＿＿＿　考评员＿＿＿＿＿＿＿

序号	考核点	配分	评分标准	扣分	得分
（一）	仪器准备	6			
1	玻璃仪器洗涤	2	玻璃仪器洗涤干净后内壁应不挂水珠，否则一次性扣2分		
2	分光光度计预热20min	2	仪器未进行预热或预热时间不够，扣1分 打开盖子预热，不正确扣1分		
3	移液管的润洗	2	（1）润洗溶液若超过总体积的1/3，一次性扣0.5分 （2）润洗后废液应从下口排放，否则一次性扣0.5分 （3）润洗少于3次，一次性扣1分		
（二）	标准系列的配制	10	（1）标准溶液使用前没有摇匀，扣2分 （2）标准溶液使用前没有稀释，扣3分 （3）移液管插入液面下1cm左右，不正确，一次性扣1分 （4）吸空或将溶液吸入吸耳球内，扣1分 （5）一次吸液不成功，重新吸取的，一次性扣1分 （6）将移液管中过多的储备液放回储备液瓶中，扣2分 （7）每个点取液应从零分度开始，不正确，一次性扣1分（工作液可放回剩余溶液再取液） （8）标准曲线取点不得少于6个，不符合，扣3分 （9）只选用1支吸量管移取标液，不符合，扣2分 （10）逐滴加入蒸馏水至标线操作不当，扣1分 （11）混合不充分、中间未开塞，扣1分		
（三）	标准系列的测定	20			
1	测定前的准备	4	（1）波长选择不正确，扣2分 （2）不能正确调"0"和"100%"，扣2分		
2	测定操作	10	（1）没有进行比色皿配套性选择，或选择不当，扣2分 （2）手触及比色皿透光面，扣1分 （3）加入溶液高度不正确，扣1分 （4）比色皿外壁溶液处理不正确，扣1分 （5）不正确使用参比溶液，扣2分 （6）比色皿盒拉杆操作不当，扣1分 （7）开关比色皿暗箱盖不当，扣1分 （8）读数不准确或重新取液测定，扣1分		
3	测定过程中仪器被溶液污染	2	（1）比色皿放在分光光度计仪器表面，扣1分 （2）比色皿被洒落溶液污染或未及时彻底清理干净，扣1分		

续表

序号	考核点	配分	评分标准	扣分	得分
4	测定后的处理	4	(1) 台面不清洁，扣1分 (2) 未取出比色皿及未洗涤，扣1分 (3) 没有倒尽控干比色皿，扣1分 (4) 未关闭仪器电源，扣0.5分 (5) 测定结束，未作使用记录，扣0.5分		
(四)	水样的测定	10	(1) 水样取用量不合适，扣3分 (2) 量取水样应使用移液管，不正确，扣2分 (3) 稀释倍数不正确，致使吸光度超出要求范围或在第一、二点范围内，扣5分		
(五)	数据记录和结果计算	12			
1	原始记录	3	(1) 数据未直接填在报告单上、数据不全、有空项，每项扣0.5分，可累计扣分 (2) 原始记录中，缺少计量单位或错误，每出现一次扣0.5分 (3) 没有进行仪器使用登记，扣1分		
2	结果计算	9	(1) 回归方程中 a、b 未保留4位有效数字，每项扣1分 (2) r 未保留到小数点后4位，扣1分 (3) 测定结果表述不正确，扣1分 (4) 回归方程计算错误或没有算出，扣5分		
(六)	文明操作	6			
1	实训台面	2	实训过程中台面、地面脏乱，一次性扣2分		
2	实训结束清洗仪器、试剂物品归位	2	实训结束未先清洗仪器或试剂物品未归位就完成报告，一次性扣2分		
3	仪器损坏	2	仪器损坏，一次性扣2分		
(七)	测定结果	28			
1	校准曲线线性	8	$r \geq 0.999$ 不扣分 $r = 0.9991 \sim 0.9998$，扣1~8分 $r < 0.9990$ 不得分		
2	测定结果精密度	10	$\lvert \bar{R}_d \rvert \leq 0.5\%$，不扣分 $0.5\% < \lvert \bar{R}_d \rvert \leq 0.6\%$ 扣1分 $0.6\% < \lvert \bar{R}_d \rvert \leq 0.7\%$ 扣2分 $0\% < \lvert \bar{R}_d \rvert \leq 0.8\%$ 扣3分，依此类推 $1.3\% < \lvert \bar{R}_d \rvert \leq 1.4\%$，扣9分 $\lvert \bar{R}_d \rvert > 1.4\%$，扣10分		
3	测定结果准确度	10	测定结果：测定值在 保证值±0.5%内，不扣分 保证值±0.6%内，扣1分 保证值±0.7%内，扣2分，依此类推 保证值±1.4%内，扣9分 保证值±1.4%外，扣10分		
	合计				

教学单元 9   几种仪器分析法在水质分析中的应用

【教学目标】

通过电位滴定法、电导分析法、原子吸收光谱法、气相色谱法、高效液相色谱法等仪器分析法的学习，学生熟悉各种方法的特点及在水质检验中的应用，为后续大型仪器的学习和应用打下基础。

9.1   电位分析法

以测量电池两电极间的电位差或电位差的变化为基础的分析方法称为电位分析法。

电位分析主要有两种方法：一种是直接电位法，即根据测得的电位数值来确定被测离子浓度的方法，如水质分析中常用的 pH 测定，Na^+ 测定等都属于这类方法；另一种是电位滴定法，该滴定法的原理与普通滴定法完全一样，只是确定滴定终点的方法不同，它不用指示剂，而是通过观察滴定过程中电位的突跃来确定滴定终点。因此电位滴定法比滴定分析法更客观、更准确。对没有恰当指示剂的溶液，有色或浑浊溶液等难于用指示剂判断终点的滴定分析更体现出它的优越性，而且也便于实现分析的自动化。

9.1.1   直接电位法

直接电位法是通过测量原电池的电动势进行定量分析的方法。

直接电位法快速、准确，操作简单，对被测水样要求简单，无需处理且可以连续测定等，在水质分析中有较多的应用。直接电位法用得最多的是电位法测定溶液 pH。

1. 指示电极和参比电极

从原则上讲，测量了电极的电位就可以根据能斯特方程求出参与电极反应的离子浓度（或活度）。事实上，单一电极的电位是无法直接测量的。在电位分析法中，要进行电极电位的测定，必须组成一个如图 9-1 所示的工作电池，它是由两个电极同时插入被测试液后所组成的闭合电极系统。其中以一支电位恒定且已知的电极作参比，然后测量两个电极间的电位差，从而求出待测电极的电位。

图 9-1   工作电池示意图

玻璃电极　　甘汞电极

在工作电池中，能指示被测离子浓度（或活度）变化的电极称为指示电极；将电极电位恒定且不受待测离子影响的电极称为参比电极。参比电极要求构造简单，电极电位再现性好，在分析测定时，即使有微量电流通过，电极电位仍能保持恒定。常用参比电极有饱和甘汞电极和银—氯化银电极。

2. 离子选择性电极

离子选择性电极是指用电位法测定溶液中某一种特定离子浓度的指示电极，离子选择性电极很多，表 9-1 列举了目前使用的离子选择性电极的分类情况。

离子选择性电极的种类 表 9-1

名　称	膜　型	膜材料	可测离子
单膜离子电极	固体膜型	玻璃	H^+、Na^+、K^+、Ag^+ 等
		难溶性无机盐膜	Ag^+、Ca^{2+}、Cd^{2+}、Pb^{2+}、X^-、S^{2-} 等
		塑料支持膜	各种无机，有机离子电极
	液膜型	离子交换液膜	Ca^{2+}、2 价阳离子、Cl^-、NO_3^- 等
		含中性载体液膜	K^+ 等
复膜离子电极		气敏电极	NH_3、NO_2、SO_2
		反应性膜(酶素)	尿素、氨基酸、天冬酰胺、青霉素等

图 9-2　玻璃电极

1—外套管；2—网状金属屏；3—绝缘体；4—导线；5—内参比溶液；6—玻璃膜；7—电极帽；8—内参比 Ag-AgCl 电极

pH 玻璃电极是常用的离子选择性电极，其结构如图 9-2 所示。

3. 直接电位法在水质分析中的应用——水样 pH 的测定

（1）pH 的测定原理

以玻璃电极为指示电极，饱和甘汞电极为参比电极与待测溶液组成工作电池（图 9-1），电池可用下式表示：

pH 玻璃电极|试液‖饱和甘汞电极

25℃时，电池电动势为：

$$E = K + 0.059 pH_{试} \tag{9-1}$$

式中 K 在一定条件下是常数。可见电池电动势在一定条件下与溶液的 pH 呈线性关系。而此电位差经直流放大器放大后，采用电位计或电流计进行测量，即可指示相应的 pH。另外，也可使用复合电极与待测溶液组成工作电池进行测量。将 pH 玻璃电极（指示电极）和银-氯化银电极组合在一起的电极就称为 pH 复合电极。

（2）电极的准备

1）新的玻璃电极或长期不用的电极，使用前要在蒸馏水中浸泡 24h，以使电极表面形成稳定的水化层。

2）甘汞电极使用前应在饱和 KCl 稀释 10 倍后的稀溶液中浸泡。贮存时把上端的注入口旋紧，使用时则启开，应经常注意从注入口注入饱和 KCl 溶液至一定液位。

3）使用复合电极时，应拔去电极前端的电极套，拉下橡皮套。检查复合电极内腔的外参比液量，使其保持在内腔容量的 1/2 以上，否则应补充 3mol/L 的 KCl 溶液。

（3）仪器校正

仪器开启半小时后，按规定对仪器进行调零、温度补偿和满刻度校正等工作。

（4）pH 定位

按具体情况，选择下列一种定位方式：

1）单点定位　选用与被测水样相近的标准缓冲液。定位前先用纯水冲洗电极及样杯两次以上。然后用干净滤纸将电极底部水滴轻轻吸干（勿擦拭，以免电极底部带静电而导致读数不稳定）。

将定位液倒入样杯中，浸入电极，稍摇动样杯数秒钟，测量水样温度（与定位液温度一致），将仪器定位至该 pH，重复调零，校正及定位 1～2 次，直至稳定时为止。

2）两次定位　先取 pH＝7 标准缓冲液依上法定位。电极冲洗干净后，将另一定位标准缓冲液倒入样杯内，（若被测水样为酸性，选 pH＝4 的标准液；若为碱性则选 pH＝9 标准液）依上法定位，重复 1～2 次至稳定时为止。

（5）水样测定

将水样杯及电极用纯水冲洗干净，再用被测水样冲洗 2 次以上、然后浸入电极进行 pH 测定。pH 读数值即为溶液的 pH。

9.1.2　电位滴定法

1. 电位滴定法基本原理

电位滴定法是根据滴定过程中指示电极电位的变化来确定滴定终点的一种滴定分析方法。滴定时，在待测水样中插入一支指示电极和一支参比电极，组成工作电池。随着滴定剂的加入，水样中待测离子的浓度不断发生变化，因而指示电极的电位也相应地发生变化。在化学计量点附近发生电位的突跃，因此，测量出工作电池电动势的变化，就可以确定滴定终点。根据滴定剂的浓度和用量，求出水样在待测离子的含量或浓度。

2. 电位滴定法的仪器装置

电位滴定基本仪器装置通常由滴定管、指示电极、参比电极、高阻抗毫伏计组成，如图 9-3 所示。

用手动进行滴定比较费时和繁琐，自动电位滴定仪是专门为电位滴定设计的成套仪器，它比手动滴定方便，分析速度快，分析结果准确度高。图 9-4 为自动电位滴定装置示意图。

3. 电位滴定电极的选择和预处理

电位滴定法在滴定分析中应用广泛，可用于酸碱滴定、络合滴定、沉淀滴定、氧化还原滴定。不同类型的滴定应选用不同的指示电极，表 9-2 为各类滴定常用的电极和电极预处理方法。

图 9-3　电位滴定基本仪器装置

1—滴定管；2—指示电极；3—参比电极；

4—铁芯搅拌子；5—电磁搅拌器；

6—高阻抗毫伏计；7—待测水样

图 9-4　自动电位滴定装置示意图

1—毛细管；2—电极；3—乳胶管；

4—电磁阀；5—自动控制器；

6—电磁搅拌器

用于各类滴定的电极　　　　　　　　　　　　表 9-2

滴定类型	电极系统		预　处　理
	指示电极	参比电极	
酸碱滴定	玻璃电极 锑电极	饱和甘汞电极 饱和甘汞电极	1. 玻璃电极：使用前须在水中浸泡 24h 以上，使用后立即清洗并浸于水中保存 2. 锑电极：使用前用砂纸将表面擦亮，使用后应冲洗并擦干 3. 饱和甘汞电极：使用前检查电极内的饱和氯化钾溶液的液位是否合适，电极下端是否有少量 KCl 晶体，电极外管饱和 KCl 溶液中不得有气泡，用蒸馏水清洗电极外部，用滤纸吸干
氧化还原滴定	铂电极	饱和甘汞电极	1. 铂电极：使用前应注意电极表面不能有油污物质，必要时可在丙酮或硝酸中浸洗，再用水洗涤干净 2. 饱和甘汞电极：同上
银量法	银电极	饱和甘汞电极 （双盐桥型）	1. 银电极：使用前用砂纸将表面擦亮，然后浸于含有少量硝酸钠的稀硝酸(1+1)溶液中，直到有气体放出为止，取出用水洗干净 2. 双盐桥型饱和甘汞电极：盐桥套管内装饱和硝酸钠或硝酸钾溶液
EDTA络合滴定	金属基电极 离子选择电极 Hg/Hg-EDTA	饱和甘汞电极 饱和甘汞电极 饱和甘汞电极	

9.2　电导分析法

电导分析法是将被测溶液放在由固定面积、固定距离的两个铂电极所构成的电导池中，通过测定溶液的电导来确定被测物质含量的分析方法。

电导分析法装置简单，操作方便，但选择性差，不适于测定复杂溶液体系。在水质分析中，常用来对水的纯度和天然水等的盐类的测定。

9.2.1 基本原理

电解质溶液具有导电性能。因此，在一定温度下，电解质的电阻服从欧姆定律：

$$R = \rho \frac{L}{A} \tag{9-2}$$

式中　R——电阻（Ω）；

　　　　ρ——电阻率（$\Omega \cdot cm$）；

　　　　L——电解质导体长度（cm）；

　　　　A——电解质导体的截面积（cm^2）。

1. 电导

电阻的倒数称为电导，它表示溶液的导电能力，通常用符号 S 表示。

$$S = \frac{1}{R} = \frac{1}{\rho \frac{L}{A}} \tag{9-3}$$

电导的单位为西门子，简称"西"，用符号 S 表示（也即 Ω^{-1}），在水质分析中常用 μS，$1S = 10^6 \mu S$。

测量电解质溶液的电导，是用两极片插入溶液中，组成电导池，通过测量两极间的电阻，就可以测得溶液的电导。对某一电导池，两片电极间的距离（L）和电极面积（A）是固定不变的，故 L/A 是一个常数，用 Q 来表示，称为电导池常数。

2. 电导率

电阻率的倒数称为电导率。

$$K = \frac{1}{\rho} = QS = \frac{Q}{R} \tag{9-4}$$

当已知电导池常数，并测出电阻后，即可求出电导率。

9.2.2 水样的分析

锅炉用水、工业废水、实验室用蒸馏水、去离子水等都要求分析水的质量，可用电导法进行评价。水的电导率越小，表示水的纯度越高。但对于水中细菌、悬浮杂质的非导电性物质和非离子状态的杂质对水质纯度的影响不能测定。水的电导率可用专门的电导仪来测定。

1. 电导池常数测定

用 0.01mol/L 氯化钾标准溶液冲洗电导池三次，将此电导池注满标准溶液，放入恒温水浴（25℃）中约 15min，测定溶液电阻 R_{KCl}，由式（9-4）计算电导池常数 Q。对于 0.01mol/L 氯化钾溶液，在 25℃时，$K = 1413\mu S/cm$，则：

$$Q = 1413 R_{KCl} \tag{9-5}$$

2. 水样的测定

用水冲洗数次电导池，再用水样冲洗后，装满水样，按前述步骤测定水样电阻 $R_{水样}$，由已知电导池常数 Q，得出水样电导率 K：

$$电导率\ K(\mu S/cm) = \frac{Q}{R_{水样}} = \frac{1413 R_{KCl}}{R_{水样}} \tag{9-6}$$

式中　R_{KCl}——0.01mol/L 标准氯化钾溶液电阻(Ω)；

　　　$R_{水样}$——水样电阻(Ω)；

　　　Q——电导池常数。

如果使用已知电导池常数的电导池，不需测定电导池常数，可调节好仪器直接测定，但要经常用标准氯化钾溶液校准仪器。

当测定时水样温度不是 25℃时，应报出的 25℃时电导率为：

$$K_S = \frac{K_t}{1+a(t-25)} \tag{9-7}$$

式中　K_S——25℃时电导率($\mu S/cm$)；

　　　K_t——测定时 t 温度下电导率($\mu S/cm$)；

　　　a——各离子电导率平均温度系数，取为 0.022；

　　　t——测定时温度(℃)。

9.2.3　电导法在水质分析中的应用

利用电导仪测定水的电导率，可判断水质状况。在水质分析中，如锅炉水、工业废水、天然水、实验室制备去离子水质分析时，其中水的电导是一个很重要的指标，因为它反映了水中存在电解质的状况。目前，电导法已得到广泛应用。

1. 测定水质的纯度

为了证明高纯水的质量，应用电导法是最适宜的方法。25℃时，绝对纯水的理论电导率为 $0.055\mu S/cm$。一般用电导率大小测定蒸馏水、去离子水或超纯水的纯度。超纯水的电导率为 $0.01\sim0.1\mu S/cm$，蒸馏水为 $0.5\sim2\mu S/cm$，去离子水为 $1\mu S/cm$ 等。

2. 判断水质状况

通过电导率的测定可初步判断天然水和工业废水被污染的状况。例如，饮用水的电导率为 $50\sim1500\mu S/cm$，清洁河水为 $100\mu S/cm$，天然水为 $50\sim500\mu S/cm$，矿化水为 $500\sim1000\mu S/cm$ 或更高，海水为 $30000\mu S/cm$，某些工业废水为 $10000\mu S/cm$ 以上。

3. 估算水中溶解氧(DO)

利用某些化合物和水中溶解氧发生反应而产生能导电的离子成分，从而可以测定溶解氧。例如，氮氧化物(NO_x)与溶解氧作用生成 NO_3^-，使电导率增加，因此测定电导率即可求得溶解氧；也可利用金属铊与水中溶解氧反应生成 Tl^+ 和 OH^-，使电导率增加。一般每增加 $0.035\mu S/cm$ 的电导率相当于 1ppb 溶解氧。可用来估算锅炉管道水中的溶解氧。

4. 估计水中可滤残渣(又溶解性固体)的含量

水中所含各种溶解性矿物盐类的总量称为水的总含盐量，也称总矿化度。水中所含溶解盐类越多，水中离子数目越多，水的电导率就越高。对多数天然水，可滤残渣与电导率之间的关系可由如下经验公式估算：

$$FR = (0.55\sim0.70) \times K \tag{9-8}$$

198　式中　　　FR——水中的可滤残渣量(mg/L)；

K——25℃时水的电导率(μS/cm)；

　0.55~0.70——系数，随水质不同而异，一般估算取 0.67。

9.3　原子吸收光谱法

9.3.1　概述

原子吸收光谱法(AAS)，又称原子吸收分光光度法，简称原子吸收法。

原子吸收光谱法具有如下特点：

(1)灵敏度高　大多数元素用火焰原子吸收光谱法可测到 10^{-9} g/mL 数量级。用无火焰原子吸收光谱法可测到 10^{-13} g/mL 数量级。

(2)干扰少或易于消除　由于原子吸收是窄带吸收，选择性好，所以干扰少或干扰易于消除。

(3)准确度高　在一般低含量测定中，准确度可达到 1%~3%。

(4)应用范围广　用原子吸收光谱法可以测定 70 多种元素，既能用于痕量元素的测定，也能用于常规低含量元素的测定，采用特殊的分析技术可进行高含量及基体元素的测定。

(5)操作简便、快速，易于实现自动化　原子吸收光谱法的选择性好、干扰少，试样通常只需简单处理，不经分离就能直接测定，使分析工作能简便、快速和连续地进行，并易于实现自动化操作。

虽然原子吸收光谱法具有上述特点，但也有其局限性。在可测定的 70 多个元素中，比较常用的仅 30 多个；标准工作曲线的线性范围窄(一般在一个数量级范围)；对于某些复杂试样，干扰比较严重；测定不同的元素，需要更换不同的元素灯，不利于多种元素同时测定。

9.3.2　原子吸收光谱法基本原理

原子吸收光谱分析法是在待测元素的特定和独有的波长下，通过测量试样所产生的原子蒸气的吸收程度来测量试样中该元素浓度的一种方法。测量待测原子吸收光谱的待定波长，可进行定性分析。而测量待测原子吸收光谱的吸收程度，可进行定量分析。所测得的吸收程度的大小与试样中该元素的含量成正比。

在一定条件下，原子蒸气对光源发出特征谱线的吸收符合朗伯—比耳定律，即

$$A=\lg\frac{I_0}{I}=KLN_0 \tag{9-9}$$

式中　L——原子蒸气的厚度，即火焰的宽度；

　　N_0——单位体积原子蒸气中吸收辐射的基态原子数。

上式表明吸光度与原子蒸气中待测元素的基态原子数成正比。

实际分析要求测定的是试样中待测元素的浓度，而此浓度与待测元素吸收辐射的原子总数成正比。因此在一定浓度范围和一定火焰度 L 的条件下，上式可以表示为：

$$A=K'C \tag{9-10}$$

式中　C——待测元素的浓度；

199

K'——与实验条件有关的常数。

9.3.3 原子吸收分光光度计的主要构造

原子吸收光谱法所用的测量仪器称为原子吸收分光光度计。虽然测定原子吸收的仪器形式多种多样，但它们都是由光源、原子化系统、分光系统和检测系统四个部分组成，如图 9-5 所示。

图 9-5　原子吸收分光光度计基本结构

1. 光源

光源通常采用空心阴极灯，又称元素灯。它的作用是发射待测元素的原子吸收所需的特征谱线。它采用低压辉光放电，管内充惰性气体，用含有待测元素的材料制成空心圆筒形的阴极。通常每测定一个元素均需要更换相应的待测元素的空心阴极灯。例如，测定水样中的 Fe^{2+}，需要铁空心阴极灯；测 Cu^{2+}，用铜空心阴极灯。近年来已有多元素空心阴极灯的应用。

2. 原子化系统

原子化系统是将待测试液中的待测元素转变成原子蒸气的装置，可分为火焰原子化系统和无火焰原子化系统。预混合型火焰燃烧器是使用最广泛的一种，如图 9-6 所示。

在原子化器中，火焰将雾化的试样蒸发、干燥并经热解离或还原作用产生大量基态原子，产生共振吸收。按待测元素的化学特性，可选择不同的燃烧方式。其中，空气-乙炔火焰是最常用的一种，其燃烧温度最高达 2600K。当调节空气或乙炔的比例，可提供不同的燃烧状态。为使仪器的测定过程处于最佳位置，通常可调节燃烧器高度，使发射光通过火焰中原子化浓度的最高处。另外，一些在高温条件下易生成氧化物的元素，如 Al、Be、V、Ti、Zr、B 等则适于选择无氧环境原子化。例如，用氧化亚氮-乙炔火焰。该火焰具有高达 3300K 的燃烧温度，需配置耐高温材料的燃烧头。操作时，应当注意安全。

无火焰原子化系统是以电热高温石墨管做原子化器，其原子化效率和测定灵敏度都比火焰原子化器高很多。其检测限可达 10^{-8} g 数量级，测定精密度在 5%～10%（火焰法为 1%）。

图 9-6　预混合型火焰原子化器

氢化物原子化器是另一类通过化学反应使某些半金属元素（As、Sb、Bi、Ge、Sn、Pb 等）生成气态氢化物，进行原子化的测定方法。该方法灵敏度高（10^{-9}级），选择性强，干扰小，但生成的氢化物毒性较大，操作时需要有良好的通风条件。利用此法测定汞（Hg）时，可直接吸收（无火焰）测定。

3. 分光系统

分光系统又称单色器，主要有色散元件、凹面镜、狭缝等组成。在原子吸收分光光度计中，单色器放在原子化器之后，将待测元素的特征谱线与邻近谱线分开，以供测定。

4. 检测系统

从单色器分出的特征谱线投射到检测器光电倍增管上产生光电流，经放大后直接读数或进行记录。

稳压电源向仪器的光源供电，由光源发出待测元素的光谱线经过原子化系统的火焰，其中的共振线即被火焰中待测元素的原子蒸气吸收一部分，透射光进入单色器，经分离出来的共振线照射到检测器上，产生直流电信号，经过放大器放大后，就可以从读数器读出吸光值。

9.3.4　定量方法

原子吸收光谱法的定量依据是 $A=K'C$，在实际工作中并不需要确定 K' 值，而是通过与标准相比较的方法进行定量分析。常用的定量分析方法有标准曲线法和标准加入法。

1. 标准曲线法

配制一系列合适的、含有不同浓度的待测元素的标准溶液，用试剂空白溶液作参比。在选定的条件下，由低浓度到高浓度依次喷入火焰，分别测定其吸光度 A。以 A 为纵坐标，对应的标准溶液浓度 C 为横坐标，绘制 A-C 标准曲线（也称工作曲线）。在相同条件下，喷入待测试样测定其吸光度 A_x，即可从标准曲线上求出试样中待测元素的浓度 C_x。

标准曲线法简单、快速，适于大批量组成简单和相似试样的分析。为确保分

201

析准确，应注意，如果喷雾条件稍有变化，火焰中基态原子状态的浓度就会发生改变。应该尽量使测定条件一致。即使测定条件一致，有时测定的标准曲线的斜率也会改变，因此每次实验都应绘制标准曲线。

2. 标准加入法

标准加入法是利用标准曲线外推法，求得试样溶液的浓度。标准加入法首先要求在测定的条件下，标准曲线必须呈现良好的线性。标准加入法的操作步骤如下：

取若干份(至少 4 份)体积相同的试样溶液于等容积的容量瓶中，其待测元素的浓度为 C_x，从第二份开始分别按比例加入不同量的待测元素的标准溶液，然后定容，此时溶液中待测元素的浓度分别为 C_x、$C_x + C_0$、$C_x + 2C_0$、$C_x + 4C_0$，分别测得吸光度为 A_x、A_1、A_2、A_3。以吸光度 A 对加入的标准浓度作图，得到如图 9-7 所示工作曲线，此工作曲线不通过原点，说明试样中含有待测元素，截距所对应的吸光度正是试样中待测元素所引起的效应。外延曲线与横坐标相交，交点至原点的距离所相应的浓度 C_x 即为所测试样中待测元素的浓度。

图 9-7 标准加入法工作曲线

9.3.5 原子吸收光谱法在水质分析中的应用

1. 水中镉、铜、铅、锌的测定(直接吸入火焰原子吸收法)

(1) 方法原理

将水样或消解处理好的水样直接吸入火焰，火焰中形成的原子蒸气对光源发出的特征光产生吸收，其吸光度值大小与被测元素含量成正比。用标准曲线法求出水样中被测元素的含量或浓度。

(2) 仪器工作基本条件

仪器工作基本条件见表 9-3。

分析线波长和火焰类型及适用浓度范围   表 9-3

元素	分析线波长(nm)	火焰类型	适用浓度范围(mg/L)
镉	228.8	乙炔-空气，氧化型	0.05～1
铜	324.7	乙炔-空气，氧化型	0.05～5
铅	283.3	乙炔-空气，氧化型	0.2～10
锌	213.8	乙炔-空气，氧化型	0.05～1

(3) 样品预处理

取 100mL 水样放入 200mL 烧杯中，加入硝酸 5mL，在电热板上加热消解(不要沸腾)。蒸至 10mL 左右，加入 5mL 硝酸和 2mL 高氯酸，继续消解，直至 1mL 左右。如果消解不完全，再加入硝酸 5mL 和高氯酸 2mL，再次蒸至 1mL 左右。取下冷却，加水溶解残渣，通过预先用酸洗过的中速滤纸滤入 100mL 容量瓶中，用水稀释至标线。

(4) 样品测定

按表 9-3 所列参数选择分析线和调节火焰。仪器用 0.2％硝酸调零，吸入空白样和试样，测量其吸光度。扣除空白样吸光度后，从标准曲线上查出试样中的金属浓度。如可能，也可从仪器上直接读出试样中金属浓度。

2. 水中铁和锰的测定

（1）方法原理

在空气-乙炔火焰中，铁、锰的化合物易于原子化，可分别于波长 248.3nm 和 270.5nm 处，测量铁、锰基态原子对铁、锰空心阴极灯特征辐射的吸收进行定量。

（2）仪器工作基本条件

表 9-4 列出了仪器工作基本条件。

测定铁、锰的仪器条件　　　　　　　　　　　　　表 9-4

光源	Fe 空心阴极灯	Mn 空心阴极灯
灯电流（mA）	12.5	7.5
测定波长（nm）	248.3	279.5
光谱通带（nm）	0.2	0.2
观测高度（mm）	7.5	7.5
火焰种类	乙炔-空气，氧化型	乙炔-空气，氧化型

（3）样品预处理

对于没有杂质堵塞仪器吸样管的清洁水样，可直接喷入进行测定。如测总量或含有机物较高的水样时，必须进行消解处理。处理时先将水样摇匀，分取适量水样置于烧杯中，每 100mL 水样加 5mL 硝酸，置于电热板上在近沸状态下将样品蒸至近干。冷却后，重复上述操作一次。以（1＋1）盐酸 3mL 溶解残渣，用 1％盐酸冲洗杯壁，用经（1＋1）盐酸洗涤干净的快速定量滤纸滤入 50mL 容量瓶中，以 1％盐酸稀释至标线。

（4）样品测定

以 1％HCl 将仪器调零后，按表 9-4 仪器工作条件，测定水样及空白样的吸光度，由水样吸光度减去空白样吸光度，在标准曲线上查出水样中对应的铁、锰浓度。

该方法适用于地表水、地下水以及废水中铁、锰的测定。

9.4　气相色谱法

气相色谱法（GC）是 20 世纪 50 年代后发展起来的一种对复杂混合物中各种组分的分离和分析技术。由于它具有选择性好、分离效率高、分析速度快、样品用量少、灵敏度高等优点，已广泛应用于石油、化工、医药、食品、环境保护等行业。

9.4.1　气相色谱法的特点

气相色谱法是以气体为流动相的柱色谱法。由于气体的黏度小，组分扩散速率高，传质快，可供选择的固定液种类比较多，加之采用高灵敏度的通用型检测器，使得气相色谱法具有以下特点：

（1）选择性好。能分离和分析性质极为相近的化合物。例如，水样中同时存在用其他方法很难测定的二甲苯的三个同分异构体(邻二甲苯、间二甲苯、对二甲苯)，用气相色谱法很容易进行分离和测定。

（2）分离效率高，分析速度快。一根 $1\sim2m$ 长的色谱柱一般有几千块理论塔板，而毛细管柱的理论塔板数更高，可以有效地分离极为复杂的混合物。例如，用毛细管柱能在几十分钟内一次完成含有一百多个组分的油类试样的分离测定。

（3）灵敏度高。使用高灵敏度检测器可检测出 $10^{-11}\sim10^{-13}g$ 的痕量物质。

（4）应用范围广。分析对象可以是无机、有机试样。

9.4.2　气相色谱法原理及构造

色谱技术实质上是分离混合物的一种物理化学分析方法。其分离作用是基于物质在两相(固定相和流动相)之间的重复分配。当两相作相对运动时，样品在两相中经过反复多次分配，使其中各组分得以分离。当流动相以气体作载体时，即为气相色谱(GC)；以液体作载体、即为液相色谱(LC)(见本教学单元第5节)。

1. 气相色谱仪的基本流程

气相色谱仪的基本流程如图 9-8 所示。

图 9-8　气相色谱基本流程示意图

载气由高压气瓶输出，经减压阀减压和净化器净化，由气体调节阀调节至所需流速后，以稳定的压力和恒定的流速连续流经气化室。待测试样被注入气化室后，瞬间气化为蒸气，被载气携带进入色谱柱中进行分离，检测器将组分的浓度(或质量)的变化转换为电信号，经放大后在记录仪上记录下来一条峰形曲线(称为色谱图)，根据色谱峰的位置或出峰时间，可对组分进行定性分析，根据色谱峰的峰高或峰面积，可对组分进行定量分析。

2. 气相色谱仪的构造

气相色谱仪的构造主要包括以下五大系统：气路系统、进样系统、分离系统、温度控制系统以及检测和记录系统。

（1）气路系统

气路系统是一个载气连续运行的密闭管路系统，气路系统要求载气纯净、密封性好、流动稳定、流速控制方便和测量准确等。在气相色谱仪外部有气体钢瓶、减压调节阀、净化干燥器。在气相色谱仪内部有稳压阀、流量控制器和流量计等。

载气流量的大小和稳定性对色谱峰有很大影响，通常控制在 $30\sim100\text{mL/min}$。柱前的载气流量用转子流量计指示，作为分离条件选择的相参数。大气压下柱后流量一般用皂膜流量计测量。

气相色谱仪的载气气路有单柱单气路和双柱双气路两种。双柱双气路分两路进入各自的色谱柱与检测器。其中一路作为分离分析用，而另一路不携带试样，补偿由于温度变化、高温下固定液流失以及载气流量波动所产生的噪声对分析结果的影响。

（2）进样系统

进样系统的作用就是把试样快速而定量地加到色谱柱上端，包括进样器和气化室。进样量、进样速度和试样的气化速度都影响色谱的分离效率以及分析结果的精密度和准确度。

气化室由电加热的金属块制成，其作用是将液体或固体试样瞬间气化，以保证色谱峰有较小的宽度。

（3）分离系统

色谱柱是色谱仪的分离系统，试样各组分的分离在色谱柱中进行。色谱柱分为填充柱和毛细管柱两种。

1）填充柱。填充柱由柱管和固定相组成，固定相紧密而均匀地填装在柱内。填充柱外形为 U 形或螺旋形，材料为不锈钢或玻璃，内径 $2\sim4\text{mm}$，柱长 $1\sim6\text{m}$。填充柱制备简单，应用普遍。

2）毛细管柱。毛细管柱又叫开管柱，通常将固定液均匀地涂渍或交联到内径 $0.1\sim0.5\text{mm}$ 的毛细管内壁而制成。毛细管材料可以是不锈钢、玻璃或石英。

毛细管柱固定液涂渍在管壁上，不存在涡流扩散所导致的峰展宽。固定相液膜的厚度小，组分在固定相中的传质速率较高，而且气体在空心柱中的流动阻力小，柱管可以做得很长（一般为几十米甚至上百米）。缺点是固定相体积小，使分配比降低，因而最大允许进样量受到限制，柱容量较低。

（4）温度控制系统

柱温改变会引起分配系数的变化，这种变化会对色谱分离的选择性和柱效能产生影响，而检测器温度直接影响检测器的灵敏度和稳定性，所以对色谱仪的温度应严格控制。

温度控制的方式有恒温法和程序升温法两种。通常采用空气恒温的方式来控制柱温和检测室温度。如果组分的沸点范围较宽，采用恒定柱温无法实现良好的分离时，可采用程序升温。

程序升温是在一个分析周期内使柱温按预定的程序由低向高逐渐变化。使用程序升温法可以使不同沸点的组分在各自的最佳柱温下流出。从而改善分离效果，缩短分析时间。

（5）检测记录系统

气相色谱检测器是一种指示并测量载气中各组及其浓度变化的装置。这种装置能把组分及其浓度变化以不同方式转换成易于测量的电信号。常用的检测器有热导池检测器、氢火焰电离检测器、电子捕获检测器和火焰光度检测器等。

1) 热导池检测器 热导池检测器(TCD)由于结构简单、灵敏度适中及对所有物质均有响应而被广泛采用。

热导池由金属池体和装入池体内两个完全对称孔道内的热敏元件所组成。热敏元件常用电阻温度系数和电阻率较高的钨丝或铼钨丝。

热导池检测器是基于被分离组分与载气的导热系数不同进行检测的,当通过热导池池体的气体组成及浓度发生变化时,引起热敏元件温度的改变,由此产生的电阻值变化通过惠斯登电桥检测,其检测信号大小和组分浓度成正比。

2) 氢火焰电离检测器 氢火焰电离检测器(FID)简称氢焰检测器,是除热导池检测器以外又一种重要的检测器。它对大多数物有很高的灵敏度,比热导池检测器的灵敏度高 $10^2 \sim 10^4$ 倍,而且结构简单,稳定性好,响应好,适宜于痕量分析,因而在有机物分析中得到广泛应用。

氢焰检测器主要部件为离子室,一般不用锈钢制成,内有火焰喷嘴、极化电极(阴极)和信号收集极(阳极)等构件。

氢焰检测器是根据含碳有机物在氢火焰中发生电离的原理而进行检测的。工作时,氢气与空气在进入喷嘴前混合,助燃气(空气)由另一侧引入,用点火器点燃氢气,在喷嘴处燃烧,氢焰上方为一筒状收集板,下方为一圆环状极化电极,在两极间施加一定电压,形成电场。当被测组分随载气进入氢火焰时,在燃烧过程中发生离子化反应,生成数目相等的正负离子,在电场中分别向两极定向移动而形成离子流,再经过放大后在记录仪上以电压信号显示出来,信号大小与单位时间内进入火焰的被测组分的量成正比,据此测量有机物的含量。

3) 电子捕获检测器 电子捕获检测器(ECD)是一种选择性很强的检测器。对具有电负性物质(如卤素)的检测有很高灵敏度(检出限约 $10^{-14}\,g/mL$)。

4) 火焰光度检测器 火焰光度检测器(FPD)是一种对含硫、磷化合物具有高选择性和高灵敏的检测器,仪器主要由火焰喷嘴、滤光片和光电倍增管三部分组成。

9.4.3 气相色谱法的定性定量方法

1. 定性方法

(1) 利用保留时间定性

所谓保留时间,即指某一组分从进入色谱柱时算起,到出现谱峰的最高点为止所需要的时间。在相同条件下测定纯物质和被测组分的保留时间,若两者保留时间相同,则可认为是同一物质。这种方法要求严格控制实验条件。为提高此法的准确性,可采用双柱定性法,即用两根极性差别较大的柱作同样实验,若所得结果相符,则认为是同一物质。

(2) 利用相对保留值定性

选取一种标准物,求得其与待定组分的纯物质之间的相对保留值,再通过实验求得其与待定组分间的相对保留值。若两次结果相等,则可认为试样中待定物与所用纯物质为同一物质。

（3）利用加入纯物质定性

先测定试样的谱图，再在试样中加入待定组分的纯物质，以同样条件做试验，若得出的谱图待定组分的峰高增加而半峰宽不变，则说明纯物质与待定组分是同一物质。

2. 定量方法

（1）定量分析基本公式

色谱法定量依据是：检测器的响应信号与进入检测器的待测组分的质量（或浓度）成正比，即

$$m_i = f_i A_i \qquad\qquad (9\text{-}11)$$

式中　m_i——待测组分 i 的质量；

　　　A_i——待测组分 i 的峰面积；

　　　f_i——待测组分 i 的校正因子。

（2）峰面积的测量

在色谱图中得到的色谱峰并不总符合正态分布，有的是不对称峰，有的有严重的拖尾。现代化的色谱仪都配有自动积分装置，可准确、精密地计算任何形状的色谱峰的面积。

（3）定量方法

1）归一化法

若样品中的全部组分都显示在色谱图上，可用下式计算某一组分的百分含量：

$$\text{组分 } i \text{ 的百分含量} = \frac{A_i f_i}{\sum\limits_{i=1}^{n} A_i f_i} \times 100\% \qquad\qquad (9\text{-}12)$$

式中　A_i——组分 i 的峰面积；

　　　f_i——组分 i 的响应因子；

　　　n——样品谱图中峰的个数。

2）外标法（校准曲线法）

用待测组分的纯物质制作校准曲线。取纯物质配成一系列不同浓度的标准溶液，分别进样，测出峰高或峰面积，以待测物质的量为横坐标，以峰高或峰面积为纵坐标，作校准曲线。再在同一条件下测定样品，记录色谱图。根据峰高或峰面积从校准曲线上求出待测组分的含量。

3）内标法

内标法是在几份含等量已知待测组分的样品中加入不同量的内标化合物，制成不同比例的混合样品，对其进行色谱分析，从色谱图上求出各自的峰面积。以待测组分的含量 C_x 与内标物的含量 C_s 的比值 C_x/C_s 为横坐标，以待测组分的峰面积 A_x 与内标物的峰面积 A_s 的比值 A_x/A_s 为纵坐标，绘制一条校准曲线。

测定时，在一定量的样品中加入适当量的内标物，其含量为 C_s'，进行气相色谱分析，求出峰面积比，从校准曲线上查得相应的含量比，用下式计算待测组分含量：

$$C'_x = \left(\frac{C_x}{C_s}\right) \times C'_s \qquad (9\text{-}13)$$

式中　C'_x——待测组分的含量；

C_x/C_s 为从校准曲线上查得待测组分和内标物的含量比。

9.4.4　气相色谱法在水质分析中的应用

由于气相色谱法具有高效能、高灵敏度、快速、样品用量少且易于实现自动测定等特点，使其在水质分析中广泛应用，如 GC-FID 法可测定水体中的油类、醇、醛、酮、胺、酚类化合物，苯系物，多环芳烃等。GC-ECD 法可测定水体中有机氯农药、氯代苯、卤代烃、甲基汞、多氯联苯类等。GC-FPD 法可测定水体中的 SO_2、H_2S、CS_2、有机硫、有机磷农药等。

1. 地面水中微量苯、甲苯、乙苯和二甲苯的测定

（1）色谱条件

固定相　　　　　　　　　3％有机皂土＋2.5 邻苯二甲酸二壬酯，101 白色载体，60～80 目

色谱柱

长度(m)　　　　　　　　3

内径(mm)　　　　　　　4

材料　　　　　　　　　　不锈钢

柱温(℃)　　　　　　　　78

载气流速(mL·min^{-1})　　N_2：30

检测器　　　　　　　　　FID

检测器温度(℃)　　　　　80

氢气流速(mL·min^{-1})　　40

空气流速(mL·min^{-1})　　500

汽化温度(℃)　　　　　　200

（2）测定方法

水样经 CS_2 萃取。静置分层后取 CS_2 相进样，用标准曲线法定量。

（3）色谱图

色谱图如图 9-9 所示。

图 9-9　苯系物色谱图

A—水中苯系物色谱图；

B—苯系物标样色谱图

2. 某污水中丙酮、苯、乙醇、甲苯、乙酸丁酯、二甲苯、异丙苯、α-甲基苯乙烯的分析

（1）色谱条件

固定相　　　　　　　　　12％EPC-600，101 白色载体(60～80)目：3.5％双甘油 101 白色载体(60～80 目)＝3：1

色谱柱

长度(m)　　　　　　　　2

内径(mm)　　　　　　　4

材料　　　　　　　　　　不锈钢

柱温(℃)	87
载气流速(mL·min⁻¹)	N₂；左 18，右 20
检测器	FID
检测器温度(℃)	200
氢气流速(mL·min⁻¹)	左 55，右 55
空气流速(mL·min⁻¹)	500
汽化温度(℃)	200

图 9-10　污水中 8 种组分标准色谱图

(2)测定方法

水样经 CS_2 萃取。静置分层后取 CS_2 相进样，用标准曲线法定量。

(3)色谱图

色谱图如图 9-10 所示。

9.5　高效液相色谱法

高效液相色谱法($HPLC$)是在 20 世纪 70 年代继经典液体柱色谱和气相色谱的基础上迅速发展起来的一项高效、快速的分离分析新技术。高效液相色谱流程与气相色谱法相同，但 $HPLC$ 以液体溶剂为流动相，并选用高压泵送液方式。溶质分子在色谱柱中，经固定相分离后被检测，最终达到定性定量分析。

离子色谱(IC)也属于高效液相色谱，它是以缓冲盐溶液做流动相，分离分析溶液中的各平衡离子。离子色谱在色谱柱机理、设备材质以及检测器等方面均有特殊要求。该法在阴离子如 F^-、Cl^-、Br^-、NO_2^-、NO_3^-、SO_4^{2-}、PO_4^{3-} 等同时存在的多组分分析方面具有独特的优势。

9.5.1　高效液相色谱法的特点

高效液相色谱法，在技术上采用了高压泵、高效固定相和高灵敏度的检测器。因此，它具有以下几个突出的特点：

(1)高压。液相色谱是以液体作为流动相，液体称为载液。载液流经色谱柱时受到的阻力较大，为了能迅速地通过色谱柱，必须对载液施加 15~30MPa，甚至高达 50MPa 的高压。所以也称为高压液相色谱法。

(2)高速。由于采用了高压，载液在色谱柱内的流速较经典液体色谱法要高得多，一般可达 1~10mL/min，因而所需的分析时间要少得多，一般都小于 1h。

(3)高效。气相色谱法的分离效能已相当高，柱数约为 2000 塔板/m，而高效液相色谱法则更高，可达 5000~30000 塔板/m 以上，分离效率大大提高。

(4)高灵敏度。高效液相色谱采用了紫外检测器、荧光检测器等高灵敏度的检测器，大大提高了检测的灵敏度。最小检测限可达 10^{-11}g。

209

9.5.2 高效液相色谱法原理及构造

1. 气相色谱仪的基本流程

气相色谱仪的基本流程如图9-11所示。

图 9-11 高效液相色谱基本流程示意图

其流程是：贮液器中的载液(需预先脱气)经高压泵输送到色谱柱入口，试样由进样器注入输液系统，流经色谱柱进行分离，分离后的各组分由检测器检测，输出的信号由记录仪记录下来，即得液相色谱图。根据色谱峰的保留时间进行定性分析，根据峰面积或峰高进行定量分析。

2. 高效液相色谱仪的构造

高效液相色谱仪由高压输液系统、进样系统、分离系统以及检测和记录系统四大部分组成，此外，还可根据一些特殊的要求，配备一些附属装置，如梯度洗脱、自动进样、馏分收集及数据处理等装置。

（1）高压输液系统

高压输液系统由贮液器、高压泵及压力表等组成，核心部件是高压泵。

1）贮液器

贮液器用来贮存流动相，一般由玻璃、不锈钢或聚四氟乙烯塑料制成，容量为1～2L。

2）高压输液泵

高压输液泵按其操作原理分为恒流和恒压泵两大类。恒流泵的特点是，在一定的操作条件下输出的流量保持恒定，与流动相黏度和柱渗透性无关。往复式柱塞泵、注射式螺旋泵属于此类。恒压泵的特点是，保持输出的压力恒定，流量则随色谱系统阻力的变化而变化，气动泵属于恒压泵。这两种类型各有优缺点，但恒流泵正在逐渐取代恒压泵。

（2）进样系统

进样系统包括进样口、注射器和进样阀等，它的作用是把分析试样有效地送入色谱柱上进行分离。

高效液相色谱的进样方式有注射器进样和阀进样两种。注射器进样操作简便，但不能承受高压、重现性较差。进样阀进样是通过六通高压微量进样阀直接向压力系统内进样，每次进样都由定量管计量，重现性好。

（3）分离系统

分离系统包括色谱柱、恒温器和连接管等部件。色谱柱常采用内径为 2～6mm、长度为 10～50cm、内壁抛光的不锈钢管。柱形多为直形，便于装柱和换柱。

（4）检测系统

高效液相色谱常用的检测器有两种类型。一类是溶质性检测器，它仅对被分离组分的物理或物理化学特性有响应。属于这类的检测器有紫外检测器、荧光检测器、电化学检测器等。另一类是总体检测器，它对试样和洗脱液总的物理性质或化学性质有响应。属于这类的检测器有示差折光检测器等。

9.5.3 高效液相色谱法的定量方法

高效液相色谱法的定量方法有外标法、内标法和归以化法。内容参见本章第四节。

9.5.4 高效液相色谱法在水质分析中的应用

由于高效液相色谱的突出优点，它能分析高沸点的、相对分子质量大于 400 的有机物，在水质分析上的应用十分广泛。

1. 水样中几种酚的分析

（1）色谱条件

固定相	硅胶 SI-100 加水（1：0.6 混合）
色谱柱	
长度（m）	0.3
内径（mm）	4.2
流动相	水饱和的正庚烷
流速（mL·min^{-1}）	5.6
检测器	UV（254nm）
柱压（MPa）	3.3

（2）色谱图

色谱图如图 9-12 所示。

2. 水样中多环芳烃的分析

（1）色谱条件

固定相	Zorbax ODS
色谱柱	
长度（m）	0.25
内径（mm）	2.1
柱温（℃）	50
流动相	甲醇/水（80/20）
检测器	UV（254nm）
柱压（MPa）	13.7

（2）色谱图

色谱图如图 9-13 所示。

图 9-12　几种酚的色谱图

图 9-13　多环芳烃的色谱图

思 考 题 与 习 题

1. 简答题

(1) 电位分析法的基本原理是什么?

(2) 离子选择电极的结构是怎样的? 可测水中哪些物质?

(3) 电位滴定法与一般容量分析滴定有何区别?

(4) 用酸度计测定 pH 的原理是什么? 其电池组成如何?

(5) 原子吸收法测定水中金属元素的原理是什么? 其测试流程是怎样的?

(6) 气相色谱法分离的基本原理是什么?

(7) 高效液相色谱分析法与气相色谱分析法有何异同?

2. 计算题

用标准加入法测定某水样中的镉,取 4 份等量水样分别加入不同镉标准溶液,稀释至 50mL,依次用火焰原子吸收法测定,测得吸光度列于下表,求该水样中镉的含量(已知镉标准溶液浓度为 10μg/mL)。

编号	水样量(mL)	加入镉标准溶液量(mL)	吸光度
1	20	10	0.042
2	20	1	0.080
3	20	2	0.116
4	20		0.190

技能训练　水中金属离子锌和铅的测定

一、实训目的

1. 熟悉原子吸收分光光度计的结构，并进行实际操作，测定水样中的锌和铅。

2. 掌握水样消化的基本操作，会正确配制标准溶液和水样。

二、方法原理

水样喷入空气-乙炔火焰，在火焰中生成的锌（铅）基态原子蒸气对锌（铅）元素空心阴极灯发出的 213.8nm(283.3nm)波长的特征光谱产生吸收。测得水样吸光度扣除空白吸光度后，从标准曲线上查得锌（铅）含量。

三、仪器与试剂

1. 原子吸收分光光度计。

2. 锌元素空心阴极灯、铅元素空心阴极灯。

3. 乙炔钢瓶或乙炔发生器、空气压缩机。

4. 硝酸：优级纯；盐酸：优级纯；高氯酸：优级纯。

5. 锌和铅标准贮备液：准确称取经稀酸清洗已除去氧化膜并干燥后的 0.5000g 光谱纯金属锌和铅，用 50mL(1+1)盐酸溶解，必要时加热直至溶解完全，移入 500mL 的容量瓶中，用水稀释至标线，此溶液含锌 1.00mg/mL，含铅 1.00mg/mL。

6. 锌标准使用液：吸取适量的锌标准贮备液，用 2%硝酸稀释成含锌 10μg/mL 的使用液，用时现配。

7. 铅标准使用液：吸取适量的锌标准贮备液，用 2%硝酸稀释成含锌 100μg/mL 的使用液，用时现配。

四、实训步骤

1. **样品预处理**

取 100mL 水样放入 200mL 烧杯中，加入硝酸 5mL，在电热板上加热消解（不要沸腾）。蒸至 10mL 左右，加入 5mL 硝酸和 2mL 高氯酸，继续消解，直至 1mL 左右。如果消解不完全，再加入硝酸 5mL 和高氯酸 2mL，再次蒸至 1mL 左右。取下冷却，加水溶解残渣，用水定容至 100mL。

取 0.2%硝酸 100mL，按上述相同的程序操作，以此为空白样。

2. **标准曲线的绘制**

准确吸取 0、0.50、1.00、3.00、5.00、10.00mL，锌和铅标准使用液，分别放入相应的 100mL 容量瓶中，用 0.2%硝酸稀释至刻度，混匀。该系列标准溶液浓度见下表。接着按样品测定的步骤测定吸光度，用经空白校正的各标准的吸光度对相应的浓度作图，绘制标准曲线。

标准系列的配制和浓度

标准使用液体积(mL)		0	0.50	1.00	3.00	5.00	10.00
标准系列各金属浓度	锌	0	0.05	0.10	0.30	0.50	1.00
（μg/mL）	铅	0	0.50	1.00	3.00	5.00	10.00

3. **水样的测定**

吸取适量处理后的水样，用硝酸酸化至 pH 为 1，过滤于 100mL 容量瓶中，用去离子水稀释至刻度，混匀，按绘制标准曲线步骤测定水样的吸光度值，扣除空白吸光度后，由标准曲线上查出水样对应的锌和铅的浓度。

五、实训数据记录与处理

1. 实训数据记录

实 训 记 录 表

工作曲线	1	2	3	4	5	6	试样	空白
吸取标准溶液体积(mL)								
标准系列浓度(mg/L)								
吸光度测定值								
1								
2								
3								

2. 实训结果计算

$$被测金属(mg/L) = \frac{m}{V}$$

式中　m——从标准曲线上查出的被测金属量(μg)；

V——原水样体积(mL)。

六、注意事项

1. 样品消化时要注意观察，防止将水样蒸干。补加酸时，一定要等水样冷却后加入。

2. 空白实验防止锌的沾污。

3. 使用乙炔气时，一定要严格遵守操作规程。

教学单元 10　水中微生物检测

【教学目标】

通过水中微生物检测技术的学习，学生能够掌握微生物学的基本知识，了解微生物的形态和生理特性，熟悉水中微生物的检测方法，并能够应用相关检测方法判断水中微生物污染状况。

10.1　微生物基础介绍

10.1.1　什么是微生物

地球上的物种大约有 150 万种。过去，根据细胞壁的有无等，将生物分为动物界和植物界。但自然界中有许多生物，将它们简单地归属于动物界或植物界并不合适。目前，普遍接受的是 1969 年由巍泰克（R. Whittaker）提出的五界系统，即原核生物界、真核原生生物界、真菌界、植物界和动物界（图 10-1）。在此基础上，有学者提出将不具有细胞结构的病毒单列一界，形成了生物分类学上的六界系统。

微生物（Microorganism）是指那些形体微小，结构简单，肉眼难以看到，需要借助显微镜才能观察到的微小生物的统称。需要指出的是，它不是分类系统中的一个类群，它主要是根据生物体的大小而被人为地划归在一起。实际上微生物的类群十分庞杂，它们形态各异，大小不同，生物特性差异极大。

图 10-1　微生物的分类

根据其是否有细胞结构分为两类：一类是具有原核细胞结构的细菌、放线菌、蓝细菌、支原体、衣原体、立克次体、螺旋体、古生菌等和具有真核细胞结构的真菌（酵母菌、霉菌、蕈菌）、单细胞藻类、原生动物等；另一类是无细胞结构的病毒、亚病毒（类病毒、卫星病毒、卫星 RNA 和朊病毒）。

10.1.2　微生物的特点

微生物和其他生物一样，具有一切生命活动的共同特性，如新陈代谢、生长繁殖、遗传变异等，除此之外还具有以下共同特性。

1. 形体微小、表面积大

微生物的形体极其微小，要通过显微镜放大才能看清，大小通常以微米

（μm）或纳米（nm）计量。真菌中霉菌菌丝的直径为 $3\sim10\mu m$，细菌的直径一般为 $0.5\sim1\mu m$。而病毒则更小，大多在 $10\sim300nm$。

微生物的个体虽小，但比表面积即单位体积占有的表面积（表面积/体积）很大。大肠杆菌的比表面积是人的 30 万倍。微生物这种小体积大面积的系统，特别有利于它们与周围环境进行物质、能量以及信息的交换。

2. 分布广、种类多

高等生物的分布区域常有明显的分布界限，它们分布范围的扩大常靠人类或其他大型生物的散播。而微生物则因其体积小、质量轻，因此可以到处传播，以至达到"无孔不入"的地步，从高山到平原，从沙漠到绿洲，从江、河、湖、海到大气层都有微生物的群体。只要生活条件合适，它们就可很好繁殖。地球上除了火山的中心区域外，从土壤圈、水圈、大气圈直至岩石圈，到处都有微生物家族的踪迹。可认为，微生物将永远是生物圈上下限的开拓者和各种记录的保持者。据估计，自然界中的微生物种类为 50 万～600 万种，而迄今为止，人类已记载的微生物总数仅有 20 万种（截至 1995 年），其中绝大多数为比较容易观察和培养的真菌、藻类和原生动物等大型微生物，而且都是与人类的生产、生活关系最密切的一些种类。随着分离、培养方法的改进和研究、开发、利用工作的深入，大量的新种将被发现，微生物的种类还将急剧地增加。

3. 吸收速度快、转化能力强

微生物吸收营养的速度很快，转化物质的能力非常强。例如，大肠杆菌每小时要消耗其自身体重 2000 倍的糖；产朊假丝酵母菌合成蛋白质的能力比大豆强 100 倍，比肉用公牛强 10 万倍。

4. 代谢旺盛、繁殖速度快

微生物具有极快的生长和繁殖速度。在生长旺盛时，大肠杆菌 $12.5\sim20min$ 分裂 1 次，如果按平均 20min 分裂 1 次计，每小时可分裂 3 次，由 1 个变成 8 个。经过 24h，1 个细菌变成 4722366500 万亿个，总重约 4722t。不到 48h，细胞总体积就可大大超过地球。事实上由于营养物质的消耗、有害物质的积累和空间条件的限制，细胞生长到一定密度后就不再生长了，细菌的指数分裂速度只能维持数小时。利用这一点，对于有益微生物进行人工培养，在短时间内就能够获得大量的微生物个体，如调味品、生物制品、酶制剂、食品等；对于有害微生物来讲，因其快速大量繁殖，有些会导致人类疾病和动植物病害的发生和流行。

5. 易变异、适应能力强

微生物的个体通常是单倍体，加上具有繁殖快、数量多、与外界环境直接接触等原因，尽管自然变异率很低，仅为 $10^{-5}\sim10^{-10}$，但也可在短时间内获得大量变异后代。常见的变异形式是基因突变，涉及形态构造、生理类型、各种抗性、抗原性以及代谢产物的质和量的变异等。微生物的这种易变异性，既有利又有不利。有利的变异可以为人类创造巨大的经济和社会效益。例如，由于青霉素生产菌产黄青霉（Penicillium chrysogenum）的产量变异，使发酵水平从每毫升发酵液中提取 5 万单位到现在的 10 万多单位。不利的变异是有些优良菌种若保存不当或人工培养中经多次传代后，菌种的优良特性极易退化。由于滥用抗生素类药物，导致病原菌发生耐药性的变异，从而使抗生素失去抗菌功效。

微生物对环境条件尤其是恶劣的"极端环境"所具有的惊人适应力，堪称生物界之最。例如，在海洋深处的某些硫细菌可在 250℃ 甚至 300℃ 的高温条件下正常生长。大多数细菌能耐 $0 \sim -196℃$ 的任何低温；一些嗜盐菌甚至能在 32% 的饱和盐水中正常生活；许多微生物尤其是产芽孢的细菌可在干燥条件下保藏几十年、几百年甚至几千年。也正是微生物的较强的适应能力使得它们分布极广。

10.2　原核微生物

10.2.1　原核微生物

广义的细菌，是指一大类仅含有一个 DNA 分子的原始核区而无核膜包裹的原始单细胞微生物，包括真细菌和古生菌（古细菌）两大类。其中除少数属古生菌外，多数的原核生物都是真细菌。

1. 细菌的大小

细菌细胞大小的常用单位是微米，用符号 μm 表示（$1\mu m = 10^{-3} mm = 10^{-6} m$）。不同细菌的大小相差很大。其中大肠杆菌可作为典型细菌细胞大小的代表，其平均长度约为 $2\mu m$，宽约 $0.5\mu m$。迄今所知最大的细菌是纳米比亚硫磺珍珠菌，其大小一般在 $0.1 \sim 0.3mm$，有的可大到 $0.75mm$ 左右，肉眼可见；而最小的纳米细菌，其细胞直径只有 $50nm$（$1nm = 10^{-3} \mu m$），甚至于比最大的病毒还要小。

2. 细菌的形态

细菌的形态极其简单，基本上只有球状、杆状和螺旋状三大类，仅少数为其他形状，如丝状、三角形、方形和圆盘形等。在自然界所存在有细菌中，以杆菌为最常见，球菌次之，而螺旋状的则最少。

（1）球菌：根据其分裂的方向及随后相互间的连接方式又可分为：

◆ 单球菌：尿素微球菌

◆ 双球菌：肺炎双球菌

◆ 链球菌：溶血链球菌、乳链球菌

◆ 四联球菌：四联微球菌

◆ 八叠球菌：尿素八叠球菌、藤黄八叠球菌

◆ 葡萄球菌：金黄色葡萄球菌

（2）杆菌：杆菌的形态多样，有短杆或球杆状，有长杆或棒杆状，有一端分枝的，也有的有一柄等。

◆ 长杆菌：枯草杆菌、苏云金杆菌

◆ 短杆菌：鼠疫杆菌、固氮菌

◆ 分枝杆菌：结核杆菌

◆ 棒状杆菌：白喉棒状杆菌

（3）螺旋菌：螺旋不足一环者为弧菌，满 2～6 环的小型、坚硬的螺旋状细菌为螺菌，而旋转周数多（超过 6 环）、体长而柔软的螺旋状细菌则专称螺旋体。

◆ 弧菌：霍乱弧菌（逗号弧菌）

◆ 螺菌：减少螺菌、小螺菌

弧菌和螺菌的显著区别：前者往往偏端单生或丛生鞭毛，后者两端都有鞭毛。

细菌的形态明显受环境条件影响，如可随培养时间、培养温度、培养基的组成与浓度等发生改变，菌龄的大小也有差别。在幼龄期和适宜环境条件下，表现正常的形态，当培养条件改变或菌体衰老时，常引起菌体形态上的改变。

10.2.2 细菌细胞的结构与功能

细菌细胞中的细胞壁、细胞质膜、细胞质以及核区是一般细菌细胞所共有的结构，称一般结构，把仅在部分细菌中才有的或在特殊环境条件下才形成的构造如鞭毛、芽孢、糖被等称特殊结构。

1. 细菌细胞的一般结构

（1）细胞壁

除支原体外，几乎所有细菌都有细胞壁。它是细菌细胞最外层坚韧并富有弹性的外被，主要成分为肽聚糖，它赋予细菌细胞以强度和形状。

功能：

① 保护细菌免受机械性或其他破坏的作用。正常情况下起着保护细胞与维持细胞形状的作用。细菌细胞内的溶质浓度要比外界环境中的高得多，由此产生的胞内渗透压也比外界高得多。正是细胞壁保护了细胞，使细胞不会因吸水过度而胀破。

② 屏障保护功能。有些具有多层结构细胞壁的细菌如革兰氏阴性细菌，其细胞壁还可阻挡溶菌酶、消化酶等酶蛋白及某些抗生素（如青霉素）和染料等进入细胞，从而更好地保护细胞免受这些物质的损伤。

③ 为细胞的生长、分裂和鞭毛的着生、运动等所必需。

④ 赋予细胞的特定抗原性、致病性和对抗生素及噬菌体的敏感性。

（2）细胞膜

功能：控制细胞内外物质（营养物质和代谢废物）的运送、交换；维持细胞内正常渗透压的屏障作用。

① 合成细胞壁各种组分（脂多糖、肽聚溏）和荚膜等大分子的场所。

② 进行氧化磷酸化或光合磷酸化的产能基地。

③ 传递信息，膜上的某些特殊蛋白质能接受光电及化学物质等产生的刺激信号并发生构象变化，从而引起细胞内的一系列代谢变化和产生相应的反应。

④ 提供鞭毛着生位点。

（3）细胞质及内含物

由流体部分和颗粒部分组成。流体部分中80%是水，其中水溶物质主要是可溶性的酶类和 RNA。颗粒部分主要是核糖体、贮藏性颗粒、载色体以及质粒等，少数细菌还有类囊体、羧酶体、气泡或伴胞晶体等。

核糖体：70S＝30S＋50S，在细菌中，80%～90%核糖体是串联在 mRNA 上以多聚糖体的形式存在，是合成蛋白质的场所。链霉素等抗生素通过作用于细菌核糖体的 30S 亚基而抑制细菌蛋白质的合成，而对人的 80S 核糖体不起作用，故可用链霉素治疗细菌引起的疾病，而对人体无害。

贮藏性颗粒：聚 β 羟丁酸、异染粒、多糖（淀粉或糖原）、元素硫颗粒、气泡。

（4）核区与质粒：细菌染色体 DNA。

2. 细菌细胞的特殊

（1）鞭毛

所有弧菌、螺菌和假单胞菌，约半数的杆菌和少数球菌有鞭毛。长 15～20μm，直径 10～20μm，特殊染色能看到。为细菌的运动器官。

（2）菌毛：革兰氏（G）检测阴性（G-）具有。

功能：促进细菌的黏附；促进某些细菌缠集在一起而在液体表面形成菌膜以获取充分的氧气；是许多 G 阴性细菌的抗原——菌毛抗原。

（3）糖被（荚膜或大荚膜、微荚膜、黏液层）

功能：保护作用；致病功能（酸性多糖荚膜——K 抗原）；贮藏养料。

（4）芽孢、伴孢晶体与其他绝大多数产芽孢细菌 G＋杆菌。

芽孢结构：芽孢外壁、芽孢衣，皮层、核心、芽孢壁、芽孢膜、芽孢质、芽孢核区。

10.3　真核微生物和原生动物

真核微生物是细胞具有细胞核，且细胞结构完整的单细胞和多细胞生物的总称，包括：真菌（酵母菌、霉菌、蕈菌）、单细胞藻类、原生动物等。以下以酵母菌为例，介绍真核微生物。

酵母菌不是分类学上的名词，一般泛指能发酵糖类的各种单细胞真菌。酵母菌具有以下特点：①个体一般以单细胞状态存在；②多数营出芽繁殖；③能发酵糖类产能；④细胞壁常含甘露聚糖。

酵母菌广泛分布于自然界，主要生长在含糖量较高、偏酸性的基质和相关环境中，如水果、蔬菜、花蜜的表面和果园土壤中。石油酵母则分布于油田和炼油厂附近土壤中。

10.3.1　酵母菌的形态结构

1. 酵母菌的形态和大小

酵母菌菌体为单细胞、无鞭毛，不能运动，如图 10-2 所示。一般呈球形、卵圆形或柱形，某些酵母菌进行一连串的芽殖后，长大的子细胞与母细胞并不立即分离，其间仅以极狭小的接触面相连，这种藕节状的细胞串称为假菌丝。

但酵母菌本身体积差别很大，最长可达 100μm。每一种酵母菌的大小因生活环境、培养条件和培养时间长短而有较大的变化。最典型和最重要的酿酒酵母细胞大小为 2.5～10μm×4.5～21μm，约为细菌的 10 倍。

2. 酵母菌细胞的构造　酵母菌具有典型的真核细胞构造

（1）细胞壁。厚约 25nm，约占细胞干重的 25％，是一种坚韧的结构。细胞壁具三层结构，外层为甘露聚糖，内层为葡聚糖，中间夹有一层蛋白质分子。位于细胞壁内层的葡聚糖是维持细胞壁强度的主要物质。

（2）细胞膜。酵母菌细胞膜主要由蛋白质、类脂（甘油酯、磷脂、甾醇等）和糖类（甘露聚糖等）组成。其中甾醇以麦角甾醇为主。

（3）细胞质。主要为溶胶状物质，在细胞质中含有各种功能不同的细胞器，主要有内质网、核糖体、高尔基体、线粒体、溶酶体、微体、液泡等。

（4）细胞核。酵母菌具有由多孔核膜包裹着的、球形的细胞核，核膜是一种双层单位膜，上面有大量的核孔，一般具有多条染色体。细胞核是遗传信息的主要贮存库。

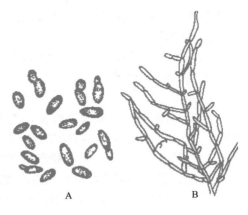

图 10-2　酵母菌的形态

3. 酵母菌的菌落特征

酵母菌的菌落形态特征与细菌相似，但比细菌大而厚，湿润，表面光滑，多数不透明，黏稠，菌落颜色单调，多数呈乳白色，少数红色，个别黑色。酵母菌生长在固体培养基表面，容易用针挑起，菌落质地均匀，正、反面及中央与边缘的颜色一致。不产生假菌丝的酵母菌菌落更隆起，边缘十分圆整；形成大量假菌丝的酵母，菌落较平坦，表面和边缘粗糙。

在液体培养基内，有些酵母菌能在液体表面形成一层薄膜。有的酵母菌在液体底部产生沉淀，有的在液体中均匀生长。

10.3.2　原生动物

原生动物通常指无细胞壁，可运动的真核单细胞原生生物。生活环境恶化时，许多原生动物体表分泌物质把自身包裹起来，进入称作孢囊的休眠期，孢囊可以保护有机体免受不良环境的影响，且易被风带到其他地方。因此原生动物的分布广泛，在海水、淡水、潮湿土壤中均有，许多寄生于人和动物体内。

原生动物和人类的关系也比较密切。有利的如：有的种类（眼虫）可作为有机污染指示动物；浮游种类是鱼类的天然饵料；死亡浮游生物大量沉积于水底淤泥中，在微生物的作用和高温、高压下可形成石油；在了解动物的进化和进行生物基础理论研究中有重要价值。许多种类是有害的，如寄生于人体和经济动物体内的种类引起疾病，危害健康；有的污染破坏环境、资源等。

1. 形态与大小

原生动物种类很多，形态差别很大，有球状、椭圆状、钟状、喇叭状等，有的种如变形虫，根本没有固定的形状。其大小差异也很大，大者肉眼可见，小的用显微镜才能看见。原生动物中最小的利什曼原虫只有 $2 \sim 3 \mu m$，最大的（某些有孔虫）可达 10cm 左右，但是绝大多数个体较小，长度一般为 $100 \sim 300 \mu m$。

2. 结构

原生动物以单细胞为其生命单位，没有细胞壁，除具有细胞质、细胞核、细胞膜等一般细胞的基本结构外，还具有动物细胞所没有的特殊细胞器，如胞口、胞咽、伸缩泡、鞭毛等。作为一个细胞它是最复杂的，作为一个动物机体是最简单的。某些原生动物个体聚合形成群体，但细胞没有分化，最多只有体细胞和生殖细胞的分化，细胞具有相对的独立性。

（1）细胞膜　原生动物体表的细胞膜，有的种类极薄，称为质膜，不能使身体保持固定的形状，体形随细胞质的流动而不断改变。多数种类体表有较厚且具有弹性的表膜，能使动物体保持一定的形状，在外力压迫下改变形状，当外力取消即可由弹性恢复虫体原状。还有些原生动物的体表形成坚固的外壳，外壳有几丁质、钙质或纤维质等。

（2）细胞质。可分为外质和内质两部分。外质透明清晰、致密，位于中央的称为内质，色泽暗，有很多颗粒状的内含物，细胞核与分化的细胞器位于其中。

（3）细胞核。大多数为单核细胞，少数有 2 个或 2 个以上的核。核有核膜、核质和染色质，核膜上有小孔与细胞质沟通。

3. 营养吸收方式和生殖方式

原生动物通过鞭毛、纤毛、伪足等来完成运动；主要有三种营养方式。有色素体鞭毛虫，通过光合作用制造营养物质，进行光合营养；变形虫等靠吞噬其他生物或有机碎屑，进行吞噬营养；寄生种类借助体表的渗透作用吸收周围的可溶性有机物，进行渗透营养。呼吸是通过体表直接与周围的水环境进行的，并通过体表和伸缩泡排出部分代谢废物。

原生动物的生殖方式多种多样，分为无性生殖和有性生殖。无性生殖又有四种方式，包括二分裂（有纵二分裂和横二分裂两种）、复分裂、出芽、质裂等。有性生殖包括配子生殖（同配生殖、异配生殖）、接合生殖（纤毛虫特有的）等。

10.4　病　　毒

1884 年 Chamberland 发明细菌过滤器后，俄国科学家 Ivanovsky 和荷兰学者 Beijerinck 先后证实引起烟草花叶病的病原体是一种极小的、能通过细菌过滤器的病毒。1935 年美国的 Stanley 首次从烟草花叶病病叶中提取了病毒结晶，发现结晶体大部分是蛋白质并具有致病力。20 世纪 70 年代以来，又陆续发现了比病毒更小、结构更简单的亚病毒，如类病毒、卫星病毒、卫星 RNA 和朊病毒等。

病毒广泛存在于生物体内，与实践关系非常密切。一方面由病毒引起的疾病可给人类健康、种植业、畜牧业等带来不利影响，发酵工业中的噬菌体污染会严重危及生产；另一方面，又可利用病毒进行生物防治、疫苗生产，以及作为实验材料和基因工程载体等。

10.4.1　病毒的主要特征

病毒是一类超显微，含有一种核酸，专性活细胞内寄生的非细胞型微生物。根据病毒的宿主种类不同，分为噬菌体、真菌病毒、植物病毒、无脊椎动物病毒（昆虫病毒）和脊椎动物病毒。

与其他生物相比，病毒具有以下特点：①形体极其微小，一般能通过细菌滤器，只有在电子显微镜下才能观察到；②无细胞结构，其主要成分仅为核酸和蛋白质；③只含有一种核酸，DNA 或 RNA；④专性活细胞内寄生：病毒缺乏独立的代谢能力，靠其宿主细胞内的营养物质及代谢系统来复制核酸、合成蛋白质等组分，然后再进行装配而得以增殖；⑤在离体条件下，以无生命的化学大分子状态存在，并保持其侵染活性；⑥对一般抗生素不敏感，而对干扰素敏感。

10.4.2 病毒的形状与大小

病毒粒子形态多种多样，其基本形态为球状、杆状、蝌蚪状和线状。人、动物和真菌病毒大多呈球状，如腺病毒、口蹄疫病毒、蘑菇病毒，少数为弹状或砖状，如弹状病毒、痘病毒；植物和昆虫病毒则多数为线状和杆状，如烟草花叶病毒、家蚕核型多角体病毒，少数为球状，如黄瓜花叶病毒；噬菌体有的呈蝌蚪状，如 T 偶数噬菌体、λ噬菌体，有的呈球状，如 MS_2，有的呈丝状，如 f_d、M_{13}。

成熟的、具有侵染力的单个病毒颗粒称为病毒粒子。病毒个体极其微小，其大小通常以纳米（nm）表示，多在 20～300nm，超过了普通光学显微镜的分辨能力，只有借助电子显微镜才能观察到。绝大多数病毒能通过细菌过滤器。病毒大小相差悬殊，最大的如动物痘病毒，其大小为（300～450）nm×（170～260）nm，比支原体（直径 200～250nm）还大；最小的如菜豆畸矮病毒，大小仅为 9～11nm，比血清蛋白分子（直径 22nm）还小。

10.4.3 病毒的结构

1. 病毒的基本结构

病毒粒子主要由衣壳和核心两部分组成，衣壳是由许多衣壳粒以高度重复的方式排列而成，核心由核酸构成，位于病毒粒子中心。病毒的衣壳和核心一起构成的复合物称为核衣壳，只具有核衣壳的病毒称为裸露病毒，如烟草花叶病毒（图 10-3）。有些病毒在核衣壳外包着一层由脂肪或蛋白组成的包膜，有的包膜上面还有刺突，这类具有包膜的病毒称为包膜病毒，如流感病毒。

图 10-3　烟草花叶病毒形态结构（单位：nm）

2. 病毒壳体的对称性

病毒衣壳粒在壳体上的排列具有高度对称性（图 10-4）。

（1）螺旋对称型　具有螺旋对称构型的病毒粒一般呈杆状或线状，如 M13、烟草花叶病毒（TMV）。TMV 核衣壳像一个中空的圆柱体，衣壳粒有规律地沿中轴呈螺旋排列，形成高度有序、稳定的壳体结构。这类病毒多数是单链 RNA 病毒。

（2）二十面体对称型

衣壳粒有规律地排列成立体对称的正二十面体。如腺病毒，其核心为线状双链 DNA。

（3）复合对称型

这类病毒的壳体是由两种结构组成的，既有螺旋对称型壳体，又有二十面体对称型壳体，故称复合对称，如大肠杆菌 T4 噬菌体，由头部、颈部和尾部组成。其中头部为二十面体对称，尾部为螺旋对称型，如图 10-5 所示。

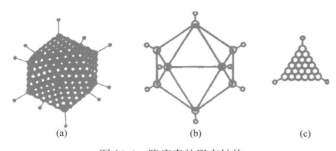

图 10-4　腺病毒的形态结构

(a) 腺病毒的形态；(b) 二十面体的形态；(c) 单个单边三角形

3. 包涵体

包涵体是宿主细胞被一些病毒感染后，在细胞内形成光学显微镜下可见的，具有一定形态的小体。包涵体多数位于细胞质内，具嗜酸性；少数位于细胞核内，具嗜碱性；也有在细胞质和细胞核内都存在的类型。包涵体是病毒粒子的聚集体，如昆虫核型多角体病毒、腺病毒的包涵体，其内含有大量的病毒粒子。

4. 病毒的化学组成

病毒的主要化学组分为核酸和蛋白质，有包膜的病毒和某些无包膜的病毒还含有脂类、糖类。有的病毒含有聚胺类物质、无机阳离子等。

图 10-5　T4 噬菌体的模式结构

（1）核酸

核酸是病毒遗传信息的载体，一种病毒只含有一种核酸（DNA 或 RNA），至今还没有发现同时具有两种核酸的病毒。大多数植物病毒的核酸为 RNA，如烟草花叶病毒，少数为 DNA，如花椰菜花叶病毒；噬菌体的核酸大多数为 DNA，少数为 RNA；动物病毒部分为 DNA，部分是 RNA。大多数病毒粒子只含有 1 个核酸分子，少数 RNA 病毒含 2 个或 2 个以上的核酸分子。

病毒核酸的类型很多，无论是 DNA 还是 RNA，都有单链（ss）和双链（ds）之分。RNA 病毒多数是单链，极少数为双链；DNA 病毒多数为双链，少数是单链。病毒核酸还有线状和环状之分，如玉米条纹病毒的核酸为线状单链 DNA，大丽花花叶病毒的核酸为闭合环状双链 DNA。但 RNA 病毒核酸多呈线状，罕见环状。

此外，病毒核酸还有正链（＋）和负链（－）的区别。凡碱基序列与 mRNA 相同的核酸单链称为正链，碱基序列与 mRNA 互补的核酸单链称为负链。如烟草花叶病毒核酸为正链，副黏病毒核酸为负链。正链核酸具有侵染性，可直接作为 mRNA 合成蛋白质，负链没有侵染性，必须依靠病毒携带的转录酶转录成正

223

链后才能作为 mRNA 合成蛋白质。

（2）蛋白质

有的病毒只含有一种蛋白质，如烟草花叶病毒；多数含有多种蛋白质，如 MS_2 噬菌体含有 4 种蛋白质，流感病毒含 10 种蛋白质，T_4 噬菌体则含 30 余种蛋白质。病毒蛋白质的氨基酸组成与其他生物一样，但不同病毒蛋白质的氨基酸含量各不相同。蛋白质在病毒中的含量随病毒种类而异。

（3）其他成分

少数有包膜的病毒还含有脂类、糖类等。脂类主要构成包膜的脂双层，糖类多以糖蛋白或糖脂的形式存在于包膜的表面，其组成与宿主细胞相关，决定着病毒的抗原性。

10.5　水中微生物指标

水源水、饮用水中往往含有一定量的细菌、病毒和病原原生动物等，而水源性疾病的爆发绝大多数情况是由病原体引起的。因此，进行水质微生物检测是保证水质、保护人民健康的必然要求。

10.5.1　菌落总数

水中菌落总数可以作为评价水质清洁程度和考核净化效果的指标。其作为指示致病菌存在的指标意义有限，但可作为水处理监测的指示菌。菌落总数（CFU）是指 1ml 水样在营养琼脂培养基中，于 37℃培养 48h 后所生长的腐生性细菌菌落总数。菌落总数的标准限值是 100CFU/mL（500CFU/mL）。

10.5.2　总大肠菌群

粪大肠杆菌
的测定

总大肠菌群是评价饮用水卫生质量的重要微生物指标之一。总大肠菌群可以指示肠道传染病传播的可能性，但它不是专一的菌属。在《生活饮用水卫生标准》GB 5749—2006 中规定，任意 100mL 水样中不得检出总大肠菌群，如果在水样中检出大肠菌群，则应再检验大肠埃希氏菌或耐热大肠菌群以证明水体是否已经受到粪便污染。

总大肠菌群系一群在 37℃培养 48h 能发酵乳糖、产酸产气的革兰氏阴性无芽孢杆菌。总大肠菌群主要来自人和温血动物的粪便，还可能来自植物和土壤。总大肠菌群的标准限值是每 100mL 水样中不得检出。

10.5.3　大肠埃希氏菌

大肠埃希氏菌统称为大肠杆菌，是人和许多动物肠道中最主要且数量最多的一种细菌，主要寄生在大肠内。它侵入人体一些部位时，可引起感染，如腹膜炎、胆囊炎、膀胱炎及腹泻等。人在感染大肠杆菌后的症状为胃痛、呕吐、腹泻和发热。感染可能是致命性的，尤其是对孩子及老人。大肠埃希氏菌的检测标准限制是每 100mL 水样中不得检出。

10.5.4　耐热大肠菌群（粪大肠菌群）

耐热大肠菌群来源于人和温血动物的粪便，是水质粪便污染的重要指示菌。

检出耐热大肠菌群表明饮水已被粪便污染，有可能存在肠道致病菌和寄生虫等病原体的危险。耐热大肠菌群的标准限值是每 100mL 水样中不得检出。

10.5.5　隐孢子虫

隐孢子虫是一种专性细胞内寄生原虫，其感染范围非常广，可感染包括人在内的 170 余种脊椎动物。它可以通过污染的水和食物进行传播，进入人体后导致反胃、腹泻和痉挛等病症，进而引起隐孢子虫病（Cryptosporidiosis）。近些年随着水源性隐孢子虫病在世界范围内爆发次数的逐渐增多，研究者们对水样中隐孢子虫的检测产生了浓厚的兴趣。不仅在发展中国家，即使在发达国家，水源性爆发隐孢子虫病也成为一项急待解决的问题，1990～2000 年，美国至少爆发了 10 起因饮用水污染而感染隐孢子虫病的案例。

最新国家标准《生活饮用水卫生标准》GB 5749—2006 中，增加了隐孢子虫等微生物学指标。目前国际上对隐孢子虫检测的创新技术主要包括激光扫描显微技术、表面荧光显微技术、免疫荧光、酶联免疫、聚合酶链式反应等物理化学、分子生物学技术。

技能训练 1　普通光学显微镜的使用

一、实训目的

1. 了解普通光学显微镜的构造和功能，掌握显微镜观察微生物的方法。

2. 观察细菌、放线菌和蓝细菌的个体形态，掌握绘制微生物的形态结构图。

二、原理

显微镜分辨能力的高低决定于光学系统的各种条件。被观察的物体必须放大率高，而且清晰，物体放大后，能否呈现清晰的细微结构，取决于物镜的性能，同时与目镜和聚焦镜也紧密相关。

三、仪器和试剂

1. 普通光学显微镜

普通光学显微镜由机械装置和光学系统两部分组成。

1.1　机械装置

（1）镜座和镜臂：它们是显微镜的基本骨架，起稳固和支持显微镜的作用。镜座内通常装有透射光照明光路系统（聚光、集光和反光）部件，光源的滤光片组，粗/微调焦机构，光源的视场光阑也安装在底座上。镜臂也是移动显微镜时手握的部位。

（2）镜筒：连接目镜和物镜的金属圆筒。其上端安放目镜，下端与物镜转换器相接，镜筒的长度一般固定，通常是 160mm。有些显微镜的镜筒长度可以调节。

（3）物镜转换器：它是一个用于安装物镜的圆盘，其上可装 3～6 个物镜。为使用方便，物镜应按低倍到高倍的顺序安装。转换物镜时，须用手按住圆盘旋转，不能用手指直接推动物镜，以免防物镜和转换器间的螺旋松脱而损坏显微镜。

（4）镜台：又称载物台，用于安放载玻片。呈圆形或方形。镜台上安装有玻片夹或玻片移动器，调节移动器上的螺旋可使标本前后、左右移动，有些移动器上还装有刻度标尺，可标定标本的位置，便于重复观察。

（5）调焦装置：调焦装置由粗调螺旋和细调螺旋组成，用于调节物镜和标本间的距离，使物像更清晰。

1.2　光学系统

（1）目镜：目镜的功能是把物镜放大的物像再次放大。目镜由两片透镜组成，上面一块为接目透镜，下面一块为聚透镜，两片透镜之间有一金属制成的环形光阑。光阑的大小决定了视野的大小，光阑的边缘就是视野的边缘，故又称视野光阑。由于标本正好在光阑上成像，因此在光阑上粘一小段细发丝作为指针，就可用来指示标本的具体部位。光阑上还可放置测量微生物大小的目镜测微尺。目镜上标有5×、10×、15×等放大倍数记号，不同放大倍数的目镜其口径是统一的，可互换使用。

（2）物镜：是显微镜中最重要的部件。物镜有低倍（10×以下），中倍（20×）、高倍（40～65×）和油镜（90×以上）等不同的放大倍数。油镜镜筒上刻有"Oil"（oil immersion）或 HI（homogeneous aperture）字样，也有刻一圈红线或黑线为标记的，以区别于其他物镜。物镜上标有放大倍数、数值孔径（numerical aperture，简写为 NA）、工作距离（物镜下端至盖玻片间的距离，mm）及要求盖玻片的厚度等主要多数，如图 10-6 所示。

图 10-6　显微镜物镜的主要参数（单位：mm）

（3）聚光器：聚光器在载物台下面，它是由聚光透镜、虹彩光圈和升降螺旋组成的。聚光器可分为明视场聚光器和暗视场聚光器。

聚光器安装在载物台下，其作用是将光源经反光镜反射来的光线聚焦于样品上，以得到最强的照明，使镜像获得明亮清晰的效果。聚光器的高低可以调节，使焦点落在被检物体上，以得到最大亮度。一般聚光器的焦点在其上方 1.25mm 处，而其上升限度为载物台平面下方 0.1mm。因此，要求使用的载玻片厚度应在 0.8～1.2mm 之间，否则被检样品不在焦点上，影响镜检效果。聚光器前透镜组前面还装有虹彩光圈，它可以开大和缩小，调整成像的分辨力和反差，若将虹彩光圈开放过大，超过物镜的数值孔径时，便产生光斑；若收缩虹彩光圈过小，分辨力下降，反差增大。因此，在观察时，通过虹彩光圈的调节再把视场光阑（带有视场光阑的显微镜）开启到视场周缘的外切处，使不在视场内的物体得不到任何光线的照明，以避免散射光的干扰。

（4）光源：较早的普通光学显微镜是用自然光检视物体，在镜座上装有反光镜。反光镜是由一平面和另一凹面的镜子组成，可以将投射在它上面的光线反到聚光器透镜的中央，照明标本。现代显微镜镜座上装有光源，可通过调节电流大小调节光照强度，以选择观察时的最佳亮度。

2. 标本片、香柏油、擦镜纸等。

四、实训步骤

显微镜结构精密，使用时必须细心，要按下述操作步骤进行。

1. 观察前的准备

（1）显微镜从显微镜柜或镜箱内拿出时，要用右手紧握镜臂，左手托住镜座，平稳地将显微镜搬运到实验桌上。

（2）将显微镜放在自己身体的左前方，离桌子边缘约 10cm 左右，右侧可放记录本或绘图纸。

（3）调节光照。不带光源的显微镜，可利用灯光或自然光通过反光镜来调节光照，但不能用直射阳光，直射阳光会影响物像的清晰并刺激眼睛。

将 10× 物镜转入光孔，将聚光器上的虹彩光圈打开到最大位置，用左眼观察目镜中视野的亮度，转动反光镜，使视野的光照达到最明亮最均匀为止。光线较强时，用平面反光镜，光线较弱时，用凹面反光镜。自带光源的显微镜，可通过调节电流旋钮来调节光照强弱。

（4）调节光轴中心显微镜在观察时，其光学系统中的光源、聚光器、物镜和目镜的光轴及光阑的中心必须跟显微镜的光轴同在一直线上。带视场光阑的显微镜，先将光阑缩小，用 10× 物镜观察，在视场内可见到视场光阑圆球多边形的轮廓像，如此像不在视场中央，可利用聚光器外侧的两个调整旋钮将其调到中央，然后缓慢地将视场光阑打开，能看到光束向视场周缘均匀展开直至视场光阑的轮廓像完全与视场边缘内接，说明光线已经合轴。

2. 低倍镜观察

镜检任何标本都要养成必须先用低倍镜观察的习惯。因为低倍镜视野较大，易于发现目标和确定检查的位置。

将标本片放置在载物台上，用标本夹夹住，移动推动器，使被观察的标本处在物镜正下方，转动粗调节旋钮，使物镜调至接近标本处，用目镜观察并同时用粗调节旋钮慢慢升起镜筒（或下降载物台），直至物像出现，再用细调节旋钮使物像清晰为止。用推动器移动标本片，找到合适的目的像并将它移到视野中央进行观察。

3. 高倍镜观察

在低倍物镜观察的基础上转换高倍物镜。较好的显微镜，低倍、高倍镜头是同焦的，在正常情况下，高倍物镜的转换不应碰到载玻片或其上的盖玻片。若使用不同型号的物镜，在转换物镜时要从侧面观察，避免镜头与玻片相撞。然后从目镜观察，调节光照，使亮度适中，缓慢调节粗调节旋钮，使载物台上升（或镜筒下降），直至物像出现，再用细调节旋钮调至物像清晰为止，找到需观察的部位，并移至视野中央进行观察。

4. 油镜观察

油浸物镜的工作距离（指物镜前透镜的表面到被检物体之间的距离）很短，一般在 0.2mm 以内，再加上一般光学显微镜的油浸物镜没有"弹簧装置"，因此使用油浸物镜时要特别细心，避免由于"调焦"不慎而压碎标本片并使物镜受损。

使用油镜按下列步骤操作：

（1）先用粗调节旋钮将镜筒提升（或将载物台下降）约 2cm，并将高倍镜转出。

（2）在玻片标本的镜检部位滴上一滴香柏油。

（3）从侧面注视，用粗调节旋钮将载物台缓缓地上升，（或镜筒下降），使油浸物镜浸入香柏油中，使镜头几乎与标本接触。

（4）从接目镜内观察，放大视场光阑及聚光镜上的虹彩光圈（带视场光阑油镜开大视场光阑），上聚光器，使光线充分照明。用粗调节旋钮将载物台徐徐下降（或镜筒上升），当出现物像一闪后改用细调节旋钮调至最清晰为止。如油镜已离开油面而仍未见到物像，必须再从侧面观察，重复上述操作。

（5）观察完毕，下降载物台，将油镜头转出，先用擦镜纸擦去镜头上的油，再用擦镜纸蘸少许乙醚乙醇混合液（乙醚 2 份，乙醇 3 份）或二甲苯，擦去镜头上残留油迹，最后再用擦镜纸擦拭 2～3 下即可（注意向一个方向擦拭）。

（6）将各部分还原，转动物镜转换器，使物镜头不与载物台通光孔相对，而是成八字形位置，再将镜筒下降至最低，降下聚光器，反光镜与聚光器垂直，用一个干净手帕将接目镜罩好，以免目镜头沾污灰尘。最后用柔软纱布清洁载物台等机械部分，然后将显微镜放回柜内或镜箱中。

五、实训数据记录与处理

1. 分别绘制你在低倍镜、高倍镜和油镜下观察到的标本片的形态，包括在三种情况视野中的变化，同时注明物镜放大倍数和总放大率。

2. 思考题

（1）用油镜观察时应注意哪些问题？在载玻片和镜头之间加滴什么油？起什么作用？

（2）影响显微镜分辨率的因素有哪些？

（3）根据你的实验体会，谈谈如何根据所观察微生物的大小，选择不同的物镜进行有效观察。

普通光学显微镜使用的操作评分表

班级＿＿＿＿＿＿＿＿ 学号＿＿＿＿＿＿＿＿ 姓名＿＿＿＿＿＿＿＿ 成绩＿＿＿＿＿＿＿＿

考核日期＿＿＿＿＿＿ 开始时间＿＿＿＿＿＿ 结束时间＿＿＿＿＿＿ 考评员＿＿＿＿＿＿

序号	考核点	配分	评分标准	扣分	得分
（一）	观察前的准备	20			
1	取出显微镜	5	显微镜从显微镜柜或镜箱内拿出时，要用右手紧握镜臂，左手托住镜座，平稳地将显微镜搬运到实验桌上		
2	显微镜放置位置	5	将显微镜放在自己身体的左前方，离桌子边缘约10cm左右，右侧可放记录本或绘图纸		
3	调节光源	5	不带光源的显微镜，可利用灯光或自然光通过反光镜来调节光照，但不能用直射阳光，直射阳光会影响物像的清晰并刺激眼睛		
4	调节物镜、目镜、聚光器和光源	5	调节光轴中心显微镜在观察时，其光学系统中的光源、聚光器、物镜和目镜的光轴及光阑的中心必须跟显微镜的光轴同在一直线上		
（二）	低倍镜观察	15	镜检任何标本都要养成必须先用低倍镜观察的习惯。因为低倍镜视野较大，易于发现目标和确定检查的位置		
（三）	高倍镜观察	15	在低倍物镜观察的基础上转换高倍物镜。较好的显微镜，低倍、高倍镜头是同焦的，在正常情况下，高倍物镜的转换不应碰到载玻片或其上的盖玻片		
（四）	油镜观察	30			
1	调节高倍镜	5	先用粗调节旋钮将镜筒提升（或将载物台下降）约2cm，并将高倍镜转出		
2	滴香柏油	5	在玻片标本的镜检部位滴上一滴香柏油		
3	调节物镜距离	5	从侧面注视，用粗调节旋钮将载物台缓缓地上升，（或镜筒下降），使油浸物镜浸入香柏油中，使镜头几乎与标本接触		

续表

序号	考核点	配分	评分标准	扣分	得分
4	调节视野	5	从接目镜内观察，放大视场光阑及聚光镜上的虹彩光圈，上调聚光器，使光线充分照明。用粗调节旋钮将载物台徐徐下降（或镜筒上升），当出现物像一闪后改用细调节旋钮调至最清晰为止。如油镜已离开油面而仍未见到物象，必须再从侧面观察，重复上述操作		
5	观察后处理镜头	5	观察完毕，下降载物台，将油镜头转出，先用擦镜纸擦去镜头上的油，再用擦镜纸蘸少许乙醚乙醇混合液（乙醚 2 份，乙醇 3 份）或二甲苯，擦去镜头上残留油迹，最后再用擦镜纸擦拭 2～3 下即可，（注意向一个方向擦拭）		
6	还原显微镜	5	将各部分还原，转动物镜转换器，使物头不与载物台通光孔相对，而是成八字形位置，再将镜筒下降至最低，降下聚光器，反光镜与聚光器垂直，用一个干净手帕将接目镜罩好，以免镜头沾污灰尘。最后用柔软纱布清洁载物台等机械部分，然后将显微镜放回柜内或镜箱中		
（五）	实训报告	20	分别绘制你在低倍镜、高倍镜和油镜下观察到的标本片的形态，包括在三种情况视野中的变化，同时注明物镜放大倍数和总放大率		

技能训练 2　水中细菌菌落总数的测定原理及方法

一、实训目的

1. 能准确地采样和稀释样品，会制备平板。

2. 能正确报告样品中的活菌数。

二、原理

本实验应用平板计数法测定水中细菌总数。由于水中细菌种类繁多，它们对营养和其他生长条件的要求差别很大，不可能找到一种培养基在一种条件下，使水中的所有细菌均能生长繁殖，因此，在一定的培养基平板上生长出来的菌落，计算出来的水中细菌总数仅是近似值。

三、仪器和试剂

1. 材料与试剂待测样品、牛肉膏、蛋白胨、氯化钠、琼脂，75％酒精棉球，pH 试纸等。

2. 仪器与用具。天平、培养箱、干燥箱、超净工作台、水浴锅、称样瓶、吸管、培养皿、玻璃珠、试管、三角瓶、试管架、酒精灯，记号笔等。

四、实训步骤

1. 训练准备

提前分组，建议 2 人一组，每组准备以下物品：

（1）培养基：150mL 牛肉膏蛋白胨培养基 1 瓶；

（2）无菌水：9mL 无菌水 5～7 支（吸取 9mL 蒸馏水装入试管中，所需数量根据样品中含菌量而定），然后塞上塞子；培养基、无菌水采取高压蒸汽灭菌，于 121℃灭菌 20min；

（3）1mL 吸管 8 支，10mL 吸管 1 支，培养皿 9 套。用报纸包扎好，在干燥箱中于 160℃灭菌 2h。

2. 取样

超净工作台里操作，也可室内操作（需70％酒精净空，酒精灯无菌区操作）。

（1）提前30min打开超净工作台风机和紫外线开关（注意：操作前关闭紫外灯）；

（2）在超净工作台上，按无菌操作法准确量取待测样品1mL，注入第1支装有9mL无菌水试管中（注意：吸管吸液端不要接触到液面），振荡制成10-1菌悬液。

3. 稀释

（1）再取1支吸管伸进10-1菌悬液吹吸数次，吸取1mL菌液注入第2支装有9mL无菌水的试管中，混匀即成10-2菌液；

（2）依此法按10倍序列稀释至适宜稀释度（注意：每换一个稀释度取1支新吸管）。

4. 标记

取12套培养皿，在皿底注明稀释度，每个稀释度重复3皿（含无菌水3皿）。

5. 加样

取连续的3个稀释度菌液，用一支无菌吸管吸取1mL菌液加入对应的培养皿中。

6. 制平板

（1）提前将牛肉膏蛋白胨培养基融化；

（2）待培养基冷却至50℃左右时倒入培养皿中（每皿约15mL，以培养基刚覆盖皿底为宜）；

（3）将培养皿在平面上轻轻摇动，使菌液与培养基混合均匀，放平待其凝固。

7. 培养

将培养皿倒置放入培养箱中，于28℃培养至培养皿上出现菌落。

8. 菌落计数

一般用肉眼观察计数，必要时可用放大镜检查，以防遗漏（注意：平板上的菌落应单独分散，若平板有较大片状菌苔生长，则不宜采用）；

一般选择每个平板上长有30～300个菌落的稀释度，算出同一稀释度3次重复的菌落平均数，再根据公式求出样品的含菌量；

$$样品含菌数（cfu/mL）= \frac{同一稀释度平均菌落数 \times 稀释释倍}{平板菌液注入量}$$

五、实训数据记录与处理

1. 若只有一个稀释度的平均菌落数在30～300，则该平均菌落数乘以稀释倍数即为该样品中的细菌总数。

2. 若有两个稀释度的平均菌落数均在30～300，则视二者之比如何来决定。若其比值小于2，应报告其平均数；若其比值大于2，则报告其中较小的菌数。

3. 若所有稀释度的平均菌落数均大于300，则应按稀释度最高的平均菌落数乘以稀释倍数报告之。

4. 若所有稀释度的平均菌落数均小于30，则应按稀释度最低的平均菌落数乘以稀释倍数报告之。

5. 若所有稀释度的平均菌落数均不在30～300，其中一部分大于300或小于30时，则以最接近30或300的平均菌落数乘以稀释倍数报告之。

6. 若所有稀释度均无菌落生长，则以小于1乘以最低稀释倍数报告之。

菌落数在100以内时，按其实有数报告，大于100时，采用2位有效数字，在2位有效数字后面的数值，以四舍五入方法计算。为了缩短数字后面的零数，也可用10的指数来表示。

细菌菌落总数的测定原理及方法的操作评分表

班级＿＿＿＿＿＿＿　学号＿＿＿＿＿＿＿　姓名＿＿＿＿＿＿＿　成绩＿＿＿＿＿＿＿
考核日期＿＿＿＿＿＿　开始时间＿＿＿＿＿＿　结束时间＿＿＿＿＿＿　考评员＿＿＿＿＿＿

序号	考核点	配分	评分标准	扣分	得分
（一）	准备	10			
1	培养基	5	150mL 牛肉膏蛋白胨培养基 1 瓶		
2	无菌水	5	9mL 无菌水 5～7 支（吸取 9mL 蒸馏水装入试管中，所需数量根据样品中含菌量而定），然后塞上塞子；培养基、无菌水采取高压蒸汽灭菌，于 121℃灭菌 20min		
（二）	取样	10			
1	打开超净台	5	提前 30min 打开超净工作台风机和紫外线开关		
2	准备无菌水试管	5	在超净工作台上，按无菌操作法准确量取待测样品 1mL，注入第 1 支装有 9mL 无菌水试管中（注意：吸管吸液端不要接触到液面），振荡制成 10-1 菌悬液		
（三）	稀释	15	再取 1 支吸管伸进 10-1 菌悬液吹吸数次，吸取 1mL 菌液注入第 2 支装有 9mL 无菌水的试管中，混匀即成 10-2 菌液；依此法按 10 倍序列稀释至适宜稀释度（注意：每换一个稀释度取 1 支新吸管）		
（四）	标记	5	取 12 套培养皿，在皿底注明稀释度，每个稀释度重复 3 皿（含无菌水 3 皿）		
（五）	加样	5	取连续的 3 个稀释度菌液，用一支无菌吸管吸取 1mL 菌液加入对应的培养皿中		
（六）	制平板	15			
1	融化培养基	5	提前将牛肉膏蛋白胨培养基融化		
2	倒平板	5	待培养基冷却至 50℃左右时倒入培养皿中		
3	凝固培养基	5	将培养皿在平面上轻轻摇动，使菌液与培养基混合均匀，放平待其凝固		
（七）	培养	5	将培养皿倒置放入培养箱中，于 28℃培养至培养皿上出现菌落		
（八）	计数	20			
1	计数	10	一般用肉眼观察计数，必要时可用放大镜检查，以防遗漏（注意：平板上的菌落应单独分散，若平板有较大片状菌苔生长，则不宜采用）		
2	计算	10	一般选择每个平板上长有 30～300 个菌落的稀释度，算出同一稀释度 3 次重复的菌落平均数，再根据公式求出样品的含菌量		
（九）	数据处理	15			

技能训练 3　水中总大肠菌群的测定

一、实训目的

1. 掌握利用多管发酵法检测水中的大肠菌群。

2. 掌握正确计数菌落和报告菌数。

二、原理

总大肠菌群可用多管发酵法或滤膜法检测。多管发酵法的原理是根据大肠杆菌群细菌能够发酵乳糖、产酸产气以及具备革兰氏染色阴性，无芽孢，呈杆状等有关特性，经过检测得到水中总大肠杆菌群数。

三、仪器和试剂

1. 材料与试剂。乳糖、磷酸二氢钾、蛋白胨、伊红、亚甲蓝、琼脂、pH 试纸、革兰染色液（结晶紫、碘液、95％酒精、番红）、香柏油、二甲苯。

2. 仪器与用具。显微镜、三角瓶、杜氏小管、试管、吸管、擦镜纸、载玻片、酒精灯、接种环、记号笔。

四、实训步骤

1. 建议 4 人一组，每组准备以下物品：

（1）培养基：二倍（或三倍）浓缩乳糖蛋白胨液体培养基（16×160mm 试管 10 支，装液 5mL；250mL 三角瓶 2 个，装液 50mL，内置杜氏小管）；伊红亚甲蓝琼脂培养基 1 瓶，分装培养基 200 mL；

（2）无菌三角瓶 培养基、三角瓶采取高压蒸汽灭菌，于 121℃灭菌 20min；

（3）培养皿 12 套，用报纸包扎好，在鼓风干燥箱中于 160℃灭菌 2h。

2. 采集水样：采集自来水或其他水样。

（1）先将自来水龙头用火焰灼烧 3min；

（2）打开水龙头使水流 5min；

（3）以无菌容器接取水样（注意：所取水样，最好立即检查，否则需放入冰箱中保存）。

3. 初发酵试验

（1）在 2 个装有 50mL 三倍浓缩乳糖蛋白胨液体培养基的三角瓶中，接入 100mL 水样；

（2）在 10 支装有 5mL 三倍浓缩乳糖蛋白胨液体培养基的发酵管中，接入 10mL 水样；

（3）摇匀后放入培养箱，于 37℃培养 24h。

4. 分离单菌落

（1）提前融化伊红亚甲蓝琼脂培养基，倒入 12 套培养皿中；

（2）挑取产酸产气的发酵瓶和发酵管中的菌液，分别在伊红亚甲蓝琼脂平板上画线；

（3）将平板倒置于 37℃培养 18～24h。

5. 镜检

用接种环挑取少许符合下列特征的菌落，涂片进行革兰染色，然后镜检：

（1）菌落深紫黑色，有金属光泽；

（2）菌落紫黑色，不带或略带金属光泽；

（3）菌落淡紫红色，中心颜色较深。

6. 复发酵试验

（1）经染色、镜检，如为革兰阴性无芽孢杆菌，用接种环挑取原菌落（涂片时的菌落）的余下部分，重新接种于普通浓度乳糖蛋白胨发酵管中（注意：每管可接种来自同一初发酵管的同类型菌落 1～3 个）；

（2）37℃培养 24h，观察产酸产气情况。

五、实训数据记录与处理

1. 大肠菌群数报告

凡在复发酵管中产酸产气，即可确认为大肠菌群，根据初发酵试验的阳性管（瓶）数，查 MPN 检索表，可得出水样中的大肠菌群数（注意稀释倍数）。

2. 实训报告

根据实训结果，报告测定样品水中大肠菌群数。

水中总大肠菌群测定的操作评分表

班级＿＿＿＿＿＿＿＿ 学号＿＿＿＿＿＿＿＿ 姓名＿＿＿＿＿＿＿＿ 成绩＿＿＿＿＿＿＿＿

考核日期＿＿＿＿＿＿ 开始时间＿＿＿＿＿＿ 结束时间＿＿＿＿＿＿ 考评员＿＿＿＿＿＿

序号	考核点	配分	评分标准	扣分	得分
（一）	准备	15			
1	培养基	8	二倍（或三倍）浓缩乳糖蛋白胨液体培养基（16×160mm试管10支，装液5mL；250mL三角瓶2个，装液50mL，内置杜氏小管）；伊红美蓝琼脂培养基1瓶，分装培养基200 mL		
2	无菌三角瓶和培养皿	7	无菌三角瓶 培养基、三角瓶采取高压蒸汽灭菌，于121℃灭菌20min；培养皿12套，用报纸包扎好，在鼓风干燥箱中于160℃灭菌2h		
（二）	采集水样	15	先将自来水龙头用火焰灼烧3min；打开水龙头使水流5min；以无菌容器接取水样（注意：所取水样，最好立即检查，否则需放入冰箱中保存）		
（三）	初发酵	20			
1	培养基接种水样	8	在2个装有50mL三倍浓缩乳糖蛋白胨液体培养基的三角瓶中，接入100mL水样		
2	发酵罐接种	8	在10支装有5mL三倍浓缩乳糖蛋白胨液体培养基的发酵管中，接入10mL水样		
3	培养	4	摇匀后放入培养箱，于37℃培养24h		
（四）	分离单菌落	15			
1	倒培养皿	8	提前融化伊红美蓝琼脂培养基，倒入12套培养皿中		
2	接种	7	挑取产酸产气的发酵瓶和发酵管中的菌液，分别在伊红美蓝琼脂平板上画线		
（五）	镜检	15	用接种环挑取少许符合下列特征的菌落，涂片进行革兰染色，然后镜检： （1）菌落深紫黑色，有金属光泽； （2）菌落紫黑色，不带或略带金属光泽； （3）菌落淡紫红色，中心颜色较深		
（六）	复发酵	10	经染色、镜检，如为革兰阴性无芽孢杆菌，用接种环挑取原菌落（涂片时的菌落）的余下部分，重新接种于普通浓度乳糖蛋白胨发酵管中（注意：每管可接种来自同一初发酵管的同类型菌落1～3个）；37℃培养24h，观察产酸产气情况		
（七）	记录	5	凡在复发酵管中产酸产气，即可确认为大肠菌群，根据初发酵试验的阳性管（瓶）数，查MPN检索表，可得出水样中的大肠菌群数（注意稀释倍数）		
（八）	实习报告	5	根据实训结果，报告测定样品水中大肠菌群数		

教学单元 11　水质自动检验技术简介

【教学目标】
通过地表水水质自动检验技术和污水水质自动检验技术的学习，学生熟悉目前常见水质在线自动检测系统，并掌握其工作原理。

天然水体（江河、湖泊等地表水与地下水）、经过处理的饮用水、未经过处理或经过处理的污（废）水，这些水的水质状况可以采用前面有关水质分析技术进行相关水质指标的测定。为及时掌握水体水质变化及污染物排放情况，以利于水质处理及水污染控制，我国部分河流开展了地表水自动监测工作，同时在给水处理厂、污水处理厂和一些重点污染企业采用了水质自动分析系统，分析测定部分主要水质指标。

由于水体中污染物常常是种类繁多的痕量物质，成分复杂，测定干扰严重，常需进行富集、分离或掩蔽等化学预处理，给水质自动分析带来一系列困难。因此，目前水质自动检测分析主要是测定那些能反映水质污染综合指标的项目，具体污染物测定项目较少。水系或区域设置的水质污染综合指标及某些特定分析项目通常为：

一般指标：水温、pH、电导率、溶解氧、浊度、悬浮物等；

综合指标：BOD、COD、TOC、TOD、UV 吸收等；

特定物质：金属离子、氰化物、酚、氟等。

11.1　地表水水质自动检验技术

地表水水质自动分析系统包括提水系统（采水部分、送水管、排水管及调整槽等）、配水系统、水质自动检测仪、自动操作控制系统、数据采集及传输。图 11-1 为水质一般指标自动分析系统装备示意图。

11.1.1　水温测定

测量水温一般用感温元件如热敏电阻、铂电阻（或热电偶）等传感器。将感温元件浸入待测水样测定池中，并接入平衡电桥的一个臂上；当水温变化时，传感器感温元件电阻产生变化，电桥失衡，有电压信号输出。根据感温元件电阻变化值与电桥输出电压变化值的定量关系可测待测水样水温。水温自动分析测定原理示意图如图 11-2 所示。

11.1.2　电导率测定

电导率的测定可以反映出水中存在电解质的程度，它是分析水体质量的一种快速方法，常用于纯净水、超纯水、生产用水、电子工厂的水质分析。自动连续测定水的电导率，常用自动平衡电桥和运算放大电路原理制造的电导率仪。图 11-3 所示为运算放大器法测定电导率的电路。其中电极的容器常数为

J，温度补偿电阻为 R_θ，恒定电压发生器输出电压为 V_i，在测定电导率为 K 的试液时，运算放大器的输出电压 V_θ 可用下式表示：

图 11-1　水质一般指标自动分析系统示意图

图 11-2　水温自动检测原理示意图

图 11-3　运算放大器法测定电导率电路示意图

$$V_\theta = V_i \frac{R_\theta}{R_x} = \frac{V_i R_\theta}{J} K$$

式中 V_i 与 J 为定值。显然在一定温度下，试液的电导率 K 与输出电压 V_θ 成正

235

比。因此，可由输出电压确定水样的电导率值。

11.1.3 pH测定

pH是水质分析与控制的最基本的理化参数之一，对于工厂生产、饮用水、污（废）水分析测定有着重要的辅助作用。图 11-4 为 pH 连续自动测定装置图。它由复合电极（玻璃电极和参比电极组成）、电极保护套、连接箱、专用电缆、表盘及记录仪和计算机组成。若环境温度不是标准温度时，由温度补偿电阻予以调整。电极沾污的污物，可由安装的超声波清洗器自动清洗。

图 11-4　pH 连续自动测定装置

由于玻璃电极阻抗高、易碎及表面容易沾污等缺点，近年来发展到采用固体金属电极，其表面采用机械刷不断清洗，因此性能比玻璃电极好，特别适用于自动分析。如在线 pHORP 测控仪 K100PR，可同时完成水质 pH 和氧化还原电势电位的测定，其工作原理如图 11-5 所示。

图 11-5　K100PR 在线测控仪

11.1.4 浊度测定

浊度测定常采用表面散射法，图 11-6 为浊度自动分析装置图。被测水样经阀1 进入消泡槽，去除水样中的气泡，再由槽底经阀 2 进入测量槽，并由顶部溢流

图 11-6　表面散射式浊度自动分析系统

流出。测量槽顶经特别设计，使溢流水保持稳定，从而形成稳定的水面。从光源射入溢流水面的光束被水样中的颗粒物散射，其散射光被安装在测量槽上部的光电池接收，转化为光电流。同时，通过光导纤维装置导入一部分光源光作为参比光束，输入到另一光电池中，两光电池产生的光电流送入运算放大器中运算并转换成与水样浊度呈线性关系的电信号，由电表指示或记录仪记录。仪器零点可用通过过滤器的水样进行校正。光电元件、运算放大器应装于恒温器中，以避免温度变化的影响。测量槽的污染可采用超声波清洗装置定期自动清洗。

11.1.5　溶解氧测定

水中溶解氧连续自动分析系统，广泛采用隔膜电极法测定。隔膜电极分为两种：一种是原电池式电极隔膜电极，另一种是极谱式隔膜电极。由于后者使用中性内充液，维护较方便，适用于自动分析。电极可安装在流通式发射池中，也可浸没在搅动的待测水中（如曝气池），安装在发送池中或浸入搅动的水样中，如图 11-7 所示。该设备有清洗装置，能定期自动清洗沉附于电极上的污物。

图 11-7　溶解氧连续自动分析示意图
1—电极；2—电源；3—发送池

近年来，用于测定水中溶解氧的光纤氧传感器技术的应用受到国内外专家的重视。光纤氧传感是将可被氧淬灭的荧光试剂制成氧传感膜，耦合于光纤端部，

237

采用高亮度发光二极管为光源和微型光电二极管为检测系统制成的。光纤氧传感器作为近年发展起来的一门新技术，对溶解氧的响应具有可逆性好、稳定性强、响应时间短和使用寿命长的特点，同时还有结构轻巧易携带、可在有毒、强辐射环境下使用的特点，因而有十分广阔的应用前景。

11.2 污水水质自动检验技术

为对污染源实施污染物排放总量控制，准确及时地记录和掌握污染源排放情况，预防和及时发现污染事故，可采用污水自动分析系统。测定的综合性污染指标除上述五项外，还有 COD、BOD、氨氮、总氮、总磷、石油类、重金属等。

11.2.1 COD 自动测定

COD 的自动分析仪器是手工操作的自动化。由水样采集器、水样计量器、氧化剂溶液计量器、氧化反应器、反应终点测定装置、数据显示仪、废液排放和清洗装置及程序控制装置组成。终点控制主要采用电势差滴定法和电量滴定法。以恒定电流的电量法控制终点的自动监测法，如图 11-8 所示。加入一定量的适量的氧化剂与加入的水样中污染物定量反应，未反应的氧化剂与恒定电流电解产生的亚铁离子反应。根据由高价铁离子电解产生的亚铁离子所消耗的电量，确定 COD 值显示或传送。

图 11-8 COD 自动分析仪示意图

近年来，依据分光光度法测定水样中未被还原的 Cr（Ⅵ）或氧化生成 Cr（Ⅲ），根据反应消耗重铬酸钾的量换算为消耗氧的质量浓度，得到水样的 COD 值所开发的自动在线监测仪也广泛应用。

11.2.2 BOD 自动测定

BOD 自动分析仪有恒电流库仑滴定式、检压式和微生物膜电极法三种。前两种为半自动式，测定时间需 5d。以微生物膜电极为传感器 BOD 快速测定仪，可用于间歇或自动测定废水的 BOD。

（1）检压法（呼吸计法）

将水样置于密闭的培养瓶中，当水样中的溶解氧被微生物消耗时，由微生物的呼吸作用而产生与耗氧量相当的二氧化碳，其被瓶内放有碱石灰的小池吸收，结果导致密闭系统的压力降低，由压力计测出压力降，即可求出水样的 BOD 值。

（2）微生物膜电极法

其工作原理示之于图 11-9。仪器由液体输送系统、传感器系统、信号测量系统及程序控制器等组成。整机在程序控制器的控制下，按照以下步骤进行测定。

图 11-9　BOD 自动分析仪示意图

1）将磷酸盐缓冲溶液（0.01mol/L，pH 值为 7）恒温至 30℃，并经空气饱和后用定量泵以一定流量输入微生物传感器下端的发送池，此时因为流过传感器的磷酸盐缓冲溶液不含 BOD 物质，其输出信号（电流）为一稳态值。

2）将水样以恒定流量（小于磷酸盐缓冲溶液流量的 1/10）输入磷酸盐缓冲溶液中与之混合。并经空气饱和后再输入发送池，此时流过传感器的水样-磷酸盐缓冲溶液含有 BOD 物质，则微生物传感器输出信号减小，其减小值与 BOD 物质浓度有定量关系，经电子系统运算即可直接显示 BOD 值。

3）显示测定结果后，停止输送磷酸盐缓冲溶液和水样，将清洗水打入发送池，清洗输液管路和发送池。清洗完毕，自动开始第二个测定周期。

11.2.3　总氮测定

总氮是指水样中的可溶性及悬浮颗粒中的含氮量。目前，总氮在线自动分析仪的主要类型有过硫酸盐消解-光度法、密闭燃烧氧化-化学发光分析法。总氮在线自动分析仪的基本构成如图 11-10 所示。

（1）过硫酸盐消解-光度法的原理

水样经 NaOH 调节 pH 值后，加入过硫酸钾于 120℃加热消解 30min。冷却后，用 HCl 调节 pH 值，于 220nm 和 275nm 处测定吸光信号，经换算得到总氮浓度值。

（2）密闭燃烧氧化-化学发光分析法原理

将水样导入反应混合槽后，通过载气将水样加入放有催化剂的反应管（干式热分解炉，约 850℃）中进行氧化反应，将含氮化合物转化成 NO 后，使其与臭氧反应，通过测定由反应过程中产生的准稳态 NO_2 转变为稳态 NO_2 产生的化学发光（半导体化学发光检测器），经换算得到总氮的含量。仪器框图如图 11-11 所示。

图 11-10　总氮在线自动分析仪的基本构成

图 11-11　TN 自动分析仪流程图

11.2.4　氨氮测定

根据水质情况，在线氨氮分析仪有分光光度法、离子选择电极法、电导法等。

（1）水杨酸-分光光度法测量原理

在催化剂亚硝基铁氰化钠的作用下，在 pH 值 12.6 的碱性介质中，氨与次氯酸根和水杨酸盐的离子反应，生成蓝色化合物，然后由分光光度计在 697nm 下测量，图 11-12 为 K201 型在线氨氮分析仪的工作原理图。这种方法的灵敏度很高，即使是极低浓度的氨氮也能测出，没有二次污染，目前越来越多应用在地表水和污染源的在线监测中。该仪器为批式非连续测量方式。

（2）离子选择电极法测量原理

在待测水样中加入缓冲试剂，在排除干扰物质的前提下，将形成氨氮的物质转化成溶解氨的形式，由氨敏电极测出氨的浓度，最后换算成氨氮的浓度。该类仪器一般采用连续测量方式。

11.2.5　总磷测定

总磷包括溶解的磷、颗粒的磷、有机磷和无机磷。目前，总磷在线自动分析仪的主要类型有过硫酸盐消解-光度法、紫外线照射-铜钼催化加热消解、FIA—光度法等。

图 11-12 氨氮自动分析仪示意图

（1）过硫酸盐消解-光度法的原理

进适量水样，加入过硫酸钾溶液，于 120℃加热消解 30min，将水样中的含磷化合物全部转化为磷酸盐，冷却后，加入钼-锑溶液和抗坏血酸溶液，生成蓝色配合物，于 700nm 处测定吸光度，经换算得到总磷的含量。如 K301TP 就是基于上述原理的在线总磷分析仪，图 11-13 为其工作原理图。

图 11-13 总磷自动分析仪示意图

（2）紫外线照射-铜钼催化加热消解和 FIA—光度法原理

采用注射流进样法连续进样，水样在紫外线照射下，以钼做催化剂加热消解，消解产生的磷钼酸盐在锑盐或钒盐存在下发生显色反应，反应产物可直接进行光度测定，经换算即可得到总磷的浓度值。

11.2.6 UV 自动分析仪

利用紫外光度法测定排放污水中污染指标的装置。适合于部分行业的污水排放自动分析测定。通过紫外吸收仪测定的吸光光度值与 COD 有某种相关关系，即只有在水质组成成分恒定或变化很小的水样，才存在一定的相关关系，此时可通过大量测定结果找出两者之间的关系，图 11-14 为两种 UV 自动分析仪示意图。目前在国外多采用这种系统控制排放废水的紫外吸光度，若超过某一吸光度值就算超标。

(*a*)

(*b*)

图 11-14 两种 UV 自动分析仪示意图

11.2.7 金属离子测定

金属离子自动测定通常采用连续自动光度比色测量法，利用金属离子易于和显色剂生成有色物质的特性，通过分光光度计测量有色物质的浓度以计算出重金属离子的浓度。如铬（Ⅵ）的分析中，待测水样与二苯碳酰二肼发生显色反应，反应后生成的有色物质被蠕动泵抽入双光束光度计的比色皿中，由光度计测定出铬（Ⅵ）的浓度。

由于水质自动分析的复杂性，特别是传感器的污染问题和采样装置的堵塞问题还未完全解决，因此，水质自动分析系统长期运行故障率高，分析项目有限，这些都有待于进一步发展。

思 考 题 与 习 题

1. 简答题

（1）自动检测系统常用哪些测定方法？

（2）简述下列几种水质污染连续自动检测仪的工作原理：pH 自动检测仪；溶解氧检测仪；浊度检测仪；微生物膜电极法 BOD 自动检测仪；电位滴定式 COD 自动检测仪。

2. 综合题

调研本地区给水和污水管理中水质自动监测技术应用情况，探讨水质自动监测系统在我国水环境管理中推广应用的意义。

教学单元 12 水质应急监测

【教学目标】

通过水质应急监测中常用的试纸法、检测管法、化学比色法、便携式仪器法等内容以及水质应急监测分析方案确立的学习，学生能够针对不同类型的突发性水污染事故制定初步的水质应急监测方案。

突发性环境污染事故是威胁人类健康、破坏生态环境的重要因素，如何有效地预防、减少以致消除突发性环境污染事故的发生，以及突发性环境污染事故发生后又如何有效地处理处置，最大限度地减少对环境和人身的危害，已成为全世界极为关注的问题之一。中国环境状况公报显示，我国突发性环境污染事件中水污染事件的发生最为频繁，造成的经济损失也最大，如 2005 年 11 月中石油吉林石化公司双苯厂苯胺车间发生爆炸事故。事故产生的约 100 吨苯、苯胺和硝基苯等有机污染物流入松花江，导致松花江发生重大水污染事件；2013 年 7 月，广西贺州 100 余家矿企非法采矿产生的废水、废渣造成贺江水体镉、铊等重金属严重超标污染事件。两起污染事件对水体沿岸农业用水、居民生活用水等造成严重影响，直接威胁人民群众的生命安全。

因此，加强突发性水污染事故中的水质应急监测，研究其处理处置技术，是水质检验技术领域中一项非常重要的工作。

12.1 突发性水污染事故类型及特征

12.1.1 突发性水污染事故类型

突发性水污染事故是指社会生产和生活中使用的有毒有害物质在其产生、运输、使用和消亡的整个生命周期中，由于人为的疏忽、错误操作或意外因素影响等原因，造成其在短时间内有大量剧毒或高污染性的物质进入水体环境中，引起水环境污染并对社会经济与人体健康造成损失的突发性恶性事故。

根据突发性水污染事故中污染物的性质，可将事故分为有毒有害物质泄漏事故、溢油事故、非正常大量排放废水事故、放射性污染事故等。

根据突发性水污染事故发生的地理情况和工业分布情况，又可将事故分为来源于上游的污染团、境内陆地污染源、境内桥梁交通事故和水上事故等。

12.1.2 突发性水污染事故的特征

1. 形式多样

突发性水污染事故往往会涉及多个行业和部门，例如有毒化学品生产运营的整个生命周期中，均有可能发生突发性水污染事故。同时，突发性水污染事故表现形式多样，如泄漏、溢油、爆炸等。

2. 事发突然

普通的水体污染是由于污染物的常量排放，排放浓度和数量比较固定，而突发性水污染事故的发生有很强的偶然性和意外性，往往事发突然，污染物排污方式和排污途径不定，在瞬间或短时间内就造成危害。

3. 危害严重

由于突发性水污染事故往往事发突然，在极短时间内有大量污染物进入水体，人们无法立即采取有效的控制措施来处置这些污染物，从而对正常的生产和生活造成了严重破坏。

4. 处置困难

由于突发性水污染事故污染量大，事发突然，会对水环境造成大范围的污染，难以在短时间内得到有效控制，给处理处置带来了较大困难。

因此，突发性水污染事故一旦发生，会对人民的身体健康和环境产生严重的危害，造成巨大的经济损失，影响正常的生活和生产，破坏社会的稳定。如何在最短的时间内获得污染物的种类、浓度等信息，成为有效控制污染范围，减小事故损失的关键步骤。建立突发性水污染事故应急监测体系已成为当务之急。

12.2 水质应急监测分析技术

12.2.1 水质应急监测分析技术

随着环境污染事故对监测技术需求的日益迫切，现场应急监测分析技术也相应地得到了快速发展。根据监测技术的原理及形势不同，环境分析专家将其分为感官检测法、动物检测法、植物检测法、化学产味法、试纸法、检测管法、滴定或反滴定法、化学比色法、便携式仪器法、车载实验室法等，而目前水污染应急监测较为常见的技术主要有以下几种：

1. 试纸法

使用对污染物有选择性反应的分析试剂制成的专用分析试纸，对污染物进行测试，通过试纸颜色的变化可对污染物进行定性分析。将变色后的试纸与标准色阶比较可以得到定量化的测试结果。商品试纸本身已配有色阶，有的还会配备标准比色板。化学试纸类型见表 12-1。

化学试纸类型　　　　　　　　　　　　　　　　　表 12-1

试纸类型	用　途	色阶标准
pH 试纸	用于测试酸碱度	一般色阶分为 11～14，常用的有石蕊试纸、酚酞试纸等，不同的试纸有不同色阶颜色标准
砷试纸	用于测试砷和 AsH_3	白色变为棕黑
铬试纸	用于测试六价铬	存在六价铬时，白色试纸呈紫色斑点
氟化物试纸	用于测氟化物和 HF	当存在氟化物时，粉红色试纸变为黄白
氰化物试纸	用于测氰化物和 HCN	当存在氰化物时，淡绿色试纸变为蓝色或白色变为红紫色。试纸对碱性氰化物溶液不反应，对酸性氰化物溶液反应灵敏

续表

试纸类型	用　途	色阶标准
KI—淀粉试纸	用于测余氯、余碘、余溴	但存在以上物质时，浅黄色试纸变为蓝色或白色变为红紫色
氨或铵离子试纸	用于测氨或铵离子	当存在氨或铵离子时，白色试纸变为棕黄色或黄色变为橙色
锌离子试纸	用于测是锌离子	当存在锌离子时，橘黄色试纸变为红色

2. 检测管法

检测管技术的检测原理是：当被测液体或气体通过检测管时造成检测管内填充物颜色变化，从而根据颜色的变化程度与标准色板比较来测定特定水体污染物。水污染检测管法又分直接检测试管法、色柱检测法、气提—气体检测管法、水污染检测箱。

直接检测试管法是将显色试剂封入塑料试管里，测定时，将检测管刺一小孔吸入待测水样，变化的颜色与标准色阶比色，对比确定污染物和浓度。

色柱检测法是将一定量水样通过检测管内，水样中的待测离子与管内填装显色试剂反应，产生一定颜色的色柱，色柱长度与被测离子浓度成比例。

气提—气体检测管法是利用液体提取装置与各类气体检测管进行组合，可以简单、快捷测定水样中易挥发性污染物（如氯代烃、氨、石油类、苯系物等）。

水污染检测箱是将多种水质检测管组合在一起形成整套检测设备，可以对水污染现场的多种污染物进行快速检测。

3. 紫外-可见分光光度法

紫外-可见分光光度法是利用污染物质本身的分子吸收特性，与特定的显色试剂在一定条件下的显色反应而具有的对紫外-可见光的吸收特性进行比色分析的一种方法。便携式分光光度计是常用的分光光度法仪器，其重量轻、携带方便，一台仪器可进行多项目测试，常为浓度直读，可以迅速读出浓度值。根据光度计的构造，可以分为单参数比色计、滤光分光比色计、分光光度计三种。

4. 化学测试组件法

为了同时进行多项目污染物质的测试可以采用化学测试组件法，化学测试组件法多采用比色方法或滴定法进行分析。化学测试组件法是将粉枕（可以放在塑料、铝箔、试剂管内）中的特定分析试剂加入一定量的样品中，通过颜色的变化，与标准色阶进行比较可以估计待测污染物的浓度。

化学试剂测试组件进行现场测试时，可以采用不同的分析方法，如比色立体柱、比色盘、比色卡、滴定法、计数滴定器、数字式滴定器，前三种是比色法，后三种是滴定法。

5. 便携式色谱与质谱分析技术

对一般性污染物的快速检测，检测管法可以发挥较好作用，但对于未知污染物或种类繁多的有机物的应急监测，检测管法已经不能满足现场的定性或定量的检测分析。便携式气相色谱仪和便携式色谱-质谱联用仪在有机污染物的现场监测中可以发挥重要作用。

现场使用的气相色谱仪有便携式和车载式，便携式气相色谱仪带分析的样品可以是气态或液态样品，全部操作程序化，可以做复杂的污染物定性或定量化检测分析。

便携式色谱-质谱联用仪几乎相当于一个小型实验室，能够现场给出大气、水体、土壤中未知的挥发物或半挥发污染物的定性及定量检测结果。便携式色谱-质谱联用仪便于在现场进行灾情判断、确认、评估和启动标准处理程序。

便携式离子色谱仪主要用于检测和分析碱金属离子、碱土金属离子、多种阴离子。

6. 便携式光学分析仪技术

光学分析仪器是采用光谱分析技术对多种环境污染物（尤其是有机污染物）进行分析，根据光谱范围目前使用的有便携式红外光谱仪、便携式 X 荧光光谱仪、专用光谱/广度分析仪、便携式荧光光度计、便携式浊度分析仪、便携式分光光度计等光学分析仪器，都可以对现场样品中的多元素进行监测或单点分析。光学分析仪器有便携式的和车载式的。

7. 便携式电化学分析仪技术

电化学传感器是利用有毒有害气体同电解液反应产生电压来识别有毒有害污染物的一种监测仪器，可以检测硫化氢、氮氧化物、氯气、二氧化硫、氢氰酸、氨气、一氧化碳、光气等有害气体。各类电化学传感器及可以单独使用，也可以根据需要组合成多参数的电化学气体分析仪器。常见的电化学气体分析仪器主要是各类便携式选择离子分析仪（如离子计、pH 计、pH 测试笔、手提式 DO 仪、手提式电导率分析仪、手提式多参数分析仪、多参数水质分析仪等）。

12.2.2 水质应急监测分析技术的选择

为迅速查明突发性水污染事故污染物的种类、污染程度和范围以及污染发展趋势，在已有调查资料的基础上，充分利用现场快速监测方法和实验室现有的分析方法进行鉴别、确认。在具体实施时，应选择最合适的分析方法，以便在最短的时间内，用最简单的方法获取最有价值的监测数据。常见污染物应急监测分析技术见表 12-2。需要指出的是，虽然在应对突发性环境污染事故时，有了更多的现场快速检测技术可供选择，但还没有任何一种技术可以独自准确、快速且便捷地解决环境中所有的现场应急监测问题，因此在选择水质应急监测技术时必须综合考虑各种因素对分析结果的影响。

常见污染物应急监测分析技术的选择　　　　　　　表 12-2

	事故及污染物种类	可供选择的监测方法
事故	水或土壤污染事故	优先考虑选用检测试纸法、水质检测管法、化学比色法、便携式分光光度计法、便携式综合水质检测仪器法、便携式电化学检测仪器法、便携式气相色谱法、便携式红外光谱法和便携式气相色谱-质谱联用仪器法等，还可以从企业在线自动监测系统和环境自动监测站的连续监测数据得到相关信息
	无机物污染事故	优先考虑选用检测试纸法、水质检测管法、便携式检测仪、化学比色法、便携式分光光度计法、便携式综合检测仪器法、便携式离子选择电极法以及便携式离子色谱法等

续表

事故及污染物种类		可供选择的监测方法
事故	有机物污染事故	优先考虑选用水质检测管法、便携式气相色谱法、便携式红外光谱法、便携式质谱仪和便携式色谱-质谱联用仪器法等
	不确定污染事故	对于现场无法分析的污染物,尽快采集样品,迅速送到实验室进行分析,必要时,可采用生物监测法对样品毒性进行综合测试
污染物	二硫化碳	可采用现场吹脱捕集-检测管法、化学测试组件法(醋酸铜指示剂)、便携式气相色谱法
	甲醛	可采用检测试纸法、气体检测管法、水质检测管法、化学测试组件法、便携式检测仪法
	醇类	可采用气体检测管法、便携式气相色谱法、便携式气相色谱-质谱联用仪器法、实验室快速气相色谱法、便携式红外分光光度计法
	苯系物(芳烃)	可采用气体检测管法、现场吹脱捕集-检测管法、便携式 VOC 检测仪法、便携式气相色谱法、便携式气相色谱-质谱联用仪器法、实验室快速气相色谱法、便携式红外分光光度法
	酚类物质及衍生物	可采用气体检测管法、水质检测管法、化学测试组件法、便携式比色计/光度计法、便携式分光光度计法、便携式气相色谱法、便携式气相色谱-质谱联用仪器法、实验室快速气相色谱法、便携式红外分光光度法
污染物	醛酮类	可采用气体检测管法、便携式气相色谱法、实验室快速气相色谱法、便携式气相色谱-质谱联用仪器法、实验室快速液相色谱法、便携式红外分光光度法
	氯苯类、硝基苯类醚酯类	可采用气体检测管法、便携式气相色谱法、实验室快速气相色谱法、便携式气相色谱-质谱联用仪器法、便携式红外分光光度法
	苯胺类	可采用气体检测管法、便携式气相色谱法、实验室快速气相色谱法、便携式气相色谱-质谱联用仪器法、便携式红外分光光度法
	石油类	可采用气体检测管法、水质检测管法、便携式 VOC 检测仪法、便携式气相色谱法、便携式红外分光光度计法
	烯炔烃类	可采用气体检测管法、便携式 VOC 检测仪法、便携式气相色谱法、便携式红外分光光度法
	有机磷农药	可采用残留农药测试组件法(>1.6ppb 西玛津除草剂)、便携式气相色谱法、便携式气相色谱-质谱联用仪器法、实验室快速气相色谱法、便携式红外分光光度法
	铅、铬、钡、镉、锌、锰、锡	可采用检测试纸法、水质检测管法、化学测试组件法、便携式比色计/光度计法、便携式分光光度计法、便携式 X 射线荧光光谱仪法
	汞	可采用气体检测管法、水质检测管法、便携式分光光度计法
	铍	可采用化学测试组件法、便携式分光光度计法、便携式 X 射线荧光光谱仪法
	砷	可采用检测试纸法、砷检测管法、便携式分光光度计法、便携式 X 射线荧光光谱仪法
	氰化物、氟化物、碘化物、氯化物、硝酸盐、磷酸盐	可采用检测试纸法、水质检测管法、化学测试组件法、便携式比色计/光度计法、便携式分光光度计法、便携式离子计法、便携式离子色谱法
	总氮	可采用水质检测管法、便携式比色计/光度计法、便携式分光光度计法
	总磷	可采用水质检测管法、化学测试组件法、便携式分光光度计法

	事故及污染物种类	可供选择的监测方法
污染物	硫氰酸盐	可采用便携式比色计/光度计法、便携式分光光度计法、便携式离子色谱法
	α、β放射性	可采用液体闪烁谱仪，α、β测量仪，X剂量率应急检测仪，α、β表面污染测量仪
	γ放射性	可采用γ辐射应急检测仪、便携式巡测γ谱仪

12.3　水质应急监测分析方案的确立

由于环境突发事件的事故类型、污染物、发生原因、危害程度千差万别，很难制定一套固定的环境应急技术方案，只能确定环境应急监测的技术规范，事发后，根据环境应急监测的技术规范和具体事故的现场情况，再确定一个突发事件的环境监测应急监测方案。任何一个环境应急监测方案都必须考虑布点、采样；监测频次与跟踪监测方案；污染物监测项目与分析方法；数据处理与 QA/QC；监测报告与上报程序等。

12.3.1　监测点布设与样品采集

水质应急监测布点应考虑事件发生的类型、污染影响的范围、污染危害程度、事故发生中心区域周围的地理社会环境、事件发生时的气候条件等重要因素，并合理设置监测断面（点），以掌握污染发生地状况、反映事故发生区域环境的污染程度和范围。对被突发环境事件所污染的地表水、地下水应设置对照断面（点）、控制断面（点），消减断面，尽可能以最少的断面（点）获取足够的有代表性的所需信息，同时须考虑采样的可行性和方便性。

1. 地表水样品采集

以事发地为中心根据水流方向和速度和现场地理条件，进行布点采样，同时测定流量，以便测定污染物下泄量。现场应采集平行双样，一份供现场检测用，另一份加保护剂，速送回实验室检测，如需要还可采集事发中心水域沉积物进行检测。对江河污染的，在事发地江河下游按一定距离设置采样点，上游一定距离设对照断面采样点，在污染影响区域内的应由和农灌取水口处必须设置采样断面。对湖库水污染的，以事发中心水流方向按一定间隔圆形布点，根据污染特征同一断面，可分不同水层采样后，再混为一个水样，在上游一定距离设对照断面采样点。在湖库出水口和饮用取水口处设置采样断面。

2. 地下水样品采集

以事发地为中心，根据地下水流向采用网格法或辐射法在周围 2km 范围内设监测井采样，同时根据地下水流补给源，在垂直于地下水流的上方，设对照监测井采样，在以地下水为饮用水源的取水口应设采样点。

12.3.2　水质应急监测分析项目判断

若突发性环境污染事故的污染物为已知污染物，可以立即根据污染物的特点，制订实施应急监测方案；若事故的污染物为未知污染物，一般可根据事故的

249

性质（爆炸、泄漏、火灾、非正常排放、非法丢弃等）、现场调查情况（危险源资料、现场人员提供的背景资料、污染物的气味及颜色、人员与动植物的中毒反应等）初步确定应监测的污染物及需现场进行的应急分析项目，见表12-3；若污染物未知，同时根据已有信息也难以判断可能的污染物时，可利用检测试纸、快速检测管、便携式检测仪等分析手段，确定应可能存在的污染物；有时，这几种方法可同时并用，结合平时工作积累的经验，经过对获得信息的系统综合分析，判断出污染事故现场需要监测分析的项目，进而选择相应的技术手段进行定性或定量（半定量）分析来确定污染物。如现场还不能确定或现场无法测定的项目，应尽快将样品送至实验室检测分析，确定主要污染物和监测项目。

利用感官初步确定污染物的定性方法（特征颜色和气味对应的化合物）表 12-3

颜色或气味	根据表象特征估计污染物质
黄色	可能是硝基化合物；也可能是亚硝基化合物（固态多为淡黄或无色，液态多为无色）；偶氮类化合物（也有红色、橙色、棕色或紫色）；氧化氮类化合物（也有橙黄色的）；醌（有淡黄色、棕色、红色）；醌亚胺类；邻二酮类；芳香族多羟酮类等
红色	可能是某些偶氮化合物（多为黄色、橙色，也有棕色或紫色）；某些醌；在空气中放置久了的苯酚
棕色	可能是某些偶氮化合物（多为黄色、橙色，也有棕色或紫色）；苯胺（新蒸馏出来的为淡黄色）
紫色	可能是某些偶氮化合物（多为黄色、橙色，也有棕色或紫色）
绿色或蓝色	可能是液体
醚香	典型的化合物有乙酸乙酯、乙酸戊醇、乙醇、丙酮等
苦杏仁香	典型的化合物有硝基苯、苯甲醛、苯甲腈等
樟脑香	典型的化合物有樟脑、百里香酚、黄樟素、丁（子）香酚、香芹酚等
柠檬香	典型的化合物有柠檬醛、乙酸沉香酯等
花香	典型的化合物有典型的化合物有邻氨基苯甲酸甲酯、香茅醇、萜品醇等
百合香	典型的化合物有胡椒醛、肉桂醇等
香草香	典型的化合物有香草醛、对甲氧基苯甲醛等
麝香味	典型的化合物有三硝基异丁基甲苯、麝香精、麝香酮等
蒜臭味	典型的化合物有二硫醚等
二甲胂臭	典型的化合物有四甲二胂、三甲胺等
焦臭味	典型的化合物有异丁醇、苯胺、枯胺、苯、甲酚、愈创木酚等
腐臭味	典型的化合物有戊酸、己酸、甲基庚基甲酮、甲基壬基甲酮等
麻醉味	典型的化合物有吡啶、胡薄荷酮等
粪臭味	典型的化合物有粪臭素（3-甲基吲哚）、吲哚等

12.3.3 水质应急监测频次要求

水质应急监测的采样频次应根据突发事件现场情况区别确定，事件刚发生时，应加密采样频次，等了解污染规律后，可减少采样频次。应急监测频次确定原则见表12-4。

应急监测频次确定原则
表 12-4

事故类型	监测点位	应急监测频次	跟踪监测频次
地表水污染	江河事发地及其下游	初始加密（数次/天），随污染物浓度下降逐渐降低频次	连续两次监测浓度均低于地表水质量标准值或已接近可忽略水平为止
	湖库事发地及受影响的出水口	2～4 次/天（应急期间）	连续两次监测浓度均低于地表水质量标准值或已接近可忽略水平为止
	江河事发地其上游对照点	1 次/天（应急期间），以平行双样数据为准	
	近海海域监测点	2～4 次/天，随污染物浓度下降逐渐降低频次	连续两次监测浓度均低于海水质量标准值或已接近可忽略水平为止
地下水污染	事发地中心周围 2km 内的水井	初始 1～2 次/天，第 3 天后，1 次/周直至应急结束	连续两次监测浓度均低于地下水质量标准值或已接近可忽略水平为止
	地下水流经区域沿线水井	初始 1～2 次/天，第 3 天后，1 次/周直至应急结束	连续两次监测浓度均低于地下水质量标准值或已接近可忽略水平为止
	事发地对照点	1 次/天（应急期间），以平行双样数据为准	

12.3.4　水质应急监测分析技术筛选

水污染事故发生后，为迅速查明水环境污染事故污染物的种类、污染程度和范围以及污染的发展趋势，在已有调查资料的基础上，应充分利用现场快速检测方法和实验室现有的分析方法进行鉴别，确保能尽快给出污染物种类、浓度、污染范围等方面的信息。常见污染物的快速检测技术见表 12-2。为此，水质应急监测分析技术的选取应遵循以下原则：

（1）操作简便；

（2）监测设备方便携带、易于保管，不受时间、地点、天气等因素限制；

（3）能够快速给出污染现场关于污染物定性、定量（或半定量）信息；

（4）监测结果直观易懂；

（5）监测器材以太阳能电池或便携式电源提供动力，不需常规电力支持。

12.3.5　水质应急监测数据及报告

监测分析结束后，应对监测数据进行汇总分析，编写应急监测分析报告。报告要对监测分析结果、污染事故发生地、污染程度及污染范围等进行必要的分析评价和说明。

1. 现场的原始记录

（1）绘制事故现场的示意图，标出采样点位；

（2）记录事件发生时间、事件持续时间、每次采样时间；

（3）现场状况描述、必要的地理、水文、气象参数（如水流向、流速、流量、水温、气温、气压、风向、风速等）；

（4）事故可能产生的污染物种类、毒性、流失量及影响范围；

（5）现场测试出的污染物有关数据，如有多组数据应编制成数据表，并附有简单分析；

（6）现场监测记录是应急监测结果的依据之一，应按规范格式填写，主要项目包括环境条件、分析项目、分析方法、测试时间、样品类型、仪器名称、型号、编号、测试结果；

（7）原始记录应有测试人员、分析人员、校核人员、审核人员等相关人员的签字；

（8）发生事故的单位的名称、联系电话等。

2. 应急监测报告的主要报告内容

（1）时间——事故发生时间、接到通知时间、到达现场监测的时间；

（2）自然环境——事故发生地及周边的自然环境（附现场示意图及照片、录像资料）；

（3）监测结果——采样点位（断面）、监测频次、监测方法、主要污染物的种类、浓度、排放量；

（4）污染事件的类型和性质——根据规定和现场情况确定事故类型（附现场收集到的证据、勘查纪录、当事人陈述）、污染事件的性质；

（5）污染事故的危害与损失——污染事故对环境的危害、造成的经济损失、人员的伤亡等；

（6）简要说明污染事故排放的主要污染物的危险性、毒性与应急处置的相应建议；

（7）应急监测现场负责人的签字。

12.3.6 水质应急监测的质量保证

水质应急监测质量保证是指对应急监测过程的全面质量管理或质量控制，质量保证体现在每一个工作环节。

1. 前期质量管理

主要内容包括：建立应急监测工作手册和应急监测数据库及应急监测地理信息系统等，组织应急监测人员技术培训，做好应急监测方法和监测仪器设备的筛选，做好应急监测仪器设备的计量检定及车辆等后勤保障和试剂、监测仪器的质量保证。

2. 运行中的质量管理

主要内容包括：污染事故的现场勘查和监测方案制定中的质量管理，现场采样和监测中的质量管理，实验室分析中的质量管理和数据处理及编制监测报告中的质量管理等。

思 考 题 与 习 题

简答题

（1）什么叫应急监测？主要包括哪些内容？

（2）水质应急监测有哪些方法？

（3）水质应急监测中，在事故现场怎样进行采样？

（4）水质应急监测报告包括哪些主要内容？

附　录

附录 1　《生活饮用水卫生标准》 GB 5749—2006 摘录

生活饮用水水质常规指标及限值　　　　　　　附表 1-1

指　　标	限　　值
1. 微生物指标①	
总大肠菌群(MPN/100mL 或 CFU/100mL)	不得检出
耐热大肠菌群(MPN/100mL 或 CFU/100mL)	不得检出
大肠埃希氏菌(MPN/100mL 或 CFU/100mL)	不得检出
菌落总数(CFU/mL)	100
2. 毒理指标	
砷(mg/L)	0.01
镉(mg/L)	0.005
铬(六价，mg/L)	0.05
铅(mg/L)	0.01
汞(mg/L)	0.001
硒(mg/L)	0.01
氰化物(mg/L)	0.05
氟化物(mg/L)	1.0
硝酸盐(以 N 计，mg/L)	10 地下水源限制时为 20
三氯甲烷(mg/L)	0.06
四氯化碳(mg/L)	0.002
溴酸盐(使用臭氧时，mg/L)	0.01
甲醛(使用臭氧时，mg/L)	0.9
亚氯酸盐(使用二氧化氯消毒时，mg/L)	0.7
氯酸盐(使用复合二氧化氯消毒时，mg/L)	0.7
3. 感官性状和一般化学指标	
色度(铂钴色度单位)	15
浑浊度(NTU-散射浊度单位)	1 水源与净水技术条件限制时为 3
臭和味	无异臭、异味
肉眼可见物	无
pH（pH 单位）	不小于 6.5 且不大于 8.5

续表

指　标	限　值
铝(mg/L)	0.2
铁(mg/L)	0.3
锰(mg/L)	0.1
铜(mg/L)	1.0
锌(mg/L)	1.0
氯化物(mg/L)	250
硫酸盐(mg/L)	250
溶解性总固体(mg/L)	1000
总硬度(以 $CaCO_3$ 计，mg/L)	450
耗氧量(COD_{Mn}法，以 O_2 计，mg/L)	3 水源限制，原水耗氧量＞6mg/L 时为 5
挥发酚类(以苯酚计，mg/L)	0.002
阴离子合成洗涤剂(mg/L)	0.3
4. 放射性指标[2]	指导值
总 α 放射性(Bq/L)	0.5
总 β 放射性(Bq/L)	1

① MPN 表示最可能数；CFU 表示菌落形成单位。当水样检出总大肠菌群时，应进一步检验大肠埃希氏菌或耐热大肠菌群；水样未检出总大肠菌群，不必检验大肠埃希氏菌或耐热大肠菌群；

② 放射性指标超过指导值，应进行核素分析和评价，判定能否饮用。

饮用水中消毒剂常规指标及要求　　　　　　　附表 1-2

消毒剂名称	与水接触时间	出厂水中限值	出厂水中余量	管网末梢水中余量
氯气及游离氯制剂(游离氯，mg/L)	至少 30min	4	≥0.3	≥0.05
一氯胺(总氯，mg/L)	至少 120min	3	≥0.5	≥0.05
臭氧(O_3，mg/L)	至少 12min	0.3		0.02 如加氯，总氯≥0.05
二氧化氯(ClO_2，mg/L)	至少 30min	0.8	≥0.1	≥0.02

水质非常规指标及限值　　　　　　　附表 1-3

指　标	限　值
1. 微生物指标	
贾第鞭毛虫(个/10L)	＜1
隐孢子虫(个/10L)	＜1
2. 毒理指标	
锑(mg/L)	0.005
钡(mg/L)	0.7
铍(mg/L)	0.002

续表

指　标	限　值
硼(mg/L)	0.5
钼(mg/L)	0.07
镍(mg/L)	0.02
银(mg/L)	0.05
铊(mg/L)	0.0001
氯化氰（以 CN⁻ 计，mg/L)	0.07
一氯二溴甲烷(mg/L)	0.1
二氯一溴甲烷(mg/L)	0.06
二氯乙酸(mg/L)	0.05
1，2-二氯乙烷(mg/L)	0.03
二氯甲烷(mg/L)	0.02
三卤甲烷(三氯甲烷、一氯二溴甲烷、二氯一溴甲烷、三溴甲烷的总和)	该类化合物中各种化合物的实测浓度与其各自限值的比值之和不超过 1
1，1，1-三氯乙烷(mg/L)	2
三氯乙酸(mg/L)	0.1
三氯乙醛(mg/L)	0.01
2，4，6-三氯酚(mg/L)	0.2
三溴甲烷(mg/L)	0.1
七氯(mg/L)	0.0004
马拉硫磷(mg/L)	0.25
五氯酚(mg/L)	0.009
六六六(总量，mg/L)	0.005
六氯苯(mg/L)	0.001
乐果(mg/L)	0.08
对硫磷(mg/L)	0.003
灭草松(mg/L)	0.3
甲基对硫磷(mg/L)	0.02
百菌清(mg/L)	0.01
呋喃丹(mg/L)	0.007
林丹(mg/L)	0.002
毒死蜱(mg/L)	0.03
草甘膦(mg/L)	0.7
敌敌畏(mg/L)	0.001
莠去津(mg/L)	0.002
溴氰菊酯(mg/L)	0.02
2，4-滴(mg/L)	0.03
滴滴涕(mg/L)	0.001

续表

指　　标	限　　值
乙苯(mg/L)	0.3
二甲苯(mg/L)	0.5
1，1-二氯乙烯(mg/L)	0.03
1，2-二氯乙烯(mg/L)	0.05
1，2-二氯苯(mg/L)	1
1，4-二氯苯(mg/L)	0.3
三氯乙烯(mg/L)	0.07
三氯苯(总量，mg/L)	0.02
六氯丁二烯(mg/L)	0.0006
丙烯酰胺(mg/L)	0.0005
四氯乙烯(mg/L)	0.04
甲苯(mg/L)	0.7
邻苯二甲酸二(2-乙基己基)酯(mg/L)	0.008
环氧氯丙烷(mg/L)	0.0004
苯(mg/L)	0.01
苯乙烯(mg/L)	0.02
苯并［a］芘(mg/L)	0.00001
氯乙烯(mg/L)	0.005
氯苯(mg/L)	0.3
微囊藻毒素-LR(mg/L)	0.001
3. 感官性状和一般化学指标	
氨氮(以 N 计，mg/L)	0.5
硫化物(mg/L)	0.02
钠(mg/L)	200

农村小型集中式供水和分散式供水部分水质指标及限值　　　附表 1-4

指　　标	限　　值
1. 微生物指标	
菌落总数(CFU/mL)	500
2. 毒理指标	
砷(mg/L)	0.05
氟化物(mg/L)	1.2
硝酸盐(以 N 计，mg/L)	20
3. 感官性状和一般化学指标	
色度(铂钴色度单位)	20
浑浊度(NTU-散射浊度单位)	3 水源与净水技术条件限制时为 5

续表

指　　标	限　　值
pH(pH 单位)	不小于 6.5 且不大于 9.5
溶解性总固体(mg/L)	1500
总硬度（以 $CaCO_3$ 计，mg/L）	550
耗氧量(COD_{Mn}法，以 O_2 计，mg/L）	5
铁(mg/L)	0.5
锰(mg/L)	0.3
氯化物(mg/L)	300
硫酸盐(mg/L)	300

生活饮用水水质参考指标及限值　　　　　　附表 1-5

指　　标	限　　值
肠球菌(CFU/100mL)	0
产气荚膜梭状芽孢杆菌(CFU/100mL)	0
二(2-乙基己基)己二酸酯(mg/L)	0.4
二溴乙烯(mg/L)	0.00005
二噁英(2，3，7，8-TCDD，mg/L)	0.00000003
土臭素(二甲基萘烷醇，mg/L)	0.00001
五氯丙烷(mg/L)	0.03
双酚 A(mg/L)	0.01
丙烯腈(mg/L)	0.1
丙烯酸(mg/L)	0.5
丙烯醛(mg/L)	0.1
四乙基铅(mg/L)	0.0001
戊二醛(mg/L)	0.07
甲基异莰醇-2(mg/L)	0.00001
石油类(总量，mg/L)	0.3
石棉(>10μm，万/L)	700
亚硝酸盐(mg/L)	1
多环芳烃(总量，mg/L)	0.002
多氯联苯(总量，mg/L)	0.0005
邻苯二甲酸二乙酯(mg/L)	0.3
邻苯二甲酸二丁酯(mg/L)	0.003
环烷酸(mg/L)	1.0
苯甲醚(mg/L)	0.05
总有机碳(TOC，mg/L)	5
萘酚-β(mg/L)	0.4

续表

指　标	限　值
黄原酸丁酯(mg/L)	0.001
氯化乙基汞(mg/L)	0.0001
硝基苯(mg/L)	0.017
镭 226 和镭 228(pCi/L)	5
氡(pCi/L)	300

附录 2　《地表水环境质量标准》 GB 3838—2002 摘录

地面水环境质量标准基本项目标准限值(mg/L)　　　　　附表 2-1

序号	分类 项目		I	II	III	IV	V
1	水温(℃)		\multicolumn{5}{c}{人为造成的环境水温变化应限制在： 周平均最大温升≤1 周平均最大温降≤2}
2	pH(无量纲)		\multicolumn{5}{c}{6～9}
3	溶解氧	≥	饱和率 90% (或 7.5)	6	5	3	2
4	高锰酸盐指数	≤	2	4	6	10	15
5	化学需氧量(COD)	≤	15	15	20	30	40
6	五日生化需氧(BOD$_5$)	≤	3	3	4	6	10
7	氨氮(NH$_3$-N)	≤	0.15	0.5	1.0	1.5	2.0
8	总磷(以 P 计)	≤	0.02 (湖、库 0.01)	0.1 (湖、库 0.025)	0.2 (湖、库 0.050)	0.3 (湖、库 0.1)	0.4 (湖、库 0.2)
9	总氮（湖、库以 N 计）	≤	0.2	0.5	1.0	1.5	2.0
10	铜	≤	0.01	1.0	1.0	1.0	1.0
11	锌	≤	0.05	1.0	1.0	2.0	2.0
12	氟化物(以 F$^-$计)	≤	1.0	1.0	1.0	1.5	1.5
13	硒	≤	0.01	0.01	0.01	0.02	0.02
14	砷	≤	0.05	0.05	0.05	0.1	0.1
15	汞	≤	0.00005	0.00005	0.0001	0.001	0.001
16	镉	≤	0.001	0.005	0.005	0.005	0.01
17	铬（六价）	≤	0.01	0.05	0.05	0.05	0.1
18	铅	≤	0.01	0.01	0.05	0.05	0.1
19	氰化物	≤	0.005	0.05	0.2	0.2	0.2
20	挥发酚	≤	0.002	0.002	0.005	0.01	0.1
21	石油类	≤	0.05	0.05	0.05	0.5	1.0
22	阴离子表面活性剂	≤	0.2	0.2	0.2	0.3	0.3
23	硫化物	≤	0.05	0.1	0.2	0.5	1.0
24	粪大肠菌群(个/L)	≤	200	2000	10000	20000	40000

集中式生活饮用水地表水源地补充项目标准限值（单位：mg/L）　附表 2-2

序　号	项　目	标准值
1	硫酸盐（以 SO_4^{2-} 计）	250
2	氯化物（以 Cl^- 计）	250
3	硝酸盐（以 N 计）	10
4	铁	0.3
5	锰	0.1

集中式生活饮用水地表水源地特定项目标准限值（单位：mg/L）　附表 2-3

序号	项目	标准值	序号	项目	标准值
1	三氯甲烷	0.06	30	硝基苯	0.017
2	四氯化碳	0.002	31	二硝基苯④	0.5
3	三溴甲烷	0.1	32	2，4-二硝甲苯	0.0003
4	二氯甲烷	0.02	33	2，4，6-三硝基甲苯	0.5
5	1，2-二氯乙烷	0.03	34	硝基氯苯⑤	0.05
6	环氧氯丙烷	0.02	35	2，4-二硝基氯苯	0.5
7	氯乙烯	0.005	36	2，4-二氯苯酚	0.093
8	1，1-二氯乙烯	0.03	37	2，4，6-三氯苯酚	0.20
9	1，2-二氯乙烯	0.05	38	五氯酚	0.009
10	三氯乙烯	0.07	39	苯胺	0.1
11	四氯乙烯	0.04	40	联苯胺	0.0002
12	氯丁二烯	0.002	41	丙烯酰胺	0.0005
13	六氯丁二烯	0.0006	42	丙烯腈	0.1
14	苯乙烯	0.02	43	邻苯二甲酸二丁酯	0.003
15	甲醛	0.9	44	邻苯二甲苯二（2-乙基己基）酯	0.008
16	乙醛	0.05			
17	丙烯醛	0.1	45	水合肼	0.01
18	三氯乙醛	0.01	46	四乙基铅	0.0001
19	苯	0.01	47	吡啶	0.2
20	甲苯	0.7	48	松节油	0.2
21	乙苯	0.3	49	苦味酸	0.5
22	二甲苯①	0.5	50	丁基黄原酸	0.005
23	异丙苯	0.25	51	活性氯	0.01
24	氯苯	0.3	52	滴滴涕	0.001
25	1，2-二氯苯	1.0	53	林丹	0.002
26	1，4-二氯苯	0.3	54	环氧七氯	0.0002
27	三氯苯②	0.02	55	对硫磷	0.003
28	四氯苯③	0.02	56	甲基对硫磷	0.002
29	六氯苯	0.05	57	马拉硫磷	0.05

续表

序号	项目	标准值	序号	项目	标准值
58	乐果	0.08	70	黄磷	0.003
59	敌敌畏	0.05	71	钼	0.07
60	敌百虫	0.05	72	钴	1.0
61	内吸磷	0.03	73	铍	0.002
62	百菌清	0.01	74	硼	0.5
63	甲萘威	0.05	75	锑	0.005
64	溴氰菊酯	0.02	76	镍	0.02
65	阿特拉津	0.003	77	钡	0.7
66	苯并［α］芘	$2.8×10^{-6}$	78	钒	0.05
67	甲基汞	$1.0×10^{-6}$	79	钛	0.1
68	多氯联苯⑥	$2.0×10^{-6}$	80	铊	0.0001
69	微囊藻毒素-LR	0.001			

① 二氯苯指对二氯苯、间二氯苯、邻二氯苯。
② 三氯苯指1，2，3-三氯苯、1，2，4-三氯苯和1，3，5-三氯苯。
③ 四氯苯指1，2，3，4-四氯苯、1，2，3，5-四氯苯和1，2，4，5-四氯苯。
④ 二硝基苯指对二硝基苯、间二硝基苯和邻二硝基苯。
⑤ 硝基氯苯指对硝基氯苯、间硝基氯苯和邻硝基氯苯。
⑥ 多氯联苯指 PCB-1016、PCB-1221、PCB-1242、PCB-1248、PCB-1254 和 PCB-1260。

附录 3　《城市杂用水水质标准》 GB/T 18920—2020 摘录

城市杂用水水质基本控制项目及限值

序号	项目		冲厕、车辆冲洗	城市绿化、道路清扫、消防、建筑施工
1	pH		6.0～9.0	6.0～9.0
2	色度、铂钴色度单位	≤	15	30
3	嗅		无不快感	无不快感
4	浊度/NTU	≤	5	10
5	五日生化需氧量(BOD₃)/(mg/L)	≤	10	10
6	氨氮/(mg/L)	≤	5	8
7	阴离子表面活性剂/(mg/L)	≤	0.5	0.5
8	铁/(mg/L)	≤	0.3	—
9	锰/(mg/L)	≤	0.1	—
10	溶解性总固体/(mg/L)	≤	1 000(2 000)*	1 000(2 000)*
11	溶解氧/(mg/L)	≥	2.0	2.0
12	总氯/(mg/L)	≥	1.0(出厂)，0.2(管网末端)	1.0(出厂)，0.2ᵇ(管网末端)
13	大肠埃希氏菌/(MPN/100mL 或 CFU/100mL)		无	无

注："—"表示对此项无要求。
a 括号内指标值为沿海及本地水源中溶解性固体含量较高的区域的指标。
b 用于城市绿化时，不应超过 2.5mg/L。
c 大肠埃希氏菌不应检出。

城市杂用水选择性控制项目及限值

序号	项目	限值
1	氯化物(Cl⁻)	不大于 350
2	硫酸盐(SO₄²⁻)	不大于 500

附录 4 《污水综合排放标准》 GB 8978—1996 摘录

第一类污染物最高允许排放浓度（单位：mg/L 特别注明除外） 附表 4-1

污染物	最高允许排放浓度	污染物	最高允许排放浓度	污染物	最高允许排放浓度
1. 总汞	0.05①	6. 总砷	0.5	11. 总银	0.5
2. 烷基汞	不得检出	7. 总铅	1.0	12. 总 α 放射性	1Bq/L
3. 总镉	0.1	8. 总镍	1.0	13. 总 β 放射性	10Bq/L
4. 总铬	1.5	9. 苯并［α］芘②	0.00003		
5. 六价铬	0.5	10. 总铍	0.005		

① 烧碱行业（新建、扩建、改建企业）采用 0.005mg/L；

② 为试行标准，二级、三级标准区暂不考核。

第二类污染物最高允许排放浓度（单位：mg/L 特别注明和 pH 除外） 附表 4-2

（1997 年 12 月 31 日之前建设的单位）

序号	污染物	适用范围	一级标准	二级标准	三级标准
1	pH	一切排污单位	6～9	6～9	6～9
2	色度（稀释倍数）	染料工业	50	180	—
		其他排污单位	50	80	—
3	悬浮物（SS）	采矿、选矿、选煤工业	100	300	—
		脉金选矿	100	500	—
		边远地区砂金选矿	100	800	—
		城镇二级污水处理厂	20	30	—
		其他排污单位	70	200	400
4	五日生化需氧量（BOD₅）	甘蔗制糖、苎麻脱胶、湿法纤维板工业	30	100	600
		甜菜制糖、乙醇、味精、皮革、化纤浆粕工业	30	150	600
		城镇二级污水处理厂	20	30	—
		其他排污单位	30	60	300
5	化学需氧量（CODcᵣ）	甜菜制糖、合成脂肪酸、湿法纤维板、染料、洗毛、有机磷农药工业	100	200	1000
		味精、乙醇、医药原料药、生物制药、苎麻脱胶、皮革、化纤浆粕工业	100	300	1000
		石油化工工业（包括石油炼制）	100	150	500
		城镇二级污水处理厂	60	120	—
		其他排污单位	100	150	500
6	石油类	一切排污单位	10	10	30
7	动、植物油	一切排污单位	20	20	100
8	挥发酚	一切排污单位	0.5	0.5	2.0
9	总氰化合物	电影洗片（铁氰化合物）	0.5	5.0	5.0
		其他排污单位	0.5	0.5	1.0
10	硫化物	一切排污单位	1.0	1.0	2.0
11	氨氮	医药原料药、染料、石油化工工业	15	50	—
		其他排污单位	15	25	—

序号	污染物	适用范围	一级标准	二级标准	三级标准
12	氟化物	黄磷工业	10	20	20
		低氟地区(水体含氟量<0.5mg/L)	10	20	30
		其他排污单位	10	10	20
13	磷酸盐(以P计)	一切排污单位	0.5	1.0	—
14	甲醛	一切排污单位	1.0	2.0	5.0
15	苯胺类	一切排污单位	1.0	2.0	5.0
16	硝基苯类	一切排污单位	2.0	3.0	5.0
17	阴离子合成洗涤剂 (LAS)	合成洗涤工业	5.0	15	20
		其他排污单位	5.0	10	20
18	总铜	一切排污单位	0.5	1.0	2.0
19	总锌	一切排污单位	2.0	5.0	5.0
20	总锰	合成脂肪酸工业	2.0	5.0	5.0
		其他排污单位	2.0	2.0	5.0
21	彩色显影剂	电影洗片	2.0	3.0	5.0
22	显影剂及氧化物总量	电影洗片	3.0	6.0	6.0
23	元素磷	一切排污单位	0.1	0.3	0.3
24	有机磷农药(以P计)	一切排污单位	不得检出	0.5	0.5
25	粪大肠菌群数	医院[①]、兽医院及医疗机构含病原体污水	500 个/L	1000 个/L	5000 个/L
		传染病、结核病医院污水	100 个/L	500 个/L	1000 个/L
26	总余氯(采用氯化消毒的医院污水)	医院[①]、兽医院及医疗机构含病原体污水	<0.5[②]	>3(接触时间≥1h)	>2(接触时间≥1h)
		传染病、结核病医院污水	<0.5[②]	>6.5(接触时间≥1.5h)	>5(接触时间≥1.5h)

① 指 50 个床位以上的医院;

② 加氯消毒后须进行脱氯处理,达到本标准。

第二类污染物最高允许排放浓度(mg/L)
附表 4-3

(1998 年 1 月 1 日之后建设的单位)

序号	污染物	适用范围	一级标准	二级标准	三级标准
1	pH	一切排污单位	6～9	6～9	6～9
2	色度(稀释倍数)	一切排污单位	50	80	—
3	悬浮物(SS)	采矿、选矿、选煤工业	70	300	—
		脉金选矿	70	400	—
		边远地区砂金选矿	70	800	—
		城镇二级污水处理厂	20	30	—
		其他排污单位	70	150	400

序号	污染物	适用范围	一级标准	二级标准	三级标准
4	五日生化需氧量（BOD₅）	甘蔗制糖、苎麻脱胶、湿法纤维板工业	20	60	600
		甜菜制糖、乙醇、味精、皮革、化纤浆粕工业	20	100	600
		城镇二级污水处理厂	20	30	—
		其他排污单位	20	30	300
5	化学需氧量（COD_{Cr}）	甜菜制糖、全盛脂肪酸、湿法纤维板、染料、洗毛、有机磷农药工业	100	200	1000
		味精、乙醇、医药原料药、生物制药、苎麻脱胶、皮革、化纤浆粕工业	100	300	1000
		石油化工工业（包括石油炼制）	100	120	500
		城镇二级污水处理厂	60	120	—
		其他排污单位	100	150	500
6	石油类	一切排污单位	5	10	20
7	动、植物油	一切排污单位	10	15	100
8	挥发酚	一切排污单位	0.5	0.5	2.0
9	总氰化合物	一切排污单位	0.5	0.5	1.0
10	硫化物	一切排污单位	1.0	1.0	1.0
11	氨氮	医药原料药、染料、石油化工工业	15	50	—
		其他排污单位	15	25	—
12	氟化物	黄磷单位	10	15	20
		低氟地区（水体含氟量<0.5mg/L）	10	20	30
		其他排污单位	10	10	20
13	磷酸盐（以P计）	一切排污单位	0.5	1.0	—
14	甲醛	一切排污单位	1.0	2.0	5.0
15	苯胺类	一切排污单位	1.0	2.0	5.0
16	硝基苯类	一切排污单位	2.0	3.0	5.0
17	阴离子合成洗涤剂（LAS）	其他排污单位	5.0	10	20
18	总铜	一切排污单位	0.5	1.0	2.0
19	总锌	一切排污单位	2.0	5.0	5.0
20	总锰	合成脂肪酸工业	2.0	5.0	5.0
		其他排污单位	2.0	2.0	5.0
21	彩色显影剂	电影洗片	1.0	2.0	3.0
22	显影剂及氧化物总量	电影洗片	3.0	3.0	6.0
23	元素磷	一切排污单位	0.1	0.1	0.3
24	有机磷农药（以P计）	一切排污单位	不得检出	0.5	0.5
25	乐果	一切排污单位	不得检出	1.0	2.0
26	对硫磷	一切排污单位	不得检出	1.0	2.0
27	甲基对硫磷	一切排污单位	不得检出	1.0	2.0
28	马拉硫磷	一切排污单位	不得检出	5.0	10

续表

序号	污染物	适用范围	一级标准	二级标准	三级标准
29	五氯酚及五氯酚钠(以五氯酚计)	一切排污单位	5.0	8.0	10
30	可吸附有机卤化物（AOX）（以Cl计）	一切排污单位	1.0	5.0	8.0
31	三氯甲烷	一切排污单位	0.3	0.6	1.0
32	四氯化碳	一切排污单位	0.03	0.06	0.5
33	三氯乙烯	一切排污单位	0.3	0.6	1.0
34	四氯乙烯	一切排污单位	0.1	0.2	0.5
35	苯	一切排污单位	0.1	0.2	0.5
36	甲苯	一切排污单位	0.1	0.2	0.5
37	乙苯	一切排污单位	0.4	0.6	1.0
38	邻二甲苯	一切排污单位	0.4	0.6	1.0
39	对二甲苯	一切排污单位	0.4	0.6	1.0
40	间二甲苯	一切排污单位	0.4	0.6	1.0
41	氯苯	一切排污单位	0.2	0.4	1.0
42	邻二氯苯	一切排污单位	0.4	0.6	1.0
43	对二氯苯	一切排污单位	0.4	0.6	1.0
44	对硝基氯苯	一切排污单位	0.5	1.0	5.0
45	2，4-二硝基氯苯	一切排污单位	0.5	1.0	5.0
46	苯酚	一切排污单位	0.3	0.4	1.0
47	间甲酚	一切排污单位	0.1	0.2	0.5
48	2，4-二氯酚	一切排污单位	0.6	0.8	1.0
49	2，4，6-三氯酚	一切排污单位	0.6	0.8	1.0
50	邻苯二甲酸二丁酯	一切排污单位	0.2	0.4	2.0
51	邻苯二甲酸二辛酯	一切排污单位	0.3	0.6	2.0
52	丙烯腈	一切排污单位	2.0	5.0	5.0
53	总硒	一切排污单位	0.1	0.2	0.5
54	粪大肠菌群数	医院[①]、兽医院及医疗机构含病原体污水	500 个/L	1000 个/L	5000 个/L
		传染病、结核病医院污水	100 个/L	500 个/L	1000 个/L
55	总余氯(采用氯化消毒的医院污水)	医院[①]、兽医院及医疗机构含病原体污水	<0.5[②]	>3(接触时间≥1h)	>2(接触时间≥1h)
		传染病、结核病医院污水	<0.5[②]	>6.5(接触时间≥1.5h)	>5(接触时间≥1.5h)
56	总有机碳(TOC)	合成脂肪工业	20	40	—
		苎麻脱胶工业	20	60	—
		其他排污单位	20	30	—

① 指 50 个床位以上的医院；

② 加氯消毒后需进行脱氯处理，达到标准；

注：其他排污单位指除在该控制项目中所列行业以外的一切排污单位。

附录5　弱酸、弱碱在水中的离解常数(25℃)

弱酸	分子式	K_a	pK_a	弱酸	分子式	K_a	pK_a
硼酸	H_3BO_3	5.7×10^{-10} (K_{a1})	9.24	甲酸	HCOOH	1.7×10^{-4}	3.77
碳酸	H_2CO_3	4.2×10^{-7} (K_{a1})	6.38	乙酸	CH_3COOH	1.7×10^{-5}	4.77
		5.6×10^{-11} (K_{a2})	10.25	丙酸	C_2H_5COOH	1.3×10^{-5}	4.87
铬酸	H_2CrO_4	1.8×10^{-1} (K_{a1})	0.74	丁酸	C_3H_7COOH	1.5×10^{-5}	4.82
		3.2×10^{-7} (K_{a2})	6.50	戊酸	C_4H_9COOH	1.4×10^{-5}	4.84
次氯酸	HClO	3.2×10^{-8}	7.49	羟基乙酸	$CH_2OHCOOH$	1.5×10^{-4}	3.83
氢氰酸	HCN	4.9×10^{-10}	9.31	一氯乙酸	$CH_2ClCOOH$	1.4×10^{-3}	2.86
氰酸	HCNO	3.3×10^{-4}	3.48	二氯乙酸	$CHCl_2COOH$	5.0×10^{-2}	1.30
氢氟酸	HF	6.6×10^{-4}	3.18	三氯乙酸	CCl_3COOH	0.23	0.64
亚硝酸	HNO_2	5.1×10^{-4}	3.29	乳酸	$CH_3CHOHCOOH$	1.4×10^{-4}	3.86
过氧化氢	H_2O_2	1.8×10^{-12}	11.75	氨基乙酸盐	$^+NH_3CH_2COOH$	4.5×10^{-3} (K_{a1})	2.35
磷酸	H_3PO_4	7.5×10^{-3} (K_{a1})	2.12			1.7×10^{-10} (K_{a2})	9.77
		6.3×10^{-8} (K_{a2})	7.20	抗坏血酸	$C_6H_8O_6$	5.0×10^{-5} (K_{a1})	4.30
		4.4×10^{-13} (K_{a3})	12.36			1.5×10^{-10} (K_{a2})	9.82
氢硫酸	H_2S	1.3×10^{-7} (K_{a1})	6.89	水杨酸	$C_6H_4OHCOOH$	1.1×10^{-3} (K_{a1})	2.97
		7.1×10^{-15} (K_{a2})	14.15			1.8×10^{-14} (K_{a2})	13.74
硫酸	HSO_4^-	1.2×10^{-2} (K_{a2})	1.92	草酸	$H_2C_2O_4$	5.9×10^{-2} (K_{a1})	1.23
亚硫酸	H_2SO_3	1.3×10^{-2} (K_{a1})	1.89			6.4×10^{-5} (K_{a2})	4.19
	(SO_2+H_2O)	6.3×10^{-8} (K_{a2})	7.20	酒石酸	$HOOC(CHOH)_2COOH$	9.1×10^{-4} (K_{a1})	3.04
硫代硫酸	$H_2S_2O_3$	$2.3(K_{a1})$	0.6			4.3×10^{-5} (K_{a2})	4.37
		3×10^{-2} (K_{a2})	1.6	苯酚	C_6H_5OH	1.1×10^{-10}	9.95
偏硅酸	H_2SiO_3	1.7×10^{-10} (K_{a1})	9.77	乙二胺四乙酸	H_6Y^{2+}	$0.13(K_{a1})$	0.90
		1.6×10^{-12} (K_{a2})	11.8		H_5Y^+	2.5×10^{-2} (K_{a2})	1.60

续表

弱酸	分子式	K_a	pK_a	弱酸	分子式	K_a	pK_a
乙二胺四乙酸	H_4Y	8.5×10^{-3} (K_{a3})	2.07	羟胺	NH_2OH	9.1×10^{-9}	8.04
	H_3Y^-	1.77×10^{-3} (K_{a4})	2.75	甲胺	CH_3NH_2	4.2×10^{-4}	3.38
	H_2Y^{2-}	5.75×10^{-7} (K_{a5})	6.24	乙胺	$C_2H_5NH_2$	4.3×10^{-4}	3.37
	HY^{3+}	4.57×10^{-11} (K_{a6})	10.34	丁胺	$C_4H_9NH_2$	4.4×10^{-4}	3.36
邻苯二甲酸	$C_8H_6O_4$	1.12×10^{-3} (K_{a1})	2.95	乙醇胺	$HOC_2H_4NH_2$	3.2×10^{-5}	4.50
		3.9×10^{-6} (K_{a2})	5.41	三乙醇胺	$(HOC_2H_4)N$	5.8×10^{-7}	6.24
丁二酸	$HOOCCH_2COOH$	6.2×10^{-5} (K_{a1})	4.21	二甲胺	$(CH_3)_2NH$	5.9×10^{-4}	3.23
		2.3×10^{-6} (K_{a2})	5.64	二乙胺	$(C_2H_5)_2NH$	8.5×10^{-4}	3.07
顺-丁烯二酸	$HOOC(CH)_2COOH$	1.2×10^{-2} (K_{a1})	1.91	三乙胺	$(C_2H_5)_3N$	5.2×10^{-4}	3.29
		4.7×10^{-7} (K_{a2})	6.33	苯胺	$C_6H_5NH_2$	4.0×10^{-10}	9.40
反-丁烯二酸	上面的反式	8.9×10^{-4} (K_{a1})	3.05	邻甲苯胺	$C_7H_7NH_2$	2.8×10^{-10}	9.55
		3.2×10^{-5} (K_{a2})	4.49	对甲苯胺	$C_7H_7NH_2$	1.2×10^{-9}	8.92
邻苯二酚	$C_6H_6O_2$	4.0×10^{-10} (K_{a1})	9.40	六次甲基四胺	$(CH_2)_6N_4$	1.4×10^{-9}	8.85
		2×10^{-13} (K_{a2})	12.80				
磺基水杨酸	$C_3H_3OHCOOHO_3S^-$	4.7×10^{-3} (K_{a1})	2.33	咪唑	C_3H_3NNH	9.8×10^{-8}	7.01
		4.8×10^{-12} (K_{a2})	11.32	吡啶	C_5H_5N	1.8×10^{-9}	8.74
柠檬酸	$(HOOC)_3(CH_2)_2C(OH)$	7.4×10^{-4} (K_{a1})	3.13	哌啶	$C_5H_{10}NH$	1.3×10^{-3}	2.88
		1.8×10^{-5} (K_{a2})	4.74	喹啉	C_9H_7N	7.6×10^{-10}	9.12
		4.0×10^{-7} (K_{a3})	6.40	乙二胺	$H_2N(CH_2)_2NH_2$	8.5×10^{-5} (K_{b1})	4.07
苯甲酸	C_6H_5COOH	6.2×10^{-5}	4.21			7.1×10^{-8} (K_{b2})	7.15
氨水	$NH_3 \cdot H_2O$	1.8×10^{-5}	4.74	8-羟基喹啉	C_9H_6NOH	6.5×10^{-5} (K_{b1})	4.19
联氨	H_2NNH_2	3.0×10^{-6} (K_{b1})	5.52			8.1×10^{-10} (K_{b2})	9.09
		7.6×10^{-15} (K_{b2})	14.12				

附录6 络合物的稳定常数(18~25℃)

配位体	阳离子	n	$\lg\beta_n$	I
NH$_3$	Ag$^+$	1，2	3.32；7.23	0.1
	Zn^{2+}	1，……，4	2.27；4.61；7.01；9.06	0.1
	Cu^{2+}	1，……，4	4.15；7.63；10.53；12.67	2
	Ni^{2+}	1，……，6	2.80；5.04；6.77；7.96；8.71；8.74	2
	Co^{3+}	1，……，6	6.7；14.0；20.1；25.7；30.8；35.2	2
Cl$^-$	Sb^{3+}	1，……，6	2.26；3.49；4.18；4.72；4.72；4.11	4
	Ag$^+$	1，……，4	3.04；5.04；5.04；5.30	0
	Hg^{2+}	1，……，4	6.74；13.22；14.07；15.07	0.5
I$^-$	Cd^{2+}	1，……，4	2.10；3.43；4.49；5.41	0
	Pb^{2+}	1，……，4	2.00；3.15；3.92；4.47	0
	Ag$^+$	1，……，3	6.58；11.74；13.68	0
	Hg^{2+}	1，……，4	12.87；23.82；27.60；29.83	0.5
F$^-$	Al^{3+}	1，……，6	6.13；11.15；15.00；17.75；19.37；19.84	0.5
	Fe^{3+}	1，……，6	5.2；9.2；11.9；—；15.77；—	0.5
	Th^{4+}	1，……，3	7.65；13.46；17.97	0.5
	TiO^{2+}	1，……，4	5.4；9.8；13.7；18.0	3
	ZrO^{2+}	1，……，3	8.80；16.12；21.94	2
CN$^-$	Ag$^+$	1，……，4	—；21.1；21.7；20.6	0
	Cd^{2+}	1，……，4	5.48；10.60；15.23；18.78	3
	Co^{2+}	6	19.09	0
	Fe^{2+}	6	35	0
	Fe^{3+}	6	42	0
	Hg^{2+}	4	41.4	0
	Ni^{2+}	4	31.3	0.1
	Zn^{2+}	4	16.7	0.1
磷酸	Fe^{3+}		9.35	0.66
SCN$^-$	Ag$^+$	1，……，4	—；7.57；9.08；10.08	2.2
	Fe^{3+}	1，……，5	2.3；4.2；5.6；6.4；6.4	不定
	Hg^{2+}	1，……，4	—；16.1；19.0；20.9	1
S$_2$O$_3^{2-}$	Ag$^+$	1，……，3	8.82；13.46；14.15	0
	Hg^{2+}	1，……，4	—；29.86；32.26；33.61	0
乙酰丙酮	Al^{3+}	1，……，3	8.60；15.5；21.30	0
	Cu^{2+}	1，2	8.27；16.84	0
	Fe^{2+}	1，2	5.07；8.67	0
	Fe^{3+}	1，……，3	11.4；22.1；26.7	0
	Ni^{2+}	1，……，3	6.06；10.77；13.09	0
	Zn^{2+}	1，2	4.98；8.81	0
柠檬酸	Al^{3+}		7.0；20.0；30.6	0.5
	Ca^{2+}		3.5；8.4；10.9	

配位体	阳离子	n	$\lg\beta_n$	I
柠檬酸	Cu^{2+}		6.1；12.0；18.0	0.5
	Fe^{2+}		3.1；7.3；15.5	0.5
	Fe^{3+}		10.9；12.2；25.0	0.5
	Ni^{2+}		4.8；9.0；14.3	0.5
	Zn^{2+}		4.5；8.7；11.4	0.5
草酸	Al^{3+}	1，……，3	7.26；13.0；16.3	0
	Co^{2+}	1，……，3	4.79；6.7；9.7	0.5
	Co^{3+}	3	约20	
	Fe^{2+}	1，……，3	2.9；4.52；5.22	0.5～1
	Fe^{3+}	1，……，3	9.4；16.2；20.2	0
	Mn^{3+}	1，……，3	9.98；16.57；19.42	2
	Ni^{2+}	1，……，3	5.3；7.64；8.5	0.1
	TiO^{2+}	1，2	6.6；9.9	2
	Zn^{2+}	1，……，3	4.89；7.60；8.15	0.5
	Cu^{2+}	1，2	4.5；8.9	0.5
磺基水杨酸	Al^{3+}	1，……，3	13.2；22.83；28.89	0.1
	Cd^{2+}	1，2	16.68；29.08	0.25
	Co^{2+}	1，2	6.13；9.82	0.1
	Cr^{3+}	1	9.56	0.1
	Cu^{2+}	1，2	9.52；16.45	0.1
	Fe^{2+}	1，2	5.90；9.90	1～0.5
	Fe^{3+}	1，……，3	14.64；25.18；32.12	0.25
	Mn^{2+}	1，2	5.24；8.24	0.1
	Ni^{2+}	1，2	6.42；10.24	0.1
	Zn^{2+}	1，2	6.05；10.65	0.1
酒石酸	Cu^{2+}	1，……，4	3.2；5.11；4.78；6.51	1
	Fe^{3+}	3	7.49	0
	Ca^{2+}	1，2	2.98；9.01	0.5
	Mg^{2+}	1	1.2	0.5
	Zn^{2+}	1，2	2.4；8.32	0.5
乙二胺	Ag^+	1，2	4.70；7.70	0.1
	Cd^{2+}	1，……，3	5.47；10.09；12.09	0.5
	Co^{2+}	1，……，3	5.91；10.64；13.94	1
	Co^{3+}	1，……，3	18.70；34.90；48.69	1
	Cu^{2+}	1，……，3	10.67；20.00；21.0	1
	Fe^{2+}	1，……，3	4.34；7.65；9.70	1.4
	Hg^{2+}	1，2	14.30；23.3	0.1
	Mn^{2+}	1，……，3	2.73；4.79；5.67	1
	Ni^{2+}	1，……，3	7.52；13.80；18.06	1
	Zn^{2+}	1，……，3	5.77；10.83；14.11	1
硫脲	Ag^+	1，2	7.4；13.1	
	Cu^{2+}	3，4	13；15.4	
	Hg^{2+}	2，3，4	22.1；24.7；26.8	

附录 7　微溶化合物的溶度积(18~25℃)

难溶化合物	K_{sp}	pK_{sp}	难溶化合物	K_{sp}	pK_{sp}
AgBr	4.95×10^{-13}	12.30	FeS	6×10^{-18}	17.2
AgCl	1.77×10^{-10}	9.75	$Fe(OH)_3$	3.5×10^{-38}	37.46
Ag_2CrO_4	1.12×10^{-12}	11.91	$FePO_4$	1.3×10^{-22}	21.89
AgOH	1.9×10^{-8}	7.71	Hg_2Cl_2	1.3×10^{-18}	17.88
AgI	8.3×10^{-17}	16.08	HgO	2.0×10^{-26}	25.52
Ag_2SO_4	1.58×10^{-5}	4.80	HgS(黑)	2×10^{-52}	51.7
AgSCN	1.07×10^{-12}	11.97	HgS(红)	4×10^{-53}	52.4
AgCN	1.2×10^{-16}	15.92	$MgCO_3$	3.5×10^{-8}	7.46
$Ag_2C_2O_4$	1×10^{-11}	11.0	$MgNH_4PO_4$	2×10^{-13}	12.7
Ag_3PO_4	1.45×10^{-16}	15.34	MgF_2	6.4×10^{-9}	8.19
Ag_2S	6×10^{-50}	49.2	$Mg(OH)_2$	1.8×10^{-11}	10.74
$Al(OH)_3$	1.3×10^{-33}	32.34	$MnCO_3$	5×10^{-10}	9.30
$BaCrO_4$	1.17×10^{-10}	9.93	$Mn(OH)_2$	1.9×10^{-13}	12.72
$BaCO_3$	4.9×10^{-9}	8.31	MnS(无定形)	2×10^{-10}	9.7
$BaSO_4$	1.07×10^{-10}	9.97	MnS(晶形)	2×10^{-13}	12.7
BaC_2O_4	1.6×10^{-7}	6.79	$NiCO_3$	6.6×10^{-9}	8.18
BaF_2	1.05×10^{-6}	5.98	$Ni(OH)_2$ 新析出	2×10^{-15}	14.7
$CaCO_3$	3.8×10^{-9}	8.42	NiS　α型	3×10^{-19}	18.5
CaF_2	3.4×10^{-11}	10.47	NiS　β型	1×10^{-24}	24.0
CaC_2O_4	2.3×10^{-9}	8.64	NiS　γ型	2×10^{-26}	25.7
$Ca_3(PO_4)_2$	1×10^{-26}	26.0	$PbCO_3$	7.4×10^{-14}	13.13
$CaSO_4$	9.1×10^{-6}	5.04	$PbCl_2$	1.6×10^{-5}	4.79
$CdCO_3$	3×10^{-14}	13.5	$PbCrO_4$	2.8×10^{-13}	12.55
CdC_2O_4	1.51×10^{-8}	7.82	$Pb(OH)_2$	1.2×10^{-15}	14.93
$Cd(OH)_2$ 新析出	2.5×10^{-14}	13.60	PbI_2	6.5×10^{-9}	8.19
CdS	8×10^{-27}	26.1	$PbSO_4$	1.6×10^{-8}	7.79
$CoCO_3$	1.4×10^{-13}	12.84	PbS	3×10^{-27}	26.6
$Co(OH)_2$ 新析出	2×10^{-15}	14.8	$Pb(OH)_4$	3×10^{-66}	65.5
$Co(OH)_3$	2×10^{-44}	43.7	$SrCO_3$	1.1×10^{-10}	9.96
CoS　α型	4×10^{-21}	20.4	$SrSO_4$	3×10^{-7}	6.5
CoS　β型	2×10^{-25}	24.7	SrC_2O_4	5.6×10^{-8}	7.25
$Cr(OH)_3$	6×10^{-31}	30.2	$Sn(OH)_2$	8×10^{-29}	28.1
CuI	1.10×10^{-12}	11.96	SnS	1×10^{-25}	25.0
$CuCO_3$	1.4×10^{-10}	9.86	$TiO(OH)_2$	1×10^{-29}	29.0
CuS	6×10^{-36}	35.2	$ZnCO_3$	1.7×10^{-11}	10.78
$Cu(OH)_2$	2.2×10^{-20}	19.66	$Zn(OH)_2$	2.1×10^{-16}	15.68
$FeCO_3$	3.2×10^{-11}	10.50	ZnS　α型	2×10^{-24}	23.7
$Fe(OH)_2$	8×10^{-16}	15.1	ZnS　β型	2×10^{-22}	21.7

附录8 标准电极电位或条件电位(25℃)

元素	半反应	标准或条件电位(V)	溶液组成
Ag	$Ag^+ + e = Ag_{(固)}$	0.7994	0
	$[Ag(NH_3)_2]^+ + e = Ag_{(固)} + 2NH_3$	0.373	0
	$AgCl_{(固)} + e = Ag_{(固)} + Cl^-$	0.222	0
Al	$Al^{3+} + 3e = Al_{(固)}$	−1.66	0
	$[AlF_6]^{3-} + 3e = Al + 6F^-$	−2.07	0
	$Al(OH)_4^- + 3e = Al + 4OH^-$	−2.33	0
As	$H_3AsO_4 + 2H^+ + 2e = HAsO_2 + 2H_2O$	0.559	0
	$AsO_4^{3-} + 2H_2O + 2e = AsO_2^- + 4OH^-$	−0.67	0
	$AsO_2^- + 2H_2O + 3e = As_{(固)} + 4OH^-$	−0.68	0
	$H_3AsO_3 + 3H^+ + 3e = As_{(固)} + 3H_2O$	0.248	0
	$As_2O_3 + 6H^+ + 6e = 2As_{(固)} + 3H_2O$	0.234	0
	$As + 3H^+ + 3e = AsH_{3(气)}$	−0.54	0
Br	$BrO_3^- + 6H^+ + 6e = Br^- + 3H_2O$	1.44	0
	$BrO_3^- + 6H^+ + 5e = \frac{1}{2}Br_2 + 3H_2O$	1.52	0
	$BrO_3^- + 3H_2O + 6e = Br^- + 6OH^-$	0.61	0
	$Br_{2(水)} + 2e = 2Br^-$	1.087	0
C	$2CO_2 + 2H^+ + 2e = H_2C_2O_4$	−0.49	0
	$CNO^- + H_2O + 2e = CN^- + 2OH^-$	−0.97	0
	$HCHO + 2H^+ + 2e = CH_3OH$	0.23	0
Cd	$[Cd(NH_3)_4]^{2+} + 2e = Cd_{(固)} + 4NH_3$	−0.61	0
	$[Cd(CN)_4]^{2-} + 2e = Cd_{(固)} + 4CN^-$	−1.09	0
	$Cd^{2+} + 2e = Cd_{(固)}$	−0.403	0
Ce	$Ce^{4+} + 3e = Ce^{3+}$	1.28	1mol/L HCl
		1.61	1mol/L HNO_3
		1.44	0.5mol/L H_2SO_4
	$Ce^{3+} + 3e = Ce_{(固)}$	−2.48	0
Cl	$ClO_4^- + 2H^+ + 2e = ClO_3^- + H_2O$	1.19	0
	$ClO_3^- + 2H^+ + e = ClO_2 + H_2O$	1.15	0
	$ClO_3^- + 6H^+ + 6e = Cl^- + H_2O$	1.45	0
	$HClO + H^+ + 2e = Cl^- + H_2O$	1.49	0
	$ClO^- + H_2O + 2e = Cl^- + 2OH^-$	0.89	0
	$Cl_{2(气)} + 2e = Cl^-$	1.3595	0
	$ClO_2 + 4H^+ + 5e = Cl^- + 2H_2O$	1.95	0
Co	$Co^{3+} + e = Co^{2+}$	1.95	0
	$[Co(CN)_6]^{3-} + e = [Co(CN)_6]^{4-}$	−0.83	0

元素	半反应	标准或条件电位(V)	溶液组成
Cr		1.33	0
		0.93	0.1mol/L HCl
	$Cr_2O_7^{2-}+14H^++6e =\!\!=\!\!= 2Cr^{3+}+7H_2O$	1.08	3mol/L HCl
		0.84	0.1mol/L HClO$_4$
		1.025	1mol/L HClO$_4$
	$CrO_4^{2-}+2H_2O+3e =\!\!=\!\!= CrO_2^-+4OH^-$	−0.12	1mol/L NaOH
Cu	$Cu^{2+}+2e =\!\!=\!\!= Cu_{(固)}$	0.337	0
	$Cu^{2+}+I^-+e =\!\!=\!\!= CuI$	0.87	0
	$Cu(edta)^{2-}+2e =\!\!=\!\!= Cu_{(固)}+edta^{4-}$	0.13	0.1mol/L EDTA，pH4～5
F	$F_{2(气)}+2e =\!\!=\!\!= 2F^-$	2.87	0
	$F_{2(气)}+2H^++2e =\!\!=\!\!= 2HF$	3.06	0
Fe		0.771	0
		0.64	5mol/L HCl
	$Fe^{3+}+e =\!\!=\!\!= Fe^{2+}$	0.674	0.5mol/L H$_2$SO$_4$
		0.46	2mol/L H$_3$PO$_4$
		−0.68	10mol/L NaOH
		−0.036	0
	$Fe^{3+}+3e =\!\!=\!\!= Fe_{(固)}$	0.747	1mol/L HClO$_4$
		0.438	1mol/L H$_3$PO$_4$
	$[Fe(CN)_6]^{3-}+e =\!\!=\!\!= [Fe(CN)_6]^{4-}$	0.36	0
	$Fe(edta)^-+e =\!\!=\!\!= Fe(edta)^{2-}$	0.12	0.1mol/L EDTA，pH4～6
	$Fe^{2+}+2e =\!\!=\!\!= Fe_{(固)}$	−0.440	0
	$Fe(OH)_3+e =\!\!=\!\!= Fe(OH)_2+OH^-$	−0.56	0
H	$2H^++2e =\!\!=\!\!= H_{2(气)}$	0.000	0
	$2H_2O+2e =\!\!=\!\!= H_{2(气)}+2OH^-$	−0.828	0
Hg		0.2676	0
		0.334	0.1mol/L KCl
	$Hg_2Cl_{2(固)}+2e =\!\!=\!\!= 2Hg_{(液)}+2Cl^-$	0.281	1mol/L KCl
		0.241	饱和 KCl
	$Hg^{2+}+2e =\!\!=\!\!= Hg_{(液)}$	0.854	0
	$2HgCl_2+2e =\!\!=\!\!= Hg_2Cl_{2(固)}+2Cl^-$	0.63	0
I	$IO_3^-+6H^++5e =\!\!=\!\!= \frac{1}{2}I_2+3H_2O$	1.20	0
	$HIO+H^++e =\!\!=\!\!= \frac{1}{2}I_2+H_2O$	1.45	0
	$I_3^-+2e =\!\!=\!\!= 3I^-$	0.5446	0.5mol/L H$_2$SO$_4$
	$I_{2(液)}+2e =\!\!=\!\!= 2I^-$	0.6276	0.5mol/L H$_2$SO$_4$
	$I_{2(固)}+2e =\!\!=\!\!= 2I^-$	0.5345	0

元素	半反应	标准或条件电位(V)	溶液组成
K	$K^+ + e = K$	−2.92	0
La	$La^{3+} + 3e = La$	−2.52	0
Li	$Li^+ + e = Li$	−3.045	0
Mg	$Mg^{2+} + 2e = Mg$	−2.375	0
Mn	$MnO_4^- + e = MnO_4^{2-}$	0.564	0
	$MnO_4^- + 4H^+ + 3e = MnO_{2(固)} + 2H_2O$	1.695	0
		1.65	0.5mol/L H_2SO_4
		1.60	1mol/L HNO_3 或 1mol/L $HClO_4$
	$MnO_4^- + 2H_2O + 3e = MnO_{2(固)} + 4OH^-$	0.588	0
	$MnO_4^- + 8H^+ + 5e = Mn^{2+} + 4H_2O$	1.51	0
	$MnO_{2(固)} + 4H^+ + 2e = Mn^{2+} + 2H_2O$	1.23	0
	$Mn^{3+} + e = Mn^{2+}$	1.50	7.5mol/L H_2SO_4
	$Mn(OH)_{2(固)} + 2e = Mn_{(固)} + 2OH^-$	−1.15	0
	$Mn^{2+} + e = Mn$	−1.18	0
N	$NO_3^- + H_2O + 2e = NO_2^- + 2OH^-$	0.01	0
	$NO_3^- + 2H^+ + e = NO_{2(气)} + H_2O$	0.80	0
	$NO_3^- + 3H^+ + 2e = HNO_2 + H_2O$	0.94	0
	$NO_3^- + 4H^+ + 3e = NO_{(气)} + 2H_2O$	0.96	0
	$NO_3^- + 10H^+ + 8e = NH_4^+ + 3H_2O$	0.87	0
	$HNO_2 + H^+ + e = NO_{(气)} + H_2O$	1.00	0
	$N_2 + 8H^+ + 6e = 2NH_4^+$	0.26	0
	$2HNO_2 + 4H^+ + 4e = N_2O + 3H_2O$	1.27	0
Ni	$Ni^{2+} + 2e = Ni$	−0.23	0
O	$O_2 + 2H_2O + 4e = 4OH^-$	0.401	0
	$O_2 + 2H^+ + 2e = H_2O_2$	0.68	0
	$O_2 + 4H^+ + 2e = 2H_2O$	1.229	0
	$H_2O_2 + 2H^+ + 2e = 2H_2O$	1.776	0
	$O_3 + 2H^+ + 2e = O_2 + H_2O$	2.07	0
S	$SO_4^{2-} + H_2O + 2e = SO_3^{2-} + 2OH^-$	−0.93	0
	$2SO_3^{2-} + 3H_2O + 4e = S_2O_3^{2-} + 6OH^-$	−0.58	0
	$S_{(固)} + 2H^+ + 2e = H_2S_{(气)}$	0.141	0
	$SO_4^{2-} + 4H^+ + 2e = H_2SO_3 + H_2O$	0.17	0
	$S_4O_6^{2-} + 2e = 2S_2O_3^{2-}$	0.08	0
	$S_2O_8^{2-} + 2e = 2SO_4^{2-}$	2.04	0
Sn	$Sn(OH)_6^{2-} + 2e = HSnO_2^- + 3OH^- + H_2O$	−0.93	0
	$HSnO_2^- + H_2O + 2e = Sn_{(固)} + 3OH^-$	−0.91	0
	$Sn^{2+} + 2e = Sn_{(固)}$	−0.14	0

续表

元素	半反应	标准或条件电位(V)	溶液组成
Sn	$Sn^{4+}+2e \Longrightarrow Sn^{2+}$	0.154	0
		0.139	1mol/L HCl
		0.13	2mol/L HCl
	$SnCl_4^{2-}+2e \Longrightarrow Sn_{(固)}+4Cl^-$	−1.9	1mol/L HCl
Ti	$Ti^{4+}+e \Longrightarrow Ti^{3+}$	−0.05	1mol/L H_3PO_4
		−0.15	5mol/L H_3PO_4
		−0.04	1mol/L HCl
		−0.01	0.2mol/L H_2SO_4
		0.12	2mol/L H_2SO_4
	$TiO^{2+}+2H^++e \Longrightarrow Ti^{3+}+H_2O$	0.1	0
Zn	$Zn^{2+}+2e \Longrightarrow Zn_{(固)}$	−0.763	0
	$Zn(NH_3)_4^{2+}+2e \Longrightarrow Zn_{(固)}+4NH_3$	−1.04	0
	$Zn(CN)_4^{2-}+2e \Longrightarrow Zn_{(固)}+4CN^-$	−1.26	0

注：附录中所列元素及化合物是按元素符号字母的顺序排列，在溶液组成的项目中用"0"表示的为标准电位，其他数据为条件电位。

附录 9　常用基准物质及其干燥条件

基准物质		干燥后组成	干燥条件(℃)
名称	分子式		
碳酸氢钠	$NaHCO_3$	Na_2CO_3	270~300
碳酸钠	$Na_2CO_3 \cdot 10H_2O$	Na_2CO_3	270~300
硼砂	$Na_2B_4O_7 \cdot 10H_2O$	$Na_2B_4O_7 \cdot 10H_2O$	放在含 NaCl 和蔗糖饱和液的干燥器中
碳酸氢钾	$KHCO_3$	K_2CO_3	270~300
草酸	$H_2C_2O_4 \cdot 2H_2O$	$H_2C_2O_4 \cdot 2H_2O$	室温空气干燥
邻苯二甲酸氢钾	$KHC_8H_4O_4$	$KHC_8H_4O_4$	110~120
重铬酸钾	$K_2Cr_2O_7$	$K_2Cr_2O_7$	140~150
碘酸钾	KIO_3	KIO_3	130
草酸钠	$Na_2C_2O_4$	$Na_2C_2O_4$	130
碳酸钙	$CaCO_3$	$CaCO_3$	110
锌	Zn	Zn	室温干燥器中
氧化锌	ZnO	ZnO	900~1000
硫酸锌	$ZnSO_4 \cdot 7H_2O$	$ZnSO_4$	400~700
氯化钠	NaCl	NaCl	500~600
氯化钾	KCl	KCl	500~600
硝酸银	$AgNO_3$	$AgNO_3$	280~290
氨基磺酸	$HOSO_2NH_2$	$HOSO_2NH_2$	在真空 H_2SO_4 干燥器中保存 48h

附录 10　常用酸碱的密度和浓度

试剂名称	分子式	密度	质量百分浓度(%m/m)	浓度(mol/L)
盐酸	HCl	1.18~1.19	36~38	11.6~12.4
硝酸	HNO₃	1.39~1.40	65.0~68.0	14.4~15.2
硫酸	H₂SO₄	1.83~1.84	95~98	17.8~18.4
磷酸	H₃PO₄	1.69	85	14.6
高氯酸	HClO₄	1.68	70.0~72.0	11.7~12.0
冰醋酸	CH₃COOH	1.05	99.8(优级纯) 99.0(分析纯，化学纯)	17.4
氢氟酸	HF	1.13	40	22.5
氢溴酸	HBr	1.49	47.0	8.6
氨水	NH₃·H₂O	0.88~0.90	25.0~28.0	13.3~14.3

附录 11　国际相对原子量表

按元素符号的字母顺序排列

符号	名称	原子量	符号	名称	原子量	符号	名称	原子量
Ac	锕	[227]	²⁵²Cf	锎	[251]	H	氢	1.008
Ag	银	107.9	Cl	氯	35.45	He	氦	4.003
Al	铝	26.98	²⁴⁷Cm	锔	[247]	Hf	铪	178.5
²⁴³Am	镅	[243]	Co	钴	58.93	Hg	汞	200.6
Ar	氩	39.95	Cr	铬	52.00	Ho	钬	164.9
As	砷	74.92	Cs	铯	132.9	I	碘	126.9
²¹⁰At	砹	[210]	Cu	铜	63.55	In	铟	114.8
Au	金	197.0	Dy	镝	162.5	Ir	铱	192.2
B	硼	10.81	Er	铒	167.3	K	钾	39.10
Ba	钡	137.3	²⁵²Es	锿	[252]	Kr	氪	83.80
Be	铍	9.012	Eu	铕	152.0	La	镧	138.9
Bi	铋	209.0	F	氟	19.00	Li	锂	6.941
Bk	锫	[247]	Fe	铁	55.85	Lr	铹	[262]
Br	溴	79.90	²⁵⁷Fm	镄	[257]	Lu	镥	175.0
C	碳	12.01	²²³Fr	钫	[223]	Md	钔	[258]
Ca	钙	40.08	Ga	镓	69.72	Mg	镁	24.31
Cd	镉	112.4	Gd	钆	157.3	Mn	锰	54.94
Ce	铈	140.1	Ge	锗	72.64	Mo	钼	95.94

续表

元素		原子量	元素		原子量	元素		原子量
符号	名称		符号	名称		符号	名称	
N	氮	14.01	Pt	铂	195.1	Tb	铽	158.9
Na	钠	22.99	^{239}Pu	钚	[244]	Tc	锝	98.91
Nb	铌	92.91	Ra	镭	[226]	Te	碲	127.6
Nd	钕	144.2	Rb	铷	85.47	Th	钍	232.0
Ne	氖	20.18	Re	铼	186.2	Ti	钛	47.87
^{59}Ni	镍	58.69	Rh	铑	102.9	Tl	铊	204.4
No	锘	[259]	^{222}Rn	氡	[222]	Tm	铥	168.9
Np	镎	[237]	Ru	钌	101.1	U	铀	238.0
O	氧	16.00	S	硫	32.06	V	钒	50.94
Os	锇	190.2	Sb	锑	121.8	W	钨	183.8
P	磷	30.97	Sc	钪	44.96	Xe	氙	131.3
^{231}Pa	镤	231.0	Se	硒	78.96	Y	钇	88.91
Pb	铅	207.2	Si	硅	28.09	Yb	镱	173.0
Pd	钯	106.4	Sm	钐	150.4	Zn	锌	65.41
^{145}Pm	钷	[144]	Sn	锡	118.7	Zr	锆	91.22
^{210}Po	钋	[209]	Sr	锶	87.62			
Pr	镨	140.9	Ta	钽	180.9			

注：相对原子质量录自 2001 年国际原子量表，不包括人工元素。全部取 4 位有效数字。

主要参考文献

[1] 国家环境保护总局《水和废水监测分析方法》编委会. 水和废水监测分析方法(第四版)(增补版). 北京：中国环境科学出版社，2006.

[2] 黄君礼. 水分析化学(第三版). 北京：中国建筑工业出版社，2008.

[3] 奚旦立，孙裕生，刘秀英. 环境监测. 北京：高等教育出版社，2004.

[4] 华东理工大学、成都科技大学分析化学教研组. 分析化学. 第四版. 北京：高等教育出版社，1999.

[5] 张尧旺. 水质监测与评价. 郑州：黄河水利出版社，2002.

[6] 齐文齐，孙宗光，边归国. 环境监测新技术. 北京：化学工业出版社，2004.

[7] 王英健，杨永红. 环境监测. 北京：化学工业出版社，2004.

[8] 徐昌华. 化验员必读. 南京：江苏科学技术出版社，2004.

[9] 王国惠. 水分析化学. 北京：化学工业出版社，2006.

[10] 聂麦茜. 环境监测与分析实践教程. 北京：化学工业出版社，2003.

[11] 谢炜平. 环境监测实训指导. 北京：中国环境科学出版社，2008.

[12] 宋业林. 水质化验实用手册. 北京：中国石化出版社，2003.

[13] 孙成. 环境监测实验. 北京：科学出版社，2003.

[14] 王建梅. 化学检验基础知识. 北京：化学工业出版社，2005.

[15] 朱良漪，孙亦梁，陈耕燕. 分析仪器手册. 北京：化学工业出版社，1997.

[16] 国家环境保护局总局. 地表水和污水监测技术规范. 北京：中国环境科学出版社，2002.

[17] 武汉大学实验中心主编. 分析化学实验. 武汉：武汉大学出版社，2003.

[18] 武汉大学主编. 分析化学(第四版). 北京：高等教育出版社，2000.

[19] 高向阳. 新编仪器分析. 北京：科学出版社，2004.

[20] 宁波市环境监测中心. 快速检测技术及在环境污染与应急事故监测中的应用. 北京：中国环境科学出版社. 2011.

全国高职高专教育土建类专业教学指导委员会规划推荐教材

征订号	书名	作者	定价
32298 ISBN：978-7-112-22418-0	建筑给水排水工程（第四版）	张健	42.00
20891 ISBN：978-7-112-06958-3	水力学与应用	陶竹君	21.00
33662 ISBN：978-7-112-23387-8	水泵与水泵站（第三版）	于景洋　谷峡	46.00
34900 ISBN：978-7-112-24434-8	给水排水管道工程（第三版）	白建国	49.00
34969 ISBN：978-7-112-24630-4	水质检验技术（第三版）	谢炜平	30.00
20892 ISBN：978-7-112-06963-7	水处理工程技术	吕宏德	48.00
34949 ISBN：978-7-112-24473-7	给水排水工程施工技术（第四版）	边喜龙	59.00
12920 ISBN：978-7-112-24434-8	工程力学与水工结构	马景善	25.00
34951 ISBN：978-7-112-246335	水处理工程运行实训（第二版）	边喜龙　王红梅	45.00